普 通 高 等 教 育 材 料 类 专 业 教 材

材料现代研究方法

张 锐 范冰冰 主编

化学工业出版社

·北京·

内容简介

《材料现代研究方法》对材料研究过程中常用的分析方法进行了介绍，包括 X 射线衍射、红外吸收光谱、激光拉曼光谱、紫外-可见光谱、荧光光谱、核磁共振谱及各种电子显微镜等，其内容涉及高分子材料、金属材料、无机非金属材料、复合材料等综合领域。本书主要是结合实例进行讲解，注重实用性，能提高材料类专业学生从事材料研究所必需的实际技能。

本书可以作为材料科学与工程及相关专业本科生、研究生的专业基础课教材，也可以作为材料科学与工程相关实验教师培训参考书。

图书在版编目（CIP）数据

材料现代研究方法/张锐，范冰冰主编. —北京：化学工业出版社，2022.7（2023.10 重印）
普通高等教育材料类专业教材
ISBN 978-7-122-41421-2

Ⅰ.①材… Ⅱ.①张…②范… Ⅲ.①材料科学-研究方法-高等学校-教材 Ⅳ.①TB3

中国版本图书馆 CIP 数据核字（2022）第 082209 号

责任编辑：杨　菁　闫　敏　王　婧　　　　　文字编辑：林　丹　姚子丽
责任校对：杜杏然　　　　　　　　　　　　　装帧设计：张　辉

出版发行：化学工业出版社（北京市东城区青年湖南街 13 号　邮政编码 100011）
印　　装：北京印刷集团有限责任公司
787mm×1092mm　1/16　印张 18　字数 456 千字　2023 年 10 月北京第 1 版第 2 次印刷

购书咨询：010-64518888　　　　　　售后服务：010-64518899
网　　址：http://www.cip.com.cn
凡购买本书，如有缺损质量问题，本社销售中心负责调换。

定　　价：59.00 元　　　　　　　　　　　　　　　　版权所有　违者必究

前　言

　　随着当代材料科学与工程领域研究与技术的不断发展，许多新的材料体系和材料设计与制备方法不断涌现，对材料结构、材料性能等表征方法与手段的要求也越来越高。

　　目前，关于材料分析方法的教材很多，对有关分析方法的基本原理、仪器结构等进行了详细的理论描述和系统说明，其中有许多高质量的优秀教材。然而，目前使用的教材中多数只是对某一种或有限的几种分析仪器和分析方法进行详细论述，理论性很强。按照新时代高等教育关于材料科学与工程专业类本科生宽口径、厚基础、高综合素质的培养目标要求，在实际教学工作中迫切需要一本适合本科生需要的教材，即既有基本的理论，又兼顾本科生专业基础的实用性教材。

　　本教材结合实例、实际检测结果分析、各类图片及各位编写人员自己的研究成果，分别对材料研究过程中常用的分析方法进行论述，涉及高分子材料、金属材料、无机非金属材料、复合材料等综合领域，以满足不同材料类专业本科生需求，拓展其知识面。教材对各类分析方法的基础理论进行简单论述，更主要的是结合实例进行讲解，注重实用性，注重提高材料类专业学生从事材料研究所必需的实际技能，力争使学生达到"知道为什么，知道怎么做，知道是什么"的目的。"知道为什么"是让学生了解为什么选用某种分析技术；"知道怎么做"是让学生掌握如何进行样品处理、如何确定科学的分析步骤；"知道是什么"是让学生了解如何分析相关实验结果、如何读取相关的材料信息、如何结合具体的材料制备工艺发现与解释相关的科学现象。

　　本书可以作为材料科学与工程及相关专业本科生、研究生的专业基础课教材，也可以作为材料科学与工程相关实验教师培训参考书。

　　本书由张锐、范冰冰主编，由刘胜新、黄霞、刘浩、陈勇强参加编写。编写分工如下：张锐编写第1章；范冰冰编写第2章，第7章，第9章；黄霞编写第3章，第4章，第5章；刘浩编写第6章，第11章；陈勇强编写第8章；刘胜新编写第10章。全书由范冰冰统稿；陈勇强参与了全书的文字校对工作。

　　由于作者水平有限，书中难免有诸多不足之处，敬请各位专家批评指正。

编者

目 录

第 1 章 绪论　　　　　　　　　　　　　　　　　　　　　　　　1

1.1　材料的组织结构与性能 ··· 1
　1.1.1　组织结构与性能的关系 ·· 1
　1.1.2　微观组织结构控制 ·· 1
1.2　显微组织结构的内容 ·· 2
1.3　材料分析技术与材料的关系 ·· 2
1.4　分析技术简介 ··· 2
　1.4.1　X 射线衍射 ·· 2
　1.4.2　光谱分析 ·· 2
　1.4.3　核磁共振 ·· 2
　1.4.4　热分析技术 ·· 3
　1.4.5　表面分析技术 ·· 3
　1.4.6　电子显微镜 ·· 3

第 2 章 X 射线衍射　　　　　　　　　　　　　　　　　　　　　　4

2.1　X 射线衍射基本概念 ·· 4
　2.1.1　X 射线的产生及 X 射线谱 ··· 4
　2.1.2　X 射线与物质的相互作用 ·· 7
2.2　X 射线分析法原理 ··· 13
　2.2.1　X 射线在晶体中的衍射 ··· 13
　2.2.2　X 射线衍射的实验方法简介 ··· 20
　2.2.3　小角 X 射线散射法 ·· 22
　2.2.4　样品的制备方法简介 ··· 24
　2.2.5　样品的 PDF 卡片 ··· 25
2.3　X 射线在材料结构分析中的应用 ·· 26
　2.3.1　X 射线衍射物相分析的基本原理 ··· 26
　2.3.2　物相的定性分析 ·· 26
　2.3.3　物相的定量分析 ·· 27
　2.3.4　物质状态（晶态和非晶态）的鉴定 ······································· 29
　2.3.5　单晶和多晶取向测定 ··· 29

2.3.6　晶粒度的测定 ……………………………………………… 30

2.3.7　介孔结构测定 ……………………………………………… 31

2.3.8　宏观应力测定 ……………………………………………… 31

2.3.9　薄膜厚度和界面结构测定 ………………………………… 33

2.3.10　多层膜结构测定 …………………………………………… 33

参考文献 …………………………………………………………… 34

第3章　红外吸收光谱　　　　　　　　35

3.1　红外吸收光谱的基本概念和基本原理 ……………………… 35

3.1.1　红外吸收光谱的基本概念 ………………………………… 35

3.1.2　红外吸收光谱的基本原理 ………………………………… 35

3.2　双原子分子的振动和转动 …………………………………… 36

3.2.1　分子的定态能量 …………………………………………… 37

3.2.2　分子光谱 …………………………………………………… 37

3.2.3　双原子分子的振动模型 …………………………………… 37

3.3　简正振动 ……………………………………………………… 39

3.3.1　简正振动和自由度 ………………………………………… 39

3.3.2　$3N-5$ 或 $3N-6$ 规则 ……………………………………… 40

3.3.3　分子的振动类型 …………………………………………… 40

3.3.4　振动自由度与红外吸收峰的关系 ………………………… 40

3.3.5　基频、倍频、复合频 ……………………………………… 41

3.4　红外吸收光谱的基础知识与表示方法 ……………………… 42

3.4.1　红外吸收光谱的基本术语 ………………………………… 42

3.4.2　红外光谱的表示方法 ……………………………………… 43

3.4.3　红外四要素 ………………………………………………… 43

3.5　红外吸收峰变化的影响因素 ………………………………… 43

3.5.1　影响峰位变化的因素 ……………………………………… 43

3.5.2　影响吸收峰强度的因素 …………………………………… 46

3.5.3　配位效应 …………………………………………………… 47

3.6　各类有机化合物的特征吸收峰 ……………………………… 48

3.6.1　烷烃和环烷烃的特征吸收频率 …………………………… 48

3.6.2　烯烃的特征吸收频率 ……………………………………… 49

3.6.3　炔烃的特征吸收频率 ……………………………………… 49

3.6.4　芳烃的特征吸收频率 ……………………………………… 49

3.6.5　醇和酚类的特征吸收频率 ………………………………… 50

3.6.6　醚类的特征吸收频率 ……………………………………… 51

3.6.7　羰基化合物的特征吸收频率 ……………………………… 51

3.6.8　胺类的特征吸收频率 ……………………………………… 52

3.6.9　硝基化合物的特征吸收频率 ……………………………… 53

3.6.10　腈类的特征吸收频率 ……………………………………… 53

参考文献 •• 53

第 4 章　激光拉曼光谱　　　　54

4.1　拉曼散射光谱的基本概念 ••••••••••••••••••••••••••••• 54
　　4.1.1　瑞利散射、拉曼散射及拉曼位移 ••••••••••••••• 54
　　4.1.2　拉曼光谱选律和选择定则 ••••••••••••••••••••••• 55
　　4.1.3　拉曼退偏振比 ••••••••••••••••••••••••••••••••••••• 56
　　4.1.4　拉曼光谱图 ••• 57
4.2　激光拉曼光谱与红外光谱的比较 ••••••••••••••••••••• 58
4.3　激光拉曼光谱法实验技术 ••••••••••••••••••••••••••••• 58
　　4.3.1　仪器组成 ••• 58
　　4.3.2　样品的处理方法 ••••••••••••••••••••••••••••••••••• 59
4.4　拉曼光谱法在有机材料研究中的应用 ••••••••••••••• 59
　　4.4.1　拉曼光谱的选择定则与分子构象 ••••••••••••••• 59
　　4.4.2　高分子材料的拉曼去偏振度及红外二向色性 ••• 60
　　4.4.3　复合材料形变的拉曼光谱研究 ••••••••••••••••• 60
4.5　拉曼光谱在无机材料中的应用 ••••••••••••••••••••••• 62
　　4.5.1　碳纳米材料的拉曼散射 ••••••••••••••••••••••••• 62
　　4.5.2　半导体纳米材料的拉曼散射 ••••••••••••••••••••• 65
参考文献 •• 67

第 5 章　紫外-可见光谱及荧光光谱　　　　68

5.1　紫外-可见吸收光谱 ••••••••••••••••••••••••••••••••••• 68
　　5.1.1　紫外-可见吸收光谱的基本原理 ••••••••••••••• 68
　　5.1.2　紫外-可见吸收光谱的基础知识 ••••••••••••••• 69
　　5.1.3　紫外吸收光谱的常用术语 ••••••••••••••••••••••• 70
　　5.1.4　影响紫外光谱的因素 ••••••••••••••••••••••••••••• 71
　　5.1.5　紫外吸收与分子结构的关系 ••••••••••••••••••••• 73
　　5.1.6　紫外吸收谱带的类型 ••••••••••••••••••••••••••••• 75
5.2　紫外光谱的应用 ••••••••••••••••••••••••••••••••••••••• 75
　　5.2.1　紫外光谱提供的结构信息 ••••••••••••••••••••••• 75
　　5.2.2　解析紫外谱图的规律 ••••••••••••••••••••••••••••• 76
　　5.2.3　紫外光谱在高分子材料中的应用 ••••••••••••••• 76
5.3　荧光光谱 ••• 78
　　5.3.1　荧光光谱的基本原理 ••••••••••••••••••••••••••••• 78
　　5.3.2　分子荧光光谱 ••••••••••••••••••••••••••••••••••••• 80
　　5.3.3　测量方法 ••• 81
　　5.3.4　谱图解析示例 ••••••••••••••••••••••••••••••••••••• 81
　　5.3.5　无机化合物的荧光 ••••••••••••••••••••••••••••••• 81

　　　5.3.6　有机化合物的荧光 ································ 82

　　　5.3.7　影响荧光光谱的环境因素 ···················· 83

　　5.4　荧光光谱在材料研究中的应用 ···················· 85

　　　5.4.1　高分子在溶液中的形态转变 ·················· 85

　　　5.4.2　高分子混合物的相容性和相分离 ············ 86

　　参考文献 ·· 86

● 第6章　核磁共振谱　　　　　　　　　　　　　　　　　　87

　　6.1　核磁共振的基本原理 ································ 87

　　　6.1.1　核磁共振谱的分类 ···························· 87

　　　6.1.2　核磁共振的产生 ······························ 88

　　　6.1.3　弛豫过程 ····································· 89

　　　6.1.4　化学位移 ····································· 90

　　　6.1.5　自旋的耦合与裂分 ···························· 91

　　6.2　核磁共振波谱仪及实验要求 ······················ 92

　　　6.2.1　CW-核磁共振仪结构 ························· 92

　　　6.2.2　PFT-核磁共振仪原理 ························· 93

　　　6.2.3　核磁共振样品的制备 ·························· 94

　　6.3　^{1}H-核磁共振波谱（氢谱） ······················· 95

　　　6.3.1　屏蔽作用与化学位移 ·························· 95

　　　6.3.2　谱图的表示方法 ······························ 96

　　　6.3.3　化学位移、耦合常数与分子结构的关系 ······ 96

　　　6.3.4　影响化学位移的主要因素 ···················· 98

　　　6.3.5　^{1}H-NMR 谱图解析实例 ····················· 99

　　6.4　^{13}C-核磁共振谱（碳谱） ······················· 100

　　　6.4.1　^{13}C-NMR 概述 ····························· 100

　　　6.4.2　^{13}C-NMR 中的质子去耦技术 ··············· 100

　　　6.4.3　^{13}C-NMR 与^{1}H-NMR 的比较 ··············· 101

　　　6.4.4　影响^{13}C 化学位移的因素 ·················· 101

　　　6.4.5　碳核磁谱图解析和典型实例 ·················· 103

　　6.5　NMR 在材料研究中的应用 ······················ 105

　　　6.5.1　有机材料的定性分析 ·························· 105

　　　6.5.2　共聚物组成的测定 ···························· 106

　　　6.5.3　共聚物序列结构的研究 ······················ 107

　　　6.5.4　高分子键接方式和异构体的研究 ············ 107

　　参考文献 ·· 109

● 第7章　热分析技术　　　　　　　　　　　　　　　　　　111

　　7.1　热分析概论 ··· 111

7.2　差热分析与差示扫描量热法 ·················· 114
　7.2.1　DTA 与 DSC 仪器的组成与原理 ·················· 114
　7.2.2　差热分析与差示扫描量热法峰面积的计算 ·················· 116
　7.2.3　影响 DTA 与 DSC 曲线的因素 ·················· 120
　7.2.4　DTA 与 DSC 数据的标定 ·················· 122
7.3　热重分析与微商热重法 ·················· 123
　7.3.1　热重分析与微商热重法的基本原理 ·················· 123
　7.3.2　热天平的基本结构 ·················· 125
　7.3.3　影响热重数据的因素 ·················· 126
　7.3.4　热重试验及图谱辨析 ·················· 127
7.4　热膨胀法和热机械分析 ·················· 130
　7.4.1　热膨胀法 ·················· 130
　7.4.2　热机械分析 ·················· 131
7.5　热分析技术在材料研究中的应用 ·················· 132
　7.5.1　材料的结晶行为 ·················· 132
　7.5.2　材料液晶的多重转变 ·················· 136
　7.5.3　材料的玻璃化转变温度 T_g 及共聚共混物相容性 ·················· 137
　7.5.4　材料的热稳定性及热分解机理 ·················· 140
　7.5.5　材料的剖析 ·················· 142
　7.5.6　动态热机械分析评价材料的使用性能 ·················· 143
　7.5.7　动态介电分析评价材料的使用性能 ·················· 146
7.6　热分析联用技术 ·················· 153
　7.6.1　TG-DSC 联用 ·················· 153
　7.6.2　TG-FTIR 联用 ·················· 153
　7.6.3　TG-MS 联用 ·················· 155
参考文献 ·················· 156

● 第 8 章　表面分析技术　　　　　　　　　　　158

8.1　X 射线光电子能谱 ·················· 158
　8.1.1　X 射线光电子谱基本原理 ·················· 158
　8.1.2　结合能 ·················· 160
　8.1.3　化学位移 ·················· 161
　8.1.4　光电子能谱分析方法 ·················· 164
　8.1.5　X 射线光电子能谱仪 ·················· 168
8.2　俄歇电子能谱 ·················· 170
　8.2.1　俄歇电子能谱的基本原理 ·················· 170
　8.2.2　Auger 电子的能量和产额 ·················· 172
　8.2.3　俄歇电子能谱分析方法 ·················· 174
　8.2.4　俄歇电子能谱仪 ·················· 177
　8.2.5　扫描 Auger 显微探针 ·················· 179

8.2.6 扫描俄歇电子的应用 ···························· 179

参考文献 ··· 180

第9章 扫描电子显微镜 **181**

9.1 电子与物质的相互作用 ····························· 181

  9.1.1 电子散射 ······································· 181

  9.1.2 背散射电子 ····································· 182

  9.1.3 二次电子 ······································· 182

9.2 扫描电子显微镜结构和成像原理 ··················· 184

  9.2.1 扫描电子显微镜的工作原理 ····················· 184

  9.2.2 扫描电子显微镜的结构 ························· 187

  9.2.3 扫描电子显微镜的性能 ························· 189

  9.2.4 扫描电子显微镜的特点 ························· 190

  9.2.5 样品制备 ······································· 191

  9.2.6 影响电子显微镜影像品质的因素 ················· 191

9.3 场发射扫描电子显微镜 ····························· 192

  9.3.1 场发射扫描电子显微镜的结构 ··················· 192

  9.3.2 场发射扫描电子显微镜的特点 ··················· 193

9.4 电子探针显微分析 ································· 193

  9.4.1 EPMA 原理和结构 ····························· 193

  9.4.2 X射线能谱仪 ································· 194

  9.4.3 X射线波谱仪 ································· 195

  9.4.4 定性分析 ······································· 196

  9.4.5 定量分析 ······································· 197

参考文献 ··· 198

第10章 透射电子显微镜 **199**

10.1 透射电子显微镜简介 ····························· 199

10.2 电子波与电磁透镜 ······························· 199

  10.2.1 光学显微镜的分辨率极限 ····················· 199

  10.2.2 电子波的波长 ································· 201

  10.2.3 电磁透镜 ····································· 202

  10.2.4 电磁透镜的像差和分辨本领 ··················· 204

  10.2.5 电磁透镜的景深和焦长 ······················· 208

10.3 透射电子显微镜的结构 ··························· 209

  10.3.1 照明系统 ····································· 210

  10.3.2 成像系统 ····································· 213

  10.3.3 观察记录系统 ································· 216

10.4 透射电镜样品制备方法 ··························· 217

10.4.1　对样品的要求 ……………………………………… 217
10.4.2　复型样品制备 ……………………………………… 217
10.4.3　粉末样品制备 ……………………………………… 220
10.4.4　薄膜样品制备 ……………………………………… 221
10.4.5　聚焦离子束方法 …………………………………… 225
10.5　电子衍射 ………………………………………………… 227
10.5.1　概述 ………………………………………………… 227
10.5.2　电子衍射原理 ……………………………………… 228
10.5.3　单晶体电子衍射花样的标定 ……………………… 232
10.5.4　多晶体电子衍射花样的标定 ……………………… 236
10.5.5　非晶体电子衍射花样的标定 ……………………… 238
10.5.6　复杂电子衍射花样 ………………………………… 238
10.6　透射电子显微镜图像衬度及应用 ……………………… 244
10.6.1　质厚衬度 …………………………………………… 244
10.6.2　衍射衬度 …………………………………………… 246
10.6.3　相位衬度 …………………………………………… 248
10.6.4　原子序数衬度 ……………………………………… 251
参考文献 …………………………………………………………… 253

第 11 章　扫描探针显微镜　　　254

11.1　扫描探针显微镜概述 …………………………………… 254
11.1.1　扫描探针显微镜的发展历程 ……………………… 254
11.1.2　扫描探针显微镜的特点 …………………………… 256
11.2　扫描探针显微镜的工作原理 …………………………… 257
11.2.1　扫描隧道显微镜的工作原理 ……………………… 257
11.2.2　原子力显微镜的工作原理 ………………………… 259
11.3　工作方式 ………………………………………………… 260
11.3.1　扫描隧道显微镜的成像模式 ……………………… 260
11.3.2　原子力显微镜的成像模式 ………………………… 261
11.4　图像伪迹和测量误差 …………………………………… 265
11.4.1　探针针尖导致的伪迹和误差 ……………………… 265
11.4.2　扫描器导致的伪迹和误差 ………………………… 267
11.4.3　其他因素的影响 …………………………………… 268
11.5　扫描探针显微镜在现代材料研究中的应用 …………… 269
11.5.1　扫描探针显微镜在微纳技术和超精密加工中的应用 ……… 269
11.5.2　扫描探针显微镜在高分子领域的应用 …………… 272
11.5.3　扫描探针显微镜在能源领域的应用 ……………… 275
参考文献 …………………………………………………………… 277

第 1 章

绪 论

材料对人类历史的进展起着重要的作用，人类使用材料已有悠久的历史，随着人类文明和生产的发展，对材料的要求不断增加和提高，于是由采用天然材料进而为加工制作，再发展为研制合成。在近代材料技术的推动下，材料的品种日益增多，不同效能的新材料不断涌现，原有材料的性能也不断改善和提高，力求满足各种使用要求。材料科学是研究材料的成分、组织结构、制备工艺与材料性能及应用之间相互关系的科学，它对生产、使用和发展材料具有指导意义。

材料的成分、组织结构、制备工艺与材料性能四个方面，它们之间相互联系、相互影响，成为一个有机的整体。材料的结构和性能是材料科学研究的重心。改进材料的微结构是改进材料性能、开发新材料的有效途径。因此，高性能新材料的问世，总是和新型结构的发现和大规模制备新结构材料方法的发明联系在一起的。近年来，材料科学取得了很大的进展，一批新型材料相继出现，比如非晶态合金、形状记忆合金、纳米材料、人工超晶格材料、准晶、高温超导体等，不仅为材料家族增添了新成员，也极大地丰富了材料物理、材料微结构的内容，开拓了材料学科的新领域。

材料的微观组织结构主要包括以下几个方面的内容。

① 形貌：不同层次材料的相分布、形状、大小、数量等。

② 结构：相的原子排列情况表征（晶体、非晶体、准晶体）；组成相之间的关系（取向、界面关系）。

③ 缺陷：晶体缺陷（体、面、线、点缺陷）。

④ 表面状态：表面粗糙度、表面微裂纹、表面清洁度。

⑤ 成分：相成分、基体成分、界面成分及其分布。

材料的性能主要包括力学性能及其他的物理和化学性能。其特有性能可能包括：光学、电学、介电、热力学等性能。

1.1 材料的组织结构与性能

1.1.1 组织结构与性能的关系

结构决定性能是自然界永恒的规律。材料的性能（包括力学性能与物理性能）是由其内部的微观组织结构所决定的，不同种类材料固然具有不同的性能，即使是同一种材料经不同工艺处理后得到不同的组织结构时，也具有不同的性能。有机化合物中同分异构体的性能也各不相同。

1.1.2 微观组织结构控制

在认识了材料组织结构和性能之间的关系及显微组织结构形成的条件和过程机理的基础

上，我们可以通过一定的方法控制其显微组织形成条件，使其形成预期的组织结构，从而具有所希望的性能。

1.2　显微组织结构的内容

材料显微组织结构所涉及的内容大致如下：①显微化学成分（不同相的成分、基体与析出相的成分等）；②基体结构与晶体缺陷（面心立方、体心立方，位错、层错等）；③晶粒大小与形态（等轴晶、柱状晶、枝晶等）；④相的成分、结构、形态、含量及分布（球、片、棒、沿晶界聚集或均匀分布等）；⑤界面（表面、相界与晶界）；⑥位向关系（惯习面、孪生面、新相与母相）；⑦夹杂物；⑧内应力。

1.3　材料分析技术与材料的关系

材料学科的发展和材料分析技术的发展是密切相关的，正因为有了先进的分析技术和仪器，使科研工作者对材料的特殊性能成因有了更细微的探究，对材料的物理化学变化和显微结构有了深入的了解。因此，材料分析技术在材料的研究中起着非常重要的作用。

1.4　分析技术简介

随着分析仪器和技术的不断发展，用于材料结构分析和研究的试验方法和手段非常多，主要包括 X 射线衍射（XRD）仪、扩展 X 射线吸收精细结构（EXAFS）测定仪、高分辨透射电镜（HRTEM）、扫描探针显微镜（SPM）、扫描隧道显微镜（STM）、原子力显微镜（AFM）、场离子显微镜（FIM）、穆斯堡尔谱（MS）仪、拉曼散射（RS）仪、正电子湮灭（PA）仪、中子衍射仪以及原子吸收光谱仪、质谱仪、电子能谱仪、俄歇（Auger）电子谱仪、表面力仪、摩擦力显微镜等。其中比较常用的分析方法主要包括以下几种。

1.4.1　X 射线衍射

X 射线衍射技术是利用 X 射线在晶体中的衍射现象来分析材料的晶体结构、晶格参数、晶体缺陷（位错等）、不同结构组织的含量及内应力的方法。这种方法是建立在一定晶体结构模型基础上的间接方法，即根据与晶体样品产生衍射后的 X 射线信号的特征去分析计算出样品的晶体结构与晶格参数，并可以达到很高的精度。然而由于它不是像显微镜那样直接直观可见地观察，因此也无法把形貌观察与晶体结构分析微观同位地结合起来。

1.4.2　光谱分析

光谱分析在材料领域的研究中占有十分重要的地位。它们是研究材料的化学和物理结构及其表征的基本手段。

红外光谱技术可以为材料的研究提供各种信息，已逐渐扩展到多种学科和领域，应用非常广泛。随着激光技术的发展，激光拉曼光谱仪在材料研究中的应用也日益增多。紫外-可见光谱主要用于提供分子的共轭基团信息，在有机化合物和药物的结构解析中尤其重要。荧光光谱主要用于研究物质的结构、形态、能量迁移，光聚合和光降解反应机理等。

1.4.3　核磁共振

核磁共振（NMR）波谱学是利用原子核的物理性质，采用现代电子学和计算机技术，研究各种分子物理和化学结构的一门学科，主要应用于研究固体材料的化学组成、形态、构型、构象以及化学动力学过程。NMR 法具有精密、准确、深入物质内部而不破坏被测试样品的特点，因此极大地弥补了其他结构测试方法的不足。目前，NMR 波谱是现代分子科学、材料科学和生物医学领域中研究不同物质结构、动态结构和物理性质最有效的工具之一。

1.4.4　热分析技术

热分析是在程序控制温度下，测量材料物理性质和温度之间关系的一种技术，是研究材料结构特别是高分子材料结构的一种重要手段。热分析技术的基础是当物质的物理状态和化学状态发生变化（如升华、氧化、聚合、固化、脱水、结晶、降解、熔融、晶格改变及发生化学反应）时，往往伴随着热力学性质（如热熔、比热容、热导率等）的变化，因此可通过测定其热力学性质的变化来了解物质物理或化学变化过程。它不但可以获得结构方面的信息，而且还能测定一些物理性质。因此，热分析技术既可以为新材料的研制提供有一定参考价值的热力学参数和动力学数据，又可达到指导生产、控制产品质量的目的。

1.4.5　表面分析技术

电子能谱分析是一种研究物质表面元素组成与离子状态的表面分析技术，其基本原理是利用单色射线照射样品，使样品中原子或分子的电子受激发射，然后测量这些电子的能量分布。通过与已知元素的原子或离子不同壳层电子的能量相比较，就可确定未知样品表面中原子或离子的组成和状态。

对于固体样品，X 射线光电子能谱（XPS）可以探测 $2\sim20$ 个原子层深度的范围。俄歇电子能谱（AES）是用一束汇聚电子束，照射固体后在表面附近产生了二次电子。由于俄歇电子在样品浅层表面逸出过程中没有能量的损耗，因此从特征能量可以确定样品元素成分，同时能确定样品表面的化学性质。由于电子的高分辨率，故可以进行三维区域的微观分析。

1.4.6　电子显微镜

电子显微镜（electron microscope，EM）是使用高能电子束作光源、使用磁场作透镜制造的具有高分辨率和高放大倍数的电子光学显微镜。

（1）扫描电子显微镜（SEM，scanning electron microscope）。SEM 是利用电子束在样品表面扫描激发出来代表样品表面特征的信号成像的，常用来观察样品表面形貌（断口等）。场发射扫描电子显微镜的分辨率可达到 1nm，放大倍数可达到 $1.5\times10^{5}\sim2.0\times10^{5}$ 倍，还可以观察样品表面的成分分布情况。

（2）透射电子显微镜（TEM，transmission electron microscope）。TEM 是采用透过薄膜样品的电子束成像来显示样品内部组织形貌与结构的。因此，它可以在观察样品微观组织形态的同时，对所观察的区域进行晶体结构鉴定（同位分析）。其分辨率可达 10^{-1}nm，放大倍数可达 $4.0\times10^{5}\sim6.0\times10^{5}$ 倍。

（3）扫描探针显微镜（SPM，scanning probe microscopy）。SPM 是一种新型的表面测试分析仪器。扫描探针显微镜覆盖几种相关技术，用于成像和测量精细尺度上的表面时，在 x 和 y 方向上精度可达 0.1nm，在 z 方向上达到 0.01nm，达到分子和原子团的水平。

第 2 章

X射线衍射

2.1　X射线衍射基本概念

2.1.1　X射线的产生及X射线谱

2.1.1.1　X射线的产生

X射线是一种介于紫外线和γ射线之间的电磁波，波长范围在 $0.001 \sim 10\mathrm{nm}$，具有很强的穿透能力。实验表明：高速运动的电子被物质（如阳极靶）阻止时，伴随电子动能的消失与转化，会产生X射线。因此，X射线产生必须具备如下条件：

① 具有产生自由电子的电子源，如加热钨灯丝发射电子。

② 在阴极和阳极之间施加高压，用以加速自由电子使其朝向靶材方向运动。

③ 设置阻碍自由电子运动的障碍物，如阳极靶材，用以产生X射线；将阴、阳极封闭在 $>10^{-3}\mathrm{Pa}$ 的高真空中，保持两极洁净，促使加速电子无阻碍地撞击到阳极靶材上。

上述条件构成了X射线发生的基本装置，如图 2.1 所示。X射线发生设备通常称为X光机，它包括：高压发生器，整流、稳压电路，控制系统和保护系统，X射线管。目前使用的X射线管有封闭式和可拆式两大类。

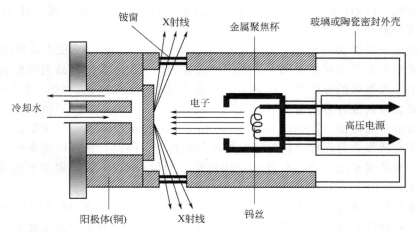

图 2.1　X射线发生器

2.1.1.2　X射线谱

X射线谱指的是X射线的强度 I 随波长 λ 变化的曲线关系。X射线强度大小由单位时间内通过与 X 射线传播方向垂直面单位面积上的光量子数决定。实验表明，X 射线管阳极靶发射出的 X 射线谱分为两类：连续 X 射线谱与特征 X 射线谱。

通常由 X 射线管产生的 X 射线包含各种连续的波长，构成连续谱，如图 2.2 所示。

（1）连续 X 射线谱（也称为白色 X 射线）

连续 X 射线是高速运动的电子被阳极靶材突然阻止而产生的。它由某一短波限 λ_0 开始直到波长等于 λ_∞ 的一系列波长组成。具有如下实验规律：

① 当增加 X 射线管电压时，各种波长射线的相对强度均一致增高，最大强度 X 射线的波长 λ_m 和短波限 λ_0 变小。

② 当 X 射线管电压保持恒定、增加管电流时，各种波长 X 射线的相对强度一致增高，但 λ_m 和 λ_0 数值大小不变。

③ 当改变阳极靶材元素时，各种波长的相对强度随靶材元素原子序数的增加而增加。

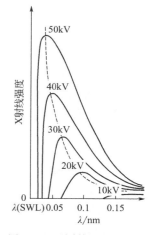

图 2.2　不同管电压下金属 W 的连续 X 射线谱

当 X 射线管中高速运动的电子和阳极靶材碰撞时，产生极大的负加速度，电子周围的电磁场将发生急剧的变化，辐射出电磁波。由于大量电子轰击阳极靶材的时间和条件不完全相同，辐射出的电磁波具有各种不同的波长，因而形成了连续 X 射线。

根据量子力学观点，能量为 eV 的电子和阳极靶碰撞时产生光子，从数值上看光子的能量应该小于或最多等于电子的能量。因此，光子能量有一频率上限 γ_m 或短波限 λ_0 与它相对应，可以表示为

$$eV = h\gamma_m = h\frac{c}{\lambda_0} \tag{2.1}$$

式中，e 为电子的电荷，等于 4.08×10^{-10} 静电单位（1 静电单位的电压降等于 300V）；V 为加在管子两极上的电压（以千伏为单位）；h 为普朗克常数；c 为光子在真空中的传播速度。将这些值代入上式得

$$\lambda_0 = \frac{hc}{eV} = \frac{1.24}{V} \ (\text{nm}) \tag{2.2}$$

连续 X 射线谱有短波限 λ_0 存在，且与电压成反比。但是，在被加速电子中的大多数高速电子与阳极靶撞击时，其部分能量 ε' 要消耗在电子对阳极靶的各种激发作用上，所以转化为 X 射线光量子的能量要小于加速电子的全部能量，即 $\varepsilon = eV - \varepsilon'$。此外，一个电子有时要经过几次碰撞才能转换为光量子，或者一个电子转换为几个光量子。因此，大多数辐射的波长均应大于短波极限 λ_0，从而组成了连续 X 射线谱。

库伦坎普弗（Kulenkampff）综合各种连续 X 射线强度分布的实验结果，得出经验公式

$$I_\lambda \mathrm{d}\lambda = KI\frac{1}{\lambda^2}\left(\frac{1}{\lambda_0} - \frac{1}{\lambda}\right)\mathrm{d}\lambda \tag{2.3}$$

式中，$I_\lambda \mathrm{d}\lambda$ 表示波长在 $\lambda + \mathrm{d}\lambda$ 之间 X 射线谱线的强度（I_λ 称为对于波长 λ 的 X 射线谱的强度密度）；I 是 X 射线管的电流强度；K 是常数。对式（2.3）从 λ_0 到 λ_∞ 进行积分就得到在某一实验条件下发出的连续 X 射线的总强度

$$I_{连} = \int_{\lambda_0}^{\lambda_\infty} I_\lambda \mathrm{d}\lambda = KIZV^2 \tag{2.4}$$

式中，Z 是阳极靶元素的原子序数；K 为常数，此实验测得 $K = 1.1 \times 10^{-9} \sim 1.5 \times$

10^{-9}。此式说明，连续谱的总强度与管电流强度 I、靶的原子序数 Z 以及管电压 V 的平方成正比。

X 射线管的效率 η 定义为 X 射线强度与 X 射线管功率的比值，即

$$\eta=\frac{KIZV^2}{IV}=KZV \tag{2.5}$$

当用钨阳极管（$Z=74$），管电压为 100kV 时，X 射线管的效率为 1‰或者更低，这是由于 X 射线管中电子的能量绝大部分在和阳极靶碰撞时产生热能而损失了，只有极少部分能量转化为 X 射线能。所以 X 射线管工作时必须用冷却水冲刷阳极，达到冷却阳极的目的。

如图 2.2 的连续谱曲线可用经验方程式表达为

$$I_\lambda=C'Z\frac{1}{\lambda^2}\left(\frac{1}{\lambda_0}-\frac{1}{\lambda}\right) \tag{2.6}$$

（2）特征 X 射线谱

对一定元素的靶，当管电压小于某一限度时，只激发连续谱，随着管电压的增高，射线谱曲线只向短波方向移动，总强度增高。但当管电压超过某一临界值 $V_{激}$ 后（如对铜靶超过 20kV），强度分布曲线将产生显著的变化，即在连续 X 射线谱某几个特定波长的地方，强度

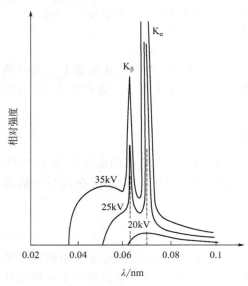

图 2.3 钼阳极管发射的 X 射线谱

突然显著地增大，如图 2.3 所示。由于对一定种类的原子，各层能量是一定的，频率不变，它们的波长反映了靶材料的特征，因此称为特征 X 射线，并由它们构成了特征 X 射线谱。特征 X 射线的产生是由于当高速电子与原子发生碰撞时，电子可以把原子内壳层 K 层上的电子击出并产生空穴，此时次外壳层 L 层上的较高能量电子跃迁到 K 层，并释放出能量，跃迁的能量差（$\Delta E=E_L-E_K=h\nu$）转换为 X 射线，X 射线的波长仅取决于原子序数，遵守莫塞莱（Mosley）定律：$\lambda=K(Z-\sigma)$，其中 K 和 σ 都是常数，Z 是原子序数。向 K 层跃迁时发射的是 K 系谱线，其中 L 层电子向 K 层跃迁时发出的射线称为 K_α 线，M 层电子向 K 层跃迁时发出的射线称 K_β 线，如此等等。特征 X 射线只有在达到某一加速电压时才出现，这个电压称为激发电压。例如 Cu 靶的 $V_K=8.9$kV，工作电压通常选用 30～45kV。

如图 2.3 所示，两个强度特别高的窄峰称为钼的 K 系 X 射线，波长为 0.063nm 的是 K_β 射线，波长为 0.071nm 的是 K_α 射线。K_α 线又可细分为 K_{α_1} 和 K_{α_2} 两条线，其波长相差约为 0.0004nm，K_{α_1} 和 K_{α_2} 射线的强度比约为 2:1，而 K_α 和 K_β 的强度比约为 5:1。当用原子序数较高的金属作阳极靶时，除去 K 系射线外，还可得到 L、M 等系的特征 X 射线。在通常的 X 射线衍射工作中，一般均采用强而窄的 K_α 谱线，如管电压约为 35kV 时，Cu K_α 谱线的强度约为连续谱及邻近射线强度的 90 倍，而且半高宽度<0.0001nm。继续提高管电压时，图 2.3 中各特征 X 射线的强度不断增高，但其波长不变。

特征的 X 射线波长取决于阳极靶元素的原子序数。实验证明：

① 阳极靶元素的特征谱按照波长增加的次序分为 K、L、M 等若干谱系，每个谱线系

又分若干亚系。例如，K 系内每一条谱线按波长减小的次序分别称为 K_a、$K_β$、$K_γ$ 等谱线。每一条谱线对应一定的激发电压，只有当管电压超过激发电压时才能产生该靶元素的特征谱线，且靶元素的原子序数越大其激发电压越高。

每条特征谱线都对应一个特定的波长，不同阳极靶元素的特征谱波长不同。如管电流 I 与管电压 V 的增加只能增强特征 X 射线的强度，而不改变波长。它的规律为：

$$I_特 = cI(V - V_激)^n \tag{2.7}$$

式中，c 为比例常数；$V_激$ 为阳极靶元素特征 X 射线激发电压；n 值对应 K 系谱线取 1.5，对 L 系取 2。

② 不同阳极靶元素的原子序数与特征谱波长之间的关系由莫塞来定律确定

$$\sqrt{\frac{1}{\lambda}} = K(Z - \sigma) \tag{2.8}$$

式中，λ 为特征谱线的波长；K 和 σ 均为常数；Z 为阳极物质的原子序数。

上述实验规律可以用电子和原子相互作用时原子内部能态的变化来解释。

为提高峰背比，通常 X 射线的工作电压为应激电压的 3～5 倍。当使用单色器时，则可不遵守此规则。

2.1.2　X 射线与物质的相互作用

当 X 射线与物质相遇时，会产生一系列效应，这是 X 射线应用的基础。德国物理学家伦琴在发现 X 射线时就观察到它具有可见光无法比拟的穿透力，可使荧光物质发光，可使气体或其他物质电离等。X 射线与物质的相互作用很快就得到了应用，这些相互作用的物质也就得到逐渐深入的认识。入射到某物质的 X 射线可分为穿透和吸收两部分。

2.1.2.1　X 射线的透射系数和吸收系数

如图 2.4 所示，强度为 I_0 的入射线照射到厚度为 t 的均匀物质上，实验证明，X 射线通过深度为 x 处的 $\mathrm{d}x$ 厚度物质，其强度的衰减 $\mathrm{d}I_x$ 与 $\mathrm{d}x$ 成正比，即

$$\frac{\mathrm{d}I_x}{I_x} = -\mu_l \mathrm{d}x \quad （负号表示 \mathrm{d}I_x 与 \mathrm{d}x 符号相反） \tag{2.9}$$

式中，μ_l 为常数，称线吸收系数。

式（2.9）经积分得（积分限 $0 \sim t$）：

$$\frac{I}{I_0} = e^{-\mu_l t} \qquad\qquad I = I_0 e^{-\mu_l t} \tag{2.10}$$

式中，$\dfrac{I}{I_0}$ 称透射系数，图 2.5 为强度随透入深度的指数衰减关系。

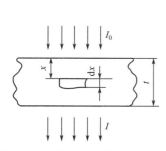

图 2.4　X 射线透过物质后的衰减

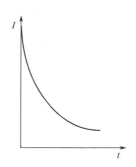

图 2.5　X 射线强度随透入深度的变化

线吸收系数 μ_l 表明物质对 X 射线的吸收特性，由式（2.9）可得 $\mu_l = -\dfrac{\mathrm{d}I_x}{I_x} \times \dfrac{1}{\mathrm{d}x}$，即 μ_l 是 X 射线通过单位厚度（即单位体积）物质的相对衰减量。单位体积内物质量随其密度而异。因而 μ_l 对一确定的物质也不是一个常量。为表达物质本质的吸收特性，提出了质量吸收系数 μ_m 即

$$\mu_m = \mu l / \rho \tag{2.11}$$

式中，ρ 为吸收体的密度。

将式（2.11）代入式（2.10）得

$$I = I_0 e^{-\mu \rho t} = I_0 e^{-\mu \rho t} \tag{2.12}$$

m 为单位面积厚度为 t 的体积中物质的质量（$m = \rho t$）。由此可知 μ_m 的物理意义：μ_m 指 X 射线通过单位面积上单位质量物质后强度的相对衰减量。这样就摆脱了密度的影响，成为反映物质本身对 X 射线吸收性质的物理量。若吸收体是多元素的化合物、固溶体或混合物时，其质量吸收系数仅决定于各组元的质量吸收系数 μ_{m_i}。其组元的质量分数为 w_i。

$$\overline{\mu}_m = \sum_{i=1}^{n} \mu_{m_i} w_i \tag{2.13}$$

式中，n 为吸收体中的组元数。

质量吸收系数决定于吸收物质的原子序数 Z 和 X 射线的波长 λ，其关系的经验公式为

$$\mu_m \approx K_4 \lambda_3 Z^3 \tag{2.14}$$

式中，K_4 是常数。式（2.14）表明，物质的原子序数越大，对 X 射线的吸收能力越强；对一定的吸收体，X 射线的波长越短，穿透能力越强，表现为吸收系数的下降。但随波长的降低，μ_m 并非连续地变化，而是在某些波长位置突然升高，出现了吸收限。每种物质都有它本身确定的一系列吸收限，这种带有特征吸收限的吸收系数曲线称为该物质的吸收谱（如图 2.6 所示），吸收限的存在暴露了吸收的本质。

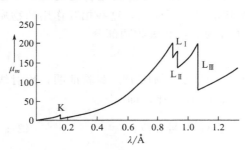

图 2.6 质量吸收系数 μ_m 随入射波长的变化（Z 一定，1Å=0.1nm）

2.1.2.2 X 射线的真吸收

虽然 X 射线穿透物质的能力较强，然而，X 射线在通过物质时都存在着某种程度的吸收，吸收作用包括散射和"真吸收"。散射分为相干散射和非相干散射。真吸收是由于光电效应造成的。X 射线照射到物质后有三种效应，如图 2.7 所示。

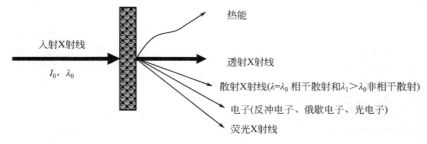

图 2.7 X 射线与物质的作用

当 X 射线强度 I_0 穿过具有线吸收系数为 μ_l、厚度为 x 的物质时，穿透的 X 射线强度为

$$I = I_0 e^{-\mu_l x} \tag{2.15}$$

如果 ρ 是吸收体密度（g/cm³），则有

$$I = I_0 e^{-(\mu_l/\rho)\rho x} = I_0 e^{-\mu_m \rho x} \tag{2.16}$$

当吸收体不是单一元素，而是多个元素所组成的化合物、混合物、合金或溶液时，该物质的质量吸收系数为

$$\mu_m = w_1 \mu_{m1} + w_2 \mu_{m2} + \cdots + w_P \mu_{mP} \tag{2.17}$$

式中，w_1、w_2、$\cdots$、w_P 为吸收体中各组成元素的质量分数。μ_{m1}、μ_{m2}、$\cdots$、μ_{mP} 为相应的对 X 射线波长的质量吸收系数。元素的质量吸收系数与原子序数 Z 和入射线波长 λ 的关系为

$$\mu_m \approx K\lambda^3 Z^3 \tag{2.18}$$

式中，K 为常数。对给定元素，质量吸收系数随波长变化存在着一些不连续的突变（λ_K、λ_L 等），称为吸收边或吸收限。这种吸收的突变是由于当能量达到正好打出 K、L 等层电子时，产生特征 X 射线，所以吸收边的波长对应着特征 X 射线的激发电压（kV）。在许多情况下，X 射线衍射研究工作中使用单色 X 射线，而 X 射线管发出的 X 射线有连续谱和特征谱。由于特征 X 射线产生尖锐的衍射峰，而伴随的连续谱产生的是漫散射，影响特征 X 射线衍射花样观察。因为非晶态的衍射本身就是漫散峰或晕环，连续谱漫散射的存在，进入非晶散射，很难扣除，在这种情况下需要对 X 射线进行单色化。K_β 线的存在也会给分析衍射花样带来困难和麻烦，在许多衍射实验中，需要滤掉 K_β 线。由于特殊需要也可使用 K_β 线衍射或者允许 K_β 线存在。

用合适材料作滤光片，使滤光片的 K 吸收边正好处在发射 X 射线的 K_α 和 K_β 波长之间，造成对 K_β 线的强吸收，达到滤除 K_β 线的目的。用滤光片得到的 X 射线，还含有连续谱，目前的 X 射线衍射仪用晶体单色器结合脉冲高度分析器（PHA），通过选择合适的基线和道宽，让 K_α 线通过，去掉 K_β 线和连续谱。在 X 射线衍射照相中，常用的还是滤光片滤光，因为这种方法简便易行，可以得到满意的 X 射线衍射花样，所以衍射照相普遍使用。用晶体的布拉格衍射进行单色化时，选择合适的单色化单晶，用它的强衍射面，通过使 K_α 的 X 射线满足布喇格条件得到单色化的衍射光束。但晶体单色器不能去掉连续谱中的 K_α 高次谐波，结合脉冲高度分析器可去掉高次谐波。对于晶态和非晶态经常共存的聚合物 X 射线衍射来说，这种单色化是十分有利的。可以利用吸收限两侧吸收系数差很大的现象制成滤光片，用以吸收不需要的辐射而得到基本单色的光源。如前所述，K 系辐射包含 K_α 和 K_β 谱线，在多晶衍射分析中，为了使衍射谱线简明，有时希望除去强度较低的 K_β 谐线以及连续谱。为此，可以选取一种材料制成滤波片，放置在光路上，这种材料的 K 吸收限 λ_K 处于光源的 λ_{K_α} 和 λ_{K_β} 之间，即：λ_{K_β}（光源）$< \lambda_K$（滤片）$< \lambda_{K_\alpha}$（光源），它对光源的 K_β 波辐射吸收很强烈，而对 K_α 辐射吸收很少。经过滤波片后发射光谱变成如图 2.8 所示的形态。通常需调整滤波片的厚度（按吸收公式计算），使滤波后的 $I_{K_\alpha}/I_{K_\beta} \approx 1/600$（在未滤波时，$I_{K_\alpha}/I_{K_\beta} \approx 1/5$）。如表 2.1 所示为常用 X 射线

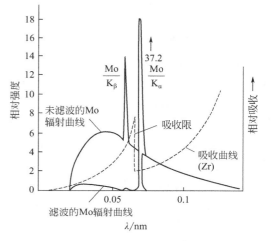

图 2.8　滤波片原理示意图

管及与其相配用的滤波片各参数。可以看出，滤片元素的原子序数均比靶元素的原子序数小1～2。

表 2.1　几种常用 X 射线管及与其相配用的滤波片各参数

阳极靶				滤波片				I/I_0
元素	Z	λ_{K_α}/Å	λ_{K_β}/Å	元素	Z	λ_K/Å	厚度/mm	(K_α)
Cr	24	2.29100	2.08487	V	23	2.2691	0.016	0.5
Fe	26	1.937355	1.75661	Mn	25	1.89643	0.016	0.46
Co	27	1.790260	1.62079	Fe	26	1.74346	0.018	0.44
Ni	28	1.659189	1.500135	Co	27	1.60815	0.018	0.53
Cu	29	1.541838	1.392218	Ni	28	1.48807	0.021	0.40
Mo	42	0.710730	0.632288	Zr	40	0.68883	0.108	0.31

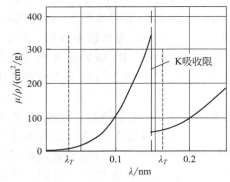

图 2.9　光源的波长（λ_T）与试样吸收谱的关系

元素的吸收谱还可作为选择 X 射线管靶材的重要依据。在进行衍射分析时，总希望 X 射线尽可能少被试样吸收，从而获得高的衍射强度和低的背底。这样就应依如图 2.9 所示的方式选用 X 射线管靶材。图 2.9 所示试样元素的吸收谱，靶的 K_α 谱（λ_T）应位于试样元素 K 吸收限的右近邻（稍大于 λ_T）或左面远离 λ_T（远小于 λ_T）的低 μ_m 处。如 Fe 试样用 Fe 靶或 Co 靶，Al（$Z=13$）试样用 Cu 靶或 Mo 靶。

在 X 射线衍射晶体结构分析工作中，大量的荧光辐射会增加衍射花样的背底，使图像不清晰。避免出现大量荧光辐射的原则就是选择入射 X 射线的波长，使其不被样品强烈吸收，也就是选择阳极靶材料，让靶材产生的特征 X 射线波长偏离样品的吸收限。

根据样品成分选择靶材的原则是：$Z_{靶} \leqslant Z_{样} - 1$ 或 $Z_{靶} \gg Z_{样}$。

对于多元素的样品，原则上是以含量较多的几种元素中最轻的元素为基准来选择靶材。

2.1.2.3　X 射线的散射

X 射线在穿过物质后强度衰减，除主要部分是由于真吸收消耗于光电效应和热效应外，还有一部分是偏离了原来的方向，即发生了散射。在散射波中有与原波长相同的相干散射和与原波长不同的不相干散射。

（1）相干散射（coherent scattering，亦称经典散射）

当入射线与原子内受核束缚较紧的原子相遇时，光量子能量不足以使原子电离，但电子可在 X 射线交变电场作用下发生受迫振动，这样的电子就成为一个电磁波的发射源，向周围辐射与入射 X 射线波长相同的辐射，因为各电子所散射的射线波长相同，有可能相互干涉，故称相干散射。汤姆孙（J. J. Thomson）用经典方法研究了此现象，推导出表明相干散射强度的汤姆孙散射公式。

当入射线偏振时，电子在空间一点 P 的相干散射强度

$$I_e = \frac{I_0}{R^2}\left(\frac{\mu_0}{4\pi}\right)^2\left(\frac{e^2}{m}\right)^2\sin^2\phi \tag{2.19a}$$

当入射线非偏振时，在点 P 的相干散射强度

$$I_e = \frac{I_0}{R^2}\left(\frac{\mu_0}{4\pi}\right)^2\left(\frac{e^2}{m}\right)\frac{1+\cos^2 2\theta}{2} \tag{2.19b}$$

式中，I_0 为入射线强度；I_e 为一个电子的相干散射强度；$\mu_0 = 4\pi\times10^7\,\text{m}\cdot\text{kg/C}^2$；$e$、$m$ 为同前的物理常数；ϕ 为入射线电场振幅 A_o 方向与散射方向 OP 间的夹角；R 为散射电子到空间一点 P 的距离；2θ 为散射方向与入射方向间的夹角，如图 2.10(a)、（b）所示。式(2.19) 中的 $\left(\frac{\mu_0}{4\pi}\right)^2\left(\frac{e^2}{m}\right)$ 为常数项，称电子散射因数 f_e。f_e 是个很小的数（$f_e^2 = 7.94\times 10^{-30}\,\text{m}^2$），说明一个电子的相干散射强度是很弱的。$\frac{1+\cos^2 2\theta}{2}$ 因数，表明当入射线非偏振时，相干散射线的强度随 2θ 变化，是偏振的。若将汤姆孙公式用于质子或原子核，由于质子的质量是电子的 1840 倍，则散射强度只有电子的 $1/1840^2$，可忽略不计。所以物质对 X 射线的散射可以认为只是电子的散射。相干散射波虽然只占入射能量的极小部分，但由于它的相干特性而成为 X 射线衍射分析的基础。

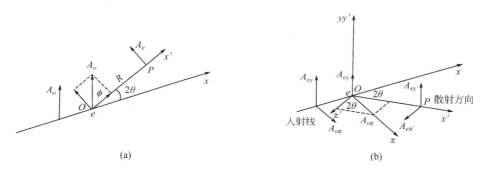

图 2.10　一个电子的相干散射

（a）入射线偏振；（b）入射线非偏振

晶体结构的特点是原子在空间规则排列，所以把原子看成一个个分立的散射源有利于分析晶体的衍射。原子中的电子在其周围形成电子云，当散射角 $2\theta = 0$ 时，各电子在这个方向的散射波之间没有光程差，它们的合成振幅 $A_a = ZA_e$；当散射角 $2\theta \neq 0$ 时，如图 2.11 所示，观察原点 O 和空间一点 G 的电子，它们的相干散射波在 2θ 角方向上的光程差 $\delta = GN - OM$，设入射和散射方向的单位矢量分别是 S 和 S_0，位矢 $GO = r$。

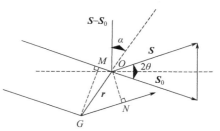

图 2.11　一个原子中二电子的相干散射

如图 2.11 所示：$|S - S_0| = 2\sin\theta$，r 与 $S - S_0$ 夹角为 α，则其位相差 ϕ 为

$$\phi = \frac{2\pi}{\lambda}r\times 2\sin\theta\cos\alpha = \frac{4\pi\sin\theta}{\lambda}r\cos\alpha \tag{2.20}$$

令 $K = \frac{4\pi\sin\theta}{\lambda}$，则

$$\phi = Kr\cos\alpha \tag{2.21}$$

设 $\rho(r)$ 是原子中总的电子分布密度，则原子中所有电子在 S 方向上散射波的合成振幅为

$$A_\alpha = A_e \int_V \rho(r) e^{i\phi} \mathrm{d}V \tag{2.22}$$

$\mathrm{d}V$ 是位矢 r 端点周围的体积元。定义原子散射因数 f 为：

$$f = \frac{A_\alpha}{A_e} = \frac{\text{一个原子中所有电子相干散射波的合成振幅}}{\text{一个电子相干散射波的振幅}}$$

则

$$f = \int_V \rho(r) e^{i\phi} \mathrm{d}V \tag{2.23}$$

若原子中电子云是对原子核呈球形对称分布，$U(r)$ 为其径向分布函数（半径为 r 的球面上的电子数），$U(r) = 4\pi r^2 \rho(r)$，就可推得

$$f = \int_0^\infty U(r) \frac{\sin Kr}{Kr} \mathrm{d}r \tag{2.24}$$

可见，原子散射因数决定于原子中电子分布密度以及散射波的波长和方向（$\sin\theta/\lambda$）。当 $\theta = 0$ 时，$f = Z$；当 $\theta \neq 0$ 时，$f < Z$。f 可用量子力学方法计算，也可通过实验测定。如图 2.12 所示，元素 Cs 的原子散射因数随 $\frac{\sin\theta}{\lambda}$ 的变化而变化。因为散射强度之比是散射振幅的平方比，所以原子的相干散射强度为

$$I_\alpha = f^2 I_e \tag{2.25}$$

在上述分析中，将电子看成自由电子，忽略了核对电子的束缚和其他电子的排斥作用，由于电子处在物质中，必然受到这些因素的影响。特别是在入射波长 λ 接近被照物质的吸收限 λ_K 时（$\lambda/\lambda_K \approx 1$），此作用尤其显著，原子散射因数较计算值 f_0 相差一修正量，即发生反常散射现象。有效的原子散射因子 $f_{有效}$ 为

$$f_{有效} = f_0 + f' + if'' \tag{2.26}$$

式中，f' 和 f'' 称色彩修正项。虚数项 f'' 通常忽略不计。对给定的散射体和波长，f' 与散射角无关。

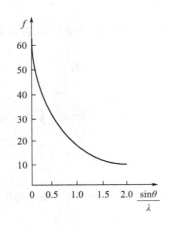

图 2.12 原子散射因子 f 随 $\sin\theta/\lambda$ 的变化

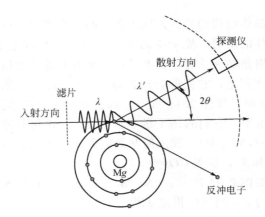

图 2.13 康普顿-吴有训效应

（2）不相干散射（incoherent scattering，亦称量子散射）

在偏离原射束方向上，不仅有与原射线波长相同的相干散射波，还有波长变长的不相干

散射波。这一现象是美国物理学家康普顿（A. H. Compton）在1923年发现的，我国物理学家吴有训参加了此工作，做了大量卓有成效的实验，故此现象称康普顿-吴有训效应。他们用X射线光量子与自由电子碰撞的量子理论解释这一现象。如图2.13所示，能量为 $h\nu$ 的光子与自由电子或受核束缚较弱的电子碰撞，将一部分能量给予电子，使其动量提高，成为反冲电子，光子损失了能量，并改变了运动的方向，能量减少为 $h\nu'$，显然 $\nu'<\nu$，这就是不相干散射。根据能量和动量守恒定律，推得不相干散射的波长变化 $\Delta\lambda$ 为

$$\Delta\lambda=\lambda'-\lambda=0.00243(1-\cos2\theta)=0.00486\sin^2\theta \tag{2.27}$$

康普顿散射的强度随 $\sin\theta/\lambda$ 的增大而增大。轻元素中电子受核的束缚较弱，有较明显的康普顿-吴有训效应。不相干散射的波长均与入射波不同，且随散射方向（2θ）变化，故不能发生衍射，在衍射分析中形成背底。

2.2　X射线分析法原理

2.2.1　X射线在晶体中的衍射

2.2.1.1　X射线衍射现象

当完全平行的单色X射线（波长为 λ），以入射角 θ 入射到晶面上时（如图2.14所示），将产生与入射X射线成 2θ 角方向上的散射波。如果晶面上的所有原子在反射方向上的散射线位相都是相同的，所以互相加强。如果波程差 $d\sin\theta$ 为波长的整数倍，即当下式成立时散射波1、2的位相完全相同，所以互相加强。下式就是布拉格定律

$$2d\sin\theta=n\lambda(n=0,1,2,\cdots) \tag{2.28}$$

式中，n 为整数，称为反射级数。因此，凡是在满足布拉格方程式的所有晶面上所有原子散射波的位相完全相同，其振幅互相加强，在与入射线成 2θ 角的方向上就会出现衍射线。而在其他方向上散射线的振幅互相抵消，X射线的强度减弱或者等于零。我们把强度相互加强的波之间的作用称为相长干涉，而强度相互抵消的波之间的作用称为相消干涉。

如图2.14所示的X射线衍射现象和可见光的镜面反射现象类似，但是X射线衍射和反射有本质的区别：首先被晶体衍射的X射线是由入射线在晶体中所经过的路程上的所有原子散射波干涉的结果，而可见光的反射是在其表层上产生的，可见光反射仅发生在两种介质的界面上；其次，单色X射线的衍射只在满足布拉格定律的若干个特殊角度上产生（选择衍射），而可见光反射可以任意角度产生；第三，可见光在良好的镜面上反射，其效率可接近100%，而X射线衍射线的强度比起入射线强度却微乎其微。还需注意的是X射线的反射角不同于可见光反射角，X射线的入射线与反射线的夹角永远是 2θ。综上所述，本质上说，X

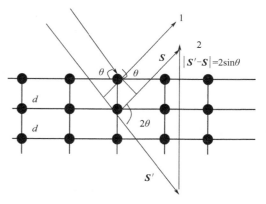

图2.14　X射线衍射示意图

射线的衍射是由大量原子参与的一种散射现象。原子在晶面上是呈周期性排列的，被它们散射的X射线之间必然存在位相关系，因而在大部分方向上产生相消干涉，只有在仅有的几个方向上产生相长干涉，这种相长干涉的结果是形成了衍射束。这样，产生衍射现象的必要

条件是有一个可以干涉的波（X 射线）和有一组周期排列的散射中心（晶体中的原子）。

2.2.1.2 劳厄方程和布拉格方程

1912 年，德国物理学家 Laue（1879—1960）发现了晶体的 X 射线衍射现象，这一发现既证明了 X 射线的波动性，又证实了晶体结构的周期性，具有十分重大的意义，为晶体结构的测定以及固体物理学的发展奠定了坚实的基础，Laue 因此而获得 1914 年诺贝尔物理学奖。Laue 把晶体对 X 射线的衍射归结为晶体内每个原子对 X 射线的散射，当所有原子的散射发生相长干涉时便产生最大的衍射，为导出晶体的衍射条件，先考虑相距为 R 的两个原子。如图 2.15 所示，表示入射波的波矢，它与波长的关系为：

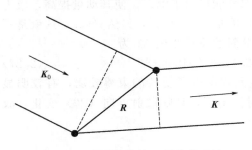

图 2.15 两原子散射 X 射线的程差

$$K_0 = 2\pi/\lambda \tag{2.29}$$

K 表示散射波的波矢，假定散射是弹性的，即 $K_0 = K$，则程差为

$$R \cdot (K - K_0)/K_0 \tag{2.30}$$

所以散射波相长干涉的条件就是

$$R \cdot \frac{(K - K_0)}{K_0} = n\lambda \tag{2.31}$$

n 为整数，上式也可以写为

$$R \cdot (K - K_0) = 2\pi n \tag{2.32}$$

如果基元只含有一个原子，则格点就代表原子，任何原子都可以用平移矢量 R 相联系，当所有 R 都满足（2.32）时，就得到整个晶体的衍射条件，可以表示为

$$e^{i(K - K_0) \cdot R} = 1 \tag{2.33}$$

利用倒格矢 G 和 R 的关系，$G \cdot R = 2\pi n$，要满足上式只需

$$K - K_0 = G \tag{2.34}$$

这就是在倒格子空间中表示的晶体衍射条件，式（2.32）或式（2.34）称为 Laue 方程。

1913 年布拉格父子推导出衍射方程式——布拉格方程。在此推导过程中讨论了产生 X 射线衍射的条件是在与入射角相等的反射方向上两者相互加强的条件是：

$$2d\sin\theta = n\lambda \tag{2.35}$$

布拉格方程在实验上有两种用途：利用已知波长的特征 X 射线，通过测量 θ 角，可以计算出晶面间距 d；利用已知晶面间距 d 的晶体，通过测量 θ 角，从而计算出未知 X 射线的波长。例如，衍射方向对于一种晶体结构总有相应的晶面间距表达式。将布拉格方程和晶面间距公式联系起来，就可以得到该晶系的衍射方向表达式。对于立方晶系可以得到

$$\sin^2\theta = \lambda^2(h^2 + k^2 + l^2)/4a^2 \tag{2.36}$$

此式就是晶格常数为 a 的 $\{hkl\}$ 晶面对波长为 λ 的 X 射线的衍射方向公式。上式表明，衍射方向决定于晶胞的大小与形状。反过来说，通过测定衍射束的方向，可以测定晶胞的形状和尺寸。至于原子在晶胞中的位置，要通过分析衍射线的强度才能确定。

将衍射看成反射，是布拉格方程的基础。但衍射是本质，反射仅是为了使用方便的描述方式。X 射线的晶面反射与可见光的镜面反射亦有所不同。镜面可以任意角度反射可见光，但 X 射线只有在满足布拉格方程的 θ 角上才能发生反射，因此，这种反射亦称选择反射。

波长为 λ 的入射线，以 θ 角投射到晶体中间距为 d 的晶面时，有可能在晶面的反射方向上产生反射（衍射）线，其条件为相邻晶面的反射线的波程差为波长的整数倍。

布拉格方程只是获得衍射的必要条件而非充分条件。布拉格方程联系了晶面间距 d、掠射角 θ、反射级数 n 和 X 射线波长 λ 四个量。当知道了其中三个量就可通过公式求出其余一个量。必须强调的是，在不同场合下，某个量可能表现为常量或变量，需仔细分析。

（1）反射级数

式（2.28）中的 n 称为反射级数。由相邻两个平行晶面反射出的 X 射线束，其波程差用波长去量度所得的整份数在数值上就等于 n。在使用布拉格方程时，并不直接赋予 n 以 1、2、3 等数值，而是采用另一种方式。

参照图 2.16，假设 X 射线照射到晶体的（100）面，而且刚好能发生二级反射，则相应的布拉格方程为

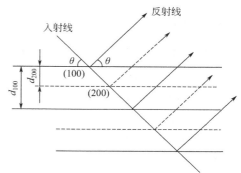

$$2d_{100}\sin\theta = 2\lambda \qquad (2.37)$$

设想在每两个（100）晶面中间均插入一个原子分布与之完全相同的面，此时面簇中最近原点的晶面在 X 轴上截距已变为 1/2，故面簇的指数可写作（200）。

图 2.16 反射级数的讨论用图

又因面间距已减为原先的一半，相邻晶面反射线的波程差便只有一个波长，此种情况相当于（200）晶面发生了一级反射，其相应的布拉格方程为
又可写作

$$2d_{200}\sin\theta = \lambda \qquad (2.38)$$

$$2(d_{100}/2)\sin\theta = \lambda \qquad (2.39)$$

式（2.39）相当于将式（2.38）右边的 2 移往了左边，但这两个式子所对应的衍射方向是一样的。也就是说，可以将（100）晶面的二级反射看成（200）晶面的一级反射。一般的说法是，把（hkl）的 n 级反射，看作（$nh\ nk\ nl$）晶面的一级反射。如果（hkl）的面间距是 d，则（$nh\ nk\ nl$）的面间距是 d/n。

于是布拉格方程可以写成以下形式：

$$2\frac{d}{n}\sin\theta = \lambda$$

有时也写成

$$2d\sin\theta = \lambda \qquad (2.40)$$

这种形式的布拉格方程，在使用上极为方便，它可以认为反射级数永远等于 1，因为级数 n 实际上已包含在 d 之中。也就是，（hkl）的 n 级反射，可以看成来自某种虚拟晶面的一级反射。

（2）干涉面指数

晶面（hkl）的 n 级反射面（$nh\ nk\ nl$），用符号（HKL）表示，称为反射面或干涉面。其中 $H=nh$，$K=nk$，$L=nl$。（hkl）是晶体中实际存在的晶面，（HKL）只是为了使问题简化而引入的虚拟晶面。干涉面的面指数称为干涉指数，一般有公约数 n。当 $n=1$ 时，干涉指数即变为晶面指数。对于立方晶系，晶面间距与晶面指数的关系为 $d_{hkl}=a/\sqrt{h^2+k^2+l^2}$；干涉面的间距与干涉指数的关系与此类似，即 $d_{HKL}=a/\sqrt{H^2+K^2+L^2}$。在 X 射线衍射分析中，所用的面间距一般是指干涉面间距。

（3）掠射角

掠射角 θ 是入射线或反射线与晶面的夹角，可表征衍射的力向。从布拉格方程可得：$\sin\theta = \lambda/(2d)$。从这一表达式可导出两个概念：其一是当 λ 一定时，d 相同的晶面，必然在 θ 相同的情况下才能获得反射，当用单色 X 射线照射多晶体时，各晶粒中 d 相同的晶面，其反射线将有着确定的关系，这里所指 d 相同的晶面，当然也包括等同晶面；另一个概念是，当 λ 一定时，d 减小，θ 就要增大，这说明间距小的晶面，其掠射角必须是较大的，否则它们的反射线就无法加强。

（4）衍射极限条件

掠射角的极限范围为 $0° \sim 90°$，但过大或过小都会造成衍射的探测困难。由于 $\sin\theta \leqslant 1$，使得在衍射中反射级数 n 或干涉面间距 d 都要受到限制。因为 $n = \dfrac{2d}{\lambda}\sin\theta$，所以 $n \leqslant 2d/\lambda$。当 d 一定时，λ 减小，n 可增大，说明对同一种晶面，当采用短波 X 射线照射时，可获得较多级数的反射，即衍射花样比较复杂。从干涉面的角度分析亦有类似的规律。在晶体中，干涉面的划取是无限的，但并非所有的干涉面均能参与衍射，因存在关系 $d\sin\theta = \lambda/2$，或 $d \geqslant \lambda/2$。表达式说明只有间距大于或等于 X 射线半波长的那些干涉面才能参与反射。很明显，当采用短波 X 射线照射时，能参与反射的干涉面将会增多。

2.2.1.3　倒易空间的衍射方程及爱瓦尔德图解

如图 2.17 所示，入射线与衍射线的单位矢量 $\mathbf{k}'$ 与 $\mathbf{k}$ 之差垂直于衍射面，且绝对值为

$$|\mathbf{k}' - \mathbf{k}| = 2\sin\theta$$

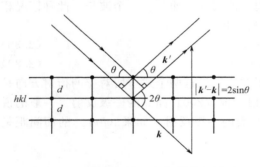

由布拉格方程可得：

$$|\mathbf{k}' - \mathbf{k}| = \frac{\lambda}{d_{hkl}} \tag{2.41}$$

即矢量 $\mathbf{g}_{hkl} = \mathbf{k}' - \mathbf{k}$ 垂直于衍射面 (hkl)，且绝对值等于晶面间距的倒数，这一有趣的结果把我们引入一个解决衍射问题的矢量空间——倒易空间。

图 2.17　入射线矢量 $\mathbf{k}$ 与衍射线矢量 $\mathbf{k}'$

（1）倒易点阵的定义和性质

晶体是原子（或离子、分子或原子团等）在三维空间内呈周期性规则排列的物质，这种三维周期性分布可以概括地用点阵平移对称来描述，因此称这种点阵为晶体点阵。当晶体点阵与倒易点阵相提并论时，又称其为正常点阵。倒易点阵是爱瓦尔德在 1924 年建立的一种晶体学的表达方法，它反映晶体点阵周期性的物理本质，是解析晶体衍射的理论基础。

通常把晶体点阵（正点阵）所占据的空间称为正空间。所谓倒易点阵，是指在倒空间内与某一正点阵相对应的另一点阵。正点阵和倒易点阵是在正、倒两个空间内相对应的统一体，它们互为倒易而共存。

① 倒易点阵的定义。设正点阵的基本矢量为 $\mathbf{a}$、$\mathbf{b}$、$\mathbf{c}$，定义相应的倒易点阵基本矢量为 $\mathbf{a}^*$、$\mathbf{b}^*$、$\mathbf{c}^*$，则有

$$\mathbf{a}^* = \frac{\mathbf{b} \times \mathbf{c}}{V}, \mathbf{b}^* = \frac{\mathbf{c} \times \mathbf{a}}{V}, \mathbf{c}^* = \frac{\mathbf{a} \times \mathbf{b}}{V} \tag{2.42}$$

式中，V 是正点阵单胞的体积，$V = \mathbf{a} \cdot (\mathbf{b} \times \mathbf{c}) = \mathbf{b} \cdot (\mathbf{c} \times \mathbf{a}) = \mathbf{c} \cdot (\mathbf{a} \times \mathbf{b})$

② 倒易点阵的性质。

a. 倒易点阵的基本矢量。按照矢量运算法则，根据式（2.42）有

$$\boldsymbol{a}^{*}\cdot\boldsymbol{b}=\boldsymbol{a}^{*}\cdot\boldsymbol{c}=\boldsymbol{b}^{*}\cdot\boldsymbol{a}=\boldsymbol{b}^{*}\cdot\boldsymbol{c}=\boldsymbol{c}^{*}\cdot\boldsymbol{a}=\boldsymbol{c}^{*}\cdot\boldsymbol{b}=0 \tag{2.43}$$

由式（2.43）可知，正、倒点阵异名基矢点乘积为 0，由此可确定倒易点阵基本矢量的方向。

而

$$\boldsymbol{a}^{*}\cdot\boldsymbol{a}=\boldsymbol{b}^{*}\cdot\boldsymbol{b}=\boldsymbol{c}^{*}\cdot\boldsymbol{c}=1 \tag{2.44}$$

可见正、倒点阵同名基矢点乘积为 1，由此可确定倒易点阵基本矢量大小，即

$$\boldsymbol{a}^{*}=\frac{1}{a\cos(\boldsymbol{a}^{*},\boldsymbol{a})},\boldsymbol{b}^{*}=\frac{1}{b\cos(\boldsymbol{b}^{*},\boldsymbol{b})},\boldsymbol{c}^{*}=\frac{1}{c\cos(\boldsymbol{c}^{*},\boldsymbol{c})}$$

b. 倒易点阵矢量。在倒易空间内，由倒易原点 O^{*} 指向坐标为 (hkl) 的点阵矢量称为倒易矢量，记为 $\boldsymbol{g}_{hkl}$，即

$$\boldsymbol{g}_{hkl}=h\boldsymbol{a}^{*}+k\boldsymbol{b}^{*}+l\boldsymbol{c}^{*} \tag{2.45}$$

倒易点阵矢量 $\boldsymbol{g}_{hkl}$ 与点阵中的 (hkl) 晶面之间的几何关系为

$$\boldsymbol{g}_{hkl}\perp(hkl),\boldsymbol{g}_{hkl}\perp\frac{1}{d_{hkl}} \tag{2.46}$$

显然用倒易矢量 $\boldsymbol{g}_{hkl}$ 可以表征正点阵中 (hkl) 晶面的特性（方位和晶面间距）。

c. 倒易球（多易体倒易点阵）。由以上讨论可知，单晶体的倒易点阵是由三维空间规则排列的点阵（倒易矢量的端点）所构成的，它与相应正点阵属于同晶系。而多晶体是由无数取向不同的晶粒组成，所有晶粒同族 $\{hkl\}$ 晶面（包括晶面间距相同的非同族晶面）的倒易矢量在三维空间任意分布，其端点的倒易点阵将落在以球 O^{*} 为球心、以 $1/d_{hkl}$ 为半径的球面上，故多晶体的倒易点阵由一系列不同半径的同心球面组成。显然，晶面间距越大，倒易矢量的长度越小，相应的倒易球面半径就越小。

（2）爱瓦尔德图解

由式（2.46）得

$$\frac{\boldsymbol{k}'-\boldsymbol{k}}{\lambda}=\boldsymbol{g}_{hkl} \tag{2.47}$$

此即为倒易空间的衍射方程式，它表示当 (hkl) 面发生衍射时，其倒易矢量的 λ 倍等于入射线与衍射线的单位矢量之差，它与布拉格方程是等效的。因此矢量式可用几何图形表达，即爱瓦尔德图解。

如图 2.18 所示，入射矢量的端点指向倒易原点 O^{*}，以入射方向上的 C 点作为反射球心。

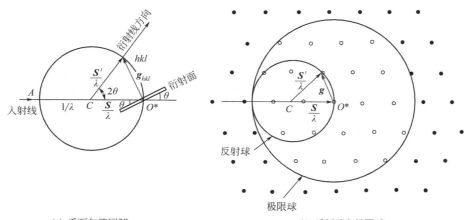

(a) 爱瓦尔德图解	(b) 反射球和极限球

图 2.18　爱瓦尔德图解

反射球半径为 $1/\lambda$，球面过 O^*，$O^*C = 1/\lambda$，若某倒易点 (hkl) 落在反射球面上，由反射球心 C 指向该点的矢量 $\boldsymbol{k}'/\lambda$ 必然满足式(2.46)。爱瓦尔德图解法的含义是，被照晶体对应其倒易点阵，入射线对应反射球，反射球面通过倒易原点，凡倒易点落在反射球面上的干涉面均可能发生衍射，衍射的方向由反射球心指向该倒易点，$\boldsymbol{k}'$ 与 $\boldsymbol{k}$ 之间的夹角即为衍射角 2θ。

（3）晶体衍射花样的特点

① 单晶体的衍射花样。单晶体的倒易点阵是在空间规则排列的阵点，它具有与相应正点阵相同的晶系，当 X 射线入射时，与反射球面相遇的倒易点满足衍射条件，若垂直于入射线放置感光底片，将得到规则排列的衍射点。

② 多晶体的衍射花样。多晶体的倒易点阵是由一系列不同半径的同心球面构成。显然，面间距越大，倒易球越小。当是单色 X 射线时，其反射面将与这些倒易球面分别相交形成一个个对应不同晶面族的同心圆，衍射线从反射球心指向这些同心圆周，形成以入射线为轴、不同半顶角（2θ）的衍射锥，衍射锥与垂直入射线的底片相遇，得到同心圆形的衍射环，称德拜环。若用围绕试样的条带型底片接收衍射线，得到一系列衍射弧段；若用绕试样扫描的计数管接收衍射信号，则得到一系列衍射谱线，如图 2.19 所示。

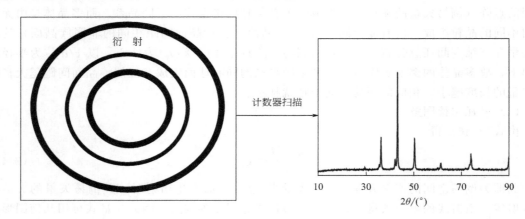

图 2.19 多晶衍射环和衍射谱线

（4）原子散射因子

晶体对 X 射线的衍射取决于晶体内每个原子的散射，而原子的散射又归结为原子内各电子的散射，原子核的散射相对来说非常小可不考虑，如图 2.20 所示，位于 O 点的原子，其中分布在 P 点的电子密度为 $\rho(\boldsymbol{r})$，$\boldsymbol{k}$ 为入射波和散射波的波矢，只考虑弹性散射，$\boldsymbol{k}_0 = \boldsymbol{k}$，所以 O、P 两点散射的位相差为

$$\Delta\varphi = (\boldsymbol{k} - \boldsymbol{k}_0) \cdot \boldsymbol{r} \tag{2.48}$$

在 $\boldsymbol{k}$ 方向散射波的振幅正比于 $e^{i\Delta\varphi}\rho(\boldsymbol{r})\mathrm{d}\tau$，若以一个电子的散射振幅为单位，则原子内所有电子在 $\boldsymbol{k}$ 方向散射波的总振幅为

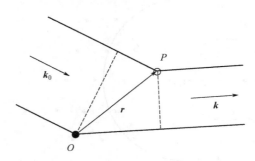

图 2.20 原子内电子对 X 射线的散射

$$f = \int e^{i(\boldsymbol{k} - \boldsymbol{k}_0) \cdot \boldsymbol{r}} \rho(\boldsymbol{r})\mathrm{d}\tau \tag{2.49}$$

f 称为原子散射因子，是原子散射能力的度量，其数值与电子的分布 $\rho(\boldsymbol{r})$ 有关，亦即

与原子形状有关，所以又称为原子形状因子。

从上式看出，f 的数值还与散射波的方向有关，令 $\boldsymbol{k}-\boldsymbol{k}_0=\boldsymbol{K}$，$f$ 是散射矢量 $\boldsymbol{K}$ 的函数，若原子中电子的分布是球对称的，即 $\rho(\boldsymbol{r})=\rho(r)$，则 $f(\boldsymbol{K})$ 可简化为

$$
\begin{aligned}
f(\boldsymbol{K}) &= \int e^{i\boldsymbol{K}\boldsymbol{r}}\rho(\boldsymbol{r})\mathrm{d}\tau \\
&= \int e^{i\boldsymbol{K}\boldsymbol{r}\cos\theta}\rho(\boldsymbol{r})\boldsymbol{r}^2\sin\theta\,\mathrm{d}\theta\,\mathrm{d}\varphi\,\mathrm{d}\tau \\
&= \int_0^\infty \frac{\sin\boldsymbol{K}\boldsymbol{r}}{\boldsymbol{K}\boldsymbol{r}}\rho(\boldsymbol{r})4\pi\boldsymbol{r}^2\,\mathrm{d}\boldsymbol{r}
\end{aligned} \tag{2.50}
$$

当 $\boldsymbol{K}\to 0$，即入射方向与散射方向一致时，$\dfrac{\sin\boldsymbol{K}\boldsymbol{r}}{\boldsymbol{K}\boldsymbol{r}}\to 1$，则

$$
f(0)=\int_0^\infty \rho(\boldsymbol{r})4\pi\boldsymbol{r}^2\,\mathrm{d}\boldsymbol{r}=Z \tag{2.51}
$$

Z 为原子序数。

（5）几何结构因子

现在考虑晶体中所有原子的总散射，如图 2.21 所示，设基元含有 S 个不等价的原子，每个原胞内亦含有 S 个原子，用平移矢量 $\boldsymbol{R}_n$ 表示第 n 个原胞的位置，它实际上是原胞中某个指定原子的位矢，$\boldsymbol{r}_j$ 表示原胞内第 j 个原子相对于指定原子的位矢图，$\rho_j(\boldsymbol{r}-\boldsymbol{r}_j-\boldsymbol{R}_n)$ 表示第 n 个原胞中第 j 个原子的电子密度，则在 $\boldsymbol{r}$ 点晶体总的电子密度为

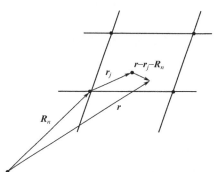

图 2.21　$\boldsymbol{r}$、$\boldsymbol{r}_j$、$\boldsymbol{R}_n$ 的关系

$$
\rho(\boldsymbol{r})=\sum_{n=1}^N\sum_{j=1}^S\rho_j(\boldsymbol{r}-\boldsymbol{r}_j-\boldsymbol{R}_n) \tag{2.52}
$$

N 为原胞总数，仿照式（2.52），晶体总的散射振幅为

$$
A=\sum_{n=1}^N\sum_{j=1}^S\int e^{i(\boldsymbol{k}-\boldsymbol{k}_0)\cdot\boldsymbol{r}}\rho_j(\boldsymbol{r}-\boldsymbol{r}_j-\boldsymbol{R}_n)\mathrm{d}\tau \tag{2.53}
$$

$\boldsymbol{K}$ 应满足 Laue 方程，即 $\boldsymbol{k}-\boldsymbol{k}_0=\boldsymbol{G}$，上式变为

$$
\begin{aligned}
A &= \sum_{n=1}^N\sum_{j=1}^S\int e^{i\boldsymbol{G}\cdot\boldsymbol{r}}\rho_j(\boldsymbol{r}-\boldsymbol{r}_j-\boldsymbol{R}_n)\mathrm{d}\tau \\
&= \sum_{n=1}^N\sum_{j=1}^S e^{i\boldsymbol{G}\cdot(\boldsymbol{r}_j+\boldsymbol{R}_n)}\int e^{i\boldsymbol{G}\cdot\boldsymbol{r}}\rho_j(\boldsymbol{r})\mathrm{d}\tau \\
&= N\sum_{j=1}^S e^{i\boldsymbol{G}\cdot\boldsymbol{r}_j}f(\boldsymbol{G})=NS(\boldsymbol{G})
\end{aligned} \tag{2.54}
$$

式中，$f(\boldsymbol{G})$ 为原胞中第 j 个原子的散射因子，而

$$
S(\boldsymbol{G})=\sum_{j=1}^S f(\boldsymbol{G})e^{i\boldsymbol{G}\cdot\boldsymbol{r}_j} \tag{2.55}
$$

称为几何结构因子（简称结构因子，它反映原胞内各原子的几何分布对衍射强度的影响，这是因为衍射线的强度正比于散射振幅的绝对值平方，从而正比于 $|S(\boldsymbol{G})|^2$。当 $S(\boldsymbol{G})$ 为零时，Bravais 晶格所允许的衍射线消失。所以，如果已知原子的散射因子，则从原胞中原子的分布就可以算出 $S(\boldsymbol{G})$，并由此决定衍射线加强或消失的规律，反之，衍射线消失的规律

有助于判断晶体的结构。

在晶体结构分析中，需考虑晶体的对称性，通常是按晶胞而不是按原胞来选取基矢。例如在立方晶系中，把体心立方和面心立方晶格都看成是基元不同的简单立方晶格。基矢都是 $a_1 = ae_x$，$a_2 = ae_y$，$a_3 = ae_z$，比如具有体心立方结构的金属 Na，可看成是基元含有两个 Na 原子的简单立方晶格，原胞内便有两个原子，位置为

$$r_1 = 0, r_2 = \frac{a}{2}(e_x + e_y + e_z) \tag{2.56}$$

既然如此，其倒格子亦为简单立方格子，倒格矢为

$$G = \frac{2\pi}{a}(h_1 e_x + h_2 e_y + h_3 e_z) \tag{2.57}$$

因为只有一种原子，所以 $f_1 = f_2 = f$。由式 $S(G) = \sum_{j=1}^{S} f(G)e^{iG \cdot r_j}$ 可算出结构因子为

$$S(G) = f(1 + e^{iG \cdot r_2}) = \begin{cases} 2f, & h_1 + h_2 + h_3 = \text{偶数} \\ 0, & h_1 + h_2 + h_3 = \text{奇数} \end{cases} \tag{2.58}$$

所以，观察不到（100）、（111）、（211）等这一类面指数之和为奇数的衍射谱线，同样，对于面心立方晶格也可以进行类似的分析，只是基元所含原子的个数及分布方式不同。

2.2.2 X射线衍射的实验方法简介

X射线衍射现象只有满足布拉格方程 $n\lambda = 2d\sin\theta$ 才能发生，因此，不论对于何种晶体的衍射，λ 与 θ 的依赖关系是很严格的，简单地在 X 射线光路上放上单晶体，一般不会产生衍射现象。我们必须考虑使布拉格方程得到满足的实验方法。

（1）针孔法

劳厄的著名实验就是用此法进行。X 射线通过针孔光阑照射到试样上，用平板底片接收衍射线。实验原理如图 2.22 所示。劳厄法中，根据 X 射线源、晶体、底片的位置不同可分为透射法（$\tan 2\theta = r/D$）和反射法 $[\tan(180° - 2\theta) = r/D]$ 两种。当用单色光源时，多晶体的针孔相只包含少数衍射线，适用于晶粒大小、择优取向及点阵数的测定。

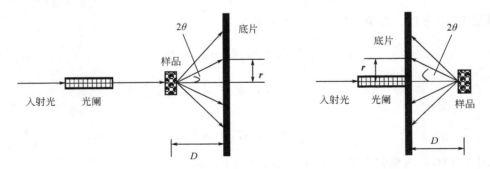

图 2.22 针孔法示意图

（2）德拜-谢尔法

德拜-谢尔法用单色的 X 射线照射多晶体试样，利用晶粒的不同取向来改变 θ，以满足布拉格方程。多晶体试样多采用粉末、多晶块状、板状、丝状等试样。如图 2.23 所示，我们如果用单色 X 射线以掠射角 θ 照射到单晶体的一组晶面（hkl）时，在布拉格条件下会衍

射出一条线在照片上照出一个点，如果这组晶面以入射线为轴旋转，并保持 θ 不变，则以母线衍射锥并与底片相遇产生一系列衍射环。此方法的特点是试样需要少，记录衍射范围大，衍射环的形貌可以直接反映晶体内部组织，如亚晶尺寸、晶粒大小、择优取向等。

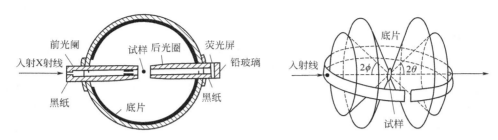

图 2.23 德拜-谢尔法示意图

（3）周转晶体法

周转晶体法是用单色的 X 射线照射单晶体的一种方法。光学布置如图 2.24 所示。将单体的某一晶轴或某一重要的晶向垂直于 X 射线安装，再将底片在单晶体四周围成圆筒形。摄照时让晶体绕选定的晶向旋转，转轴与圆筒状底片的中心轴重合。周转晶体法的特点是入射线的波长 λ 不变，而依靠旋转单晶体以连续改变各个晶面与入射线的 θ 角来满足布拉格方程的条件。在单晶体不断旋转的过程中，某组晶面会于某个瞬间和入射线的夹角恰好满足布拉格方程，于是在此瞬间便产生一根衍射线束，在底片上感光出一个感光点。周转晶体法的主要用途是确定未知晶体的晶体结构，这是晶体学中研究工作的重要武器。

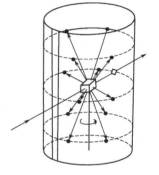

图 2.24 周转晶体法

（4）多晶衍射仪法

与用底片记录衍射方向和强度不同，衍射仪根据 X 射线的气体电离效应，利用充有惰性气体的记数管，逐个记录 X 射线光子，将之转化成脉冲信号后，再通过电子学系统放大和甄选，把信号传输给记录仪，配合计数器的旋转，在记录仪上绘出关于衍射方向和衍射强度的谱图（也称为图谱）。衍射仪大大提高了工作效率，并使衍射定量分析更准确、更精确。衍射仪包括 X 射线发生器、测角仪、探测仪和测量与记录系统。利用多晶衍射仪可以得到材料或物质的衍射谱图，根据衍射图中的峰位、峰形及峰的相对强度，可以进行物相分析、非晶态结构分析等工作。在高聚物中主要用于考察物相、结晶度、晶粒择优取向和晶粒尺寸。

多晶 X 射线衍射仪由三部分组成：高压发生器，测角仪，外围设备（记录仪、仪器处理系统、测角仪控制系统等）。

如图 2.25 所示，是水平式测角仪的俯视图，这里绘出的光学布置是"反射式"。测角仪是衍射仪的核心部分，它以同轴的两个联动转盘为基座，大小盘联动角速度恒比为 2∶1。转盘轴心插放样品架，随小盘转动。实验中，光源与入射光路元件固定，样品台与接收支臂同向转动。事先调整好测角仪，使样品台与计数器均在零度时，入射线刚好掠过样品表面进入计数器，从而保证样品台转到 θ 角时，计数器则恰好处于 2θ 角位置。这样，相对于样品表面，计数器总位于入射线的反射方向上。若样品中有平行于样品照射面的晶面族，设其面间距为 d，那么，当样品台转到 θ 角、使 $2d\sin\theta = n\lambda$ 时，计数器便会接收到该族晶面产生

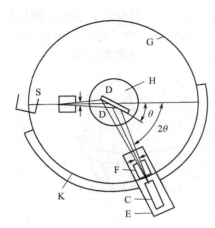

图 2.25　测角仪结构示意图

G—测角仪；H—试样台；C—计数器；
S—X射线源；F—接收狭缝；K—刻
度尺；D—试样；E—支架

的 Bragg 反射（衍射）。记录仪将在对应 2θ 的位置上绘出衍射峰。

多晶衍射仪实验的影响因素来自三个方面：

① 表观（尺寸、平整性）和样品内部（取向、晶粒大小等）。

多晶衍射仪常用的工作方式有两种，即连续扫描和步进扫描。

连续扫描就是让试样和探测器以 1：2 的角速度做匀速圆周运动，在转动过程中同时将探测器依次所接收到的各晶面衍射信号输入记录系统或数据处理系统，从而获得衍射图谱。连续扫描图谱可方便地看出衍射线峰位、线形和相对强度。这种工作方式的效率高，具有一定的分辨率、灵敏度和精确度，非常适合于大量的日常物相分析工作。然而，由于仪器本身的机械设备及电子线路等的滞后、平滑效应，往往会造成衍射峰位移、分辨率降低、线形畸变等缺陷，而且衍射谱的形状，往往受实验条件如 X 射线管功率、时间常数、扫描速度及狭缝选择等条件的影响。

步进扫描又称阶梯扫描。步进扫描工作是不连续的，试样每转动一定的角度 $\Delta\theta$，即停止，在这期间，探测器等后续设备开始工作，并以定标器记录、测定在此期间内衍射线的总计数，然后试样转动一定角度，重复测量，输出结果。步进扫描图形无滞后及平滑效应，所以其衍射峰位正确，分辨率好，特别是衍射线强度弱且背底高的情况下更显其作用。由于步进法可以在每个 θ 角处延长停留时间，从而可以获得每步较大的总计数，减小因统计涨落对实验强度的影响。

② 实验参数：各狭缝大小信号处理系统各参数入射线波长及其单色性、空气散射因素。

③ 环境：电源稳定性。

衍射谱图是记录仪上绘出的衍射强度（I）与衍射角（2θ）的关系图。如图 2.26 所示，是四种典型聚集态衍射谱图的特征示意图。图 2.26(a) 表示晶态试样衍射，特征是衍射峰尖锐，基线缓平。同一样品，微晶的择优取向只影响峰的相对强度。图 2.26(b) 为固态非晶试样散射，呈现为一个（或两个）相当宽化的"隆峰"。图 2.26(c) 与 (d) 是半晶样品的谱图。图 2.26(c) 有尖锐峰，且被隆拱起，表

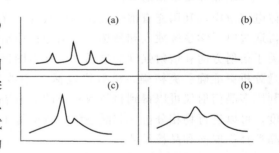

图 2.26　四种典型聚集态衍射谱图的特征示意图

明：试样中晶态与非晶态"两相"差别明显；图 2.26(d) 呈现为隆峰之上有突出峰，但不尖锐，这表明试样中晶相很不完整。

2.2.3　小角 X 射线散射法

利用 X 射线照射样品时，在靠近原光束 2°～5°的小角度范围内发生的相干散射现象，即为小角 X 射线散射（small angle X-ray scattering），简写为 SAXS。该现象产生的根本原

因在于物质内部存在着尺度在 1～100nm 范围内的电子密度起伏，因而，完全均匀的物质，其散射强度为零。当出现第二相或不均匀区时将会发生散射，且散射角度随着散射体尺寸的增大而减小。SAXS 用于分析特大晶胞物质的结构以及测定粒度在几十纳米以下超细粉末粒子（或固体物质中的超细空穴）的大小、形状及分布。

2.2.3.1　小角 X 射线散射花样所得信息分类

（1）长周期结构信息

长周期结构多见于具有较大晶胞的高分子物质以及其他形成层状结构的物质。其特点是较大的散射基元在空间分布上呈一维、二维或三维的长周期性。所以诸散射波的干涉会给出分立的衍射花样，这同晶体的布拉格衍射和不完整晶体的漫散射相似，只不过长周期导致了衍射花样出现在极低的角度。因此，又称为小角衍射。测定分析衍射花样的位置和强度分布，可以得到有关结构周期、层厚和结晶取向等方面的信息。

（2）微颗粒系信息

微颗粒系涉及范围比较广，如超细粉末、胶体、生物大分子以及各种材料中所形成的位错、GP 区、超微孔、沉淀析出相等。它们与周围介质的电子浓度在不同程度上存在着差异，在空间的分布一般处于随机状态，即在同一体系中散射体的大小、形状通常也是不相同的。因此，它们的散射既不同于晶体，也不同于液体或气体。

为了减少原光束对小角散射花样的干扰，需要很好的准直系统。常见的有真空准直、四狭缝和克拉特基（Kratky）准直系统。记录小角散射有两种方法：照相法可以得到比较完整和直观的小角散射花样，有利于定性观察；而计数器法是沿测量圆做连续扫描或定点测量，得到沿赤道线的散射强度分布，便于数据处理。高强度 X 射线源和位敏探测器相结合，可实现动态小角散射分析。

2.2.3.2　小角 X 射线散射法基本原理

在大角衍射角度范围内能测定的晶体晶格间距为零点几纳米到几纳米。可是对结晶高聚物研究中，测定范围在几纳米到几十纳米的长周期，因此只有将测定角度缩小到小角范围 1°～2°内才能测定衍射强度或记录衍射花样，在这样的角度范围内测定，在实验上是很困难的。如图 2.27 所示，是大角 X 射线衍射与小角 X 射线散射距离差异示意图。

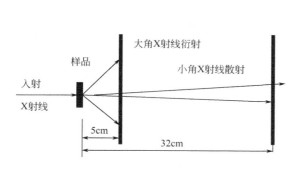

图 2.27　大角 X 射线衍射与小角 X 射线散射
距离差异示意图

图 2.28　用弯晶集束的示意图

因为一般 X 射线管射出的 X 射线束宽 1°～2°，所以小角散射在普通大角衍射图中，被淹没在透射束内而观察不到。若要观察小角散射，则对整个准直系统有特别的要求。小角散射的准直系统要长，而且光栅或狭缝要小，才能使焦点变细，但焦点太细，光强太弱，将导致记录时间过长，因而要求 X 射线源要强。在准直系统和很长的工作距离内，空气对 X 射线有强烈的散射作用，因而整个系统要置于真空中。小角散射装置有两种准直系统，即针孔准直系统（如图 2.28 所示）和狭缝准直系统。

2.2.3.3　小角 X 射线散射技术的特点

小角 X 射线散射方法存在其他方法无法替代的优点，这些优点包括：a. 当研究溶液中的微粒时，使用 SAXS 方法相当方便；b. 当研究生物体的微结构时，SAXS 方法可以对活体或动态过程进行研究；c. 某些高分子材料可以给出足够强的小角 X 射线散射信号；d. SAXS 可用于研究高聚物的动态过程，如熔体到晶体的转变过程；e. 小角 X 射线散射可确定颗粒内部密闭的微孔，如活性炭中的小孔；f. 小角 X 射线散射可以得到样品的统计平均信息；g. 小角 X 射线散射可以准确地确定两相间比内表面和颗粒体积百分数等参数；h. 小角 X 射线散射方法制样方便。

2.2.3.4　小角 X 射线散射的应用

主要是测定平衡固溶体中原子偏聚的情况；研究过饱和固溶体中沉淀析出相的形状、大小与母相的取向关系；测定超细粉末或超微孔体系的尺寸分布和比表面积；分析非晶态合金的结构弛豫过程；研究固溶体的亚稳分解相变机制；分析非晶态合金和玻璃中的分相；高聚物长周期点阵、片晶结构、取向关系、晶态-非晶态过渡区厚度和玻璃化温度的测定以及在形变热处理过程中它们的变化；在非真空条件下，测定生物大分子的形状、大小和结构，乃至分析研究它们变化的动力学过程。

小角 X 射线散射法在高聚物中研究的应用：小角 X 射线散射法（SAXS）能用于研究数纳米到几十纳米的高分子结构、介孔结构、薄膜厚度、界面结构、多层膜结构的测定分析。如晶片尺寸、长周期、溶液中聚合物分子间的回转半径、共混物和嵌段共聚物的片层结构等。非晶材料一般被描述为结构上均匀和各向同性的，在实际中应用的许多非晶材料，并不能这样简单叙述，熔体急冷法制备的淬火非晶材料，结构上是近似均匀的，但当进行退火处理后，由于产生原子的扩散、迁移等而使结构变得不均匀而表现出微观的各向异性，因此小角散射技术特别适合于这些过程和问题的研究。

尺寸在纳米范围内时，由于电磁波的所有散射效应都局限在小角度处，因此利用此法可以了解聚合物的微观结构。目前主要以小角 X 射线散射法进行高分子材料结构参数的研究。例如：粒子的尺寸、形状及其分布、分散状态；高分子的链结构和分子运动；多相聚合物的界面结构和相分离；非晶态聚合物的近程有序结构；超薄样品的受限结构、表面粗糙度、表面去湿；溶胶-凝胶过程；体系的动态结晶过程；系统的临界散射现象等。对于这些结构参数的研究，SAXS 法比其他测定方法，如 DSC、EM、POM 等，能给出更明确和正确的信息和结果。

2.2.4　样品的制备方法简介

利用 XRD 衍射仪测试试样各条衍射线的相对强度，或定量比较不同样品中同一条衍射线强度时，要求入射 X 射线照射在试样上的面积必须小于试样本身的面积，而且试样的厚度要大于 X 射线透射的深度。否则，由于衍射线的强度与参与衍射的晶胞数成正比，各条衍射线的强度之间就不具可比性。

（1）粉体样品的制备

由于样品的颗粒度对 X 射线的衍射强度以及重现性有很大的影响，因此制样方式对物相的定量也存在较大的影响。一般样品的颗粒度越大，则参与衍射的晶粒数就越少，并还会产生初级消光效应，使得强度的重现性较差。为了达到样品重现性的要求，一般要求粉体样品的颗粒度大小在 $0.1\sim10\mu m$ 范围。此外，吸收系数大的样品，参加衍射的晶粒数减少，也会使重现性变差。因此在选择参比物质时，尽可能选择结晶完好、晶粒小于 $5\mu m$、吸收系数小的样品，如 MgO、Al_2O_3、SiO_2 等，一般可以采用压片、胶带粘以及石蜡分散的方法进行制样。由于 X 射线的吸收与其质量密度有关，因此要求样品制备均匀，否则会严重影响定量结果的重现性。

（2）薄膜样品的制备

对于薄膜样品，需要注意的是薄膜的厚度。由于 XRD 分析中 X 射线的穿透能力很强，一般在几百微米的数量级，所以适合比较厚的薄膜样品的分析。表面粗糙的样品对入射光的散射能力更强，特别是在比较小的角度范围内，会引起较大的背景噪声，所以应尽可能使用表面光洁度较高的样品。因此，在薄膜样品制备时，要求样品具有比较大的面积，薄膜比较平整以及表面粗糙度要小，这样获得的结构才具有代表性。当然，通过一些特殊手段也可以获得有用的信息，如：把 X 射线的入射角固定在一个极小的角度上，只做检测器扫描，记录薄膜的衍射图谱，这样可充分利用样品的面积增强薄膜的衍射信号。

（3）块体样品的制备

对于一些本身具有解理面，或是生成时主要以某一晶面为外表面的晶体试样，在压制样品时，往往使这些晶面大量平行于样品板表面，造成择优取向，从而使这些晶面的衍射强度大大高于理论强度。一般可以通过以下方法来解决这类问题：研磨样品，增加其他晶面形成晶粒外表面的机会；在样品中混入球形或不规则形状的其他晶体粉末，或用颗粒度适当的砂纸代替玻璃垫在下面用透孔试样板压样，用与砂纸接触的一面作为测试面，都可以增大待测晶粒在空间随机取向的机会。表面粗糙的样品对入射光的散射能力更强，特别是在比较小的角度范围内，会引起较大的背景噪声，所以应尽可能使用表面光洁度较高的样品。

（4）特殊样品的制备

对于样品量比较少的粉体样品，一般可采用分散在胶带纸上黏结或者分散在石蜡油中形成石蜡糊的方法进行分析。使用胶带时应注意选用本身对 X 射线不产生衍射的胶带纸。制样过程中要求样品尽可能分散均匀，每次分析中样品的分散量尽量控制相同，这样才能保证测量结果的重复性。

2.2.5　样品的 PDF 卡片

1938 年哈那瓦特（J. D. Hanawalt）开创了对于各种已知物相衍射花样的规范化工作，他将物相的衍射花样特征（位置与强度）用 d（晶面间距）和 $I_相$（衍射线相对强度）来表示，制成相应的物相衍射数据卡片，即 PDF 卡片。PDF 卡片现在有十几万张，但并不代表世界上有十几万种晶体结构。查找物相时会发现，同是一种物相，会有 $3\sim4$ 张基本相同的卡片，它们出自不同的研究人员。PDF 卡片的组成和分区如图 2.29 所示，图 2.29 为 NaCl 的 PDF 卡片：①PDF 卡片编号；②三强线（衍射谱中强度最大的 3 个峰）对应的面间距；③产生衍射的最大面间距；④物质的矿物名称或普通名称；⑤所用的试验条件；⑥物质的晶体学数据；⑦物质的光学及其他物理性质；⑧试样来源、制备方式及化学分析数据；⑨晶面间距对应的晶面指数以及相对强度（晶面间距可以转变为衍射角度，根据 $2d\sin\theta=\lambda$）。

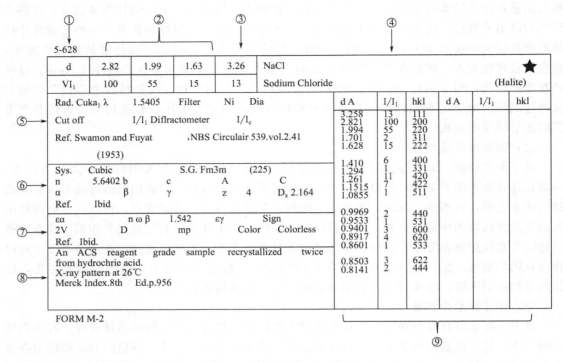

图 2.29 NaCl 的 PDF 卡片

2.3 X 射线在材料结构分析中的应用

2.3.1 X 射线衍射物相分析的基本原理

X 射线分析是以晶体结构为基础的。每种物质都有特定的晶格类型和晶胞尺寸，晶胞中各原子的位置是一定的，因而对应确定的衍射图形，即对于一束波长确定的单色 X 射线，同一物相产生确定的衍射花样；晶态试样的衍射花样在谱图上表现为一系列衍射峰。尽管物质的种类很多，但却没有两种衍射花样完全相同的物质。某种物质多晶体衍射线条的数目、位置以及强度，是该种物质的特征。图样上各峰的峰位 $2\theta_i$（衍射角）和相对强度 I_i/I_0 是确定的。用 $2d\sin\theta=\lambda$ 可求出产生各衍射峰的晶面族所具有的面间距 d_i。这样，一系列衍射峰的 d_i-I_i/I_0，便如同"指纹"成为识别物相的标记；混合物的谱图是各组分相分别产生衍射或散射的简单叠加。根据上述基本思想，参照已知物相标准，由衍射图便可识别样品中的物相。

2.3.2 物相的定性分析

化学分析、光谱分析、X 射线荧光光谱分析、X 射线微区域分析（电子探针）等均可测定样品的元素组成，但 X 射线物相分析却可鉴别样品中的物相。物相包括纯元素、化合物和固溶体。当待测样由单质元素或其混合物组成时，X 射线物相分析所指出的是元素，因为元素此时就是物相；但当元素相互组成化合物或固溶体时，则所给出的是化合物或固溶体而非它们的组成元素。在区分物质的同素异构体时，X 射线分析确切且迅速。如已经测定的各

种结构的 Al_2O_3 就有近 20 种，它们均容易为 X 射线法所区分，而其他方法对此却无能为力。

物相定性分析的目的是利用 XRD 衍射角的位置以及衍射线的强度等来鉴定未知样品是由哪些物相所组成的。X 射线衍射分析用于物相分析的原理是：由各衍射峰的角度位置所确定的晶面间距 d 以及它们的相对强度 I/I_1 是物质的固有特性。每种物质都有特定的晶体结构和晶胞尺寸，而这些又都与衍射角和衍射强度有对应关系，因此，可以根据衍射数据来鉴别晶体结构。通过将未知物相的衍射花样与已知物相的衍射花样相比较，可以逐一鉴定出样品中的各种物相。目前，可以利用粉末衍射 PDF 卡片进行直接比对，也可以通过计算机数据库直接进行检索。

物相定性分析的原理、方法是简单的，但在实际工作中往往会遇到很多困难。例如在混合样品中，某个相的含量过少，将不足以产生自身完整的衍射图样，甚至根本不出现衍射线。薄层、薄膜的相分析往往也如此。由于晶体的择优取向，其衍射花样往往只有一两根极强的线，要确定物相也相当困难。在多相混合物的图样中，属于不同相分的某些线条会因面间距相近而互相重叠，致使图样中的最强线可能并非某单一相分的最强线，将找不到任何对应的卡片，于是必须重新假设和检索。某些物相具有相同的点阵、相近的点阵参数，衍射花样极其相似，要区分也有困难。比较复杂的相分析工作，往往需经多次尝试，并与其他物相分析相配合。

物相检索是一项繁重而耗时的工作。随着计算机技术的发展，目前的 X 射线衍射仪一般都已备有物相自动检索系统。该项工作主要包括两个方面：①建立数据库，即将标准物质的衍射花样输入并存储到电脑中；②检索匹配，即将待测样的实验衍射数据及其误差考虑输入，可能时还可输入样品的元素信息以及物相隶属的子数据库类型（有机物、金属、矿物等）。计算机按已给定的程序将之与标准花样进行匹配、检索、淘汰和选择，最后输出结果。由于物相比较复杂，单凭计算机的匹配检索往往有误检和漏检的可能，故最终结果还应经人工审核。

2.3.3　物相的定量分析

每一种物相都有各自的特征衍射线，而这些特征衍射线的强度与样品中相应物相参与衍射的晶胞数目成正比，利用这一原理可以对固体中的物相组成进行定量分析，目前物相定量分析方法主要有：单线条法（外标法）、内标法。在物相定量分析中，即使对于最简单的情况（即待测试样为两相混合物），要直接从衍射强度计算 W_α 也是很困难的，因为在方程式中尚含有未知常数 K_1。所以要想法消掉 K_1。实验技术中可以用待测相的某根线条强度与该相标准物质的同一根衍射线条的强度相除，从而消掉 K_1。于是产生了制作标准物质标准线条的试验方法问题。

（1）外标法（单线条法）

外标法是将所需物相的纯物质另外单独标定，然后与多相混合物中待测的相应衍射线强度相比较而进行的。例如待测试样为 $\alpha+\beta$ 两相混合物，则待测相 α 的衍射强度 I_α 与其质量分数 w_α 的关系如式（2.59）所示。

$$I_\alpha = \frac{K_1 w_\alpha}{\rho_\alpha\left[w_\alpha\left(\dfrac{\mu_\alpha}{\rho_\alpha}-\dfrac{\mu_\beta}{\rho_\beta}\right)+\dfrac{\mu_\beta}{\rho_\beta}\right]} \tag{2.59}$$

纯 α 相样品的强度表达式可从（2.60）式求得

$$(I_\alpha)_0 = \frac{K_1}{\mu_\alpha} \tag{2.60}$$

将式（2.59）除以式（2.60），消去未知常数 K_1，便得到单线条定量分析的基本关系式

$$\frac{I_\alpha}{(I_\alpha)_0} = \frac{w_\alpha \left(\dfrac{\mu_\alpha}{\rho_\alpha} \right)}{w_\alpha \left(\dfrac{\mu_\alpha}{\rho_\alpha} - \dfrac{\overline{w_\beta}}{\rho_\beta} \right) + \dfrac{\overline{w_\beta}}{\rho_\beta}} \tag{2.61}$$

利用这个关系，在测出 I_α 和 $(I_\alpha)_0$ 以及知道各种相的质量吸收系数后，就可以算出 α 相的相对含量 w_α。若不知道各种相的质量吸收系数，可以先把纯 α 相样品的某根衍射线条强度 $(I_\alpha)_0$ 测量出来，再配制几种具有不同 α 相含量的样品，然后在实验条件完全相同的条件下分别测出 α 相含量已知的样品中同一根衍射线条的强度 I_α，以描绘定标曲线。在定标曲线中根据 I_α 和 $(I_\alpha)_0$ 的比值很容易确认 α 相的含量。

（2）内标法

内标法是在待测试样中掺入一定含量的标准物质，把试样中待测相的某根衍射线条强度与掺入试样中含量已知的标准物质的某根衍射线条强度相比较，从而获得待测相含量。显然，内标法仅限于粉末试样。倘若待测试样是由 A、B、C、…等相组成的多相混合物，待测相为 A，则可在原始试样中掺入已知含量的标准物质 S，构成未知试样与标准物质的复合试样。设 C_A 和 C_A' 为 A 相在原始试样和复合试样中的体积分数，C_S 为标准物质在复合试样中的体积分数。根据式（2.59），在复合试样中 A 相的某根衍射线条的强度应为

$$I_A = \frac{K_2 C_A'}{\mu} \tag{2.62}$$

复合试样中标准物质 S 的某根衍射线条的强度为

$$I_S = \frac{K_3 C_S}{\mu} \tag{2.63}$$

式（2.62）和式（2.63）中的 μ 是指复合试样的吸收系数。将式（2.62）除以式（2.63），得

$$I_A / I_S = \frac{K_2 C_A'}{K_3 C_S} \tag{2.64}$$

为应用方便起见，把体积分数转化成质量分数

$$C_A' = \frac{w_A \rho}{\rho_A} \text{和} \quad C_S = \frac{w_S \rho}{\rho_S}$$

将此式代入式（2.64），且在所有复合试样中，都将标准物质的质量分数 W_S 保持恒定，则

$$\frac{I_A}{I_S} = \frac{K_2}{K_3} \times \frac{w' \rho_S}{w_S \rho_A} = K_4 w_A' \tag{2.65}$$

A 相在原始试样中的质量分数 W_A 与在复合试样中的质量分数 w_A' 之间有下列关系

$$w_A' = w_A (1 - w_S) \tag{2.66}$$

于是得出外标法物相定性分析的基本关系式

$$\frac{I_A}{I_S} = \frac{K_S}{w_A} \tag{2.67}$$

由式（2.67）可知，在复合式样中，A 相的某根衍射线条的强度与标准物质 S 的某根衍射线条的强度之比，是 A 相在原始试样中的质量分数 w_A 的线性函数，现在的问题是要得

到比例系数 K_S。若是现测量一套由已知 A 相浓度的原始试样和恒定浓度的标准物质所组成的复合试样，作出定标曲线之后，只需对复合试样（标准物质的 w_S 必须与定标曲线时的相同）测出比值 I_A/I_S，便可得出 A 相在原始试样中的含量。

2.3.4 物质状态（晶态和非晶态）的鉴定

结晶度是指物质或材料中晶态部分占总体的质量或体积百分比（材料中的晶态部分可能由不止一个晶相组成）。对于晶态与非晶态两个部分在有序程度上差别明显的体系，结晶度是体系聚集态结构的清晰表征。如图 2.30 所示，是不同无机材料状态的 XRD 图谱。在 500℃ 时样品 30°处的宽峰是无定形 $GdCoO_3$ 的峰。

如图 2.31 所示，是微波加热所制备的碳化硅材料 XRD 图谱，在保温时间为 10min 时，随着加热温度增加，SiC 晶体的结晶度逐渐增加。

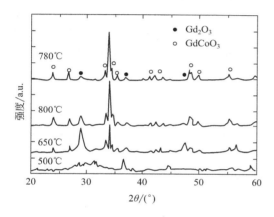

图 2.30　不同无机材料状态的 XRD 图谱

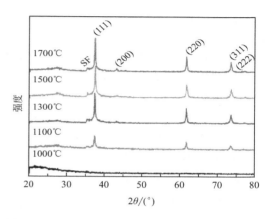

图 2.31　SiC 材料在不同加热温度下的 XRD 图谱

2.3.5 单晶和多晶取向测定

单晶定向就是确定晶体内主要的结晶方向与式样的宏观坐标之间的关系。通常以 X 射线衍射进行单晶定向的主要方法是劳厄法与衍射仪法结合。多晶材料中，微晶的取向是形态结构的一个方面，也是影响材料物理性能的重要因素。微晶取向通常是指大量晶粒的待定晶轴或晶面相对于某个参考方向或平面的平行程度。半结晶高聚物材料也多属多晶材料，用 X 射线衍射法可以测定其晶粒（区）的取向。

高聚物材料总伴生非晶态，而且许多高聚物只以非晶态存在，因此在高聚物材料科学中，取向常常指分子链与某个参考方向或平面平行的程度。依不同分类有：晶区链取向、非晶区取向、折叠链取向、伸直链取向等。由于晶区分子链方向一般被定为晶体 c 轴方向，而一些主要晶面总为分子链排列平面，所以，用 X 射线衍射法测得结晶高聚物晶区 c 轴，或特定晶面的取向，实际上也就直接或间接地表明了晶区分子链取向。而非晶区、或非晶态高聚物材料中的分子链趋向则需用其他手段测定。X 射线衍射法测定微晶取向有三种表征：①极图；②Hermans 因子 f；③轴取向指数 R。它们在实验方法、数据处理和适用性等方面各不相同，各有特点。在实验方法和数据分析处理上，极图法很繁复，Hermans 因子法次之，取向指数法最简单。极图法用平面投影反映微晶在空间的取向分布状况，信息全面，但要看懂却需足够的晶体几何学与空间投影知识。因此，极图一般只用于特制部件中取向状况的剖析。Hermans 因子与取向指数最终都是用一数值反映材料的轴取向程度。不同的是Hermans 因子表征性更好，取向指数较为粗略。尽管如此，取向指数由于在实验方法与数据处理上简便迅速，实际中对于系列样品轴取向程度比较时，人们大都采用取向指数 R。R反映样品中所有晶粒的某族晶面与取向轴（如：纤维样品的纤维轴）平行程度，定义为

$$R = (180° - H)/180° \times 100\%$$ (2.68)

式中，H 由实验容易获得，其单位为角度。完全取向时，可以认为 $H = 0°$，$R = 100\%$；无规取向时，$H = 180°$，$R = 0\%$。需要说明的是，不管上述哪种取向表征，实验上都要用到特殊的样品架和专门的实验方法。

2.3.6 晶粒度的测定

多晶材料的晶粒尺寸是材料形态结构的指标之一，是决定其物理化学性质的一个重要因素。利用 XRD 测量材料中晶粒尺寸有一定的限制条件。当晶粒大于 100nm 时，其衍射峰的宽度随晶粒大小变化敏感度降低。而小于 10nm 时其衍射峰有显著变化。多晶材料中晶粒数目庞大，且形状不规则衍射法所测得的"晶粒尺寸"是大量晶粒个别尺寸的一种统计平均。使用 X 射线衍射方法测量晶粒大小的原理是 X 射线被原子散射后互相干涉，当衍射方向满足布拉格方程时，各晶面反射波之间的相位差是波长的整数倍，振幅完全叠加，光的强度加强；反之，当不满足布拉格方程时，相互抵消；当散射方向稍微偏离布拉格方程，且晶面数目有限时，因部分可以叠加而不能抵消，造成了衍射峰的宽化，显然散射角越接近布拉格角，晶面的数目越少，其光强越接近于峰值强度。对于粒径而言，衍射（hkl）的面间距d_{hkl} 和晶面层数的乘积就是垂直于此晶面方向上的粒度 D_{hkl}。试样中晶粒大小可采用Scherrer 公式计算：

$$D_{hkl} = N d_{hkl} = \frac{0.89\lambda}{\beta_{hkl}\cos\theta}$$ (2.69)

式中，D_{hkl} 为纳米晶的直径；λ 是入射波长；θ 是衍射 hkl 的布拉格角；β_{hkl} 是衍射 hkl的半峰宽，单位是 rad。图 2.32 为不同陈化时间下 ZnO 纳米晶粉末的 X 射线衍射谱（XRD）。与标准 JCPDS 卡相对照可知，所制备纳米晶粉末均为无择优取向的六方纤锌矿结构。如图 2.32 所示，由于粒子的尺寸为纳米量级，各衍射峰均有明显的宽化。同时，随着陈化时间的延长，各衍射峰的半高宽（FWHM）均有明显减小的现象。利用德拜-谢乐公式可以计算出纳米晶的尺寸，由此得到，随陈化时间的延长，ZnO 纳米晶的平均晶粒尺寸迅速增大。对应于陈化时间为 40min、60min、120min、240min 的样品，（110）衍射峰的半高宽分别为 1.875 ± 0.038、1.767 ± 0.040、1.685 ± 0.054 和 1.354 ± 0.171，对应半径分别为3.37nm、4.10nm、4.30nm 和 5.35nm。这说明在陈化过程中有明显的"Ostwald Rippen"过程。同样，对应于上述样品（110）衍射峰的峰位分别为 56.383°、56.474°、56.513° 和56.629°，对应 d 值分别为 1.6319Å、1.6294Å、1.6284Å 和 1.6253Å，与六方纤锌矿结构的体相 ZnO（110）面间距 1.6247Å 相比有明显的增大，并且随着陈化时间延长逐渐向体相ZnO 的 d 值逼近。这种现象也反映出 ZnO 纳米晶不同于体相材料的独特的表面特性，由于表面原子所占比例较大，纳米晶的面间距随粒径的减小而增大。

对于不同条件下得到的 ZnO 粉末晶体尺寸研究中，根据得到的 XRD 图可以计算其晶粒大小。如图 2.33 所示，是 ZnO 纳米晶粉末 A 和粉末 B 的 XRD 图谱，从图中（110）衍射峰的半高宽计算出粉末 A 和 B 的平均晶粒半径分别为 5.3nm 和 6.5nm。

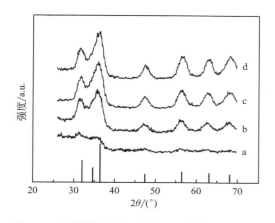

图 2.32　不同陈化时间下的 ZnO 粉末样品 XRD

（陈化时间分别为 a：40min；b：60min；

c：120min；d：240min）

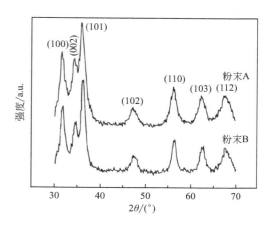

图 2.33　ZnO 纳米晶粉末 A 和 B 的 X 射线衍射谱

2.3.7　介孔结构测定

小角度 X 射线衍射峰可以用来研究纳米介孔材料的介孔结构，这是由于介孔材料可以形成规则的孔，可以看作周期性结构。如图 2.34 所示，是在己二胺处理前、后黏土的 XRD 图谱。

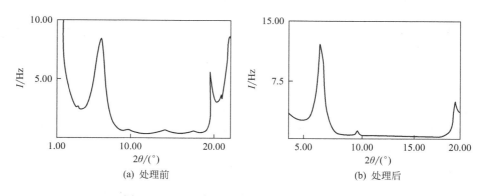

图 2.34　己二胺处理前、后黏土的 XRD 图谱

经处理后，层间距（001）由 1.31nm 增加到 1.40nm，说明有机阳离子与黏土层间的水合离子进行了交换，并已经插入黏土层中。

2.3.8　宏观应力测定

残余应力是一种内应力，内应力是指当产生应力的各种因素不复存在时（如外加载荷去除、加工完成、温度已均匀、相变过程终止等），由于形变、相变、温度或体积变化不均匀存留在构件内部并自身保持平衡的应力，分为第一类内应力、第二类内应力和第三类内应力。

第一类内应力（σ_1）：指在物体宏观体积内存在并平衡的内应力。此类应力的释放，会使物体的宏观体积或形状发生变化。第一类内应力又称"宏观应力"或"残余应力"。宏观应力的衍射效应是使衍射线位移。

第二类内应力（σ_{II}）：指在数个晶粒的范围内存在并平衡的内应力，其衍射效应主要是引起线形的变化。在某些情况下，如在经受变形的双相合金中，各相处于不同的应力状态时，这种在晶粒间平衡的应力同时引起衍射线位移。

第三类内应力（σ_{III}）：指在若干原子范围内存在并平衡的应力，如各种晶体缺陷（空位、间隙原子、位错等）周围的应力场。此类应力的存在使衍射强度降低。

通常把第二类和第三类内应力称为"微观应力"。如图 2.35 所示，是上述分类法的示意图。如图 2.36 所示，是宏观残余应力产生的实例。一框架与置于其中的梁在焊接前无应力，当将梁的两端焊接在框架上后，梁受热升温，而框架基本上处于室温，梁冷却时，其收缩受框架的限制而受拉伸应力，框架两侧则受中心梁收缩的作用而被压缩，上下横梁则在弯曲应力作用之下。宏观残余应力是一种弹性应力。测定宏观应力的方法较多，但 XRD 法测定宏观应力时，具有无损、快速等特点。

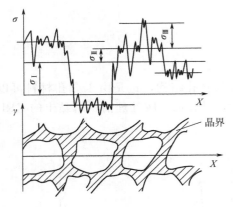

图 2.35　三种内应力的示意图

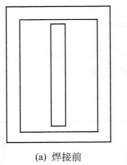

(a) 焊接前　　　　(b) 焊接后

图 2.36　宏观残余应力的产生

宏观应力是根据不同取向晶面衍射峰位的相对变化测定的。相邻 ϕ 的 2θ 变化可能为 $0.1°$ 至 $0.01°$。因而峰位的准确测定决定了应力测量的精度。通常用于宏观应力测量的定峰法有半高宽法和抛物线拟合法。

（1）半高宽法

半高宽法定峰的示意图如图 2.37 所示。当 K_{α_1}、K_{α_2} 峰不分离时，首先作峰两侧背底连线，过峰顶作平行于背底的切线，作与上两线等距的平行线交衍射峰轮廓线于 M、N 两

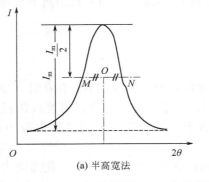

(a) 半高宽法

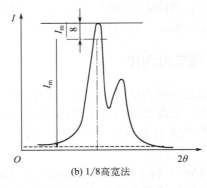

(b) 1/8高宽法

图 2.37　半高宽及 1/8 高宽法定峰

点，M、N 中点 O 的横坐标即峰位 [如图 2.37(a) 所示]；若 K_{α_1}、K_{α_2} 线分离，可由 K_{α_1} 衍射线定峰，为避免 K_{α_2} 峰的影响，取距峰顶 1/8 高处的线宽中点定峰 [如图 2.37(b) 所示]。半高宽法和 1/8 高宽法适用于峰形较为明锐的情况。

（2）抛物线法

当峰形较为漫散时，用半高宽法容易引起较大误差，则可用抛物线法定峰，即将峰顶部位假定为抛物线形，用测量的强度数据拟合抛物线，求最大值 I_p 对应的衍射角 $2\theta_p$ 为峰位。

2.3.9　薄膜厚度和界面结构测定

随着纳米材料的发展，纳米薄膜的研究日显重要，通过 XRD 研究薄膜结构可以更准确地了解薄膜内部信息，如分子排列、取向等。图 2.38 是 TiN 薄膜在铝合金表面的 XRD 深度剖析图，图中在 $\alpha = 1°$ 时仅有 TiN 的衍射谱线，说明 TiN 富集在合金表面，当 $\alpha = 12°$ 时出现衬底铝的衍射峰，说明此时 X 射线已经穿透整个薄膜材料。

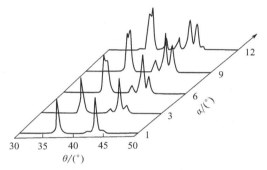

图 2.38　铝合金表面 TiN 物象随深度分布的二维 XRD 图

2.3.10　多层膜结构测定

在纳米多层膜材料中，两薄膜层材料反复重叠，形成调制界面。当 X 射线入射时，周期良好的调制界面会与平行于薄膜表面的晶面一样，在满足布拉格方程时，产生相干衍射，形成明锐的衍射峰。由于多层膜的调制周期比一般金属和小分子化合物的最大晶面间距大得多，所以只有小周期多层膜调制界面产生的 X 射线衍射可以在小角度区域中观察到，而大周期多层膜调制界面的 X 射线衍射峰则因其衍射角度更小而无法进行观测。因此，对良好的小周期纳米多层膜可以用小角度 XRD 方法测定其调制周期。

例如在对共聚物 [p(DDA-tBVPC18)] 多层 LB 膜的结构分析中，我们观察到在试验条件下可以得到排列规整的多层膜，图 2.39 是沉积在玻璃极板上 20 层共聚物 [p(DDA-tBVPC18)] LB 膜的 X 射线衍射图。

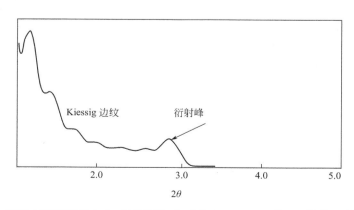

图 2.39　沉积在玻璃极板上 20 层共聚物 [p(DDA-tBVPC18)] LB 膜的 X 射线衍射图

从图中可以得到如下结果：样品在 $2\theta = 2.83°$ 时有一尖锐的衍射峰，根据布拉格方程，可以计算出其对应的调制期为 1.99nm。

参 考 文 献

[1] 徐祖耀，黄立本，鄢国强．材料表征与检测技术．中国材料工程大典：第 26 卷．北京：化学工业出版社，2006：3.

[2] 许顺生．金属 X 射线学．上海：上海科学技术出版社，1962.

[3] 范雄．X 射线金属学．北京：机械工业出版社，1980.

[4] Alexander L E. X-ray Diffraction Methods in Polymer Science. New York：John Wiley and Sons，Inc.，1969.

[5] 朱诚身．聚合物结构分析．北京：科学技术出版社，2004.

[6] Kakudo M，Kasai N. X-ray Diffraction by Polymers. Amsterdam：Elsevier Publishing Company，1972.

[7] Rabek J F. Experimental Methods in Polymer Chemistry. Physical Principles and Applications. New York：John Wiley and Sons，1980.

[8] Rietveld H M. Line profiles of neutron powder-diffraction peaks for structure refinement. Acta. Cryst.，1967，22：15-152.

[9] Schiller C. Développements d'une technique de topographie en réflexion des rayons X. J Appl Cryst，1969，2：223-240.

[10] Larson A C，Von Dreele R B. GSAS Generalized Structure Analysis System，Laur 86-784，Los Alamos National Laboratory，1987.

[11] Bish D C，Howard C J. Quantitative phase analysis using the Rietveld method. J Appl Cryst，1988，21：86-91.

[12] Thompson P，Reilly J J，Hesting J M. The application of the Rietveld method to a highly strained material with microtwins：TiFeD$_{1.9}$. J Appl Cryst，1989，22：256-260.

[13] maichle J K，Hringer J I. Prande W. Simultaneous structure refinement of neutron. synchrotron and X-ray powder diffraction patterns. J Appl Cryst，1988，21：22-28.

[14] 朱永法．纳米材料的表征与测试技术．北京：化学工业出版社，2006.

[15] Zhu Y F，Yi T. Acta Tsinghua University，2001，6（2）：168.

[16] Li T S，Okada S，Nakanishi H. Prepareation and Solid-state Polymerization of Dipyridylatetrayne Dereivates. Polymer Bulletin，2003，51：103-109.

[17] Li T S，Okada S，Umezawa H，et al. Solid-State Polymerization Behavior of 1,3-Bis（3-quinolyl)-1,4-butadiyne. Polymer Bulletain，2006，57：737-746.

[18] 丛秋滋．多晶二维 X 射线衍射．北京：科学出版社，1997.

[19] Zhu Y F，Yi T. et al. Acta Tsinghua University，2001，6（2）：20.

[20] 李戈扬，施晓蓉，吴亮．TiN/AlN 纳米多层膜的研究．材料工程，1999，11：6.

[21] Zhu Y F，Zhang L，Yao W Q，et al. The chemical states and properties of doped TiO$_2$ film photocatalyst prepared using the Sol-Gel method with TiCl$_4$ as a precursor. Appl Surf Sci，2000，158（1-2)：32-37.

[22] Zhu Y F，Zhang L，et al. The preparation and chemical structure of TiO$_2$ film photocatalysts supported on stainless steel substrates *via* the sol-gel method. J Mater Chem，2001，11（7)：1864-1868.

[23] 李国武，熊明，施倪承．SMART APEX-CCD X 射线单晶衍射仪的粉晶衍射新技术及应用．地学前缘，2003，(2).

[24] 董襄朝．低温 X 射线晶体衍射法在生物大分子结构分析中的应用．结构化学，2001，20（4)：245-248.

[25] 王钢力，田金改，林瑞超．X 射线衍射分析法在中药分析中的应用．中国中药杂志，1999，24（7)：387-389.

[26] 程楠茹．高温 X 射线衍射技术．电子元件与材料，1988，7（4)：38-40.

[27] 戴云朵，郭兴敏，张家芸，等．高温下 X 射线衍射法对铁氧化过程的研究．2004，22：167-169.

第 3 章

红外吸收光谱

3.1 红外吸收光谱的基本概念和基本原理

红外光本质上是一种电磁波，是人们认识最早的非可见光区域。1800 年，英国天文学家 Willam Herschel 在棱镜分光时把温度计放在红外的不可见光区域，发现了能量的存在，从此揭开了红外辐射与物质相互作用并产生特征信号的序幕。1980 年 Cooper 又依据波长将整个红外光谱进一步细分为近红外区（780~2526nm）、中红外区（2526~25000nm）、远红外区（25000~1000000nm）。

常用的中红外光谱频率范围，正是一般有机化合物的基频振动频率范围，此波段的红外光与有机物相互作用能够给出非常丰富的结构信息：谱图中的特征基团频率表明分子中存在的官能团，光谱图的整体则给出了分子的结构特征。将红外光谱用于分析物质结构始于 20 世纪 20 年代，但直到计算机技术和快速傅里叶变换技术被用于红外光谱的分析，出现了傅里叶变换红外分光光度计（Fourier transform infrared spectrometer，FTIR），红外光谱的强大分析能力才得以充分地展现。FTIR 具有记录快捷、分辨率高、偏振特性小等优点，还可以与其他设备如色谱联用，使得这一分析手段成为更强大的结构解析工具。目前 FTIR 已经成为化学、材料等学科分析研究必不可少的基本工具。

3.1.1 红外吸收光谱的基本概念

红外吸收光谱（infrared absorption spectra，IR），简称红外光谱。光谱记录了电磁波辐射与某运动状态的物质相互作用进行能量交换的信息。当一束具有连续波长的红外光照射物质时，被照射物质的分子将吸收一部分相应的光能，这部分光能转变为分子的振动和转动能量，使分子固有的振动和转动能级跃迁到较高的能级，光谱上出现相应的吸收谱带。另一部分未被吸收的光则透过，若将其透过的光用单色器进行色散，就可以得到一带暗条的谱带。以波长或波数为横坐标，以百分吸收率为纵坐标，把这谱带记录下来，就得到了该样品的红外吸收光谱图。

3.1.2 红外吸收光谱的基本原理

3.1.2.1 概述

化合物分子的运动方式主要有分子整体的平动和转动、分子内原子的振动等，其中振动能级的能量与红外光子的能量相当。因此，红外吸收光谱源于分子振动能级的跃迁，因此也被称为分子振动光谱。振动能级的跃迁所需能量远大于转动能级，因此振动能级跃迁时，总伴随有转动能级的跃迁，通常转动光谱"淹没"在振动光谱中，一般测得的只是分子的振动光谱。所以红外光谱又被称为分子振动-转动光谱。

化合物分子中各种不同的基团是由不同的化学键和原子构成的，其振动能级各不相同，因此，它们对红外线的吸收频率亦不相同，这是利用红外吸收光谱测定化合物结构的理论根据。同时，原子之间的振动与整个分子和其他部分的运动关系不大，所以不同分子中相同官能团的红外吸收频率基本相同，这是红外光谱可用于推测官能团的主要原因。

3.1.2.2 红外吸收光谱产生的条件

红外光谱是由分子振动的能级发生跃迁而产生的，实验结果与量子力学的理论都证明，这种能级的跃迁需要服从一定的选律，而且在能级跃迁过程中必须伴随有偶极矩的变化。

（1）能量相当原则

由于分子的振动能级发生跃迁时，需要吸收一定的能量，即吸收一定频率的红外光，发生能级的跃迁，必须满足：

$$\Delta E_{振} = E_{红} = h\nu_{红} \tag{3.1}$$

根据量子力学方法，

$$E_{振} = \left(V + \frac{1}{2}\right)h\nu_{振} \tag{3.2}$$

$$\Delta E_{振} = \Delta V h\nu_{振} = h\nu_{红} \tag{3.3}$$

$$\nu_{红} = \Delta V\nu_{振}$$

由上述推导可知，只有红外辐射频率等于振动量子数的差值与振动频率的乘积时，才发生吸收，产生红外光谱。上式中 ΔV 是振动光谱的跃迁选律，$\Delta V = \pm 1$、± 2、± 3、$\cdots$，能级的跃迁从 $V=0$ 至 $V=1$，或 $V=0$ 至 $V=2$，此外也有可能发生 $V=1$ 至 $V=2$、$V=2$ 至 $V=3$ 的跃迁。一般而言，常温下，大部分分子处于 $V=0$ 的基态，因此谱图中观察到的，主要是 $V=0$ 至 $V=1$ 跃迁时的吸收峰。

（2）分子选律

如图 3.1 所示，分子整体呈现电中性，构成分子的各原子电负性不同，产生极性，用偶极矩来表示极性的大小，偶极矩的大小取决于电荷的大小与正负电荷中心的变化，分子内原子不停地振动，振动时电荷大小不变，但是中心距离发生变化，偶极矩产生变化，产生一个瞬时偶极矩，红外光是一种具有交变电场的电磁波，瞬时偶极矩在交变电磁场的作用下发生振动耦合，振幅增大，由基态振动能级跃迁到激发态振动能级。

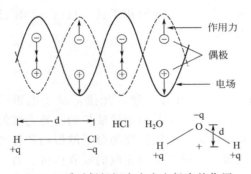

图 3.1 瞬时偶极矩在交变电场中的作用

由此可见并非所有的分子振动都能产生红外吸收，一个分子有多种振动形式，只有偶极矩发生变化的振动才能产生红外吸收，CO_2 是线型分子，永久偶极矩为 0，但是其不对称振动的瞬时偶极矩不为 0，所以为红外活性分子，偶极矩变化越大，吸收越强。

3.2 双原子分子的振动和转动

分子的振动-转动能级跃迁产生了红外吸收光谱，红外光谱与分子结构的归属关系是通过分子中内部运动建立联系的。因此，分析分子的振动情况，就能推测某种特定结构的分子能产生多少红外吸收峰，并通过这些峰的位置和强度来推测某一振动对应官能团的化学环境等信息。我们以双原子分子为模型，来解析分子的内部运动。

3.2.1　分子的定态能量

分子内部的运动主要有：构成分子的原子外层价电子运动；分子中的原子可绕通过其公共质心并绕连核直线正交的轴线转动，还可以在各自的平衡位置附近振动。分子的三种运动状态对应着三种能量，即价电子在壳层上运动的能量 E_e；分子中的原子在其平衡位置振动的能量 E_v；整个分子转动的能量 E_r。分子的三种能量都是量子化的。这三种能量的大小依次为：

$$E_e > E_v > E_r \tag{3.4}$$

分子定态的总能量是三种能量的总和，即：

$$E = E_e + E_v + E_r \tag{3.5}$$

3.2.2　分子光谱

当分子从较高能量状态跃迁到较低能量状态时，向外辐射的光子的频率为：

$$\nu = \frac{E_2 - E_1}{h} = \frac{\Delta E_e}{h} + \frac{\Delta E_v}{h} + \frac{\Delta E_r}{h} \tag{3.6}$$

分子的能态改变时，三种能量的差值不同，分子被激发产生的分子光谱组成不同。如果分子中只有振动能态改变，产生的光谱仍然是由单根谱线组成，这种光谱称为分子的振动光谱，由于振动能级跃迁所需的能量远比转动能级跃迁所需的能量大，故发生振动能级跃迁时，必伴随着转动能级的跃迁。因此，通常所测得的振动光谱包含有转动光谱，转动光谱被"淹没"在振动光谱中，振动能级的单根谱线就变成了连续的谱带或吸收峰。

3.2.3　双原子分子的振动模型

（1）经典力学方法

从以上分析可知，红外吸收对应分子振动的频率，我们先从简单的双原子分子的振动来讨论影响振动频率的有关因素，如图 3.2 所示。

双原子分子中的两个原子被视为质量不等（m_1、m_2）的小球，它们之间的化学键被视为不计质量的弹簧，两原子体系的振动可近似为简谐振动，双原子分子被称为谐振子，这个体系的频率可用经典力学的Hooker 定律推导如下：

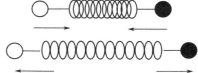

图 3.2　双原子分子的振动模型

$$\nu = \frac{1}{2\pi}\sqrt{\frac{k}{\mu}} \tag{3.7}$$

式中，k 为弹簧的力常数，此处为化学键的力常数；μ 为折合质量。

$$\mu = \frac{m_1 m_2}{m_1 + m_2} \tag{3.8}$$

将式（3.8）代入式（3.7）得到：

$$\nu = \frac{1}{2\pi}\sqrt{\frac{k(m_1 + m_2)}{m_1 m_2}} \tag{3.9}$$

红外光谱单位波数与频率成正比，用 $\bar{\nu}$ 表示，单位为 cm^{-1}，则上式可写为：

$$\bar{\nu}=\frac{1}{2\pi c}\sqrt{\frac{k(m_1+m_2)}{m_1 m_2}} \tag{3.10}$$

其中，c 为光速，cm/s；k 为化学键的力常数，含义为两原子由平衡位置伸长 $0.1nm$ 后的恢复力，N/cm。

如果用两个原子的摩尔质量 M_1、M_2 来表示折合质量，式（3.8）可写作：

$$\mu'=\frac{M_1 M_2}{M_1+M_2}\times\frac{1}{N} \tag{3.11}$$

式中，N 为阿伏伽德罗常数，$N=6.023\times10^{23}mol^{-1}$。

将式（3.9）以及已知常数代入式（3.7），我们得到：

$$\bar{\nu}=1303\sqrt{\frac{K}{\mu'}} \tag{3.12}$$

由此我们得出如下结论：

双原子分子的振动频率取决于键的力常数以及折合原子质量，而这两点直接由分子的结构决定，这是红外分析的理论依据。

如表 3.1 所示为常见官能团的力常数与折合质量。

表 3.1　常见官能团力常数与折合质量

键	力常数 K /(N/cm)	折合质量 μ （摩尔质量表示）	键	力常数 K /(N/cm)	折合质量 μ （摩尔质量表示）
O—H	7.7	0.948	C—O	5.4	6.856
N=	6.4	0.940	C=O	12	6.856
≡C—H	5.9	0.930	—C≡N	18	6.462
=C—H	5.1	0.930	C—F	5.9	7.355
—C—H	4.8	0.930	C—Cl	3.6	8.934
C—C	4.5	6.000	—C—Br	3.1	10.416
C=C	9.6	6.000	—C—I	2.7	10.963
—C≡C—	15.6	6.000			

（2）量子力学方法

以上推导是假设双原子分子为简谐振子的情况，可以合理地解释分子振动光谱的强吸收峰，但无法解释弱的倍频、复合频的吸收，因为以上推导基于经典力学，未考虑微观粒子的波动性，为阐释物质的波动性，我们必须引入量子力学的概念，依据量子力学的观点，当分子吸收红外光，发生分子的振动与转动，其能级间的跃迁，要满足一定的量子化的条件，亦即选律。

分析双原子模型的振动势能与原子间距的变化，如图 3.3 所示，为谐振子与非谐振子的势能曲线。

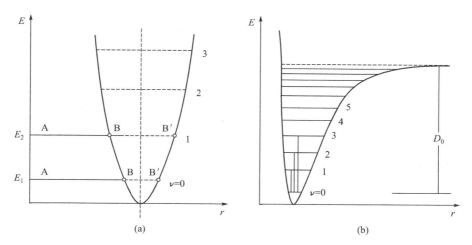

图 3.3 谐振子（a）与非谐振子（b）的势能曲线

用量子力学方法处理图 3.3(a) 中谐振子的振动能量可得到：

$$E = \left(V + \frac{1}{2}\right)h\nu \tag{3.13}$$

式中，V 表示振动量子数；h 表示普朗克常数；ν 表示谐振子的振动频率。从式(3.13)可以看出，当振动量子数 $V=0$ 时，体系能量仍不为零，同时，谐振子的能量不能像经典力学那样取任意的连续变化的数值。由于真实的分子振动并非谐振子，用量子力学理论修正后，得到谐振子的能量为：

$$E_{振} = \left(V + \frac{1}{2}\right)h\nu - \left(V + \frac{1}{2}\right)^2 h\nu x + \left(V + \frac{1}{2}\right)^3 h\nu y + \cdots \tag{3.14}$$

式中，x、y 为非谐振常数，是表示分子非谐性的量，分子振幅越大，非谐性越大。忽略高次项后，上式可写成：

$$E_{振} = \left(V + \frac{1}{2}\right)h\nu - \left(V + \frac{1}{2}\right)^2 h\nu x \tag{3.15}$$

与式(3.13) 比较可知，谐振子与非谐振子振动能级之间差一个非谐项：$\left(V + \frac{1}{2}\right)^2 h\nu x$。

进一步推导可知，非谐振子的基频值比谐振子振动低，所以按照谐振子公式计算的官能团吸收频率都比实际观测值高。

尽管如此，谐振子计算模型既能直观地反映出峰位与力常数以及原子质量的关系，又能反映出振动光谱的特性，通常可被用于粗略计算双原子分子或多原子分子中双原子化学键的振动频率。

3.3 简正振动

3.3.1 简正振动和自由度

我们的研究对象以多原子分子为主，多原子排布情况不同，组成分子的键或基团的空间构型也各不相同，因此多原子分子的红外光谱远比双原子分子复杂。同时，多原子分子光谱中也会提示不同键之间相互作用以及分子空间构型的大量信息，这些信息是我们解析多原子分子光谱的重要依据。

被红外光激发的多原子分子为复杂的耦合体系，描述这种耦合系统的基本振动方式一般称简正振动，所谓简正振动，就是被激发至不连续的振动态，分子质心保持不变，整体不转动，每个原子都在其平衡位置附近进行简谐振动，其振动频率和位相都相同，即每个原子都在同一瞬间通过其平衡位置而且同时达到最大位移值。分子中任何一个复杂的振动都可以看成是不同频率简正振动的叠加。我们称参与叠加的简正振动的数目为振动自由度。每一简正振动都有对应的简正振动频率和吸收谱带，分别被称为基频和基频吸收。

3.3.2　3N-5 或 3N-6 规则

简正振动的自由度可以利用原子在三维空间中的相对坐标位置来确定，对 N 个原子的分子需要 $3N$ 个坐标或自由度来确定它们的空间位置，其运动自由度是 $3N$，同时 N 个原子被化学的相互作用连成一个分子，分子本身作为一个整体有三个平动自由度和三个转动自由度（线性分子有两个转动自由度），这 6 个都不使分子形状发生改变，电偶极矩也不发生变化，需要将这 6 个自由度扣除，因此，自由度变为 $3N-6$。对于线性分子为 $3N-5$，因其不存在分子绕轴转动的自由度。所以分子振动自由度的数目即简正振动数目就等于 $3N-6$（线性分子为 $3N-5$）。

3.3.3　分子的振动类型

多原子分子的振动不仅包括双原子沿其轴的核-核伸缩振动，还有键角、键能变化的各种变形振动以及它们之间的耦合振动。以水分子为例，水分子为非线性分子，其振动自由度为 $3N-6$，即有 3 个简正振动，如图 3.4 所示，振动类型为沿键轴的伸缩振动与改变键角的弯曲振动。

对称伸缩　　　　　　　不对称伸缩　　　　　　　弯曲振动
ν_s: 3652cm^{-1}　　　　　ν_{as}: 3756cm^{-1}　　　　　δ: 1595cm^{-1}

图 3.4　水分子的振动类型

由此我们归纳出分子的振动类型分为两个大类：伸缩振动与变形振动，如图 3.5 所示，伸缩振动是原子沿键轴方向伸缩，键长发生变化而键角不变的振动，用符号 ν 表示，又分为对称伸缩振动 ν_s 与不对称伸缩振动 ν_{as}。第二类称为变形振动，又称弯曲振动，原子沿垂直于键的方向运动，指键角发生变化而键长不变的振动，用符号 δ 表示，变形振动又分为面内弯曲和面外弯曲振动，表示符号与进一步的分类见图 3.5。

3.3.4　振动自由度与红外吸收峰的关系

多原子分子的运动可视为多个简正振动的叠加，每一简正振动都有一特定频率，对应着一个红外吸收频率，理论上产生一个吸收谱带，理论红外吸收峰的数目应该等于振动自由

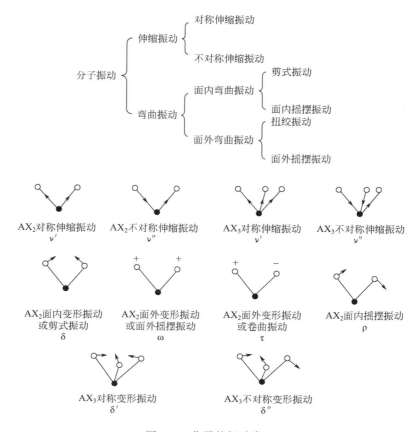

图 3.5 分子的振动类型

度，但事实并没有产生 $3N-6$ 或 $3N-5$ 个红外吸收，实际上，很少能观察到理论数目基本振动的吸收谱带。

实测的光谱吸收峰的数目小于振动自由度的主要原因如下：

① 一些振动没有偶极矩变化，是红外非活性的，如有对称中心或球形分子中的对称振动为非红外活性的，不产生红外吸收；

② 能级简并，不同振动方式的频率相同，发生简并（峰彼此重叠）；

③ 一些振动的频率十分接近，超出仪器分辨率范围，仪器无法分辨；

④ 强宽峰覆盖附近的弱窄峰；

⑤ 一些振动的频率超出了仪器可检测的范围，落在中红外检测区域外，或吸收太弱检测不到。

此外，有些谱图中还能观察到实测吸收峰多于实际振动数，这是因为倍频、复合频增加了吸收峰谱带的数目。

3.3.5 基频、倍频、复合频

与这些吸收峰相关的振动频率，是在受到红外辐射时在不同能级间跃迁产生的。通常试样分子都处于基态振动，受到红外辐射后，从基态到第一激发态跃迁，对应的分子振动称为基本振动，其振动频率称为基本频率，由此产生的吸收叫作基频吸收。

在红外吸收光谱上除基频峰外，还有振动能级由基态（$n=0$）跃迁至第二（$n=2$）、第三（$n=3$）、…、第 n 振动激发态时，所产生的吸收峰，称为倍频峰。从基态到第二激发态的跃迁，其振动频率称为第一倍频，由此产生的吸收叫作倍频吸收。由 $n=0$ 跃迁至 $n=2$ 时，所产生的吸收峰称为二倍频峰。由 $n=0$ 跃迁至 $n=3$ 时，所产生的吸收峰称为三倍频峰。依次类推，二倍及三倍频峰等统称为倍频峰，其中二倍频峰可观测到，三倍频峰及其以上的倍频峰，因跃迁概率很小，一般都很弱，经常观测不到。

除倍频峰外，多原子分子中各种振动间的相互作用产生组合频率（等于两个或两个以上基本频率的和或差），由此产生的吸收叫作组频吸收或复合频吸收。合频峰 n_1+n_2，$2n_1+n_2$，…；差频峰 n_1-n_2，$2n_1-n_2$，…。倍频峰、合频峰及差频峰统称为泛频峰。合频峰和差频峰多数为弱峰，一般在图谱上不易辨认。

3.4 红外吸收光谱的基础知识与表示方法

3.4.1 红外吸收光谱的基本术语

（1）特征峰与相关峰

具有相同官能团（或化学键）的一系列化合物，具有近似的吸收峰，因此，可用官能团的某一种特征频率确定官能团的存在。凡是可用于鉴定官能团存在的吸收峰，称为特征吸收峰，简称特征峰。在化合物的红外光谱图中由于某个官能团的存在而出现的一组相互依存的特征峰，可互称为相关峰，用以说明这些特征吸收峰具有依存关系，并区别于非依存关系的其他特征峰。以甲基为例，甲基不对称伸缩振动峰约位于 2969cm^{-1} 波数处，对称伸缩振动峰约在 2870cm^{-1}，这两个吸收峰在谱图中通常是双峰，不对称伸缩振动的强度低于对称伸缩振动，不对称弯曲振动约在 1460cm^{-1}，对称弯曲振动约在 1380cm^{-1}，这 4 个峰都指示甲基的存在，是一组相关峰。用一组相关峰鉴别某个基团的存在是一个比较重要的谱图归属原则。因为多数情况下，吸收峰会受到诸多内部、外部因素的影响，吸收峰彼此重叠覆盖，或变强、变弱，并非所有的吸收峰都能被精确地观测到，必须找出相关峰中的主要成员，而后相互佐证，才能确定某个基团的存在。

（2）基频峰与泛频峰

如本章 3.3.5 节所述，基态到第一激发态的跃迁产生的吸收峰称为基频峰。此外，倍频吸收产生的吸收峰被称为倍频峰，组合频、差频产生的吸收被称为泛频峰。其中基频峰跃迁概率大，强度高，是红外解析的主要依据，泛频与 3 倍以上的倍频峰强度都非常弱，很难辨认。

（3）特征区与"指纹区"

有机化合物官能团的大部分特征吸收大部分落在 4000～1330cm^{-1}（波长为 2.5～7.5μm）之间，因此通常把这个区域称为特征频率区，简称特征区，此区域内振动频率高，受其他因素干扰小，有明显的特征性，是推断官能团结构的主要依据。

与此相对，波数在 1330～400cm^{-1}（波长 7.5～25μm）之间的区域被称为"指纹区"。此区域内，各官能团的振动频率不具备鲜明特征。出现的峰主要是 C—X（X=C、N、O）单键的伸缩振动及各种弯曲振动峰。由于这些单键强度差别小，原子序数接近，导致吸收峰分布特别密集，但各个化合物结构上的细微差异在"指纹区"都会有所反映，因此"指纹区"信息对确认化合物结构的细节有重要意义。

3.4.2 红外光谱的表示方法

红外辐射与待测物相互作用，产生红外吸收的振动发生能级跃迁，记录振动频率与透射（吸收）关系的谱图，用二维的坐标曲线表示，称为红外谱图，如图 3.6 所示。红外光谱图中横坐标表示吸收峰的位置，用波数 σ（cm^{-1}）或波长 λ（μm）表示，纵坐标为吸光度（A）或者透射比（$T\%$）。吸收峰的强度可以定性地划分如下：很强 vs，强 s，中等 m，弱 w，非常弱 vw。

除谱图外，也可以用表示吸收峰位置与强度的文字来描述物质的红外吸收情况。

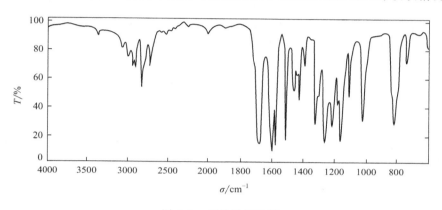

图 3.6 红外谱图示例

3.4.3 红外四要素

由上述信息可知，峰位是判断官能团结构的最直接判据，所以被称为分析红外的第一要素；纵坐标的数值称为峰强，峰强对应某一振动的跃迁概率，也是红外分析的要素之一；我们知道一确定的化合物或官能团有红外吸收的振动，理论上都应出现对应吸收峰，吸收峰的数目是描述红外吸收峰的另一要素，前文已阐述导致峰的数据增或减的原因。此外，吸收峰的形状，尖或钝，宽或窄，也是衡量官能团所处环境变化的指标，被称为红外吸收峰的第四个要素。

3.5 红外吸收峰变化的影响因素

分子内各基团的振动不是孤立的，而是受邻近基团以及整个分子其他部分的影响（即分子内部的结构因素）。有时还会因测定条件以及样品的物理状态等不同而改变。所以，同一个基团的特征吸收并不总固定在一个频率上，而是在一定范围内波动。如 $C=O$ 的伸缩振动一般在 $1755 \sim 1670 cm^{-1}$ 出峰，与不同的基团相连时，出峰位置不同，了解影响峰位变化的因素将有助于推断分子中相邻部分的结构，以及物理状态的影响。

3.5.1 影响峰位变化的因素

有机化合物分子中原子间相互影响问题的实质，一般用电子效应和空间效应来描述，电子效应描述分子中电子云密度的分布对分子性质所产生的影响，包括诱导效应和共轭效应两种类型。这两种效应都会导致特征频率的变化，由特征频率的计算公式［式(3.10)］可知，对于确定的化合物或者官能团，吸收峰的位置由键的力常数决定，不难理解，键的力常数受到外部因素及内部因素影响发生变化，特征频率会增大或减小，吸收峰的位置会随之发生位移，这种吸收峰位置的变化为我们提供了化学键周围环境的信息，对解析谱图非常重要。

(1) 诱导效应

诱导效应是由于成键原子的电负性不同，而使整个分子的电子云沿碳链向某一方向偏移的现象，这种偏移导致键的力常数发生变化。诱导效应用符号 I 表示，用 "−I" 表示亲电诱导，"＋I" 表示供电诱导。电子的流动与争夺，将会导致力常数发生变化，以羰基为例，当羰基与强吸电子基团相连时，会和羰基氧发生电子争夺战，使得羰基极性降低，双键性增加，键的力常数增大，对应振动频率增大，吸收峰向高波数方向移动。羰基的吸收峰波数增加 $90\sim100\text{cm}^{-1}$，上述过程可用如下共振式表示：

其中，X 为强吸电子原子，如 F、Cl 等。与羰基相连取代基电负性对其伸缩振动吸收峰的影响见表 3.2。

表 3.2　与羰基相连取代基电负性对其伸缩振动吸收峰的影响

$\nu(\text{C=O})/\text{cm}^{-1}$	约 1715	约 1730	约 1800	约 1920	约 1928

(2) 共轭效应

上述诱导效应不能用来解释酰胺 $R\text{—}\overset{O}{\overset{\|}{C}}\text{—NH}_2$ 中 C=O 吸收峰移向低波数区的现象，而 N 与碳氧双键共轭，电子密度平均化，使 C=O 的双键性质降低，即力常数减小，故吸收峰反而移向低波数区。这种在分子体系内共轭体系引起电子密度平均化引起的效应，称为共轭效应。−C 表示亲电共轭效应，＋C 表示供电共轭效应。共轭效应可用共振式表示如下：

共轭效应使得共轭体系内的电子云密度平均化，双键的键长变长，单键的键长变短，并使得共轭体系具有平面性，对共轭体系键的振动频率与强度有非常明显的影响。

在共轭效应与诱导效应同时存在的体系中，遵循强权法则，即吸收峰的变化由强势效应主导。例如，饱和酯的吸收，$\nu_{\text{C=O}}$ 一般为 1735cm^{-1}；比饱和酮 $\nu_{\text{C=O}}$ 1715cm^{-1} 稍高，因为 OR −I＞＋C，所以羰基双键性质增加。$R\text{—}\overset{O}{\overset{\|}{C}}\text{—NH}_2$ 与 $R\text{—}\overset{O}{\overset{\|}{C}}\text{—Cl}$ 也是两种效应竞争的情况，前者共轭效应的影响超过了诱导效应，N 和 Cl 的电负性都是 3.0，但对羰基振动频率的影响却大相径庭，因为对 N 与 Cl 来说，虽然电负性都是 3.0，但因 Cl 与 C 不在同一周期上，p-π 重叠差，以诱导效应为主，吸收向高波数移动，而 N 与 C 为同一周期，p-π 重叠较好，

共轭效应大于诱导效应，电子密度平均化，使 C=O 的双键性质降低，即力常数减小，故吸收峰反而移向低波数区。两种效应相争衡，结果是一个净效应。

（3）空间效应

空间效应的影响主要包括空间位阻效应和环张力效应。

① 空间位阻效应。指分子中的大基团在空间的位阻作用，迫使邻近基团间的键角变小或共轭体系之间单键键角偏转，使基团的振动波数和峰形发生变化。

共轭效应本将使得振动频率向着低波数方向移动，但体系中同时存在基团的空间阻碍时，共轭效应将被限制，以羰基为例，羰基的吸收本在 $1720cm^{-1}$ 附近，但与苯环共轭时具有平面性，其收峰会向低波数移动，但若分子结构中存在位阻效应，破坏了平面共轭效应，则其吸收峰又会向高波数移动。

② 环张力（键角张力）效应。环的张力引起官能团的键角、键长发生改变，从而使键的振动波数升高或降低。

多元脂环上的羰基或脂环外的双键，会随环的减小，环张力的增加，吸收峰的波数会增加。例如，环己酮、环戊酮、环丁酮的羰基吸收峰分别为：$1716cm^{-1}$、$1745cm^{-1}$、$1775cm^{-1}$。若为脂环内双键，则随环的减小，环张力的增加，而使吸收峰移向低波数。

（4）氢键效应

氢键的形成使得电偶极矩有了明显的变化，对吸收峰的位置和强度都有很大的影响，无论分子间还是分子内氢键的形成，都会使电子云密度平均化，使键力常数减小，使伸缩振动频率向低波数方向移动。

氢键分为分子内氢键和分子间氢键，分子内氢键只与分子内在性质有关，与溶剂种类、样品浓度和温度变化无关。分子间氢键与样品浓度密切相关。

（5）费米（Femi）共振和振动耦合

振动耦合与费米共振都将使红外吸收峰偏离基频值。例如一个振动的基频与另一个振动的倍频发生相互作用而产生吸收峰裂分的现象，称为费米共振。费米共振可使弱的倍频峰或组频峰的吸收强度增大。

当两个振动频率很相近的基团相互作用时，会使谱峰裂分成两个峰。如乙酸酐，含有两个羰基，其吸收频率应该相同，但因为发生振动耦合，在 $1860\sim1720cm^{-1}$ 之间有两个羰基的伸缩振动峰。

（6）物态变化的影响

红外光谱可以在样品的各种物理状态（气态、液态、固态、溶液或悬浮液）下进行测量，由于状态的不同，它们的光谱往往有不同程度的变化。气态分子由于分子间相互作用较弱，往往给出振动-转动光谱。在振动吸收带两侧，可以看到精细的转动吸收谱带。

对高聚物样品来说，当然不存在气态高分子样品谱图的解析问题，但测量中常遇到气态 CO_2 或气态水的干扰。前者在 $2300cm^{-1}$ 附近，比较容易辨识，且干扰不大。后者在 $1620cm^{-1}$ 附近区域对微量样品或较弱谱带的测量有较大的干扰。因此，在测量微量样品，或测量金属表面超薄涂层的反射吸收光谱及高分子材料表面的漫反射光谱时，须要用干燥空气或氮气对样品室里的空气进行充分吹燥，然后再收集红外谱图。真空红外装置可避免水气的干扰。液态分子间相互作用较强，有的化合物存在很强的氢键作用。例如多数羧酸类化合物由于强的氢键作用而生成二聚体，因而使它的羰基和羟基谱带的频率比气态时要下降达 50 至 $500cm^{-1}$ 之多。

在结晶的固体中，分子在晶格中有序排列，加强了分子间的相互作用。一个晶胞中含有若干个分子，分子中某种振动跃迁矩的矢量和便是这个晶胞的跃迁矩。所以某种振动在单个分子中是红外活性的，在晶胞中不一定是红外活性的。例如化合物 $Br(CH_2)_8Br$ 液态的红外谱图在 $980cm^{-1}$ 处有一中等强度的吸收带，但是它在该化合物结晶态的红外光谱中完全消失了。与此同时，一条新的谱带出现在 $580cm^{-1}$ 处，归属于 CH_2 有序排列引起的新的跃迁矩。结晶态分子红外光谱的另一特征是谱带分裂。例如聚乙烯的 CH_2 面内摇摆振动在非晶态时只有一条谱带，位于 $720cm^{-1}$ 处，而在结晶态时分裂为 $720cm^{-1}$ 和 $731cm^{-1}$ 两条谱带。

在一些有旋转异构体的化合物中，结晶态时只有一种异构体存在，而在液态时则可能有两种以上的异构体存在，因此谱带反而增多。相反，长链脂肪酸结晶中的亚甲基是全反式排列。由于振动相互耦合的缘故，在 $1350\sim1180cm^{-1}$ 区域出现一系列间距相等的吸收带，而在液体的光谱中仅是一条很宽的谱带。

在溶液状态下进行测试，除了发生氢键效应之外，由于溶剂改变所产生的频率位移一般不大。在极性溶剂中，N—H、O—H、C—O、C≡N 等极性官能团的伸缩振动频率，随溶剂极性的增加，向低频方向移动。

(7) 溶剂的影响

在溶液状态测定光谱时，由于溶剂的种类不同，同一种物质与溶剂间的相互作用也就不同，所测得的光谱也会将这种差异反映出来。通常，—NH_2、—OH、C—O、C≡N 等极性基团的伸缩振动频率随溶剂极性的增大而向低波数处移动，强度亦增大。例如，不同溶剂中羧酸的羰基伸缩振动峰位置如下：

由上图可知，同一种化合物在不同溶剂中，因为溶剂的各种影响会使化合物的频率发生变化。所以在配置测试溶液时尽量使用非极性溶剂。

3.5.2 影响吸收峰强度的因素

红外光谱吸收峰的强度决定于振动时偶极矩变化以及跃迁概率，影响吸收峰强度的因素有：

（1）原子的电负性

化学键两端的原子之间电负性差别越大，分子振动中化学键电子分布的变化及瞬间偶极矩变化越大，吸收峰就越强。

例如：C=O、C=N（ν_s，s）

C=C、C—H（m，w）

（2）分子的对称性

对称性越强，偶极矩变化越小，吸收峰就弱，甚至消失。

（3）跃迁概率

跃迁概率越大，吸收峰就越强。常温下绝大多数的跃迁是在基态和第一激发态之间，跃迁概率大，故峰强。而产生倍频、合频及差频等的跃迁概率小，故强度不大。

（4）振动方式

相同基团的各种振动方式不同，分子的电荷分布也不同。通常，反对称伸缩振动的吸收强度比对称伸缩振动的大；伸缩振动的吸收强度比弯曲振动的大。

（5）氢键的形成

氢键的形成使得偶极矩明显变化，因此会使吸收峰强度增大，相关的吸收峰变宽变强。

（6）共轭效应

如C=C的伸缩振动吸收弱，但与C=O共轭后，吸收强度大大增强。

（7）样品浓度

加大样品浓度使跃迁概率增大，吸收峰强度增大。

除以上内部、外部因素外，还有两个较为特殊的影响因素——配位效应与晶格效应，其在谱图中产生的变化，给我们提供更多有价值的信息。需要注意，晶格效应在物态变化影响中已涉及，此处不再详述。

3.5.3　配位效应

形成配合物与金属有机化合物后，配位体的振动谱带将有别于自由配位体，这是因为配位体发生配位后对称性下降，使得一些简并模式解除简并，使得原先非红外活性的振动转为红外活性振动，导致吸收峰数目增加；此外，配位后吸收谱带还会发生频移。

（1）谱带增多

一些结构对称的小分子如氮、氢、氧，本来是非红外活性的，但是发生配位后，变成红外活性的，如叠氮化物和$Ru(NH_3)_5H_2O^{3+}$反应后得到的$Ru(NH_3)_5N_2^{2+}$；在IR谱上$2130cm^{-1}$处显示一条锐的强带。这一谱带可归属为配位体N_2的伸缩振动。

配合物$IrCOCl[P(C_6H_5)_3]_2$能和O_2结合，O—O键键轴垂直于Ir原子和O—O键中心的连线。自由O_2分子的振动是非红外活性的，但在上述配合物的IR谱图中，在$857cm^{-1}$处有O—O伸缩振动的谱带。配合物$IrCOCl[P(C_6H_5)_3]_2$的IR谱在$2190cm^{-1}$和$2100cm^{-1}$处有两条锐的吸收带，可归属为Ir—H振动模式。当用氘代替氢时，谱带移到$1620cm^{-1}$和$548cm^{-1}$。

（2）谱带频移

配位时发生的电子转移，将改变成键核间的电子密度，从而改变键的力常数，影响谱带的频率。一般，核间电子密度增大的键，振动频率将增大；电子密度降低的键，振动频率将变小。这是一个普遍的效应，并不取决于是否同时发生配位。例如，N,N-二甲基乙酰胺在

CCl_4 中的 IR 谱中，羰基的吸收在 $1662cm^{-1}$ 处，低于脂肪酮中羰基的吸收 $1715cm^{-1}$，这是因为二甲基乙酰胺存在下面的共振结构：

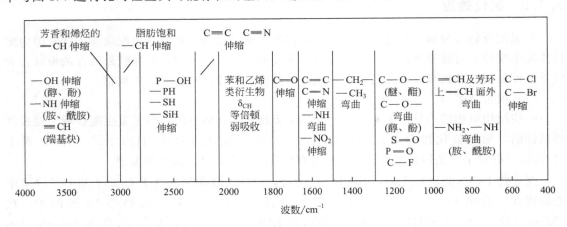

π 电子向碳氮键离域，使得碳-氧双键的电子云密度低于正常的羰基，所以吸收谱带向低波数处移动。

我们可以利用这一效应，分析配位体中哪一个原子参与了配位，例如，尿素与 Fe^{3+}、Cr^{3+}、Zn^{2+}、Cu^{2+} 配合后，羰基的伸缩振动频率都降低了，这可以解释为氧原子发生了配位。配位时的拉电子效应使羰基的 π 电子密度降低。但是需要注意，如果配位作用较弱，电子密度不发生显著的重新分配，也可能显示相反的效应。配位时氧原子必定要和接受体原子 X 碰撞，使有关原子发生 X→←O—C→类型的相对运动，这相当于一种不对称伸缩振动。这一效应将使羰基频率增高。另外，配位时氧原子的杂化方式可能发生变化，羰基频率可能增高，也可能降低。总之，配位是一个复杂的过程，在解释光谱变化时需要作全面的分析比较，实验数据显示，羰基 π 电子云密度降低的因素处于主导地位，所以氧发生配位时，羰基的吸收频率往往是降低的。

3.6 各类有机化合物的特征吸收峰

如图 3.7 所示，为某一频率区域内可能存在的基团。所给出的这些图表对于有机化合物红外谱图的解析是十分有用的。例如，测得某一未知物的红外谱图，可将其中主要特征峰频率与图 3.7 进行比对检查其可能存在的基团，进而定出分子结构。

图 3.7 红外光谱中基团吸收频率分布示意图

3.6.1 烷烃和环烷烃的特征吸收频率

① 烷烃和环烷烃的红外吸收主要为 C—H 键的振动（伸缩振动和弯曲振动）和碳骨架振动。饱和碳与不饱和碳 C—H 伸缩振动的分界线是 $3000cm^{-1}$。其中，饱和碳（除三元环外）的 C—H 伸缩振动频率低于 $3000cm^{-1}$，不饱和碳（重键及苯环）的 C—H 伸缩振动频

率大于 $3000cm^{-1}$。

② 烷烃和环烷烃的 C—H 弯曲振动吸收，一般在 $1485 \sim 700cm^{-1}$ 区域。其中，甲基的 δ_s（约为 $1380cm^{-1}$）峰对结构敏感，强度一般比 δ_{as} 弱，这一特性可证明甲基的存在，其强度随分子中甲基数目增多而增大。当 2 个或 3 个甲基连接在同一碳原子上时（异丙基或叔丁基），$1380cm^{-1}$ 峰会分裂成为 2 个峰。异丙基的两峰位于 $1385cm^{-1}$ 和 $1370cm^{-1}$ 左右，强度大致相等；而叔丁基的这两个吸收峰分别位于 $1390cm^{-1}$ 和 $1365cm^{-1}$ 附近，且 $1365cm^{-1}$ 峰的强度为 $1390cm^{-1}$ 峰的 2 倍左右。所以，常常根据这一区域吸收峰的状态和 C—C 键骨架的振动吸收位置（$1255 \sim 1140cm^{-1}$）来鉴定分子的分支情况。

当化合物具有 4 个或 4 个以上的 CH_2 相连时，CH_2 的平面摇摆振动在 $720cm^{-1}$ 附近有弱的吸收峰，随着相连 CH_2 个数的减少，其吸收的位置有规律地向高波数方向移动。因此，它在结构鉴定上也具有重要的作用。

③ C—C 骨架振动非强吸收，在结构分析中只有异丙基和叔丁基的骨架振动吸收有价值，若在 $1170cm^{-1}$ 及 $1150cm^{-1}$ 附近有峰出现，则可证明异丙基的存在。而 $1250cm^{-1}$ 和 $1210cm^{-1}$ 附近的峰共存，表示分子中有叔丁基存在。

3.6.2 烯烃的特征吸收频率

烯烃化合物具有 3 个特征吸收，即双键碳原子上 C—H 键伸缩振动、C—C 键伸缩振动和双键碳原子 C—H 键的面外弯曲振动。

① 烯烃$=CH_2$ 的对称伸缩振动吸收出现在 $2975cm^{-1}$ 处与饱和烃的甲基不对称伸缩振动吸收重叠之外，其余的烯烃$=$C—H 伸缩振动皆大于 $3000cm^{-1}$。由于烷烃的甲基、亚甲基的 C—H 伸缩振动皆小于 $3000cm^{-1}$，因此，如有不饱和的双键（包括苯环和三元环的 C—H），则多在甲基、亚甲基伸缩振动吸收峰旁边（靠近高波数）出现一个小峰。这是识别不饱和化合物的一个有效特征吸收。

② 烯烃 C$=$C 伸缩振动吸收一般位于 $1680 \sim 1580cm^{-1}$ 区域，峰的强度变化较大。当 C$=$C 键处于分子的对称中心时，无吸收，而 C$=$C 键处于不对称中心时，有弱吸收，只有发生共轭时，才变成强吸收，并向低波数方向位移。

③ 烯烃$=$C—H 弯曲振动吸收一般出现在 $1000 \sim 670cm^{-1}$ 波数处。此吸收为强吸收，不受取代基的变化而发生很大的变化，共轭对其影响也不明显，因此是判断烯烃的存在与否，并推测烯烃类型有力判据。

3.6.3 炔烃的特征吸收频率

炔烃化合物具有 3 个特征吸收：①$\equiv$C—H 键的伸缩振动，单取代炔烃的$\equiv$C—H 伸缩振动吸收位于 $3330 \sim 3267cm^{-1}$；②C$\equiv$C 键的伸缩振动吸收在 $2260 \sim 2100cm^{-1}$，为弱吸收，乙炔、对称取代炔烃的吸收观测不到；③单取代的$\equiv$C—H 键的弯曲振动在 $700 \sim 610cm^{-1}$ 区间有一个强而宽的吸收，$1370 \sim 1220cm^{-1}$ 区域内弱而宽的谱带为其倍频。

3.6.4 芳烃的特征吸收频率

芳烃化合物的红外光谱中有较多的相关峰，通过对化合物进行红外光谱的分析，不但可以鉴别芳环的存在与否，而且可以了解其取代的情况。

$3100 \sim 3000cm^{-1}$ 区间的强或中等强度吸收峰是$=$C—H 伸缩振动。如分子结构中有较多的甲基、亚甲基时，则成为一吸收峰的肩。

2000～1660cm^{-1}区间是═C—H面外弯曲振动的泛频区。该区的干扰少，可以根据这一区域谱图的形状知道环上取代的情况（如图 3.8 所示），当取代基是烷基时最为可靠。但此区域吸收为弱吸收，测试时可通过增加样品浓度等方式，使得吸收变强，易于辨识。

1650～1430cm^{-1}区间为有苯环的骨架振动；分别为～1450cm^{-1}、～1500cm^{-1}、～1580cm^{-1}和～1600cm^{-1}处。1450cm^{-1}处的吸收和—CH$_2$、—CH$_3$弯曲振动在同一区域出峰，因此特征不明显。后三处的吸收表明苯环的存在，但这三处吸收不一定同时出现。通常，当苯环发生共轭时，才有1580cm^{-1}处的吸收。共轭会使得以上几个吸收增强。

1225～950cm^{-1}区间是═C—H面内弯曲振动，吸收较弱，900～650cm^{-1}区间是═C—H面外弯曲振动，为强吸收。根据这一区域谱图的形状和吸收波数值，可推测苯环上取代的情况。

在此需要强调的是，吸收峰因为苯环取代而发生变化，变化规律见图3.8。

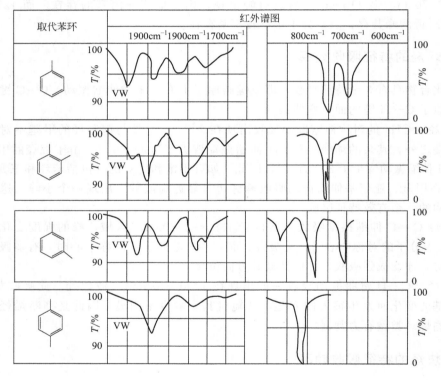

图 3.8　苯环取代与吸收变化

3.6.5　醇和酚类的特征吸收频率

醇和酚类具有 3 个特征吸收，即 O—H 的伸缩振动吸收、C—O 的伸缩振动吸收和 O—H 的弯曲振动吸收。

由于羟基是一个强极性基团，易发生缔合现象而形成氢键，O—H 伸缩振动的吸收位置和强度受温度和浓度影响很大。在气态或稀溶液中测定时，可以在 3650～3590cm^{-1} 区间观察到游离 O—H 的伸缩振动吸收，峰形比较尖锐，不同的醇类，其吸收频率也有所区别，它们的次序是伯醇（约 3640cm^{-1}）、仲醇（约 3630cm^{-1}）、叔醇（约 3620cm^{-1}）、酚（约

$3610cm^{-1}$)。

在固态、液态或浓溶液下进行测定时，缔合 O—H 的伸缩振动在 $3550\sim3200cm^{-1}$ 区间，峰形宽。氢键缔合作用越强，其吸收频率越低，吸收峰亦相应加宽。

发生螯合的 O—H（属分子内氢键），如水杨醛、邻硝基苯酚等，其 O—H 伸缩振动出现在 $3200\sim2500cm^{-1}$ 区间。与分子间氢键不同，分子内氢键无法用降低浓度和变换溶剂等方法消除。

醇和酚的 C—O 伸缩振动吸收是一个强吸收，位于 $1260\sim1000cm^{-1}$，由于它落在"指纹区"内，干扰较多，注意结合有无羟基的伸缩振动来将其与醚区分开来。不同的醇类，其 C—O 伸缩振动频率也不相同，它们的次序是伯醇（约 $1050cm^{-1}$）、仲醇（约 $1100cm^{-1}$）、叔醇（约 $1150cm^{-1}$）、酚（约 $1230cm^{-1}$），都是强吸收。由于氢键的缘故，其峰形都是比较宽散的。

O—H 面外弯曲振动吸收峰较宽，峰的中心位于 $650cm^{-1}$ 左右，受氢键的影响很大，位置也不固定，无实用价值。O—H 面内弯曲振动吸收位于 $1410\sim1260cm^{-1}$ 区间，峰形宽（缔合），常为双峰，吸收强度中等。此吸收亦受氢键的影响，当溶液被充分稀释后，峰变弱，最后约在 $1250cm^{-1}$ 处出现一狭窄的尖峰。

3.6.6 醚类的特征吸收频率

醚类的结构特征为 C—O—C。环氧化合物、缩醛、缩酮分子均含有此结构，由于 C—O 和 C—C 折合质量很接近，使 C—O 振动频率接近 C—C 的骨架振动，不过氧的电负性很强，振动时偶极矩变化很大，因而 C—O 的伸缩振动强度比 C—C 骨架振动强得多。

醇、羧酸、酯等的 C—O 键在 $1300\sim1000cm^{-1}$ 区间有强的吸收峰，极易与醚类的 C—O 混淆。

缩醛和缩酮是特殊形式的醚，由于 C—O—C—O—C 的伸缩振动耦合，其吸收峰分裂为 3 个，出现在 $1190\sim1160cm^{-1}$、$1143\sim1125cm^{-1}$ 和 $1098\sim1063cm^{-1}$ 区间，均为强峰。除此之外，在缩醛的光谱中还有 1 个吸收位置在 $1116\sim1105cm^{-1}$ 处的特征吸收峰，它是由 C—O 邻接的 C—H 弯曲振动所引起的，缩酮无此峰，因此可用来区分缩醛和缩酮。

3.6.7 羰基化合物的特征吸收频率

含羰基的化合物包括醛、酮、羧酸、羧酸酯、酸酐、酰卤和酰胺等。各类羰基化合物的 C—O 吸收出现在 $1900\sim1600cm^{-1}$ 区间，因吸收强度大，位置相对恒定，又少受干扰，因此它成为红外光谱中最易识别的吸收峰之一。

① 醛和酮的 C—O 伸缩振动吸收位置接近（醛的羰基吸收比相应的酮通常要高 $10cm^{-1}$ 左右），所以，根据 C—O 吸收峰的差异是无法对两者进行区别的。为了识别醛类，必须借助于—CHO 上的 C—H 伸缩振动，醛类在约 $2830cm^{-1}$ 和 $2720cm^{-1}$ 处存在 2 个中等强度的吸收。当碳链增长时，$2830cm^{-1}$ 处的峰可能与通常的饱和 C—H 伸缩振动合并而成为一个不太明显的肩峰，$2720cm^{-1}$ 处的峰则一般不会重叠，因此它是鉴别醛类的一个重要吸收。

② 酮类的特征吸收除了在 $1715cm^{-1}$ 附近有 C—O 吸收峰外，还有 $3430cm^{-1}$ 附近羰基伸缩振动的倍频峰以及由 C—(O—C)—C 伸缩和弯曲振动引起的一个中等吸收峰，通常这一吸收在 $1300\sim1100cm^{-1}$ 区间，芳香酮在此区域的较高频率端有吸收。这是鉴别酮类的一个比较重要的依据。

③ 羧酸由于强的氢键作用，常以二聚体的形式存在，这时它的羰基伸缩振动吸收峰出现在 1710cm^{-1} 附近。而—OH 的伸缩振动吸收则在 3300~2500cm^{-1} 区间出现一宽而强的峰，成为羧酸的特征吸收。当碳链逐渐增长时，还可以看到 C—H 伸缩振动从上述宽展的—OH 伸缩振动峰中逐渐显露出来。还有几处明显的吸收，分别位于~1420cm^{-1}、~1250cm^{-1}，分别为 C—O 伸缩振动和 O—H 面内弯曲振动的吸收，925cm^{-1} 附近的中等强度宽展的峰则是二聚体—OH 的面外弯曲振动的吸收，它也是羧酸的特征吸收之一。

④ 酯类的主要特征吸收是 C=O 和 C—O—C 的伸缩振动吸收。其 C=O 的吸收比对应的酮类高 20cm^{-1} 左右，大约位于 1740cm^{-1} 附近。而 C—O—C 伸缩振动位置在 1300~1000cm^{-1} 区间，它包括 C—O—C 的不对称伸缩振动和对称伸缩振动 2 个峰，其中 C—O—C 不对称伸缩振动为一强而宽展的峰，称为"酯带"，它的强度通常比 C=O 吸收峰还要大，这是鉴定酯类的一个重要依据。

⑤ 酸酐的结构中含有 2 个羰基，但其振动频率并不相同，这是由于振动的耦合，使其分裂为 2 个吸收峰（一般在 1820cm^{-1} 和 1760cm^{-1} 附近），彼此间隔 60cm^{-1} 左右。

⑥ 酰卤中羰基是和卤素直接相连的，由于卤素原子的强吸电子效应使其 C=O 的伸缩振动吸收频率移向高波数区，位置在 1815~1770cm^{-1} 之间。

⑦ 酰胺中的伯酰胺、仲酰胺易发生氢键缔合作用，在固态时主要是氢键缔合状态，在浓溶液中出现游离态和缔合态的平衡。只有在非极性溶剂的稀溶液中，才主要以游离态存在。所以，在不同状态下测得的伯酰胺、仲酰胺的吸收峰位变化较大。酰胺的谱图比较复杂，其特征吸收主要有 3 种：N—H 伸缩振动吸收、C=O 伸缩振动（习惯上称为酰胺 I 谱带）吸收和 N—H 弯曲振动（习惯上称为酰胺 II 谱带）吸收。

a. 伯酰胺。伯酰胺的—NH$_2$ 有 N—H 的不对称和对称伸缩振动。当发生氢键缔合时，该吸收出现在 3360~3180cm^{-1} 区域。随着二缔合体和三缔合体的存在，将在此区域出现多重峰；伯酰胺的 C=O 由于与 N 原子形成 p-π 共轭体系，使 C=O 吸收频率降低；伯酰胺的酰胺 II 谱带在固态时出现在 1650~1620cm^{-1} 之间，而且经常被酰胺 I 谱带所覆盖。

b. 仲酰胺。在很稀的溶液中，仲酰胺的游离 N—H 伸缩振动在 3460~3420cm^{-1} 区间显出一个吸收峰。由于 C—N 键具有部分双键性，因此就使酰胺分子也有顺式与反式的区别。仲酰胺的酰胺 II 谱带吸收位于 1570~1510cm^{-1} 区间，其位置与所处的物理状态有较大的关系。

c. 叔酰胺。叔酰胺的 C=O 吸收位于 1670-1630cm^{-1} 区间，与物相及浓度均无太大的依赖关系，这是因为叔酰胺无 N—H 键，不可能发生氢键缔合的缘故。当然，叔酰胺亦无 N—H 伸缩和弯曲振动的吸收。

d. 内酰胺。内酰胺含有 N—H 键的内酰胺在 3200cm^{-1} 附近有 N—H 伸缩振动的强吸收，此峰在稀释时没有明显的位移。内酰胺的 C=O 吸收频率随环张力的增大向高波数区移动。尤其值得注意的是，即使含有 N—H 的内酰胺也不出现酰胺 II 谱带的吸收。

3.6.8 胺类的特征吸收频率

胺类具有 3 个特征吸收，即 N—H 的伸缩振动吸收和弯曲振动吸收以及 C—N 的伸缩振动吸收。胺类化合物中 N—H 伸缩振动的规律与酰胺类似，故在此不再重复。伯胺的 N—H 面内弯曲振动吸收位于 1650~1580cm^{-1}（中强峰）。仲胺在此区域有弱吸收。某些芳胺由于芳环骨架振动吸收也在此区域而掩蔽了相应的 N—H 吸收。氢键的缔合将使该吸收谱带略向高频区位移，但不显著。伯胺和仲胺的液态样品由于 N—H 面外弯曲振动，在 $900\sim650cm^{-1}$ 区域出现中到强的宽吸收，其位置决定于氢键缔合的程度。

脂肪族伯胺、仲胺和叔胺中，非共轭的 C—N 键在 $1220\sim1020cm^{-1}$ 区域出现中到弱的吸收峰，其吸收位置与胺的类别及在 α-碳上取代基的类型有关。

3.6.9 硝基化合物的特征吸收频率

硝基化合物有两个特征峰，即—NO_2 的不对称与对称伸缩振动峰，脂肪族硝基化合物的这两个特征峰分别位于 $1560\sim1534cm^{-1}$ 和 $1385\sim1344cm^{-1}$，不对称伸缩振动强度大于对称伸缩振动；芳香族硝基化合物的这两个峰分别位于 $1550\sim1510cm^{-1}$ 和 $1365\sim1335cm^{-1}$，其对称伸缩振动的强度大于不对称伸缩振动强度。

3.6.10 腈类的特征吸收频率

腈类有一个非常显著的特征吸收 C≡N 伸缩振动，饱和脂肪腈的此吸收在 $2260\sim2240cm^{-1}$，强且锐，发生共轭时，强度增加，向低波数处移动。

参 考 文 献

[1] 北京大学化学与分子工程学院有机化学研究所. 有机化学实验. 北京：北京大学出版社，2015.
[2] 朱淮武. 有机分子结构波谱解析. 北京：化学工业出版社，2005.
[3] 李宜贵，张益珍. 医学物理学. 成都：四川大学出版社，2003.
[4] 祁景玉. 现代分析测试技术. 上海：同济大学出版社，2006.
[5] 马礼敦. 高等结构分析. 上海：复旦大学出版社，2002.
[6] 董慧茹. 仪器分析. 北京：化学工业出版社，2010.
[7] 赵晓华，鲁梅. 仪器分析. 北京：中国轻工业出版社，2015.
[8] 中西香尔，索罗曼 P H. 红外吸收光谱. 北京：中国化学学会，1980.
[9] 中国石油天然气集团公司人事部. 化工分析技师培训教程. 北京：石油工业出版社，2012.
[10] 刘珍，黄沛成，于世林，等. 化验员读本（下册）. 北京：化学工业出版社，2004.
[11] 薛奇. 高分子结构研究中的光谱方法. 北京：高等教育出版社，1995.
[12] 林海，梁毅恒，裴刚. 波谱在天然药物结构解析中的应用. 长沙：中南大学出版社，2009.
[13] 周永洽. 分子结构分析. 北京：化学工业出版社，1991.
[14] 杨睿，周啸，罗传秋，汪昆华. 聚合物近代仪器分析. 北京：清华大学出版社，2000.
[15] 张锐. 现代材料分析方法. 北京：化学工业出版社，2007.
[16] 朱诚身. 聚合物结构分析. 北京：科学出版社，2010.

第 4 章

激光拉曼光谱

拉曼光谱（Raman spectroscopy）是 1928 年印度物理学家 C. V. Raman 在气体与液体中观测到的一种特殊的光谱散射，当光穿过透明介质后被分子散射的光发生频率变化。同年，苏联和法国科学家在石英中也观察到这种特殊的光散射现象。C. V. Raman 因此获得 1930 年诺贝尔物理学奖。

Raman 光谱是散射光谱，利用分子对光子的非弹性散射过程所携信息来解析结构，但因 Raman 效应太弱，一直未能在结构研究中得到广泛的应用。直到 20 世纪 60 年代将激光作为光源引入，再配以高质量的单色器和高灵敏度的光电检测系统后，激光 Raman 光谱才得以快速发展。

拉曼光谱提供的结构信息与红外类似，二者均系利用分子内部的振动频率差异区分官能团，拉曼光谱也可以获得分子结构的直接信息，不同的是，红外光谱为吸收光谱，二者存在与分子相互作用的机理差异，但在结构分析中具有极强的互补性。被称为结构分析的"姊妹光谱"。

4.1 拉曼散射光谱的基本概念

4.1.1 瑞利散射、拉曼散射及拉曼位移

拉曼光谱是分子对光子的非弹性散射效应。当用一定频率的光照射分子时，除部分光被吸收外，大部分光沿入射方向透过样品，小部分被散射。被散射的光有两种情况：一种是光子与分子发生弹性碰撞，没有能量损失，散射光的频率和入射光的频率相同，这种散射称为瑞利（Rayleigh）散射。另一种情况，光子与样品分子之间发生非弹性碰撞，产生能量交换，把一部分能量给分子，或者从分子获得一部分能量，光子不但发生了方向改变，而且能量会减少或增加，此为拉曼散射。即：碰撞时有能量交换的光散射称为拉曼散射。拉曼散射的概率很小，因此最强的拉曼散射也仅占整个散射光的千分之几。

在拉曼散射中，若光子把一部分能量给样品分子，散射光能量减少，此时 $\nu_0 - \Delta E/h$ 处产生的散射光称为斯托克斯线；相反，若光子从样品分子中获得能量，在大于入射光频率处接收到的散射光线，则称为反斯托克斯线，如图 4.1 所示。

处于基态的分子与光子发生非弹性碰撞，获得能量跃迁到激发态可得到斯托克斯线，反之，如果分子处于激发态，与光子发生非弹性碰撞就会释放出能量而回到基态，得到反斯托

克斯线。如图 4.2 所示，斯托克斯线和反斯托克斯线的频率与入射光频率之差均为 $\Delta\nu$，均称为：拉曼位移。对应的斯托克斯线与反斯托克斯线的拉曼位移相等。斯托克斯线和反斯托克斯线的跃迁概率相当，但是常温下，分子大多处于基态，故前者比后者强得多，因此拉曼光谱分析多采用斯托克斯线。

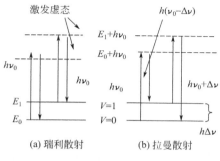

图 4-1　散射效应示意图

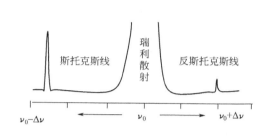

图 4.2　散射强度示意图

同一种物质分子，随着入射光频率的改变，拉曼线的频率也改变，但是拉曼位移 $\Delta\nu$ 始终保持不变，故拉曼位移与入射光频率无关，它只与物质分子的振动与转动能级有关，范围为 $25\sim4000\mathrm{cm}^{-1}$。因此入射光的能量应大于分子振动跃迁所需能量，小于电子跃迁所需能量。

4.1.2　拉曼光谱选律和选择定则

外加交变电磁场作用于分子内的原子核和核外电子，可使分子内电荷分布发生变化（其电子向电场的正极移动，而原子核却向相反的负极方向移动），产生诱导偶极矩 μ。诱导偶极矩与外电场的强度成正比，其比例常数被称为分子的极化率 α。

$$\mu = \alpha E \tag{4.1}$$

极化率是分子在外加交变电磁场作用下产生诱导偶极矩大小的一种度量。极化率高，表明分子电荷分布容易发生变化。如果分子的振动过程中分子极化率发生变化，则分子能对电磁波产生拉曼散射，称分子有拉曼活性。

由此可知，拉曼散射光谱也同红外吸收光谱一样，遵守跃迁能量的光谱选律，同时也需遵循一定的选择定则，即：只有极化率发生变化的振动，在振动过程中有能量的转移，才会产生拉曼散射，这种类型的振动称为拉曼活性振动。极化率无改变的振动不产生拉曼散射，称为拉曼非活性振动。

由化学键结合在一起的原子，其位置的变化会导致电子云的极化率发生变化。由于散射光强度正比于电子云的位移大小，分子振动将导致散射光强度的周期性变化。分子极化率的变化可以用振动时通过平衡位置两边的电子云改变程度来定量估计，电子云形状改变越大，极化率越大，拉曼散射强度也越大。在此以三原子分子 CS_2 为例，说明拉曼选律：

如图 4.3 所示，依据分子振动自由度公式，CS_2 分子有 $3N-5$ 共 4 个振动自由度，其中对称伸缩振动 ν_1，无偶极矩变化、无红外活性，但电子云形状在通过平衡位置前后有变化，所以有拉曼活性；在不对称伸缩振动 ν_2 中，电子云偏向中心碳原子的左边或右边，在

图 4.3　CS_2 的振动与电子云形状变化示意图

弯曲振动 ν_3 中，电子云向上或向下弯曲，图中未画出的 ν_4 与 ν_5 是双重简并振动，电子云在纸平面上下弯曲，均有偶极矩的变化，有红外活性，但其电子云的形状在通过平衡位置前后形状相同，所以无拉曼活性。

分子的某一振动谱带是在红外光谱中出现还是在拉曼光谱中出现，取决于光谱的选择定则。若在某一简正振动中分子的偶极矩变化不为 0 则是红外活性的，反之是红外非活性的；若某一简正振动中分子的感生极化率变化不为 0 则是拉曼活性的，反之是拉曼非活性的；如果某一简正振动对应的分子的偶极矩和感生极化率同时发生变化，则同时具有红外和拉曼活性。

有机物分子振动的活性遵循以下三个法则：

① 互允法则：无对称中心的分子其分子振动对红外和拉曼都是活性的。

② 互斥法则：对于有中心对称的分子，红外光谱和拉曼光谱是彼此排斥的，在红外光谱中允许的跃迁（红外活性），在拉曼光谱中却是被禁阻的（拉曼非活性）；反之，在拉曼光谱中允许跃迁（拉曼活性）的在红外光谱中却是禁阻的（红外非活性）。

③ 互禁法则：对少数分子的振动，其红外和拉曼都是非活性的。如乙烯分子的扭曲振动，不发生极化率和偶极矩的变化，其红外和拉曼都是非活性的。

4.1.3　拉曼退偏振比

与红外光谱相似的是，拉曼散射谱线的强度与诱导偶极矩成正比，在多数吸收光谱中，只具有两个基本参数（频率和强度），但在激光拉曼光谱中还有一个重要的参数——退偏振比（也可称为去偏振度）。

由于激光是线偏振光，而大多数有机分子都是各向异性的，在不同方向上的分子被入射光电场极化程度是不同的。在红外中只有单晶和有取向的高聚物才能测量出偏振，而在激光拉曼光谱中，完全自由取向的分子所散射的光也可能是偏振的，因此，在拉曼光谱中，一般使用退偏振比 ρ 表征分子对称性振动模式的高低：

$$\rho = \frac{I_\perp}{I_{//}} \tag{4.2}$$

$I_\perp$ 和 $I_{//}$ 分别代表与激光电矢量相垂直和相平行的谱线强度。$\rho < 3/4$ 的谱带称为偏振谱带，表示分子具有较高的对称振动模式；$\rho = 3/4$ 的谱带称为退偏振谱带，表示分子的对

称振动模式较低。

如图 4.4 所示，处于 $218cm^{-1}$ 及 $314cm^{-1}$ 的拉曼谱带，测得 $\rho \approx 0.75$，属于不对称振动；$459cm^{-1}$ 处，$\rho = 0.007$，则为对称振动。

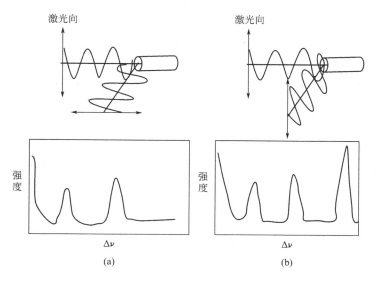

图 4.4 $\Delta\nu$ 处于 $218cm^{-1}$ 及 $314cm^{-1}$ 的四氯化碳谱图

（a）试样的垂直偏振；（b）试样的平行偏振

4.1.4 拉曼光谱图

如图 4.5 所示，拉曼光谱的横坐标为拉曼位移，以波数表示，纵坐标为拉曼光强。由图可知，拉曼光谱观测的是相对于入射光频率的位移。即拉曼散射光频率与激发光频率之差取绝对值。

$$\Delta\nu = |\nu_{拉曼散射光} - \nu_{激发光}| \tag{4.3}$$

$\Delta\nu$ 与入射光频率无关，只取决于分子振动能级的分布，具有与分子结构对应的特征性。拉曼光谱是以激发光波数作为零并处于图的最边且略去反斯托克斯线而得到的谱带，因此得到的是与红外吸收光谱相似的拉曼光谱图。

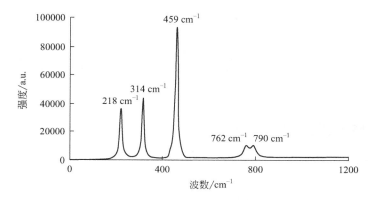

图 4.5 四氯化碳的拉曼光谱

拉曼光谱和红外光谱均反映分子的振动和转动，所测定辐射光的波数范围也相同，从拉曼光谱中测得拉曼位移数据，就可以像利用红外光谱一样来研究分子的结构。

4.2　激光拉曼光谱与红外光谱的比较

拉曼效应产生于入射光子与分子振动能级的能量交换。在许多情况下，拉曼频率位移的程度正好相当于红外吸收频率，因此红外测量能够得到的信息同样也出现在拉曼光谱中。红外光谱解析中的定性三要素（即吸收频率、强度和峰形）也适用于拉曼光谱的解析。但这两种光谱的分析机理和实验方法上却有很大的差别，在提供信息上也存在差异。一般情况下，分子的对称性愈高，红外与拉曼光谱的区别就愈大，非极性官能团的拉曼散射谱带较为强烈，极性官能团的红外谱带较为强烈。例如，许多情况下 C═C 伸缩振动的拉曼谱带比相应的红外谱带强烈，而 C═O 伸缩振动的红外谱带比相应的拉曼谱带显著。对于链状聚合物来说，碳链上的取代基用红外光谱较易检测出来，而碳链的振动用拉曼光谱表征更为方便。

如表 4.1 所示，把拉曼光谱与红外光谱结合使用，可以获得更为完整的分子振动、转动能级信息，更准确地实现分子结构鉴别。

表 4.1　红外光谱与拉曼光谱强度差异

振动	波数范围 /cm^{-1}	强度		振动	波数范围 /cm^{-1}	强度	
		Ram	IR			Ram	IR
ν(O—H)	3650~3000	w	s	ν(C═S)	1250~1000	s	w
ν(N—H)	3500~3300	m	m	δ(CH$_2$),δ_a(CH$_3$)	1470~1400	m	m
ν(C—H)	3300	w	w	δ_a(CH$_3$)	1380	m~w	s~m
ν(═C—H)	3100~3000	s	m	ν(C—C),芳香族	1600,1580	s~m	m~s
ν(—C—H)	3000~2800	s	m		1500,1450	m~w	m~s
ν(—S—H)	2600~2500	s	w	ν(C—C),酯环和脂肪链	1300~600	s~m	m~w
ν(C≡H)	2255~2220	m~s	s~o	ν_a(C—O—C)	1150~1060	w	s
ν(C≡C)	2250~2100	vs	w~o	ν_a(C—O—C)	970~800	s~m	w~o
ν(C═O)	1820~1680	s~w	vs	ν_a(Si—O—Si)	1100~1000	w~o	vs
ν(C═C)	1900~1500	vs~m	o~w	ν_a(Si—O—Si)	550~450	vs	w~o
ν(C═N)	1680~1610	s	m	ν(O—O)	900~845	s	o~w
ν(N═N),脂肪族	1580~1550	m	o	ν(S—S)	550~430	s	o~w
ν(N═N),芳香族	1440~1410	m	o	ν(C—Cl)	800~550	s	s

注：δ 为弯曲振动；ν_a 为对称伸缩振动；ν 为反对称伸缩振动；vs 为很强；s 为强；m 为中等；w 为弱；o 为很弱或非活性。

4.3　激光拉曼光谱法实验技术

4.3.1　仪器组成

激光拉曼光谱仪的基本组成有激光光源、外光路系统和样品池、单色器、检测及记录系统四大部分。

① 激光光源。是一种光源，它能发射出可见、红外、紫外等波长的光。普通光源是原子或分子自发辐射产生的，而激光光源是原子或分子受激辐射产生的，与普通光源相比，激光光源有其突出的特点，非常适用于拉曼光谱。拉曼光谱中最常用的激光器有氦氖（He-Ne）激光器，它发出波长为 632.8nm 的激光，另外还有氩离子（Ar^+）激光器，发出波长为 488.0nm、496.5nm 和 514.5nm 的激光。

② 外光路系统和样品池。包括激光器以后、单色器以前的一系列光路，为了分离所需的激光波长，最大限度地吸收拉曼散射光，采用了多重反射装置。为了减少光热效应和光化学反应的影响，拉曼光谱仪的样品池多采用旋转式样品池。

③ 单色器。常用的单色器是由两个光栅组成的双联单色器，或由三个光栅组成的三联单色器，其目的是把拉曼散射光分光并减弱杂散光。

④ 检测及记录系统。样品产生的拉曼散射光，经光电倍增管接收后转变成微弱的电信号，再经直流放大器放大后，即可由记录仪记录下清晰的拉曼光谱图。

4.3.2　样品的处理方法

拉曼样品制备较红外样品简单，气体样品可采用多路反射气槽测定。液体样品可装入毛细管中或多重反射槽内测定。单晶、固体粉末可直接装入玻璃管内测试，也可配成溶液，由于水的拉曼光谱较弱、干扰小，因此可配成水溶液测试。特别是测定只能在水中溶解的生物活性分子的振动光谱时，拉曼光谱优于红外光谱。而对有些不稳定的、贵重的样品，则可不拆密封，直接用原装瓶测试。

为了提高散射强度，样品的放置方式非常重要。气体样品可采用内腔方式，即把样品放在激光器的共振腔内。液体和固体样品是放在激光器的外面。在一般情况下，材料粉末样品可装在玻璃管内，也可压片测量。

4.4　拉曼光谱法在有机材料研究中的应用

4.4.1　拉曼光谱的选择定则与分子构象

由于拉曼与红外光谱具有互补性，因而两者结合使用能够得到更丰富的信息。这种互补的特点，是由它们的选择定则决定的。凡具有对称中心的分子，它们的红外吸收光谱与拉曼散射光谱没有频率相同的谱带，这就是所谓的"互相排斥定则"。例如聚乙烯具有对称中心，所以它的红外光谱与拉曼光谱没有一条谱带的谱率是一样的。

上述原理可以帮助推测聚合物的构象。例如，聚硫化乙烯（PES）分子链的重复单元为 $(CH_2CH_2SCH_2CH_2S)$，与 C—S、S—C、C—C 及 S—C 有关的构象分别为反式、右旁式、右旁式、反式、左旁式和左旁式。倘若 PES 的这一结构模式是正确的，那它就具有对称中心，从理论上可以预测 PES 的红外及拉曼光谱中没有频率相同的谱带。例如，PES 采取像聚氧化乙烯（PEO）那样的螺旋结构，那就不存在对称中心，它们的红外及拉曼光谱中就有频率相同的谱带。实验测量结果发现，PEO 的红外及拉曼光谱有 20 条频率相同的谱带。而 PES 的两种光谱中仅有 2 条谱带的频率比较接近。因而，可以推论 PES 具有与 PEO 不同的构象：在 PEO 中，C—C 键是旁式构象，C—O 为反式构象；而在 PES 中，C—C 键是反式构象，C—S 为旁式构象。

分子结构模型的对称因素决定了选择原则。比较理论结果与实际测量的光谱，可以判别所提出的结构模型是否准确。这种方法在研究小分子的结构及大分子的构象方面起着很重要的作用。

4.4.2 高分子材料的拉曼去偏振度及红外二向色性

图 4.6 为聚酰胺-6 薄膜拉伸 400％偏振拉曼散射光谱。在聚酰胺-6 的红外光谱中，某些谱带显示了明显的二向色性特性（即红外吸收的各向异性，如果没有取向，红外吸收是各向异性的，取向后分子链沿拉伸方向排列，但完全取向是不可能的，因此存在一定的取向度），它们是 NH 的伸缩振动 （3300cm^{-1}），CH$_2$ 伸缩振动 （3000 ～ 2800cm^{-1}）、酰胺 Ⅰ （1640cm^{-1}） 及酰胺 Ⅱ （1550cm^{-1}） 吸收和酰胺 Ⅲ （1260cm^{-1} 和 1201cm^{-1}） 吸收谱带。其中 NH 与亚甲基的伸缩振动，以及酰胺 Ⅰ 谱带的二向色性比较清楚地反映了这些振动的跃迁距在样品被拉伸后向垂直于拉伸方向取向。酰胺 Ⅱ 谱带以及酰胺 Ⅲ 谱带的二向色性显示了 C—N 伸缩振动向拉伸方向取向。

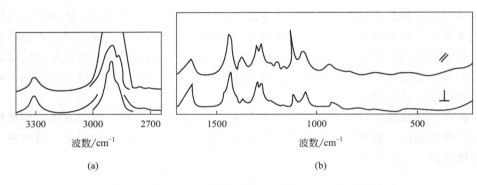

图 4.6　聚酰胺-6 薄膜拉伸 400％偏振拉曼散射光谱

4.4.3 复合材料形变的拉曼光谱研究

纤维状聚合物在拉伸形变过程中，链段与链段之间的相对位置发生了移动，从而使拉曼线发生了变化。用纤维增强热塑性或热固性树脂能得到高强度的复合材料。树脂与纤维之间的应力转移效果，是决定复合材料机械性能的关键因素。将聚丁二炔单晶纤维埋于环氧树脂之中，固化后生成了性能优良的结构材料。对环氧树脂施加应力进行拉伸，使其产生形变。此时，外加应力通过界面传递给聚丁二炔单晶纤维，使纤维产生拉伸形变。如图 4.7 所示为聚丁二炔衍生物的结构分析（包括丁二炔单体分子及聚合物链的排列）示意图和聚丁二炔纤维的共振拉曼光谱。入射光波长为 638nm。

当聚丁二炔单晶纤维发生伸长形变时，2085cm^{-1} 谱带向低频区移动。其移动范围为：由于拉曼线测量精度通常可达 20cm^{-1}，拉曼光谱测量纤维形变程度的精确度可达±0.1％。环氧树脂对激光是透明的，因此可以用激光拉曼光谱对复合材料中的聚丁二炔纤维的形变进行测量。图 4.8 即为拉曼光谱测得的复合材料在外力拉伸下聚丁二炔单晶纤维（直径为 25μm，长度为 70mm） 形变的分布。当材料整体形变分别为 0、0.50％和 1.00％时，由拉曼光谱测得的纤维形变及其分布清楚地显示在图中。形变在纤维两端较小，在中间部分逐渐

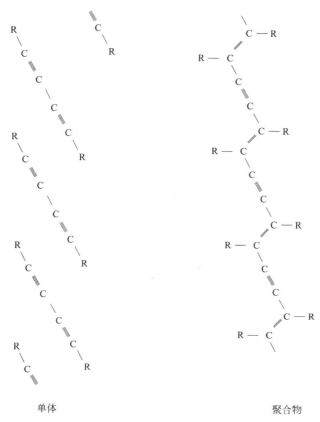

单体　　　　　　　　　　　聚合物

(a) 丁二炔衍生物单体及聚合物链的结构示意图

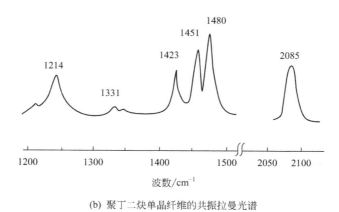

(b) 聚丁二炔单晶纤维的共振拉曼光谱

图 4.7　聚丁二炔衍生物的结构分析（p 代表官能团）

增大，然后达到恒定值。在中间部分的形变与材料整体的形变相等。由纤维端点到达形变恒定值处的距离，正巧为临界长度的一半。通常临界长度是由"抽出"试验测得的。但是拉曼光谱法测定纤维临界长度的优点在于不需要破坏纤维。

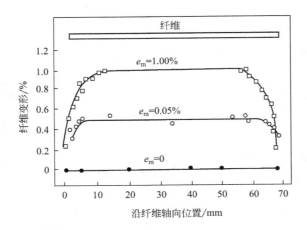

图 4.8　复合材料中聚丁二炔单晶纤维形变分布

4.5　拉曼光谱在无机材料中的应用

4.5.1　碳纳米材料的拉曼散射

　　碳元素作为自然界最普遍的元素之一，以灵活的结合方式形成了丰富多彩的碳家族。拉曼光谱由于可获得碳纳米管的许多结构信息，已逐渐成为研究和表征碳纳米管的一种有效的方法，碳的各种同素异形体都有其特征的拉曼光谱。碳纳米材料拉曼光谱中的 G 峰代表 sp^2 碳原子的 E_{2g} 振动模型，代表有序的 sp^2 键结构；而 D 峰则代表位于石墨烯边缘的缺陷及无定形结构。

4.5.1.1　碳纳米管

　　碳纳米管（CNTs）是 20 世纪 90 年代日本 NEC 公司的饭岛澄男在透射电镜的观察下发现的。直径在 4～30nm、长度最长为 $1\mu m$ 的碳管沉积在用于直流电弧放电蒸发碳棒的负电极上，真空腔内充有氩气。

　　单壁碳纳米管由于其结构上的简单性而成为拉曼光谱的理论和实验研究的重点。单壁碳纳米管有 15 或 16 种拉曼活性振动模式，确切数量与其构型相关，不过一般只有其中的 4 种活性振动模式会得到较大的共振增强。单壁碳纳米管所有在 $400cm^{-1}$ 以下的一级拉曼峰都与其直径密切相关。其中全部碳原子都做 $A_{1(g)}$ 模式的同向径向运动，即环呼吸振动尤为明显。在实际的实验中环呼吸振动峰位常被用来确定单壁碳纳米管的直径，通常用下面的经验公式来表达两者之间的关系。

$$\omega=\frac{223.75}{d} \tag{4.4}$$

　　式中，d 为以纳米为单位的单壁碳纳米管的直径；ω 为以 cm^{-1} 为单位的环呼吸振动峰位置，当单壁碳纳米管形成管束时，由于管与管之间的相互作用，环呼吸振动峰会向高波数移动约 $6\sim20cm^{-1}$。

　　如图 4.9（a）所示为原始管的拉曼光谱测试曲线，曲线中代表晶态碳（$1574cm^{-1}$）处的峰值强度只占代表非晶碳（$1345cm^{-1}$）处的峰值强度的 55%，表明具有晶态结构的

CNTs 的含量明显少于非晶碳，因为这两个峰值之比基本代表晶碳与非晶碳的含量之比。如图 4.9(b) 所示为经过热酸煮过的碳纳米管的拉曼光谱测试曲线，曲线中代表晶态碳（1578cm^{-1}）处的峰值强度基本上与代表非晶碳（1345cm^{-1}）处的峰值强度相等，表明经过酸煮之后 CNTs 表面的非晶碳的比例显著下降。先将碳纳米管酸煮，而后进行高温石墨化处理，所得到的 CNTs 的拉曼光谱测试曲线如图 4.9(c) 所示，曲线中的非晶碳峰基本消失，说明在酸氧化阶段去除了高温石墨化不易去除的结构交叉、取向杂乱的非晶碳，而在高温石墨化阶段又将酸氧化不易去除的近似平行排列结构的非晶碳转变为晶态碳，从而较彻底地消除了非晶碳。另外，拉曼光谱在确定单壁碳纳米管的管径、管长和管的构型等方面也有重要的作用。

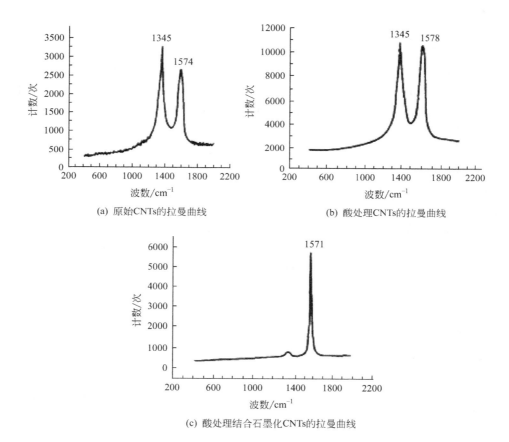

(a) 原始CNTs的拉曼曲线

(b) 酸处理CNTs的拉曼曲线

(c) 酸处理结合石墨化CNTs的拉曼曲线

图 4.9 不同方法处理前后的 CNTs 的拉曼光谱

如图 4.10 所示是不同形态石墨的拉曼光谱，沉积物内芯（包含碳纳米管和碳纳米粒子）的拉曼光谱图（b）与高取向热解石墨（HOPG）拉曼光谱图（a）比较相似，反映了两者在结构上相似；碳纳米管主峰（1574cm^{-1}）同 HOPG 主峰（1580cm^{-1}）相比，峰加宽而且稍微下移，被认为是因为 HOPG 是二维层状结构，而碳纳米管是由石墨片弯曲而成的管状封闭结构，C—C 的成键键长发生变化。峰加宽则是由于碳纳米管的直径有一定的分布。图 4.10(b) 中还有一个在 1346cm^{-1} 附近的弱峰，被认为是由碳纳米粒子造成的。沉积物外壳的拉曼光谱图 4.10(c) 则与玻璃碳的拉曼光谱图 4.10(d) 相似，表明外壳主要包含的是碳

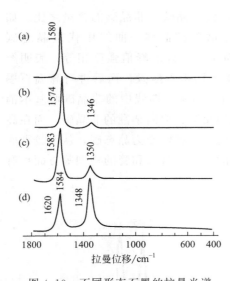

图 4.10　不同形态石墨的拉曼光谱

(a) 高取向热解石墨；(b) 沉积物内芯

（含碳纳米管和碳纳米粒子）；

(c) 沉积物外壳；(d) 玻璃碳

纳米粒子。

4.5.1.2　石墨烯

拉曼光谱能够高效率、无损表征石墨烯的质量。通过研究拉曼谱线的形状、宽度和峰位等可以分析出石墨烯结晶质量的优劣。文献中经常采用拉曼光谱中 I_{2D}/I_G 的值、2D 峰的半高宽以及 2D 峰中心峰位的变化来表征石墨烯的层数。如图 4.11 所示中 1580cm^{-1} 附近出现的 G 峰来源于一阶 E_{2g} 声子平面振动，反映材料的对称性和有序度。

2670cm^{-1} 附近的 2D 峰是双声子共振拉曼峰，其强度反映石墨烯的堆叠程度。石墨烯层数越多，碳原子的 sp^2 振动越强，G 峰越高，因此如图 4.11 所示，随着石墨烯层数的增加，G 峰越来越高。5 层以下的石墨层可以用拉曼光谱进行判定，尤其是可以利用 2D 峰区分单层石墨烯片和多层石墨烯片。单层石墨烯片的 2D 峰宽约 30cm^{-1}，双层石墨烯片的 2D 峰宽约 50cm^{-1}，石墨烯层数在 3 层以上时 2D 峰的半高宽更宽，但是层数增加到 3 层以上时，2D 峰的半高宽差别已经不大。如图 4.11(b) 中 2D 峰半高宽分别为 27cm^{-1}（1），46cm^{-1}（2），50cm^{-1}（5），64cm^{-1}（10）和 68cm^{-1}（石墨）。对于 2D 峰的峰位，2D 峰会随着石墨烯层数的增加而朝着高频方向移动，单层石墨烯的 2D 峰为位于 2678cm^{-1} 左右的单峰，双层石墨烯的 2D 峰中心增加到 2692cm^{-1} 左右，4 层和 6 层石墨烯薄膜的 2D 峰都包含两个分解峰中心，分别位于 2695cm^{-1} 和 2708cm^{-1} 左右，10 层时 2D 峰的位置已经非常接近 HOPG 标样的 2D 峰 2716cm^{-1}。

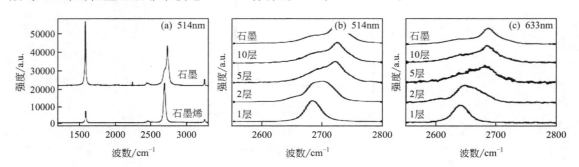

图 4.11　石墨和石墨烯的拉曼图（a）以及拉曼谱线随石墨烯层数的变化 [(b)、(c)]

4.5.1.3　宝石

宝石的拉曼鉴定一般采用谱图比对法。例如，市场上样品 A 为 A 货翡翠，样品 B 为填充环氧树脂处理后的 B 货翡翠，而样品 C 为填充了染料物质处理后的 C 货翡翠。从图 4.12、图 4.13 可以看出，各类翡翠的主要成分相近，拉曼光谱有较大的相似性，样品 A、B 尤为相近。样品 A 以钠铝辉石（NaAl [Si$_2$O$_6$]）为主要成分，其拉曼光谱中，最强的三条谱带出现在 373cm^{-1}、698cm^{-1}、1037cm^{-1}，但是荧光背景较低。样品 B 的拉曼光谱中除了具有翡翠三条典型特征峰以外，还出现了 2882cm^{-1} 和 2848cm^{-1} 石蜡的两条典型谱带，以及

1116cm^{-1}、1609cm^{-1}、3069cm^{-1}和1189cm^{-1}的环氧树脂拉曼特征峰。样品C中仅剩相对强度明显减小的373cm^{-1}、698cm^{-1}、1037cm^{-1}三个拉曼特征峰，这是因为对该翡翠进行染色处理的染料为以有机染料为主的荧光较强物质，故拉曼强度较弱的拉曼峰被强度极高的荧光信号所湮没。从图4.12和图4.13也可以看出，A、B、C货翡翠荧光干扰造成的基线漂移程度明显不同，B货、C货的漂移程度远大于A货，存在着一定的规律性。

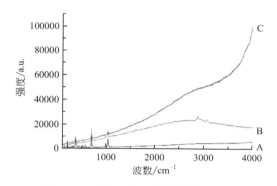

图 4.12　天然与处理翡翠的拉曼光谱

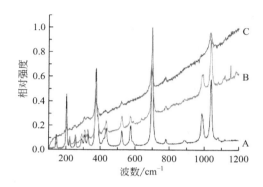

图 4.13　天然与处理翡翠的拉曼光谱（放大图）

4.5.2　半导体纳米材料的拉曼散射

　　半导体是应用极广泛的一种材料，拉曼光谱对半导体膜晶格损伤、晶向、晶态及热退火行为的研究已取得了一些成果。例如在热退火行为方面，要用到离子注入工艺。用离子注入法向单晶硅材料掺杂时由于注入离子与硅原子的相互作用，会引入各类型的损伤，从而改变了硅材料的电学和光学性质。在离子注入层中制作器件之前，通常采用热退火的方法，消除注入损伤，恢复状态。如图4.14所示是注钕硅单晶随退火温度变化时的拉曼光谱图。从图4.14中可以看出未经退火处理注钕硅单晶的拉曼谱带在488cm^{-1}左右，说明此时注钕硅单晶基本上是无定形的，退火温度在400～550℃时，谱带随温度的升高基本不变，说明在此温度范围内热退火，不能使无序注入层再结晶、消除损伤。退火温度在550～600℃时，拉曼谱带的位置由488cm^{-1}变到520cm^{-1}，并且谱带的强度随温度的升高而增强。可以断定，在此温度范围内热退火，能发生再结晶，使大量损伤消除。当温度大于600℃时，拉曼谱带基本不变，说明损伤基本消除，实现了再结晶。

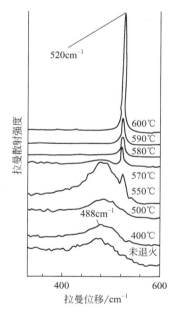

图 4.14　注钕硅单晶随退火温度变化时的拉曼光谱

　　拉曼光谱在无机纳米材料结构分析中一个典型的例子是二氧化钛纳米粒子的拉曼散射光谱。本体二氧化钛有金红石型和锐钛矿型两种结构，它们的拉曼振动模式不完全相同。金红石型结构的二氧化钛属于四方晶系（D_{4h}^{14}），共有18种振动自由度，但具有拉曼活性的只有 A_{1g}、B_{1g}、B_{2g}、E_g 四种振动模式，它们才能引起一级拉曼散射。锐钛矿型结构的二氧化钛也属于四方晶系（D_{4h}^{19}），它的单晶和多晶的拉曼散射如表4.2所示。

表 4.2 锐钛矿多晶和单晶拉曼活性振动模式的频率

多晶 ν/cm^{-1}	单晶 ν/cm^{-1}	振动模式	多晶 ν/cm^{-1}	单晶 ν/cm^{-1}	振动模式
143(vvs)	144(vvs)	E_g	510(m)	515(mw)	B_{2g}
196(w)	197(w)	E_g	633(m)	640(m)	E_g
326(vw)	316(w)	一级声子	798(vw)	796(w)	二级声子
392(m)	400(m)	B_{2g}			

经过不同温度处理的二氧化钛纳米粒子拉曼光谱与块体材料有明显的区别，包括谱线的数目、位置和峰高等。当烧结温度 $T \leqslant 773\mathrm{K}$ 时，样品的结构是金红石和锐钛矿的混合相，这些峰较块体材料有平移现象，并且峰有所展宽。当 $T \geqslant 1073\mathrm{K}$ 时，拉曼谱上出现四个峰，它们属于 E_g、A_{1g} 和 B_{2g} 振动模式，B_{1g} 消失了。同时在 $798 \sim 800\mathrm{cm}^{-1}$ 间出现一个新峰，对以上差异的解释是粒度和缺氧位的影响。

在纳米材料结构的表征中，如何确定纳米晶粒的大小很重要。拉曼散射法可以基于以下的公式来测量纳米晶粒的平均尺寸：

$$d = 2\pi \left(\frac{B}{\Delta\omega}\right)^{\frac{1}{2}} \tag{4.5}$$

式中，B 为一常数；$\Delta\omega$ 为纳米颗粒在拉曼光谱中某一振动峰的峰位相对于同样的块体材料中该峰的偏移量。

微区拉曼光谱和微区发光光谱是近年来发展起来的一种新的测试技术手段，它在研究自组织生长量子点和其他纳米材料的结构和光学特性方面有广泛的应用。图 4.15 是 488nm Ar^+ 激光器激发下所测得的 ZnO 纳米晶拉曼光谱。如图 4.15 所示，可以看到拉曼信号为 ZnO 的拉曼散射峰，$441\mathrm{cm}^{-1}$ 的峰为 ZnO 的 $E_2^{(2)}$ 声子模，位于 $722\mathrm{cm}^{-1}$、$939\mathrm{cm}^{-1}$ 和 $1116\mathrm{cm}^{-1}$ 的三个峰都是 ZnO 的多声子模。由于样品为尺度很小的多晶结构，其纳米晶的特性使得内在的压电作用较强，导致可以观察到较多的拉曼声子模。

图 4.16 给出的是 325nm He-Cd 激光器激发下所测得的 ZnO 纳米晶共振拉曼谱。如图 4.16 所示，在 $576.5\mathrm{cm}^{-1}$、$1153.1\mathrm{cm}^{-1}$、$1729.5\mathrm{cm}^{-1}$ 和 $2305.9\mathrm{cm}^{-1}$ 的四个峰分别对应 ZnO 纵向 1-LO、2-LO、3-LO 和 4-LO 声子。在样品中观察到 ZnO 晶格的多声子共振过程，说明 ZnO 晶体质量较好。

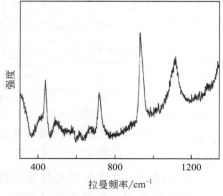

图 4.15 ZnO 的拉曼光谱
（488nm Ar^+ 激光器激发）

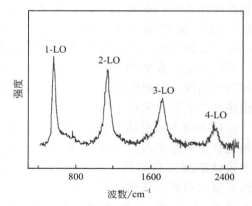

图 4.16 ZnO 样品的拉曼光谱
（325nm He-Cd 激光器激发）

参 考 文 献

［1］　张倩 . 高分子近代分析方法 . 成都：四川大学出版社，2015.
［2］　夏玉宇 . 化学实验室手册 . 北京：化学工业出版社，2015.
［3］　翟秀静，周亚光 . 现代物质结构研究方法 . 北京：中国科学技术出版社，2014.
［4］　张锐 . 现代材料分析方法 . 北京：化学工业出版社，2007.
［5］　李睿，周金池，卢存福 . 拉曼光谱在生物学领域的应用 . 生物技术通报，2009（12）：62-64.
［6］　许以明，吴骋，樊蓉 . 血纤维蛋白溶酶原激活剂 e-TPA 酶的拉曼光谱研究 . 科学通报，1987，32（8）：616-619.
［7］　许以明，吴骋，樊蓉 . 血纤维蛋白溶酶原激活剂 e-TPA 酶的二级结构的测定 . 科学通报，1987，32（12）：940-942.
［8］　吴骋，许以明，樊蓉 . 血纤维蛋白溶酶原激活剂 e-TPA 酶与含纤溶酶原的人血纤维蛋白的相互作用 . 科学通报，1987，32（14）：11091-11103.
［9］　阎隆飞，孙之荣 . 蛋白质分子结构 . 北京：清华大学出版社，1999.
［10］　王富耻 . 材料现代分析测试方法 . 北京：北京理工大学出版社，2006.
［11］　潘铁英 . 波谱解析法 . 上海：华东理工大学出版社，2015.
［12］　朱永法，宗瑞隆，等 . 材料分析化学 . 北京：化学工业出版社，2009.
［13］　阎隆飞，孙之荣 . 蛋白质分子结构 . 北京：清华大学出版社，1999.
［14］　许以明 . 拉曼光谱及其在结构生物学中的应用 . 北京：化学工业出版社，2005.

第5章
紫外-可见光谱及荧光光谱

分子吸收紫外光后，发生价电子能级跃迁，产生紫外吸收光谱，简称紫外光谱（ultra-violet spectroscopy，缩写为 UV）。因此，紫外光谱又称电子光谱。紫外光谱主要用于提供分子的共轭基团信息，在有机化合物和药物的结构解析中尤其重要。

5.1 紫外-可见吸收光谱

紫外光的波长范围为 10~400nm，可分为远紫外区（10~200nm）和近紫外区（200~400nm）。远紫外光波谱测定比较困难（易被空气中的氧气和二氧化碳吸收），通常所说的紫外光谱是指近紫外区内的吸收光谱。有些有机分子特别是共轭体系分子的价电子跃迁往往出现在可见光区（400~800nm）。实践中多数将紫外光谱和可见光谱连在一起，称为紫外-可见光谱。

5.1.1 紫外-可见吸收光谱的基本原理

（1）分子轨道

分子中电子的运动"轨道"称分子轨道，用波函数"ψ"表示。分子轨道是由原子轨道相互作用而形成的。分子轨道理论认为：两个原子轨道线性组合形成两个分子轨道，其中波函数位相相同者（同号）重叠形成的分子轨道称为成键轨道（bonding orbitals），用 ψ 表示，其能量低于组成它的原子轨道；波函数位相相反者（异号）重叠形成的分子轨道称为反键轨道（antibonding orbitals），用 ψ^* 表示，其能量高于组成它的原子轨道。原子轨道相互作用程度越大，形成的分子轨道越稳定。图 5.1 是用能级图表示的分子轨道形成情况。

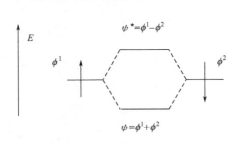

图 5.1 分子轨道形成示意图

（2）电子跃迁

一般情况下，分子中的电子排布在成键轨道上的状态称为基态，分子吸收一定的能量后，基态的价电子被激发到反键轨道（激发态）上，此过程即为电子的跃迁，电子跃迁所需能量约为 20eV，只有辐射的电磁波能量与此能量相当时，才发生吸收，因此，吸收何种波段的紫外光与化学键的类型有关。

（3）电子跃迁的类型

有机化合物分子中的价电子包括 σ 电子（单键）、π 电子（不饱和键）以及未成键的 n 电子（杂原子氧、硫、氮等未共用电子对）。当这些电子吸收紫外光或可见光后，从低能态的成键轨道或非键轨道跃迁到高能态的反键轨道。电子跃迁常见的主要有四种类型，从成键轨道跃迁到反键轨道（σ→σ*、π→π*）；非成键电子跃迁至反键轨道（n→σ*、n→π*）。

如图 5.2 所示，不同跃迁所需能量不同，按照跃迁所需能量的大小，依次排序如下：

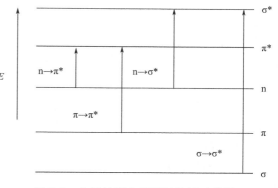

图 5.2 分子轨道电子跃迁能级示意图

$$σ→σ^* > n→σ^* > π→π^* > n→π^*$$

所需能量的差异是不同价电子跃迁的难易程度决定的。

（4）电子跃迁类型与分子结构的关系

① σ→σ*。饱和烃中 C—C 键是 σ 键，产生 σ→σ* 的跃迁，需较高能量，吸收波长小于 150nm，只在远紫外区有吸收。

② n→σ*。含 O、N、S 和卤素等杂原子饱和烃的衍生物可发生此类跃迁，所需能量较大，吸收波长为 150～250nm，吸收系数较低。

③ π→π*。含有不饱和键的化合物，如不饱和烃、共轭烯烃和芳香烃类可发生此类跃迁。孤立不饱和键的跃迁落在远紫外区。

④ n→π*。含有杂原子的双键或杂原子上孤对电子与碳原子上的 π 电子形成 p-π 共轭，则产生 n→π* 跃迁吸收，出现在近紫外区。

5.1.2 紫外-可见吸收光谱的基础知识

（1）紫外吸收光谱的表示方法

当用一束连续变化的紫外光照射一定浓度的样品溶液时，通过紫外-可见光分光光度计，可以测定样品对各种波长光波的吸光度，根据达朗贝定律以波长 λ（单位 nm）为横坐标、吸光度 A 或摩尔吸光系数（ε、lgε）为纵坐标，即可绘制出该物质的紫外吸收曲线，即为该样品的紫外光谱图，当纵坐标用吸光度时，化合物的最大吸收峰在曲线的最高点。

电子跃迁所需能量大，在电子跃迁的同时，伴随有分子振动能级和转动能级的跃迁，振动、转动跃迁的吸收混杂在电子跃迁的吸收中，难以分辨，所以紫外吸收谱图观察不到尖锐的吸收峰，图 5.3 为对甲基苯甲酸的紫外吸收谱图，吸收峰较为平坦宽阔，通常称吸收带。

吸收光谱的吸收强度可用朗伯（Lambert）-比尔（Beer）定律来描述，在特定波

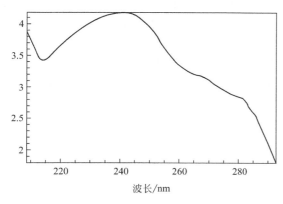

图 5.3 对甲基苯甲酸的紫外吸收谱图

长下吸光度 A 可用下式表示：

$$A = \lg \frac{I_0}{I} \tag{5.1}$$

式中，I 为透射光强度；I_0 为入射光强度。A 取决于化合物的电子结构，也与试样的浓度和吸收池长度有关。有些紫外光谱图用摩尔吸收系数 ε 代替 A 为纵坐标作图，当 ε 很大时也可以 $\lg\varepsilon$ 为纵坐标作图。其公式如下：

$$A = \varepsilon c l \tag{5.2}$$

式中，c 为试样溶液的浓度，mol/L；l 为吸收池长度，cm。ε 为摩尔吸光系数，是当 1L 溶液中含有 1mol 样品，通过样品的光程为 1cm 时在指定波长下测得的吸光系数值，ε 值与试样溶液的浓度、吸收池的长度无关，每一化合物在指定波长下都有一定的摩尔吸光系数，是物质的特性常数，单位为 L/(mol·cm)，书写时常省略单位。可作为鉴别物质的重要依据。

如果化合物的分子量是已知的，则可用摩尔消光系数 $\varepsilon = EM$ 表示吸收强度，则式（5.2）可写成：

$$A = \varepsilon c l = -\lg \frac{I}{I_0} = EMcl \tag{5.3}$$

式（5.3）中的 E 是 1g/L 浓度时的消光系数；M 是化合物的分子量。

但是当化合物的分子量未知时，常用百分消光系数作为鉴别化合物的特征常数。

（2）电子跃迁选律

原子和分子与电磁波相互作用，从一个能量状态跃迁到另一个能量状态要服从一定的规律，这些规律称为光谱选律。如果两个能级之间的跃迁根据选律是可能的，称为"允许跃迁"，其跃迁概率大，吸收强度大；反之，不可能的称"禁阻跃迁"，其跃迁概率小，吸收强度很弱甚至观察不到吸收信号。分子中电子从一个能级跃迁到另一个能级所遵守的选律如下。

① 自旋定律。电子自旋量子数发生变化的跃迁是禁止的，即分子中的电子在跃迁过程中自旋方向不能发生改变。

② 对称性选律。同核双原子分子的键轴中点称为分子的对称中心，其分子轨道波函数通过对称中心反演到三维空间的相应位置时，若符号不改变，则称对称波函数（σ 和 π^*），用 g 表示；若波函数符号改变则称反对称波函数（如 σ^* 和 π），用 u 表示。电子跃迁时中心对称性必须改变，而截面对称性不能改变。所以，u-g 跃迁是允许跃迁，而 u-u、g-g 跃迁是禁阻跃迁，即 $\sigma \rightarrow \sigma^*$、$\pi \rightarrow \pi^*$ 属于允许跃迁，而 $\sigma \rightarrow \pi^*$、$\pi \rightarrow \sigma^*$ 属于禁阻跃迁。$n \rightarrow \pi^*$、$n \rightarrow \sigma^*$ 亦是禁阻跃迁。然而，禁阻跃迁在某些情况下实际上是可被观察到的，只是吸收强度很弱。这是因为受分子内或分子间微扰作用等因素的影响，上述某些选律发生偏移。对称性强的分子（如苯分子）在跃迁过程中，可能会出现部分禁阻跃迁，部分禁阻跃迁谱带的强度位于允许跃迁和禁阻跃迁之间。

5.1.3　紫外吸收光谱的常用术语

（1）发色团

发色团原意指能使化合物显色的一些基团，在紫外光谱中沿用此术语，其含义已被拓展。凡能导致化合物在紫外-可见光区产生吸收的官能团都被称为发色团，也称生色团，不

饱和结构中 π→π*、n→π* 跃迁及电荷转移跃迁，在分析中具有重要意义，所以通常把含有非键轨道和 π 分子轨道能引起 π→π*、n→π* 跃迁的电子体系称为生色团。

如果物质的分子中含有数个生色团，但之间并未发生共轭作用，则呈现该物质的各个独立生色团原有的吸收谱带；如几个发色团相互共轭，则单个的发色团产生的吸收带消失，取而代之的是共轭后的新吸收谱带，其波长大于单个的发色团，强度也会显著增加。

（2）助色团

助色团本身不会使化合物在紫外-可见光区产生吸收，但此类基团一旦与发色团相连，能使发色团的吸收波长向长波方向移动，同时使得吸收强度增加。

一般情况下，助色团是由含孤对电子的原子或官能团组成，如—OR、—NHR、—SR、—Cl、—OH 等。这些基团都是通过 p-π 共轭使发色团的共轭程度加强，使电子跃迁的能量降低。

常见助色团助色效应排序如下：

$$O^- > NR_2 > NHR > NH_2 > OCH_3 > SH > OH > Br > Cl > CH_3 > F$$

（3）红移、蓝移以及增色、减色

化合物分子因为引入了助色团或其他因素影响，比如溶剂效应，其紫外吸收的最大波长向长波方向移动的现象称为红移；与此相反，若最大吸收波长向短波长方向移动，称为蓝移或紫移。

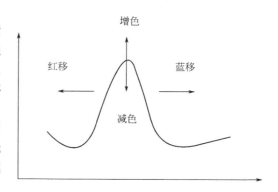

如图 5.4 所示，当官能团中引入了相关因素，比如助色团或溶剂影响，吸收带摩尔吸光系数 ε 增大或减小，使得吸收带强度增大或减小的现象称为增色或减色效应。

图 5.4 图示吸收谱带变化术语

5.1.4 影响紫外光谱的因素

影响紫外吸收光谱波长及强度的主要有内部效应与外部效应，内部效应主要为电子效应及空间位阻，外部效应以溶剂效应最为突出。

（1）π-π 共轭对最大吸收波长的影响

含有孤立双键的 π→π* 跃迁，大多在 200nm 处有吸收，其摩尔吸光系数 ε>10⁴，而共轭双键的 π→π* 跃迁发生显著红移，这是由于共轭的 π 电子在整个体系内流动，不专属于某一个原子，因此受到的束缚力小于共轭前，跃迁所需能量降低，在较低能量的激发下即发生跃迁，因此吸收波长增大，吸光强度也随之增大。

如图 5.5 所示，当双键发生共轭时，共轭体系内形成了离域 π 键，原先的成键 π 轨道，分裂成两个新的成键轨道 π_1、π_2，新轨道能级一个低于原先的轨道能级，一个高于原先的轨道能级，反键轨道也分裂成两个新的轨道 π_3^*、π_4^*，此时能量最高成键轨道与能量最低反键轨道的能级差，远小于共轭前成键轨道与反键轨道的能级差，因此，跃迁激发能降低，波长红移。

不同的发色团共轭也会引起 π→π* 跃迁发生吸收红移，如果共轭基团中含有 n 电子，n→π* 跃迁也发生红移，如图 5.6 所示，羰基与烯键共轭不仅使 π→π* 的跃迁能量降低，也使 n→π* 的跃迁能降低。

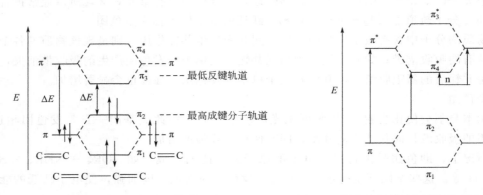

图 5.5　1,3-丁二烯分子轨道示意图　　　　图 5.6　羰基与烯键共轭跃迁能级变化示意图

按照休克尔提出的分子轨道理论，随着共轭多烯双键数目增多，最高占据轨道（即成键轨道，highest occupied molecular orbital，HOMO）的能量也逐渐增高，而最低空轨道（即反键轨道）的能量逐渐降低，所以 π 电子跃迁所需的能量 ΔE 正逐渐减小，吸收峰逐渐红移，如图 5.7 所示。

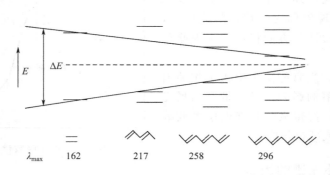

图 5.7　共轭多烯分子轨道能级变化示意图

（2）溶剂对吸收波长的影响

除助色团外，紫外吸收光谱的吸收波长和强度，与所用溶剂关系密切，通常，同一种化合物在极性溶剂与非极性溶剂中测得的结果差异颇大，这是因为溶剂极性直接影响了 n→π* 以及 π→π* 跃迁的能级差，使其发生了变化。

① 溶剂极性对 n→π* 跃迁的影响。n→π* 跃迁的吸收谱带随溶剂极性增加发生蓝移，以羰基为例，羰基在基态时碳-氧键极化成 $\overset{\delta+}{C}=\overset{\delta-}{O}$，当 n 电子跃迁到 π* 轨道时，氧的电子转移到碳处，使羰基激发态的极性减小，极性溶剂中，基态能量降低大于激发态，能级差增大，跃迁所需能量增加，发生吸收蓝移。

② 溶剂极性对 π→π* 跃迁的影响。π→π* 跃迁随溶剂极性增大发生红移，这是因为大多数发生 π→π* 跃迁的分子，其激发态的极性大于基态，因此，激发态与极性溶剂相互作用导致能量降低的程度，也大于基态与极性溶剂相互作用而使能量降低的程度，如此一来，与极性溶剂作用后，此跃迁基态与激发态之间的能级差变小，吸收发生红移。

（3）分子离子化对波长的影响

如果化合物在不同 pH 值的介质中能离子化，即形成阳离子或阴离子，则吸收谱带也会发生相应变化。

如苯胺在酸性介质中形成苯胺盐阳离子：

$$\ce{NH2} \quad \underset{\ce{OH-}}{\overset{\ce{H+}}{\rightleftharpoons}} \quad \ce{NH3+}$$

λ_{max} 230nm（ε_{max} 8600）　　λ_{max} 203nm（ε_{max} 7500）

λ_{max} 280nm（ε_{max} 1470）　　λ_{max} 254nm（ε_{max} 160）

　　苯胺形成盐后，氮原子的未成键电子消失，氨基的助色作用也随之消失，因此苯胺盐的吸收谱带发生蓝移。利用上述反应，可判断未知化合物的苯环上是否连接有氨基或羟基。

　　各类有机化合物都有其特定的紫外吸收特性，这一吸收特性对应于化合物中的共轭体系。此处依据有机物是否饱和分述于下。

5.1.5　紫外吸收与分子结构的关系

　　由上可知，吸收何种频率的紫外光，取决于价电子跃迁所需的能量，在不同的分子结构中，同种类型跃迁所需能量是不同的，因此这种跃迁的能级差异对应于不同的分子结构，不同物质产生不同的紫外吸收光谱。

　　（1）非共轭有机化合物的紫外光谱

　　① 饱和有机化合物的紫外吸收光谱。饱和烃类化合物中，只有结合牢固的 σ 键，而 $\sigma \to \sigma^*$ 的跃迁所需能量较高，吸收波长＜150nm，此跃迁的吸收落在远紫外区，在通常的紫外检测中观察不到。

　　饱和烃类化合物中的氢被杂原子如 S、N、O、X 等取代后，分子中除含有 σ 键外，还含有未成键的孤对电子，孤对电子 n 比饱和单键电子易于激发，波长相对较长，未共用电子对受激发而产生的 $n \to \sigma^*$ 跃迁（禁阻跃迁），所需能量小于 $\sigma \to \sigma^*$ 跃迁的能量，吸收波长＜200nm（远紫外区）；同一碳原子上杂原子越多，λ_{max} 向长波方向移动。

　　由此可知，饱和有机化合物通常在近紫外区无吸收，亦即对紫外光透明，因此，在配制紫外测试溶液时，我们通常会选择饱和有机化合物作为溶剂。

　　② 不共轭的烯、炔类化合物。这类化合物含有 π 电子，可以发生 $\pi \to \pi^*$ 不饱和键的 π 键向反键轨道 π^* 的跃迁，孤立的不饱和键如非共轭烯、炔化合物发生 $\pi \to \pi^*$ 跃迁，此跃迁能量小于 $\sigma \to \sigma^*$ 跃迁所需能量，但其吸收波长小于 200nm，依然不在近紫外区，在与助色团相连时，发生红移和增色，才有机会进入近紫外的检测范围。

　　此类化合物如果含有杂原子，就会发生两种跃迁，$\pi \to \pi^*$ 和 $n \to \pi^*$，其中后者所需跃迁能量较低，其吸收落在近紫外区，虽然吸收强度低，但往往可以提供有价值的紫外检测信息。

　　（2）共轭的不饱和化合物

　　当两个不饱和键以单键相连时，形成一个共轭体系，发生共轭的不饱和体系，共轭作用降低了成键与反键轨道之间的能量差，使得吸收波长大于 200nm，落在近紫外的观察区域内。

　　共轭体系中的两个不饱和键各为一个生色团，如前文所述，虽为生色团，无助色团帮助往往不能显色，当两个生色团发生共轭时，其显色效果大于加和原则的结果（加和原则：一个化合物的紫外吸收为该分子中几个不共轭部分紫外吸收的加和），吸收波长与强度都会发生很大的变化。

　　共轭体系内的发色团受到共轭与诱导效应的影响时，电子跃迁的难易程度发生变化，最大吸收波长会相应地发生蓝移或红移。

（3）芳香族化合物

最简单的芳香族化合物是苯。苯在紫外区有 3 个吸收带：E_1 带（Ethylenic，意为乙烯式），$\lambda_{max}=184nm$（$\varepsilon=47000$）；E_2 带，$\lambda_{max}=203.5nm$（$\varepsilon=7400$）；B 带（Benzenoid，意为苯类），$\lambda_{max}=254nm$（$\varepsilon=204$）。以上均为在甲醇溶液中的测定值，它们均为 $\pi \rightarrow \pi^*$ 跃迁所产生。

E_2 带是由苯环的共轭二烯所引起。此带可因苯环上引入助色团而红移，吸收峰出现在较长的波长处。当苯环上引入发色团时，吸收峰更加显著地红移。此时的 E_2 带相当于 K 带，故有的文献也把 E_2 带称为 K 带。

B 带则是由 $\pi \rightarrow \pi^*$ 跃迁时伴随分子振动能级变化所引起的吸收带，此带为一宽峰，并出现若干小峰（或称精细结构），如图 5.8 所示。在极性溶剂中这些精细结构峰变得不明显或消失，B 带呈宽的峰包状。特征 B 带对于识别分子中的苯环很有用。

① 单取代苯。苯环上的取代基能影响苯的电子分布，使苯原有的 3 个吸收带发生变化，复杂的 B 带一般都简单化，并且各吸收带也红移，同时吸收强度增加。影响的大小与取代基的类型有关。

② 双取代苯。在双取代苯中，由于取代基的性质和取代位置不同，对苯的吸收光谱产生的影响也不同，往往难于简单地加以推测。但下列一些定性的规律往往是有用的。

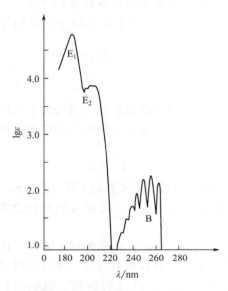

图 5.8　苯的紫外吸收谱图

总之当苯环上的两个氢原子被取代后，无论取代基是供电子基还是吸电子基团，也无论其相对位置如何，其结果都能使苯的吸收带红移，且吸收强度都相应增强。

（4）共轭烯类化合物 λ_{max} 峰位的经验规则

由于空间结构的影响，生色团的结合会呈现特定的吸收谱带。在 UV-Vis 光谱作为有机化学的一种主要谱学方法的时代，人们通过一系列经验规则可从谱图中获得尽可能多的信息。根据 Woodward 规则或 Woodward-Fieser 规则可以预测二烯烃、烯酮以及二烯酮的最大吸收波长。这是由 Woodward 在 1941 年首先提出，此后 Fieser 和 Scott 分别对这一经验规则进行了修正。使用此方法时，相对于基础值（母体化合物的吸收波长），波长的增加与其结构特征有关。对一些共轭体系的 K 带吸收位置可进行计算，其计算值与实测值较为符合。

Woodward-Fieser 规则是以很多实验数据总结出的经验规律，这些规则在解决特定有机化合物结构时非常有价值，其过程是先从母体得到一个最大的基数，然后对连接在母体 π 电子体系上的不同取代基和其他结构因素进行数值修正。该规则可用于计算非环共轭双烯、环共轭双烯、多烯以及共轭烯酮、多烯酮。该计算对推测未知物的结构有一定的帮助。

Woodward-Fieser 规则 I 是以 1,3-丁二烯为基本母核，确定吸收波长为 217nm，根据取代基的不同，加入校正值，用于计算共轭烯烃类化合物 K 带的 λ_{max}。如表 5.1 所示为规则 I 的计算基准值和修正值。因为溶剂对最大吸收波长有直接影响，若使用其他溶剂，必须对数据进行校正。

表 5.1 Woodward-Fieser 计算参数表 nm

			nm
基值（共轭二烯基本吸收带）			217
增加值	同环二烯		36
	烷基（或环基）		5
	环外双键		5
	共轭双键		30
	助色团	—OCOR	0
		—OR	6
		—SR	30
		—Cl、—Br	5
		—NR^{1}R^2	60

需注意的是，该规则只适用于共轭二烯、三烯、四烯。

5.1.6 紫外吸收谱带的类型

在有机物的紫外光谱分析中，通常将谱带分为 4 种类型：R 吸收带、K 吸收带、B 吸收带、E 吸收带。

（1）R 吸收带

这是 n→π* 跃迁产生的吸收带，ε 很小，容易被覆盖，也容易受到溶剂化作用的影响发生位移。

（2）K 吸收带

这是 π→π* 跃迁产生的吸收带，共轭烯烃、取代芳香化合物均产生此类吸收谱带，$\varepsilon_{max} >$ 10000，属于强吸收。

（3）B 吸收带

这是芳香族化合物及杂环的特征吸收谱带，230～270nm，吸收弱，ε 约 200。为一宽峰，在非极性溶剂中能反映出精细结构。

（4）E 吸收带

此吸收带也是芳香族化合物的特征谱带之一，是苯环烯键的 π 电子跃迁所产生，E$_1$（184nm，ε 约 60000）、E$_2$（204nm，ε 约 7900）；当苯环上有发色团取代，并与苯环共轭时，B 带、E 带红移，E$_2$ 常与 K 带重叠。

5.2 紫外光谱的应用

5.2.1 紫外光谱提供的结构信息

从试样的紫外光谱谱图中，我们可以得到两类数据：最大吸收波长 λ_{max} 和相应的摩尔吸光系数 ε_{max}，根据这两组数据的变化规律与分子的结构建立联系。

通常，有机化合物的紫外吸光谱只有少数几个宽的吸收谱带，它不能表现出整个分子的特征，仅能反映分子中含有的发色团及其助色团的相关特性，而对发色团影响不大的结构，在紫外谱图中是无响应的。所以紫外谱图通常需要跟 FTIR、NMR 等测试手段结合使用，才能获取较为完整的分子结构信息。

5.2.2 解析紫外谱图的规律

利用紫外光谱定性分析应同时考虑吸收谱带的个数、位置、强度以及形状。从吸收谱带位置可以估计被测物结构中共轭体系的大小；结合吸收强度可以判断吸收带的类型，以便推测生色团的种类。注意吸收带的形状可反映精细结构，因为精细结构是芳香族化合物的谱带特征。其中吸收带位置（λ_{max}）和吸收强度（ε_{max}）是定性分析的主要参数。根据紫外光谱原理和吸收带波长经验计算方法，可以归纳出有机物紫外吸收与结构关系的一般规律。

① 如果在紫外谱图 $220\sim250nm$ 有一个强吸收带（λ_{max} 约 10^4），表明分子中存在两个双键形成的共轭体系，如共轭二烯烃或 α,β-不饱和酮，该吸收带是 K 带；$300nm$ 以上区域有高强吸收带则说明分子中有更大的共轭体系存在。一般共轭体系中每增加一个双键，吸收带红移约 $30nm$。

② 如果在谱图 $270\sim350nm$ 出现一个低强度吸收带（λ_{max} 为 $10\sim100$），则应为 R 带。可以推测该化合物含有带 n 电子的生色团。若同时在 $200nm$ 附近没有其他吸收带，则进一步说明该生色团是孤立的，不与其他生色团共轭。

③ 如果在谱图 $250\sim300nm$ 出现中等强度的吸收带（λ_{max} 约为 10^3），有时能呈现精细结构，且同时在 $200nm$ 附近有强吸收带，说明分子中含有苯环或杂环芳烃。根据吸收带的具体位置和有关经验计算方法还可进一步估计芳环是否与助色团或其他生色团相连。

④ 如果谱图呈现多个吸收带，λ_{max} 较大，甚至延伸到可见光区域，则表明分子中有长的共轭链；若谱带有精细结构则是稠环芳烃或它们的衍生物。

⑤ 若 $210nm$ 以上检测不到吸收谱带，则被测物为饱和化合物，如烷烃、环烷烃、醇、醚等，也可能是含有孤立碳-碳不饱和键的烯、炔烃或饱和的羧酸及酯。利用这些一般规律可以预测化合物类型以限定研究范围，结合其他波谱方法或化学、物理性质进一步推测结构。

5.2.3 紫外光谱在高分子材料中的应用

（1）定性分析

由于高分子的紫外吸收峰较少，通常只有 $2\sim3$ 个，且峰形平缓，因此其选择性不如红外光谱。因为只有含有共轭体系的高分子才有近紫外活性，所以紫外光谱能测定的高分子材料极其有限，表 5.2 是已报道的某些高分子的紫外特性数据。

表 5.2　常见高分子的紫外特性数据

高分子	发色团	最长吸收波长/nm
聚苯乙烯	苯基	270、280（吸收边界）①
聚对苯二甲酸乙二醇酯	对苯二甲酸酯基	290（吸收尾部）、300①
聚甲基丙烯酸甲酯	脂肪族酯基	250~260（吸收边界）
聚醋酸乙烯酯	脂肪族酯基	210（最大值处）
聚乙烯基咔唑	咔唑基	345

① 两个数值出自不同的文献。

在作定性分析时，如果没有相应的高分子标准谱图可供对照，也可以根据有机化合物中发色团的出峰规律来分析。例如一个化合物在 $220\sim800nm$ 无明显吸收，可以推测其可能为脂肪族烃类化合物、胺、腈、醇、醚、羧酸的二缔合体、氯代烃、氟代烃，不含有长共轭体系，也没有醛基、酮基、Br 或 I；如果在 $210\sim250$nm 之间有强吸收（$\varepsilon\approx10000$），可能含有 2 个不饱和单位的共轭体系；如果类似的强吸收谱带分别落在 260nm、300nm 或 330nm 左右，则有可能相应地具有超过两个的不饱和单位形成的强共轭体系；如果在 $260\sim300$nm 之间存在中等强度的吸收（$\varepsilon\approx200\sim1000$），并有精细结构，则表示有苯环的存在，图 5.9 是聚苯乙烯和聚乙烯基咔唑的紫外吸收光谱，我们可以根据此点，轻松地将聚苯乙烯和聚乙烯基咔唑区分开；在 $250\sim300$nm 之间有弱吸收峰（$\varepsilon\approx20\sim100$），指示存在羰基，若化合物有颜色，则表示分子中所含共轭发色团和助色团的总数大于 5。

例 1：紫罗兰酮是重要的香料，稀释时有紫罗兰花香气。它有 α 和 β 两种异构体，其中，α 型异构体的香气比 β 型好，常用于化妆品中，而后者一般只用作皂用香精。用紫外光谱比其他波谱方法更容易区别它们。

因为 α 型是两个双键共轭的 α,β-共轭不饱和酮，其 K 吸收带 λ_{max} 为 228nm，而 β 型异构体是三个双键共轭的 α,β-不饱和酮，λ_{max} 为 298nm。

例 2：历史上曾对莎草酮的结构进行分析，测得分子式为 $C_{15}H_{24}O$，推测出三种可能的结构：

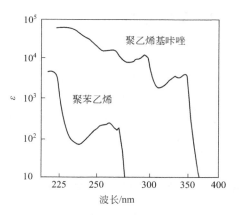

紫外-可见光谱法出现后，实验测得莎草酮的紫外数据为 $\lambda_{max}=252$nm（$\varepsilon=20000$），试分析上述三种结构哪一个是正确的。

解：

结构（a）没有共轭结构，在 252nm 不可能有吸收。根据 Woodward-Fieser 规则对结构（b）和（c）进行计算：

结构（b）：$\lambda_{max}=215+12=227$（nm）

结构（c）：$\lambda_{max}=215+10+12\times2+5=254$（nm）

结构（b）的计算值与实验值相差甚远，结构（c）的计算值与实验值接近，所以莎草酮结构式应为（c）。

尽管能发色的官能团是有限的，使得紫外谱图提供的鉴定信息极其有限，但利用紫外谱图很容易将具有不同特征官能团的高分子区分开，例如，利用紫外光谱的结果，我们可直接区分聚二甲基硅氧烷（硅树脂或硅橡胶）与含有苯环的硅树脂、硅橡胶，具体做法是：先用碱溶液破坏这类含硅高分子，配成一定浓度的溶液进行测定，含有苯环的在紫外光谱有 B 吸收带，不含苯环的则无此吸收。如图 5.9 所示也是一个很好的例子。

（2）定量分析

紫外光谱的吸收强度远大于红外光谱，红外光谱的吸收强度很少超过 10^3，而紫外的 ε_{max} 最高可达 $10^4\sim10^5$；此外，紫外光谱具有较高的灵敏度（$10^{-4}\sim10^{-5}$ mol/L），因此其测量准确度高于红外光谱。

紫外光谱常被用于研究共聚物组成、微量物质

图 5.9 聚苯乙烯和聚乙烯基咔唑的紫外吸收光谱

（单体中的杂质、聚合物中残留的单体或添加剂等）。

① 丁苯橡胶中共聚组成的分析。以氯苯为溶剂，260nm 为测定波长，苯乙烯含量为

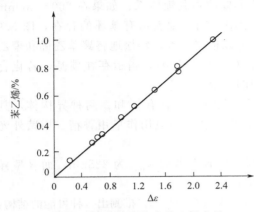

图 5.10　丁苯共聚物中苯乙烯含量
与 $\Delta\varepsilon$ 的关系

25％的丁苯橡胶共聚物在氯仿中的最大吸收波长为 260nm，在氯仿溶液中，当 $\lambda=260\text{nm}$ 时，丁二烯的吸收很弱，可以忽略，但丁苯橡胶中存在芳胺类防老剂的影响必须扣除。为此选定 260nm 和 275nm 两个波长进行测定，得到 $\Delta\varepsilon=\varepsilon_{260}-\varepsilon_{275}$，这样就扣除了防老剂的干扰。将聚苯乙烯和聚丁二烯两种均聚物以不同比例混合，以氯仿为溶剂测得一系列已知苯乙烯含量的 $\Delta\varepsilon$ 值，作出工作曲线，如图 5.10 所示，由此曲线测得的 $\Delta\varepsilon$，可推测新组分中苯乙烯的含量。

② 添加剂含量测定。虽然许多碳链聚合物在近紫外区都没有吸收，但工程塑料以及橡胶在加工过程中都需添加相应的小分子助剂，通常生胶中都加有防老剂，而这些添加成分尤其是防老剂，在近紫外区均有吸收，可以用未添加添加剂的原始组分作背景，测定添加剂的含量。

③ 高分子单体纯度的测定。高分子合成反应的影响因素中，单体纯度的影响是一个非常重要的因素，例如尼龙-66 的单体 1,6-己二胺和 1,4-己二酸，如果含有杂质将直接干扰产物生成，因为这两种单体在近紫外区几乎没有吸收，所以可用紫外检测是否存在杂质。

涤纶的单体对苯二甲酸二甲酯（DMT），常混有间位和邻位异构体，对产物的性能有较为明显的影响，所以要控制对位单体的纯度，DMT 在 286nm 有吸收，$\varepsilon=1680$，当含有非对位杂质时，ε 值将会按照一定的比例降低。通过测定单体的 ε 值，可以计算出 DMT 的含量，从而得知单体的纯度。

④ 聚合物反应动力学。利用紫外-可见光谱研究聚合物反应动力学，只适用于反应物（单体）或产物（高分子）中的一种在这一光区具有特种吸收，或者虽然两者在这一光区都有吸收，但 $\lambda_{\max}$ 和 ε 都有明显区别的反应。实验时可以采用定时取样或用仪器配有的反应动力学附件，测量反应物和产物的光谱变化，得到反应动力学数据。

5.3　荧光光谱

荧光光谱（Fluorescence Spectroscopy）与紫外光谱一样都是电子光谱，不同的是前者为发光光谱，而紫外为吸光光谱。分子在吸收辐射后被激发到较高的电子能态后，为了返回基态而释放出多余的能量，荧光是分子吸收辐射后立即发射出的光，是单态—单态的跃迁。

发光光谱具有较高的灵敏度，样品中含有 $1\sim100\mu g/g$ 生色团即可产生足够强的检测信号。选取不同光谱特征的生色团作为敏感元件，采用不同的记录方法，可获得分子水平的信息，因此可用于研究物质的结构、形态、能量迁移，光聚合和光降解反应机理。

5.3.1　荧光光谱的基本原理

5.3.1.1　电子自旋状态的多重性

由于分子中的价电子具有不同的自旋状态，故分子能级可用电子自旋状态多重性参数

M 来描述，$M=2S+1$，其中 S 为电子的总自旋量子数。一般分子中的电子数目为偶数，且大多是电子自旋反平行地配对填充在能量较低的分子轨道，此时 $S=0$、$M=1$，分子所处电子能态为单重态，用符号 S 表示。基态单重态用 S_0 表示，第一电子激发单重态用 S_1 表示，其余依此类推。根据光谱选律，通常电子在跃迁过程中不改变自旋方向。但在某些情况下，如果一个电子跃迁时改变了自旋方向，使分子具有两个自旋平行的电子时，$S=1$，$M=3$，分子所处电子能态为三重态，用符号 T 表示。第一、第二电子激发三重态分别用 T_1、T_2 表示。一般对于同一分子电子能级，三重态能量较低，其激发态平均寿命较长。相同多重态之间的跃迁为允许跃迁，概率大，速度快。

5.3.1.2　分子非辐射弛豫和辐射弛豫

分子一般处于基态单重态的最低振动能级，当受到一定能量的光能激发后，可跃迁至能量较高的激发单重态的某振动能级。处于激发态的分子不稳定，将通过辐射弛豫或非辐射弛豫过程释放能量回到基态。其中，激发态寿命越短、速度越快的途径越占优势。

（1）非辐射弛豫

若处于激发态的分子在返回基态的弛豫过程中不产生发光现象，称为非辐射弛豫，主要包括以下几种类型。

① 振动弛豫。在同一电子能级内，分子由高振动能级向低振动能级转移，释放的能量以热的形式放出。振动弛豫发生在 10^{-12} s。

② 内转换。当同一多重态的两个不同的电子能级非常靠近以致其振动能级重叠时，常发生由高电子能级向低电子能级的无辐射去激过程，称为内转换。发生内转换的时间为 $10^{-13}\sim10^{-11}$ s。

③ 外转换。由于激发态分子与溶剂或其他溶质分子间的相互作用或能量转换而使光致发光强度减弱或消失的现象，也称为"猝息"或"猝灭"。

④ 系间跨跃。不同多重态之间的无辐射跃迁，易发生在 S_1 和 T_1 之间。因跃迁过程中电子自旋状态改变，系间跨跃比内转换困难，通常发生在 10^{-6} s 的时间内。

（2）辐射弛豫

辐射弛豫过程伴随发光现象，即产生荧光或磷光。

① 荧光的产生。受激分子经振动弛豫或内转换转移到 S_1 的最低振动能级后，以释放光子的形式跃迁到 S_0 的各个振动能级上。这一过程发出的光称为荧光。由于跃迁前后电子自旋不发生变化，因而这种跃迁发生的概率大，辐射过程较快（$10^{-9}\sim10^{-6}$ s）。但是，因为振动弛豫、内转换、外转换等非辐射弛豫的发生都快于荧光发射，所以通常无论激发光的光子能量多高，最终只能观察到由 S_1 的最低振动能级跃迁到 S_0 的各振动能级所对应的荧光发射。因此，在激发光光子能量足够高的前提下，荧光波长不随激发光波长变化。此外，荧光的波长一般总要大于激发光的波长，这种现象称为斯托克斯（Stokes）位移。当斯托克斯位移达到 20nm 以上时，激发光对荧光测定的影响较小。

② 磷光的产生。受激分子通过系间跨跃由 S_1 的最低振动能级转移至 T_1 的较高振动能级，然后经过振动弛豫到达 T_1 的最低振动能级，再以发出辐射的方式转移至 S_0 的各个振动能级上，这一过程发出的光称为磷光。能够发射磷光的分子比发射荧光的分子要少，且磷光强度一般低于荧光强度。对于同一分子来说，T_1 的最低振动能级能量低于 S_1 的最低振动能级，因而磷光的波长长于荧光。同时，磷光寿命相对较长（$0.01\sim100$ s），光照停止后，仍可维持一段时间。如图 5.11 所示为荧光和磷光的发射过程。

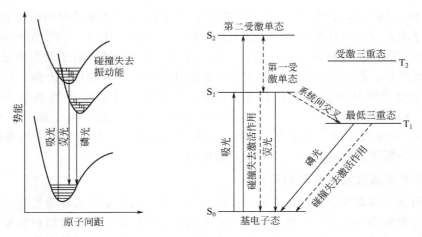

图 5.11　荧光和磷光的发射过程示意图

5.3.2　分子荧光光谱

分子的光致发光可以发生在不同的波长范围内（如紫外-可见光区、红外光区、X 射线区等）。未加限定的分子荧光光谱是指出现在紫外-可见光区的发射光谱。任何荧光化合物都具有两种特征光谱：激发光谱（excitation spectrum）和发射光谱（emission spectrum）。

（1）荧光激发光谱

扫描激发单色器以不同波长的入射光激发荧光体，检测相应的荧光强度，绘制荧光强度与激发光波长的关系图，得到荧光激发光谱，简称激发光谱。激发光谱可提供最佳的激发波长，也可用于荧光物质的鉴定。只有在消除了仪器带来的影响因素之后，记录的激发光谱（称校正激发光谱）才与吸收光谱的形状非常相近。

（2）荧光发射光谱

保持激发光的波长和强度不变，使荧光化合物产生的荧光通过发射单色器、扫描发射单色器，并检测各种波长下的荧光强度，绘制荧光强度与发射波长的关系图，得到荧光发射光谱，简称发射光谱。发射光谱又称荧光光谱。荧光光谱可提供荧光的最佳测定波长，也可用于荧光物质的鉴定。

（3）荧光的量子产率

荧光的量子产率是荧光物质发光的重要参数。在荧光光谱中，荧光的量子产率（Y_F）或发光效率可以定义为发光辐射的强度（I_F）与吸收辐射的强度（$I_0 - I_r$，即入射光的强度与透射光的强度差）之比，即

$$Y_F = I_F / (I_0 - I_r) \tag{5.4}$$

荧光的量子产率可以采用参比法测定。通过测定稀溶液中待测荧光物质和已知量子产率的参比荧光物质在相同激发波长下的积分荧光强度（即校正荧光光谱曲面积），并测定该激发波长入射光的吸光度，由实验结果可计算出待测荧光物质的量子产率。计算公式如下：

$$Y_{待测} = Y_{参比} \frac{F_{待测}}{F_{参比}} \times \frac{A_{参比}}{A_{待测}} \tag{5.5}$$

式中，$Y_{待测}$ 和 $Y_{参比}$ 分别表示待测物质与参比物质的荧光量子产率；$F_{待测}$、$F_{参比}$ 分别表示待测物质与参比物质的积分荧光强度；$A_{待测}$ 和 $A_{参比}$ 表示待测物质和参比物质对该激发波长入射光的吸光度。

5.3.3　测量方法

在进行荧光光谱研究或建立一种新的荧光分析方法时，往往需要找出最佳的激发波长（excitation wavelength，简称 λ_{EX}）和发射波长（emission wavelength，简称 λ_{EM}）。通过吸收光谱的测试，再利用波长选择器将荧光分光光度计上的激发波长固定到与吸收光谱某一吸收峰最大吸收波长相对应（通常是将吸收光谱中能量最高即波长短的吸收峰的 λ_{max} 作为起始选择）处，记录在该激发波长下的荧光发射光谱。在最佳的激发波长下获得的荧光发射光谱强度应最大，其发射波长为 λ_{EM}^{max}。再固定 λ_{EM}^{max}，记录在该发射波长下的荧光激发光谱，以获得强度最大的荧光激发波长 λ_{EM}^{max}。在激发光谱 λ_{EM}^{max} 和发射光谱 λ_{EM}^{max} 处荧光强度应基本相同。

5.3.4　谱图解析示例

为研究聚合物发光材料，常将小分子发光物质引入聚合物长链，如图 5.12 所示为取代肉桂酸单体铕盐与相应聚合物的荧光光谱，其激发长度固定在 241.1nm。曲线 1 为取代肉挂酸单体铕盐，曲线 2 为其聚合物。由图可知，取代肉桂酸单体铕盐的荧光强度大，聚合后荧光减弱，在 700nm 处峰的变化尤为明显。铕（Eu）是稀土金属，具有一定数目共轭单位的低分子有机配体与稀土金属盐形成的有机盐类有较高的发光效率，其单体聚合后，由于羟酸盐基聚集引起亚微观的不均匀性，导致 Eu^{3+} 的荧光部分猝灭，致使荧光强度减弱。

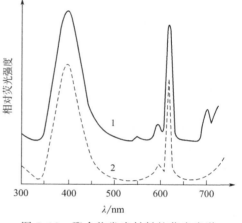

图 5.12　聚合物发光材料的荧光光谱
1—取代肉桂酸单体铕盐；2—相应聚合物的谱线

5.3.5　无机化合物的荧光

无机化合物的荧光有无机盐类的荧光和金属配合物的荧光两种。无机化合物本身能发荧光（或磷光）的不多，常见的主要有镧系元素（Ⅳ）的化合物，U(Ⅵ) 化合物，类汞离子化合物，TI(Ⅰ)、Sn(Ⅱ)、P(Ⅱ)、As(Ⅲ)、Sb(Ⅲ)、Bi(Ⅲ) 和 Se(Ⅳ) 化合物等。这些化合物在低温（液氮）下都有较高的荧光效率和选择性，因此常用低温荧光法进行测定。

用荧光法测定溶液中的无机离子，一般有三种方法：

① 将无机离子溶液加入适当的无机试剂中，直接检测离子的化学荧光。

② 无机离子和无机化合物的荧光分析主要是利用待测离子与有机试剂反应生成具有荧光的配合物来进行测定。无机离子与一种无荧光的有机配体作用，生成强荧光的金属配合物。这种能发荧光的配合物可能是配合物中配位体发光，也可能是配合物中金属离子发光。利用这一现象可衡量金属元素分析。

用的有机配体荧光试剂有：8-羟基喹啉，测定 Al^{3+}、Mg^{2+} 和 Ga^{2+}；7-碘-8-羟基喹啉，测定 Zn^{2+}、Cd^{2+} 等。现在利用各种有机试剂和荧光分析技术可以测定 Ga^{2+}、Mg^{2+}、Zn^{2+}、Pb^{2+}、Cd^{2+}、Co^+、Ni^{2+}、F^-、Cl^-、Br^-、I^- 等大约 70 多种元素的离子，此外还可用茜素紫酱 R 测定 Al、F 等，二苯乙醇酮测定 B、Zn、Ge、Si 等。还可测定氮化物、氰化物、硫化物、过氧化物等，应用日益广泛。

③ 利用荧光熄灭法间接测定金属离子。如有的有机配体本身会发荧光，它与金属离子配合后使配体荧光强度减弱，测量荧光减弱的程度，即可间接测出离子浓度。如 2,3-氮杂茂的水溶液有强烈紫色荧光，但荧光强度可随溶液中银离子含量的增大而减弱，据此可进行银离子的荧光分析。

5.3.6 有机化合物的荧光

5.3.6.1 荧光试剂的种类

具有高共轭体系的有机化合物（芳香族和杂环化合物等），大多数能产生荧光，可以直接用荧光分析法测定。如对于具有致癌活性的多环芳烃，荧光分析法已成为主要的测定方法。有时为了提高测定方法的灵敏度和选择性，常使弱荧光物质与某些荧光试剂作用，以得到强荧光性产物。常用的几种重要的荧光试剂有：

① 荧胺试剂，能与脂肪族或芳香族伯胺形成强荧光衍生物。荧胺及其水解产物本身不显荧光；

② 1,2-萘醌-4-磺酸钠（NAS），它与含伯胺或仲胺的化合物作用后，在 NaBH 的还原下生成氢醌类荧光物，常用来测定脂肪族及芳香族胺类、氨基酸及磺胺等药物；

③ 1-二甲氨基-5-氯化磺酰萘，它与含有伯胺、仲胺及酚基的生物碱反应生成荧光性产物；

④ 邻苯二甲醛，在 2-巯基乙醇存在下，在 pH＝9～10 的缓冲溶液中能与伯胺类，特别是大多数的氨基酸产生灵敏的荧光。

5.3.6.2 结构对分子荧光的影响

在有机化合物当中，仅有少数能发射强的荧光，这与有机化合物的结构密切相关。实验证明，对于大多数荧光物质，首先经历 $\pi \rightarrow \pi^*$ 或 $n \rightarrow \pi^*$ 激发，然后经过振动弛豫或其他无辐射跃迁，再发生 $\pi^* \rightarrow \pi$ 或 $\pi^* \rightarrow n$ 跃迁而得到荧光。在这两种跃迁类型中，$\pi^* \rightarrow \pi$ 跃迁具有较大的量子产率，能发出较强的荧光，这是由于 $\pi^* \rightarrow \pi$ 跃迁具有较大的摩尔吸光系数。其次，$\pi^* \rightarrow \pi$ 跃迁的寿命为 $10^{-9} \sim 10^{-7}$ s，比 $n \rightarrow \pi^*$ 跃迁的寿命 $10^{-7} \sim 10^{-5}$ s 要短。在各种跃迁过程的竞争中，它是有利于发射荧光的。此外，在 $\pi^* \rightarrow \pi$ 跃迁过程中，通过系间跨跃至三重态的速率常数也较小（$S_1 \rightarrow T_1$，能级差较大），这也有利于荧光的发射，因此，$\pi^* \rightarrow \pi$ 跃迁是产生荧光的主要跃迁类型。因此，如要产生荧光，荧光体首先是具有吸光的结构。下面我们依次讨论影响荧光的结构因素：

（1）共轭效应

分子共轭度越大，荧光越强，荧光效率也将增大。大部分荧光物质都具有芳环或杂环，芳环数越多，其荧光（或磷光）峰越向长波移动，且荧光强度往往也较强。同一共轭环数的芳族化合物，线性环结构的荧光波长比非线性环要长，如蒽和菲，其共轭环数相同，前者为线性环结构，后者为"角"形结构，前者 $\lambda_{EM}＝400nm$，后者 $\lambda_{EM}＝350nm$。能发生荧光的脂肪族和脂环族化合物极少（仅少数高度共轭体系化合物除外），例如维生素 A 具有 5 个共轭 π 键，λ_{EM} 为 327nm、510nm。

（2）刚性结构

多数具有刚性平面结构的有机分子具有强烈的荧光，因为这种结构可以减少分子的振动，使分子与溶剂或其他溶质分子的相互作用减小，荧光量子效率提高。而且平面结构可以增大分子的吸光截面，增大摩尔吸光系数，增强荧光强度。酚酞与荧光素的结构十分相近，只是由于荧光素分子中的氧桥使其具有刚性平面结构，因而在溶液中呈现强烈的荧光，在0.1mol/L 的 NaOH 溶液中，荧光效率为 0.92，而酚酞无荧光。

立体异构现象对荧光体的荧光强度有显著影响，顺式和反式同分异构体具有不同的荧光强度。例如 1,2-苯乙烯，其反式分子空间处于同一平面，有荧光，顺式则不在同一平面，无荧光。

（3）取代基

取代基的电子云如果能与共轭 π 键发光基团作用，降低能量，增大电子的离域区域，则荧光增强，发射波长红移。

给电子取代基使荧光加强。属于这类基团的有—NH_2、—NR_2、—OH、—OR、—CN 等。例如苯（270～310nm）、苯酚（285～365nm）、苯胺（310～405nm），相对荧光强度分别为 1.0、1.8 和 2.0。考察这类取代基对荧光特性的影响时必须注意，这类基团中的 n 电子容易与极性溶剂生成氢键。

吸电子基团使荧光减弱而使磷光增强。属于这类基团的有羰基、硝基及重氮基等。这类基团都会发生 n→π^* 跃迁，属于禁阻跃迁，所以摩尔吸光系数小，荧光发射也弱，而 S_1→T_1 的系间跨跃较为强烈，使荧光减弱，相应磷光增强。

取代基的位置及数量和取代基是否利于成环对荧光强度均产生影响。例如萘环上的 8 位引入磺酸基，使—NH_2 或—$N(CH_3)_2$ 基与萘之间的键发生扭转而离开了平面构型，影响了 p-π 共轭，荧光减弱。

卤素取代基引入发光分子的 π 电子体系中，往往会增强磷光而减弱荧光，且随原子序数的增加荧光降低，此现象称作重原子效应。其原因是原子序数较高的原子中，能级之间的交叉现象比较严重，电子自旋轨道间的相互作用变大，更有利于电子自旋的改变，增加了由单重态转化为三重态的速率，发生自旋轨道的相互作用，增大了系间跨跃的速度，而使荧光减弱，磷光增强。例如，苯环被卤素取代，从氟苯到碘苯，荧光逐渐减弱直至消失。

5.3.7　影响荧光光谱的环境因素

除了荧光物质的本身结构及其浓度以外，环境也是一个很重要的因素，环境因素对分子荧光的影响主要指溶剂、温度、pH 值、顺磁性、介质酸度、氢键的形成等因素。这些因素对发射光谱、量子产率和荧光寿命等都产生影响。了解环境因素对荧光参数的影响，有助于选择测定条件，提高方法的灵敏度和选择性。

（1）溶剂的影响

溶剂对荧光的影响除溶剂本身折射率和介电常数的影响外，主要是指荧光分子与溶剂分子间的特殊作用（如氢键的生成或配合作用），这种作用取决于荧光分子基态和激发态的极性及其溶剂对其稳定化的程度。溶剂的这种影响与对紫外光谱的影响类似。

对于 π→π^* 跃迁，分子激发态的极性远大于基态的极性，随着溶剂极性的增加，对分子激发态的稳定程度增大，而对于分子基态的影响很小，导致荧光发射的能量下降，发射波长红移。对于 n→π^* 跃迁，分子基态的极性远大于激发态的极性，随着溶剂极性的增加，对分子基态的稳定程度增大，而对于分子激发态的影响很小，导致荧光发射的能量升高，发射波长蓝移。

（2）温度的影响

温度对溶液的荧光强度有非常明显的影响，随着温度的升高，溶液中荧光物质的荧光效率和荧光强度将降低。因为当升温时，分子运动速度加快，分子间碰撞概率增加，以热能的形式损失于环境，使无辐射跃迁增加，从而降低了荧光效率。但也有例外，例如喹啉红的水溶液或乙醇溶液，在 0～1000℃ 的范围内变化温度，荧光量子产率并不随温度变化而改变。此外，倘若荧光物质分子中最低激发单重态与最低激发三重态间的能量差很小，则在足够高的温度下，系间跨越便可能因热激发而产生由最低激发三重态到最低激发单重态的逆过程。这种情况下，由于还存在迟滞荧光的组分，其结果是荧光强度随温度的升高而增强。

溶液中如有猝灭剂存在时，温度对于荧光强度的影响将更为复杂。温度对于分子的扩散、活化、分子内部能量转化以及对于溶液中各种平衡均有一定的影响。如荧光猝灭作用是由于荧光物质分子与猝灭剂分子组成化合物引起的，则荧光强度可能随温度的升高而增强。如荧光猝灭作用是由于荧光物质分子和猝灭剂分子之间的碰撞所引起的，则荧光强度将随温度升高而降低。在新的荧光计中，样品室的四周常设有冷却水套或配以恒温装置，以使溶液的温度在测定过程中尽可能保持恒定。

每一种荧光物质都有它最适宜的发射荧光的存在形式，也就是有它最适宜的 pH 值范围。当荧光物质本身是弱酸或弱碱时，溶液的 pH 值对该荧光物质的荧光强度影响较大。在金属离子的测定中，溶液酸度的改变，将会影响金属离子与有机试剂所生成的发光配合物的稳定性以及配合物的组成，从而影响它们的荧光性质。

（3）pH 值的影响

对含有酸性或碱性功能基的荧光化合物，pH 值会对其荧光光谱产生影响。其原因在于，在不同的 pH 值条件下，出现弱酸或弱碱的离解导致荧光物质分子结构产生差异；而且，质子的迁移反应相当迅速，可以在激发态分子间发生。这种作用无论发生在荧光分子的基态，还是激发态，都会影响分子的荧光发射。所以，每种荧光物质都有它最适宜的发射荧光的存在形式。例如 2-萘酚在水溶液中在 359nm 处出现单一的荧光发射宽谱带，但萘酚盐阴离子的荧光发射谱带位于 429nm。

利用溶液 pH 值对荧光光谱和荧光强度的影响，可以提高荧光分析的选择性。例如 8-羟基喹啉的 pK_a 值为 5.1，5-氟-8-羟基喹啉的 pK_a 值为 4.9，两者的 pK_a^* 值分别为 −7 和 −11，可用硫酸将试液的哈密特酸度调至 −9 以单独测定 8-羟基喹啉的量，然后再调高酸度以测定 8-羟基喹啉及 5-氟-8-羟基喹啉的含量，最后由两次测量的差值求得 5-氟-8-羟基喹啉的量。显然，这种类型的选择性在电位测定法和吸光度法中是不可能获得的。

此外，pK_a^* 值也是一种有助于鉴别荧光分子的常数值。不过，由荧光物质分子及其离子的溶剂松弛现象所引起的荧光光谱移动情况往往并不相同。可以利用这种效应，通过调节溶液的 pH 值以产生某种所要求的型体，使该型体的荧光光谱移动后，与干扰组分的荧光光谱分离开，达到提高选择性的目的。

（4）金属离子对配体荧光的影响

某些具有未充满的 d 壳层或者 f 壳层的过渡金属离子，与芳族配位体所生成的配合物，可能有发光现象，其发光过程常是经由配体的 π→π* 跃迁被激发，接着激发能被转移到金属离子，最终发生 d*→d 跃迁或 f*→f 跃迁。这种发光的带宽常常是非常窄的，几乎类似线状光谱。这种发光是由于金属离子上的状态间所产生的跃迁引起的，因而受整个分子的振动结构影响不大。有些过渡金属离子与芳族配位体所生成的配合物，如 Ru（Ⅱ）与 2′-联吡啶的配合物，其发光是由电荷转移而产生的。这种电荷转移发光的宽带比 d*→d 和 f*→f 发光来得宽，但又比 π→π* 发射的宽带要窄得多。

（5）氢键的影响

荧光分子与溶剂间氢键的作用可以以多种形式影响分子的荧光。如氢键可使分子中杂原子的非键电子更加稳定，氢键也可增加荧光体系中内部能量的转换，这都会造成荧光波长及强度的改变。形成分子间氢键一般有以下两种情况：

① 一种是在激发之前荧光体的基态形成的氢键，这种情况一般使摩尔吸收光增大，因此荧光强度增强。

② 激发后荧光体激发态所形成的氢键，吸收光谱不受影响，而荧光发射光谱发生变化。

（6）顺磁性的影响

荧光体系中有顺磁性物质存在，如溶解的氧分子，它对荧光和磷光有着强的猝灭作用，这种猝灭作用在水溶剂中有时观测不到。

5.4 荧光光谱在材料研究中的应用

5.4.1 高分子在溶液中的形态转变

合成聚合物的激基缔合物荧光，最早是在聚苯乙烯溶液中发现的，有研究者研究了聚苯乙烯在二氯乙烷和环己烷中激基缔合物形成随浓度的变化，发现在 $\lg(I_E/I_M)$-$\lg[c/(\mathrm{mol/L})]$ 曲线上出现了一个转折点 c_s。如图 5.13 所示是聚苯乙烯在二氯乙烷溶液中的荧光激发谱和发射谱，图 5.14 所示为 $\lg(I_E/I_M)$ 对 $\lg[c/(\mathrm{mol/L})]$ 的变化关系图。

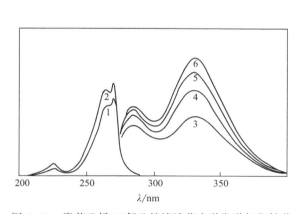

图 5.13 聚苯乙烯-二氯乙烷溶液荧光激发谱与发射谱
（激发谱：发射波长 1—330nm；2—285nm；激发狭缝宽度 2.5nm。发射谱：生色团浓度；3—1.04×10^{-3} mol/L；4—2.45×10^{-2} mol/L；5—0.367mol/L；6—1.10mol/L）

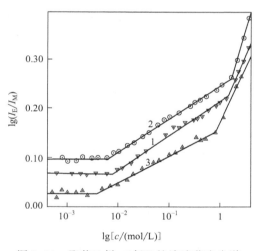

图 5.14 聚苯乙烯-二氯乙烷溶液荧光光谱
$\lg(I_E/I_M)$ 对 $\lg[c/(\mathrm{mol/L})]$ 的关系
（I_E/I_M 为 I_{330}/I_{285}）
1—9.54×10^3 mol/L；2—2.52×10^5 mol/L；
3—6.09×10^5 mol/L

聚苯乙烯是柔性链高分子，二氯乙烷是它的良溶剂。高分子在极稀的良溶剂中呈扩张线团形态，线团的扩张使链段与溶剂之间产生相互排斥力，即体积排斥效应的结果。由于线团间距离大，不考虑线团间相互作用，在极稀的浓度范围内，线团的平均尺寸和链段在线团内分布的平均空间密度没有浓度依赖性，因而线团中芳环层叠对的空间密度也没有溶液浓度依赖性，I_E/I_M 为恒定值。随浓度的增加，孤立的高分子线团逐渐靠近，当浓度达到 c_s，高分子形态受到附近线团的影响，线团上局部靠近的链段间、线团间作用力与内部作用相互抵消，使得线团收缩，线团内密度增大，链内非相邻生色团之间形成芳环层叠对的概率增大，因此 I_E/I_M 随浓度增大而增大。

5.4.2 高分子混合物的相容性和相分离

用发光技术研究高分子共混体系的形态主要有三种方法：激基缔合物技术、Föster 能量转移和静态猝灭法。此处我们只介绍前两种技术。

（1）激基缔合物技术

用芳香基均聚物的激基缔合物来研究高聚物相容性，用 0.2% 聚 β-乙烯基萘与不同的聚烷基丙烯酸甲酯共混，发现 I_E/I_M 随两组分溶度参数差的增大而升高，溶度参数差接近零值时，I_E/I_M 最小，表明两组分具有分子水平的相容性。

（2）Föster 能量转移

激基缔合物技术仅适用于研究含有生色团均聚物的共混体系，而 Föster 能量转移技术有更普遍的意义，其基本原理为：当某种体系中同时存在一种荧光能量给体 d 和一种能量受体 a 时，它们之间的能量转移效率 E 与其间距的 6 次方成反比，即

$$E = \frac{1}{1+(D/R_0)^6} \tag{5.6}$$

式中，D 是两生色团之间的距离；R_0 是特征距离，它取决于 d 的发射光谱和 a 的吸收光谱之间重叠的程度及体系的折射率等，对给定的体系，此值为常数。通常 R_0 值为 2～4nm，由于生色团之间的转移效率强烈依赖于两者之间的距离，如将两者荧光生色团分别标记到两者聚合物上，则可通过测定其能量转移的变化来判断 2～4nm 尺度下，不同种分子间相互混合的程度。显然，体系由相分离状态向相容态转变时，其能量转移效率将有较大的增加，因为前者只有在两相的界面上才发生能量转移。

参 考 文 献

[1] 张丹慧，张成茂，杨厚波，等．贵金属/石墨烯纳米复合材料的合成及性能．北京：国防工业出版社，2015.
[2] 张友杰．有机化合物及药物波谱分析．武汉：华中师范大学出版社，2008.
[3] 杜彩云，李忠义，蔡冬梅，等．有机化学．武汉：武汉大学出版社，2015.
[4] 李东风，李炳奇．有机化学．武汉：华中科技大学出版社，2007.
[5] 裴月湖，姚新生，华会明，等．有机化合物波谱解析．4 版．北京：中国医药科技出版社，2015.
[6] 刘宏民．实用有机光谱解析．郑州：郑州大学出版社，2015.
[7] 孟令芝，等．有机波谱分析．4 版．武汉：武汉大学出版社，2016.
[8] 董炎明．高分子分析手册．北京：中国石化出版社，2004.
[9] Gdkel G W．有机化学手册．北京：化学工业出版社，2006.
[10] 潘铁英．波谱解析法．3 版．上海：华东理工大学出版社，2015.
[11] 朱淮武．有机分子结果波谱解析．北京：化学工业出版社，2005.
[12] 王鹏，冯金生，金韶华，等．有机波谱．北京：国防工业出版社，2012.
[13] 杨睿，周啸，罗传秋，等．聚合物近代仪器分析．3 版．北京：清华大学出版社，2010.
[14] 杜希文，原续波．材料分析方法．2 版．天津：天津大学出版社，2014.
[15] 曾幸荣．高分子近代测试分析技术．广州：华南理工大学出版社，2007.
[16] 贾春晓．仪器分析．郑州：河南科学技术出版社，2009.
[17] 刘娟丽，王丽君，刘艳凤．化学分析原理与应用研究．北京：中国水利水电出版社，2015.
[18] 朱开梅，邹继红，侯小涛，等．分析化学．西安：西安交通大学出版社，2012.
[19] 韩华云．化学实验员简明手册．仪器分析篇．北京：中国纺织出版社，2007.
[20] 张锐．现代材料分析方法．北京：化学工业出版社，2007.
[21] 周天楠，钱祉祺，杨昌跃．聚合物材料结构表征与分析实验教程．成都：四川大学出版社，2016.
[22] 郑传明，吕桂琴．物理化学实验．北京：北京理工大学出版社，2015.

第 6 章

核磁共振谱

核磁共振（nuclear magnetic resonance，NMR）波谱是材料分子结构表征中最有用的仪器测试方法之一。核磁共振谱与红外光谱、紫外光谱有共同之处，实质上都是分子吸收光谱。但红外光谱主要来源于分子振动能级间的跃迁，紫外-可见吸收光谱主要来源于分子的电子能级间的跃迁，而核磁共振是将样品置于强磁场中，用射频源来辐射样品，是具有磁矩的原子核发生磁能级间的共振跃迁。它研究的频率范围是兆赫兹（MHz），属于无线电波射频范围。在核磁共振谱中射频辐射只有置于强磁场中的某些原子核才会发生能级间的裂分。当吸收的辐射能量与磁性核能级差相等时，就能发生能级跃迁而产生共振信号。核磁共振谱上的共振信号位置反映样品分子的局部化学结构（如官能团、分子构象等），信号强度则往往与有关原子核在样品中存在的量有关。

1946 年美国哈佛大学的波塞尔（E. M. Purcell）和斯坦福大学的布洛赫（F. Block）分别独立地在各自实验室里观测到水和石蜡质子的核磁共振信号，为此他们荣获了 1952 年的诺贝尔物理学奖。脉冲傅里叶变换核磁共振仪的问世，极大地推动了核磁共振技术的发展。因发明了傅里叶变换核磁共振分光法和二维核磁共振技术，瑞士科学家恩斯特（R. R. Ernst）获得了 1991 年诺贝尔化学奖。从 20 世纪中期到 21 世纪初的 60 多年间，先后有 6 位科学家因在核磁共振领域的突出成就而在 3 个以上学科（物理、化学和生理学或医学）先后荣获 4 次诺贝尔科学奖，足以说明 NMR 技术的重要性和先进性。目前，核磁共振谱学不仅是研究化学物质的分子结构、构象和构型的重要方法，也是物理、生物、医药和材料学等研究领域不可缺少的表征工具。

6.1 核磁共振的基本原理

在磁场的激励下，一些具有磁性的原子核能量可以裂分为 2 个或 2 个以上的能级。如果此时外加一个能量，使其恰好等于裂分后相邻两个能级之差，则该磁性核就可能吸收能量，从低能级跃迁至高能级，称为共振吸收。因此，所谓核磁共振，就是研究磁性原子核对射频能的吸收。

6.1.1 核磁共振谱的分类

原子是由原子核和电子组成的，而原子核又由质子和中子组成。原子核具有质量并带有电荷。某些原子核能绕核轴作自旋运动，各自有它的自旋量子数 I，自旋量子数有 0、1/2、1、3/2 等值。$I=0$ 意味着原子核没有自旋。每个质子和中子都有其自身的自旋，自旋量子数 I 是这些自旋的合量，即与原子核的质量数（A）及原子序数（Z）之间有一定的关系，如表 6.1 所示。

表 6.1　原子核的自旋量子数

原子序数 Z	质量数 A	自旋量子数 I	实例
偶	偶	0	$^{12}_{6}C$、$^{16}_{8}O$、$^{32}_{16}S$
奇	偶	整数	$^{2}_{1}D(I=1)$、$^{10}_{5}B(I=3)$
奇、偶	奇	半整数	$^{1}_{1}H$、$^{13}_{6}C$、$^{19}_{9}F$、$^{15}_{7}N$、$^{31}_{15}P(I=1/2)$ $^{17}_{8}O(I=5/2)$、$^{11}_{5}B(I=3/2)$

若原子核的原子序数和质量数均为偶数时，I 为零，原子核无自旋，如 ^{12}C 原子和 ^{16}O 原子，它们没有 NMR 信号，不能产生共振吸收谱，不能用核磁共振来研究。当原子序数为奇数、质量数为偶数时，I 为整数，如 ^{2}D 原子和 ^{10}B 原子。若原子序数为奇数或偶数，质量数为奇数时，I 为半整数，如 ^{17}O、^{31}P 等。而当自旋量子数大于或等于 1 时，这些原子核的核电荷分布可以看作是一个椭圆体，电荷分布不均匀，它们的共振吸收往往比较复杂，目前在核磁共振的研究上比较少。

自旋量子数等于 1/2 的原子核有 ^{1}H、^{19}F、^{21}P、^{13}C 等，这些核可以当作一个电荷均匀分布的球体，并且像陀螺一样自旋，故有磁矩形成并特别适用于核磁共振实验，其中应用最广泛的是氢谱和碳谱。核磁共振谱还可按测定样品的状态分为液体 NMR 和固体 NMR。测定溶解于溶剂中样品的称为液体 NMR，测定固体状态样品的称为固体 NMR，其中最常用的是液体 NMR，而固体 NMR 则在高分子、分子筛等材料的结构研究中起重要作用。

6.1.2　核磁共振的产生

原子核是带正电荷的粒子，多数原子核的电荷能绕核轴自旋，形成一定的自旋角动量 P，同时，这种自旋现象就像电流流过线圈一样能产生磁场，因此具有磁矩 μ，它们的关系可用下式表示：

$$\mu = \gamma P \tag{6.1}$$

式中，γ 是磁旋比，是核的特征常数。依据量子力学原理，自旋角动量是量子化的，其状态是由核的自旋量子数 I 所决定，P 的长度可由下式表示：

$$|P| = \frac{h}{2\pi}\sqrt{I(I+1)} \tag{6.2}$$

式中，h 为普朗克常数。

在一般情况下，自旋的磁矩可任意取向，但当把自旋的原子核放入外加磁场 H_0 中，除自旋外，原子核还将绕 H_0 运动，由于磁矩和磁场的相互作用，核磁矩的取向是量子化的。核磁矩的取向数可用磁量子数 m 来表示，$m=I、I-1、I-2、\cdots、-(I-1)、-I$。共有 $(2I+1)$ 个取向，使原来简并的能级分裂成 $2I+1$ 个能级。根据量子力学理论，只有 $\Delta m = \pm 1$ 的跃迁才是允许的。

在外加磁场 H_0 中，自旋核绕自旋轴旋转，而自旋轴与磁场 H_0 又以特定夹角绕 H_0 旋转，类似一陀螺在重力场中的运动，这样的运动称为拉摩尔进动（Larmor precession）。进动频率由下式算出：

$$\omega_0 = 2\pi\nu_0 = \gamma H_0 \tag{6.3}$$

拉摩尔进动如图 6.1 所示。自旋核在外加磁场中的能量与磁矩的关系如图 6.2 所示。在外加磁场中，自旋的原子核具有不同的能级，如用一特定频率 ν 的电磁波照射样品，并使 $\nu = \nu_0$，原子核即可进行能级之间的跃迁，产生核磁共振吸收：

$$\nu = \frac{\Delta E}{h} = \frac{\gamma H_0}{2\pi} \tag{6.4}$$

这就是产生核磁共振的条件。因此核磁共振谱可以定义为，在磁场中的具有自旋磁矩的原子核受电磁波的射频的照射，射频辐射（radio-frequency radiation）频率等于原子核在恒定磁场中的进动频率（Lamor frequency）时产生的共振吸收谱。

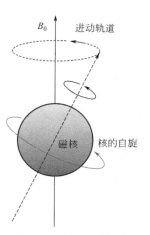

图 6.1 磁场中磁核的拉摩尔进动示意图

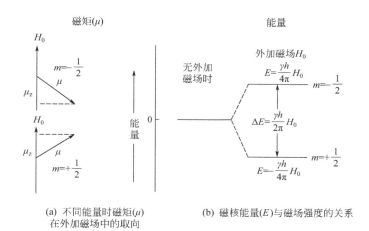

(a) 不同能量时磁矩(μ)在外加磁场中的取向

(b) 磁核能量(E)与磁场强度的关系

图 6.2 自旋核在外加磁场（H_0）中的能量（E）与磁矩（μ）的关系

6.1.3 弛豫过程

在外磁场中，由于核的取向，处于低能态的核占优势。但是在室温时，热能要比核磁能级差高几个数量级，这会抵消核磁效应，使得处于低能态的核仅仅过量少许，因此测得的核磁信号是很弱的。

当核吸收电磁波能量跃迁至高能态后，如果不能恢复到低能态，就会使得处于低能态的核的微弱多数优势趋于消失，能量的净吸收逐渐减少，共振吸收峰渐渐降低直至消失，使得吸收无法测量，发生"过饱和"现象。因此若要使核磁共振继续进行下去，必须使处于高能态的核恢复到低能态，这一过程可以通过自发辐射实现。但是在核磁共振波谱中，通过自发辐射途径使高能态的核恢复到低能态的概率很小，只能通过一定的无辐射途径使高能态的核恢复到低能态，这一过程称为弛豫过程。

弛豫过程主要有两种，即自旋-晶格弛豫和自旋-自旋弛豫。

自旋-晶格弛豫是指处于高能态的磁核，把能量转移给周围的分子（固体为晶格，液体则为周围的溶剂分子或同类分子）变成热运动后，恢复到低能态的过程。此弛豫过程使高能态核数减少，整个体系能量降低，故又称纵向弛豫。自旋-晶格弛豫所需时间可以用半衰期 T_1 来表征，T_1 越小，表示弛豫过程越快。气体、液体的 T_1 约为 1s 左右，固体和高黏度的液体 T_1 较大，有的甚至可达数小时。

自旋-自旋弛豫是指两个进动频率相同、进动取向不同的磁性核，即两个能态不同的相同磁核在一定距离内时，互相交换能量，改变进动方向。在这种情况下，整个体系各种取向的磁核总数不变，体系能量也不发生变化，因而又称横向弛豫。自旋-自旋弛豫所需时间可以用半衰期 T_2 表示。一般气体、液体的 T_2 也是 1s 左右，固体及高黏度试样中由于各个核的相互位置比较固定，有利于相互间能量的转移，故 T_2 极小。即在固体中各个磁性核在单位时间内迅速往返于高、低能态之间，其结果使共振吸收峰的宽度增大，分辨率降低。所以核磁共振实验通常采用液体样品。

6.1.4 化学位移

6.1.4.1 电子屏蔽效应与化学位移的产生

依照核磁共振产生的条件可知，自旋的原子核，应该只有一个共振频率 ν。例如：在 ^1H 核的 NMR 中，由于它们的磁旋比是一定的，因此，在外加磁场中，所有质子的共振频率应该是一定的，如果这样，NMR 对分子结构的测定毫无意义。而事实上，在实际测定化合物中处于不同环境的质子时发现，同类磁核往往出现不同的共振频率。例如选用 90MHz 的 NMR 仪器测氯乙烷的氢谱时，得到两组不同共振频率的 NMR 信号，如图 6.3 所示。

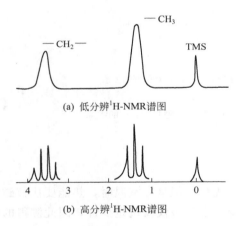

(a) 低分辨 ^1H-NMR 谱图

(b) 高分辨 ^1H-NMR 谱图

图 6.3　CH_3CH_2Cl 的 ^1H-NMR 谱图

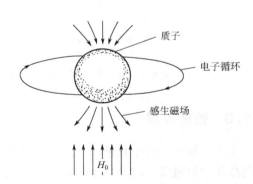

图 6.4　电子对质子的屏蔽作用

这主要是由于这些质子各自所处的化学环境不同而形成的。如图 6.4 所示，在核周围存在着由电子运动而产生的"电子云"，核周围电子云的密度受核邻近成键电子排布及外加磁场的影响。核周围的电子云受外磁场的作用，产生一个与 H_0 方向相反的感应磁场，使外加磁场对原子核的作用减弱，实际上原子核感受的磁场强度为

$$H_0 - \sigma H_0 = (1-\sigma)H_0 \tag{6.5}$$

式中，σ 称为屏蔽常数，是核外电子云对原子核屏蔽的量度，对分子来说是特定原子核所处的化学环境的反映。那么，在外加磁场作用下原子核的共振频率为

$$\nu = \frac{\gamma(1-\sigma)H_0}{2\pi} \tag{6.6}$$

因此，分子中相同的原子核，由于所处的化学环境不同，σ 不同，其共振频率也不相同，也就是说共振频率发生了变化。一般把分子中同类磁核因化学环境不同而产生的共振频率的变化量，称为化学位移。

6.1.4.2 化学位移的表示

在核磁共振测定中，外加磁场强度一般为几特斯拉（T），而屏蔽常数不到万分之一特斯拉，因此，由于屏蔽效应而引起的共振频率的变化是极小的，也就是说按通常的表示方法表示化学位移的变化量较为方便，且因仪器不同，其磁场强度和屏蔽常数不同，化学位移的差值也不相同。为了解决上述问题，在实际工作中，使用一个与仪器无关的相对值表示，即以某一物质的共振吸收峰为标准（$\nu_{标}$），测出样品中各共振吸收峰（$\nu_{样}$）与标准的差值 $\Delta\nu$，并采用无量纲的 $\Delta\nu$ 与 $\nu_{标}$ 的比值 δ 来表示化学位移，由于其值非常小，故通常乘以 10^6，数学表达式为

$$\delta = \frac{\Delta\nu}{\nu_{标}} = \frac{\nu_{样} - \nu_{标}}{\nu_{标}} = \frac{\nu_{样} - \nu_{标}}{\nu_0} \tag{6.7}$$

6.1.4.3 标准物质

在 ^{1}H-NMR 和 ^{13}C-NMR 谱中，最常用的标准样品是四甲基硅烷（tetramethyl silicon，简称 TMS）。TMS 的各质子有相同的化学环境，—CH$_3$ 中各质子在 NMR 谱图中以一个尖锐单峰的形式出现，易辨认。由于 TMS 中氢核外围的电子屏蔽作用比较大，其共振吸收位于高场端，而绝大多数有机化合物的质子峰都出现在 TMS 左边（低场方向），因此，TMS 对一般化合物的吸收不产生干扰。TMS 化学性质稳定而溶于有机溶剂，一般不与待测样品反应。并且由于 TMS 的沸点只有 27℃，很容易从样品中分离除去。由于 TMS 具有上述许多优点，国际纯粹与应用化学学会（International Union of Pure and Applied Chemistry，IUPAC）建议化学位移采用 TMS 的 δ 值为 0。TMS 左侧 δ 为正值，右侧 δ 为负值，早期用 τ 值表示化学位移，τ 与 δ 之间的换算关系为：

$$\tau = 10.00 - \delta \tag{6.8}$$

用 TMS 作为标准物，通常采用内标法，即将 TMS 直接加入待测样品的溶液中，其优点是可抵消由溶剂等测试环境引起的误差；当以重水作溶剂时，TMS 不溶，可选用 DSSC（sodium 2，2-dimethyl-2-silapentane-5-sulfonate，2，2-二甲基-2-硅戊烷-5-磺酸钠，固体）；而由于 TMS 沸点较低，当进行高温测定时，可以选用 HMDS（Hexamethyldisiloxane，六甲基硅氧烷）作为标准物。

6.1.5 自旋的耦合与裂分

由以上化学位移的探讨我们得知，样品中有几种化学环境的磁核，NMR 谱图上就应有几个吸收峰。例如：图 6.3 中氯乙烷的 ^{1}H-NMR 谱图。当用低分辨 NMR 仪进行测定时，得到的谱图中有两条谱线，CH$_2$ 质子在 $\delta=3.6$ 处，CH$_3$ 质子在 $\delta=1.5$ 处。当采用高分辨率 NMR 仪进行测定时，得到两组峰，即以 $\delta=3.6$ 为中心的四重峰和 $\delta=1.5$ 为中心的三重峰，质子的谱线发生了分裂。这是由于内部相邻碳原子上自旋氢核的相互作用，这种相互作用称为核的自旋-自旋耦合，简称为自旋耦合。由自旋耦合作用而形成共振吸收峰裂分的现

象，称为"自旋裂分"。

现以氯乙烷—CH_2—基团中的 H 原子为例，讨论甲基对 H 原子核的等价性（即氢的等价核）耦合作用产生的机理。由于甲基可以自由旋转，因此，甲基中任何一个氢原子和 H 的耦合作用相同。质子能自旋，相当于一个磁铁，产生局部磁场，在外加磁场中，氢核有两种取向，即平行于磁场方向或反向于磁场方向，两种取向的概率为 1∶1。因此，甲基中的每个氢有两种取向，三个氢就有 8 种取向（$2^3=8$），即它们取向组合方式可以有 8 种。这就是说—CH_3 中 H 自旋取向组合，结果产生四种不同强度的局部磁场，而使—CH_2—CH_3 中—CH_2—的 H 质子实际上受到四种场的作用，因而 H 的 NMR 谱图中呈现出四种取向组

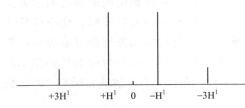

图 6.5　受甲基耦合作用产生的峰的裂分

合。在谱图上表现为裂分成四个峰，各峰强度为 1∶3∶3∶1，如图 6.5 所示。同样—CH_2—的 H 产生三种局部磁场，使—CH_3 上的质子实际受到 3 种磁场作用，NMR 谱中出现 3 重峰，也是对称分布，各峰面积之比为 1∶2∶1。

由上述分析，对于氢核，其自旋耦合的规律，可总结为 $n+1$ 规律：

① 某组环境相同的 n 个核，在外磁场中共有 $n+1$ 种取向，而使与其发生耦合的核裂分为 $n+1$ 条谱线，这就是 $n+1$ 规律。

② 谱线强度比近似于二项式 $(a+b)^2$ 展开式的各项系数之比。

n	二项式展开系数							峰　形
0				1				单　峰
1			1		1			二重峰
2			1	2	1			三重峰
3		1	3		3	1		四重峰
4	1	4		6		4	1	五重峰

③ 每相邻两条谱线间的距离相等。

由自旋耦合产生的分裂谱线间距叫耦合常数，用 J 表示，单位为 Hz。耦合常数是核自旋分裂强度的量度，它只受磁核环境的影响，只与化合物分子结构有关。

6.2　核磁共振波谱仪及实验要求

现代常用的核磁共振波谱仪有两种形式，即连续波（continuous wave，CW）方式和脉冲傅里叶变换（pulse and Fourier transform，PFT）方式。这里我们首先以 CW 式仪器为例，说明仪器基本结构及测试原理。

6.2.1　CW-核磁共振仪结构

通常核磁共振仪由以下几部分组成（如图 6.6 所示）。

（1）磁铁和样品支架

磁铁是核磁共振仪中最重要的部件，能形成高的场强，同时要求磁场均匀性和稳定性好，其性能决定了仪器的灵敏度和分辨率；磁铁可以是永久磁铁、电磁铁，也可以是超导磁体，前者稳定性较好，但用久了磁性要变。磁场要求在足够大的范围内十分均匀。由永久磁

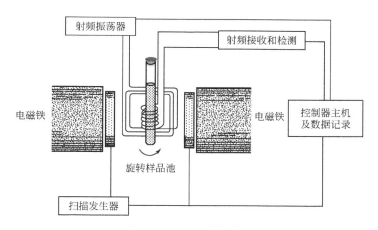

图 6.6 核磁共振仪简图

铁和电磁铁获得的磁场一般不超过 2.4T，这对应于氢核的共振频率为 100MHz。为了得到更高的分辨率，应使用超导磁体，此时可获得高达 10T 以上的磁场，相应的氢核共振频率为 400MHz 以上。但超导核磁共振仪的价格及日常维持费用都很高。样品支架装在磁铁间的一个探头上，支架连同样品管用压缩空气使之旋转，目的是提高作用于其上磁场的均匀性。

（2）扫描发生器

沿着外磁场的方向绕上扫描线圈，它可以在小范围内精确、连续地调节外加磁场强度进行扫描，扫描速度不可太快，每分钟 3～10mGs。

（3）射频接收器和检测器

沿着样品管轴的方向绕上接收线圈，通过射频接收线圈接收共振信号并经放大记录下来。其纵坐标是共振峰的强度，横坐标是磁场强度（或共振频率）。能量的吸收情况由射频接收器检出，放大后记录下来。仪器中备有积分仪，能自动画出积分线，以获得各组共振吸收峰的面积。

（4）射频振荡器

在样品管外与扫描线圈和接收线圈相垂直的方向上绕上射频发射线圈，它可以发射频率与磁场强度相适应的无线电波。

6.2.2 PFT-核磁共振仪原理

连续波方式核磁共振仪（CW-NMR）可以固定磁场进行频率扫描（扫频），也可以固定频率进行磁场扫描（扫场）。这种仪器的缺点是扫描速度太慢，样品用量也比较大。为克服上述缺点，发展了傅里叶变换核磁共振仪（PFT-NMR），其特点是照射到样品上的射频电磁波是短而强的脉冲辐射（约 10～50μs），并可进行调制，从而获得使各种原子核共振所需频率的谐波，这样可使各种原子核同时共振。而在脉冲间隙时（即无脉冲作用时）信号随时间衰减，这称为自由感应衰减信号（freeinductiondecay，FID）。接收器得到的信号是时间域的函数，而希望获得的信号是随频率变化的曲线，这就需要借助计算机通过傅里叶函数变换获得，如图 6.7 所示。傅里叶核磁共振仪的方块示意图，如图 6.8 所示。

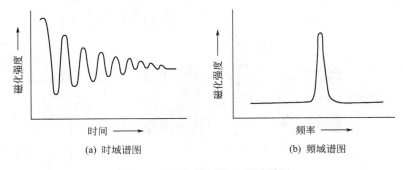

图 6.7　NMR 的时域和频域谱图

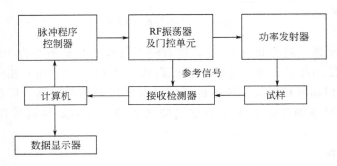

图 6.8　傅里叶变换核磁共振波谱仪方块示意图

　　测试时将样品管放置于磁极中心，由磁铁提供的强而均匀的磁场使样品管以一定速度旋转，以保持样品处于均匀磁场中。采用固定照射频率而连续改变磁场强度的方法（称为扫场法）和用固定磁场强度而连续改变照射频率的方法（称为扫频法）对样品进行扫描。在此过程中，样品中不同化学环境的磁核相继满足共振条件，产生共振信号。接收线圈感应出共振信号，并将它送入射频接收器，经检波后经放大输入记录仪，这样就得到NMR 谱图。

　　PFT-NMR 波谱仪是更先进的 NMR 波谱仪。它将 CW-NMR 波谱仪中连续扫场或扫频改成强脉冲照射，当样品受到强脉冲照射后，接收线圈就会感应出样品的共振信号干涉图。即 FID 信号，经计算机进行傅里叶变换后得到 NMR 谱图。连续晶体振荡器发出的频率为 ν_c 的脉冲波经脉冲开关及能量放大，再经射频发射器后，被放大成可调振幅和相高的强脉冲波。样品受强脉冲照射后，产生一射频 ν_n 的共振信号，被射频接收器接收后，输送到检测器。检测器检测到共振信号 ν_n 与发射频率 ν_c 的差别，并将其转变成 FID 信号，FID 信号经傅立叶转换，即可记录出 NMR 谱图。PFT-NMR 的发明提高了仪器测定的灵敏度，并使测定速度大幅提高，可以较快地自动分辨谱线及所对应的弛豫时间。

6.2.3　核磁共振样品的制备

　　进行 NMR 测试的样品可以是溶液或固体，一般多应用溶液测定。现就溶液样品的制备加以说明。

　　样品管：样品管常用硬质玻璃制成，外径为 5mm，内径为 4.2mm，长度约为 180mm，并配有特氟龙材料制成的塞子。

溶液的配制：样品溶液浓度一般为 6%～10%，体积约 0.4mL。

NMR 测定对溶剂的要求如下：

① 不产生干扰试样的 NMR 信号。

② 有较好的溶解性能。

③ 不与试样发生化学反应。最常用的是四氯化碳和氘代溶剂。

一般溶剂的选择要注意以下几方面：

① 要考虑到试样的溶解度，来选择相对应的溶剂，特别对低温测定、高聚物溶液等，要注意不能使溶液黏度太高。如纯液体黏度大，应用适当溶剂稀释或升温测谱。常用的溶剂有 CCl_3、$CDCl_3$、$(CD_3)_2SO$、$(CD_3)_2CO$、C_6D_6 等。

② 高温测定时应选用低挥发性的溶剂。

③ 所用的溶剂不同，得到的试样 NMR 信号会有较大变动。

④ 用重水作溶剂时，要注意试样中的活性质子有时会和重水的氘起交换反应。

复杂分子或大分子化合物的 NMR 谱即使在高磁场情况下往往也难分开，如辅以化学位移试剂使被测物质的 NMR 谱中各峰产生位移，从而达到重合峰分开的目的，常用的化学位移试剂是过渡元素或稀土元素的配合物。

6.3　¹H-核磁共振波谱（氢谱）

¹H-核磁共振波谱也称为质子核磁共振谱（proton magnetic resonance spectra），是研究化合物中¹H 原子核即质子的核磁共振谱。可提供化合物中氢原子所处的不同化学环境和它们之间相互关联的信息，依据这些信息可确定分子的组成、连接方式及其空间结构。

6.3.1　屏蔽作用与化学位移

依照核磁共振产生的条件，由于¹H 核的磁旋比是一定的，所以当外加磁场一定时，所有质子的共振频率应该是一样的，但在核外电子运动产生的感应磁场作用下，实际作用在原子核上的磁场场强为 $H_0(1-\sigma)$，σ 为屏蔽常数，因此，核的共振频率为：

$$\nu = \frac{\gamma H_0(1-\sigma)}{2\pi}$$

$$(6.9)$$

当共振频率发生了变化，反映在谱图上是谱峰位置的移动，这称为化学位移。如图 6.3(a) 所示的是 CH_3CH_2Cl 的低分辨 NMR 谱图。由于甲基和次甲基中质子所处的化学环境不同，σ 值也不同，在谱图的不同位置上出现了两个峰，所以在核磁共振中，可用化学位移的大小来测定化合物的结构。

在高分辨的仪器上可以观察到比图 6.3(a) 更精细的结构，如图 6.3(b) 所示，谱峰发生分裂，这种现象称为自旋-自旋分裂。这是由于在分子内部相邻碳原子上氢核自旋也会相互干扰，通过成键电子之间的传递，形成相邻质子之间的自旋-自旋耦合，而导致自旋-自旋分裂。分裂峰之间的距离称为耦合常数，一般用 J 表示，单位为 Hz，是核之间耦合强弱的标志，说明了它们之间相互作用的能量大小，因此是化合物结构的属性，与磁场强度的大小无关。

6.3.2　谱图的表示方法

　　用核磁共振分析化合物的分子结构，化学位移和耦合常数是很重要的两个信息。在核磁共振谱图上，可以用吸收峰在横坐标上的位置来表示化学位移和耦合常数，而纵坐标是表示吸收峰的强度。

　　由于屏蔽效应而引起质子共振频率的变化是极小的，很难分辨，因此，采用相对变化量来表示化学位移的大小。一般情况下选用 TMS 为标准物，把 TMS 峰在横坐标的位置定为横坐标的原点，如图 6.9 所示。其他各种吸收峰的化学位移可用化学参数值 δ 来表示，耦合常数 J 在谱图中是以 Hz 为单位，在 ^{1}H-NMR 谱中，一般为 $1 \sim 20$Hz。如果化学位移用 $\Delta\nu$ 而不用 δ 表示，也可以用 Hz 为单位，则化学位移与耦合常数的差别是：前者与外加磁场强度有关，磁场越大，化学位移值 $\Delta\nu$ 也越大；而后者与场强无关，只和化合物结构有关，如图 6.9 所示。

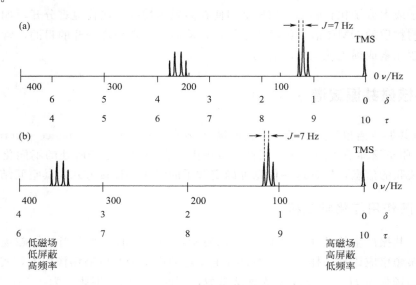

图 6.9　核磁共振波谱图的表示方法
（a）60MHz 仪器；（b）100MHz 仪器

　　^{1}H-NMR 谱图可以给我们提供的主要信息有：

　　① 化学位移值：确认氢原子所处的化学环境，即属于何种基团。

　　② 耦合常数：推断相邻氢原子的关系与结构。

　　③ 吸收峰的面积：确定分子中各类氢原子的数量比。

　　因此只要掌握这三个信息，特别是化学位移和耦合常数与分子结构之间的关系就容易解析 ^{1}H-NMR 谱图。

6.3.3　化学位移、耦合常数与分子结构的关系

　　处于同一种基团中的氢原子应具有相似的化学位移，如图 6.10 所示为常见基团中质子的化学位移。

　　由于分子结构影响耦合常数，因此可通过测定耦合常数的值来推测分子结构，如表 6.2 所示为耦合常数与分子结构类型之间的关系。

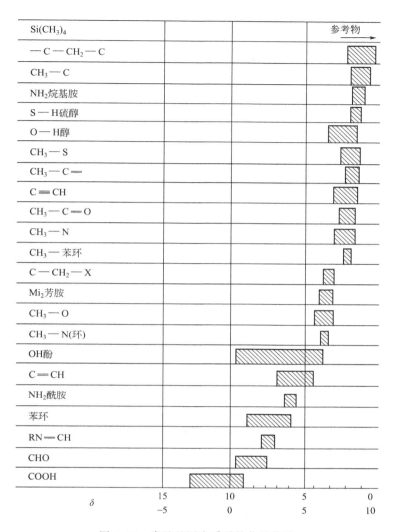

图 6.10 常见基团中质子的化学位移

表 6.2 各种结构类型对耦合常数的影响

结构类型	J/Hz	结构类型	J/Hz
H—H	280	$\overset{H}{\underset{}{}}C=C\overset{H}{\underset{}{}}$ (顺式)	6～14
$\overset{H}{\underset{H}{}}C\overset{}{\underset{}{}}$	＞20	$\overset{H}{\underset{}{}}C=C\overset{}{\underset{H}{}}$ (反式)	11～18
$-\overset{H}{\underset{}{C}}-\overset{H}{\underset{}{C}}-$	0～7	$C=C\overset{C-H}{\underset{H}{}}$	4～10
$-\overset{H}{\underset{}{C}}-(C)_n-\overset{H}{\underset{}{C}}-$ $(n>1)$	0	$\overset{H}{\underset{}{}}C=C\overset{C-H}{\underset{H}{}}$	0.5～3.0
$\overset{H}{\underset{H}{}}C$	1～3.5		

续表

结构类型	J/Hz	结构类型	J/Hz
H—C—C=C—C（H）	0~1.6	环戊二烯型结构 X=O, H₁=H₂	1~2
—C—C=C—C（ ）	10~13	X=N, H₁=H₂	2~3
—C—C=C—H	5~6	X=S, H₁=H₂	5.5
—C—C=C—C—H	2~3	H—C—C（=O）—H	1~3
苯环 间位	2~3	—C—C≡C—H	2~4
对位	0.5~1	H—C—C≡C—C—H	2~3
邻位	7~10		

6.3.4 影响化学位移的主要因素

化学位移是由核外电子云密度决定的，因此影响核外电子云密度的各种因素都将影响化学位移。通常，影响质子化学位移的结构因素主要有下述几个方面。

（1）电负性

在外磁场中，绕核旋转的电子产生的感应磁场是与外磁场方向相反的，因此质子周围的电子云密度越高，屏蔽效应就越大，核磁共振就发生在高场，化学位移值减小，反之同理。在长链烷烃中—CH_3基团质子$\delta=0.9$，而在甲氧基中质子$\delta=3.24\sim4.02$，这是由于氧的电负性强使质子周围的电子云密度减弱，使吸收峰移向低场。同样，卤素取代基也可使屏蔽减弱，化学位移增大，如表 6.3 所示。一般常见有机基团电负性均大于氢原子的电负性，因此$\delta_{CH}>\delta_{CH_2}>\delta_{CH_3}$。需要注意的是，由电负性基团而引发的诱导效应，随间隔键数的增多而减弱。

表 6.3 卤素取代基对化学位移 δ 的影响

X	F	Cl	Br	I
CH_3X	4.10	3.05	2.68	2.16
CH_2X_2	5.45	5.33	2.94	3.90
CHX_3	6.49	7.00	6.82	4.00

（2）各向异性效应（电子环流效应）

实际测试发现的有些现象是不能用电负性的影响来解释的，例如乙炔质子的化学位移（$\delta=2.35$）小于乙烯质子（$\delta=4.60$），而乙醛醛基中质子的δ值却达到 9.79，这需要由邻近基团电子环流所引起的屏蔽效应来解释。在分子中，质子与某一官能团的空间关系，有时会影响质子的化学位移。这种效应称为各向异性效应，又可称作电子环流效应。各向异性效应是通过空间而起作用的，它与通过化学键而起作用的效应如电负性对 C—H 键及 O—H 键的作用是不同的，其强度比电负性原子与质子相连所产生的诱导效应弱，但由于对质子来说是附加了各向异性的磁场，因此可提供空间立构的信息。

如图 6.11 所示，增强外磁场的区域称屏蔽区，处于该区的质子移向高场用"→"表示；减弱外磁场的称去屏蔽区，质子移向低场用"←"表示。在 C=C 键中，π电子云绕分子轴向旋转，当分子与外磁场平行时，质子处于屏蔽区，因此移向高场；醛基中的质子处于去屏蔽区，移向低场；在苯环中，由于π电子的环流所产生的感应磁场使环上和环下的质子处于屏蔽区，而环周围的质子处于去屏蔽区，所以苯环中的氢在低场出峰（δ 为 7 左右）。

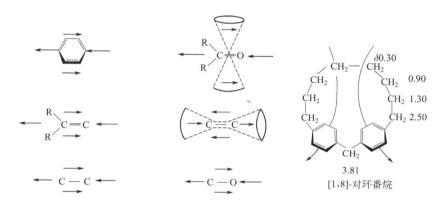

图 6.11　各种基团的电子环流效应

（3）其他影响因素

氢键能使质子在较低场发生共振，例如酚和酸类的质子，δ 值在 10 以上。当提高温度或使溶液稀释时，具有氢键的质子峰就会向高场移动。若加入少量的 D_2O，活泼氢的吸收峰就会消失。这些方法可用来检验氢键的存在。在溶液中，质子受到溶剂的影响，导致化学位移发生改变，称为溶剂效应，强极性溶剂的作用更加明显。因此在测定时应注意溶剂的选择。在 ^1H 谱测定中不能用带氢的溶剂，若必须使用时要用氘代试剂。

6.3.5　^1H-NMR 谱图解析实例

谱图解析并无固定的程序，但若能在解析中注意下述特点，能为谱图的正确解析带来许多方便。

① 首先要检查得到的谱图是否正确，可通过观察 TMS 基准峰与谱图基线是否正常来判断。

② 计算各峰信号的相对面积，求出不同基团间的 H 原子数之比。

③ 确定各化学位移处大约代表什么基团，在氢谱中要特别注意孤立的单峰，然后再解析耦合峰。

④ 对于一些较复杂的谱图，仅仅靠核磁共振谱来确定结构会有困难，还需要与其他分析手段相配合。

^1H-NMR 谱图解析实例：如图 6.12 所示，^1H-NMR 谱图为 a、b、c、d 四种化合物中的一种，请判断是哪一种？

由于图中有五组讯号，因此（c）和（d）不可能。依据 δ=1.2 处双重峰很大，推测可能为（b），再确认图中各特征峰。图中积分强度比为 3∶3∶2∶1∶5，与（b）的结构相符，

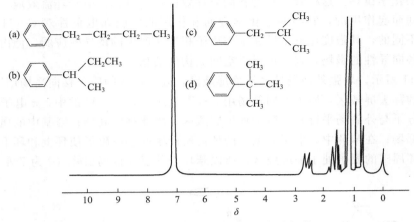

图 6.12　从几种推测结构中判断未知物

各基团化学位移如下：

$\delta=7$　$\delta=2.8$　$\delta=1.2$

$H_2C—CH_3$　←　$\delta=0.9$ (三重峰)

CH

CH_3　←　$\delta=1.2$ (二重峰)

6.4　^{13}C-核磁共振谱（碳谱）

6.4.1　^{13}C-NMR 概述

由于^{12}C 的自旋量子数 $I=0$，无核磁共振，而^{13}C 的自然丰度仅为^{12}C 的 1.1%，使^{13}C 的核磁信号很弱。虽然科学家在 1957 年首次观察到^{13}C 的 NMR 信号，并认识到它的重要性；但直到 20 世纪 70 年代 PFT-NMR 波谱仪器出现以后，才使^{13}C-NMR 的应用日益普及。^{13}C-NMR 是研究化合物中^{13}C 核的核磁共振状况，对于研究分子中碳的骨架结构，特别是在有机分子材料和碳纳米管的结构分析中，研究碳化学位移的归属是很重要的。目前，PFT-^{13}C-NMR 已成为阐明有机分子及高聚物结构的常规方法，在结构测定、构象分析等各方面都已取得了广泛的应用。

6.4.2　^{13}C-NMR 中的质子去耦技术

^{13}C 测定灵敏度仅为^{1}H 的 1/5700，因此，用一般的连续扫场法得不到所需信号，现在多采用 PFT-NMR 技术，其实验方法与^{1}H-NMR 基本相同。

但在^{13}C-NMR 谱中，H 对 C 的耦合是普遍存在的，并且耦合常数比较大，使得谱图上每个碳信号都发生裂分，这不仅降低了灵敏度，而且使谱峰相互交错重叠，难以判断其归属，给谱图解析、结构分析带来了困难。通常采用质子去耦技术来克服^{13}C 和^{1}H 之间的耦合。常见质子去耦技术有：

① 宽带去耦（broadband decoupling）。质子宽带去耦为一种双共振技术，在用射频场 B_1 照射各碳核使其激发以测定^{13}C 核磁共振吸收的同时，另加一个射频场 B_2（又称去耦

场）使其覆盖全部质子共振频率范围，用强功率照射使所有质子达到饱和，使^{13}C 与^{1}H 之间完全去耦。这样得到的^{13}C 全部为单峰，从而简化了谱图。质子宽带去耦不仅使^{13}C-NMR 谱图大大简化，而且由于耦合多重峰的合并，使峰强度大大提高，然而峰强度的增大幅度远远大于多峰的合并（约大 200％），这种现象称为核的 Overhauser 效应（nuclear Overhauser effect，NOE）。NOE 可用来判断两种质子在分子立体空间结构中是否接近，若存在 NOE，则表示两者接近，NOE 越大，则两者在空间的距离就越近。因此，NOE 可提供分子内碳核间的几何关系，在高分子构型及构象分析中非常有用。

② 偏共振去耦（off-resonance decoupling）。宽带去耦虽然简化了谱图，但也失去了有关碳原子类型的信息，对峰归属的指定不利。偏共振去耦采用一个频率范围很小、比质子宽带去耦功率弱的射频场，其频率略高于待测样品所有氢核的共振吸收位置，可除去^{13}C 与邻碳原子上^{1}H 的耦合和远程耦合，仍保留^1J 的耦合。此时^{13}C 的耦合可用 $n+1$ 规律解释，如伯碳 CH_3 为四重峰，仲碳 CH_2 为三重峰，叔碳 CH 为双峰。

③ 门控去耦（gated decoupling）。质子宽带去耦器在弛豫延迟期打开，在采样期关闭，因此 NOE 作为一个慢过程在延迟期增强，在采样期减弱，而耦合作为一个快过程在整个采样期均存在，最终获得同时留有部分 NOE 和保留原子核之间耦合信息的碳谱。

④ 反门控去耦（inverse gated decoupling）。通过在采集期间打开去耦器的方式尽可能抑制 NOE。全谱由单信号组成，每个信号的强度和^{13}C 核数成比例，可用于^{13}C 的定量分析。

6.4.3 ^{13}C-NMR 与^{1}H-NMR 的比较

① 灵敏度。尽管^{13}C 和^{1}H 的自旋量子数 I 都为 1/2，但由于^{13}C 的磁旋比 $\gamma_{^{13}C}=6.723\times10^7\,\text{rad/(T·s)}$。^{1}H 的磁旋比 $\gamma_{^1H}=26.753\times10^7\,\text{rad/(T·s)}$。^{13}C 的磁旋比只有^{1}H 磁旋比的 1/4。因为核磁共振测定的灵敏度与 γ^3 成正比，而且^{13}C 天然同位素丰度仅为 1.1％左右，因此^{13}C 谱的灵敏度比^{1}H 谱低很多，为氢谱的 1/5700，所以碳谱测定困难。因此直到出现傅里叶变换核磁共振仪，才使^{13}C 谱获得很大的发展。

② 分辨率。^{13}C 的化学位移为 0～300，比^{1}H 大 20 倍，具有较高的分辨率，因此微小的化学环境变化也能区别。

③ 耦合情况。^{13}C 中碳-碳之间耦合率较低，可以忽略不计。但可以与直接相连的 H 和邻碳的 H 发生自旋耦合而使谱图复杂化，因此常采用去耦技术使谱图简单化。

④ 测定对象。^{13}C-NMR 可直接测定分子的骨架，给出不与氢相连的碳的共振吸收峰，可获得季碳、C=O、C≡N 等基团在^{1}H 谱中测不到的信息。

⑤ 弛豫。^{13}C 的自旋-晶格弛豫和自旋-自旋弛豫比^{1}H 慢得多（可达几分钟），因此，T_1、T_2 的测定比较方便，可通过测定弛豫的时间了解更多的结构信息和运动情况。

6.4.4 影响^{13}C 化学位移的因素

碳谱和氢谱一样，可通过吸收峰在谱图中的强弱、化学位移、峰的裂分数目及耦合常数来确定化合物结构，但由于采用了去耦技术，使峰面积受到 NOE 的影响，因此峰面积不能准确地确定碳的数目，这点与氢谱不同。由于碳谱分辨率高，化学位移值扩展到 300，使化学环境稍有不同的碳原子就有不同的化学位移值，因而，碳谱中最重要的判断因素就是化学位移。^{13}C 的化学位移范围扩展到 300，由高场到低场各基团化学位移的顺序与^{1}H 谱的顺序基本一致，按饱和烃、含杂原子饱和烃、双键不饱和烃、芳香烃、醛、羧酸、酮的顺序排列。图 6.13 给出了常见基团中 ^{13}C 原子的化学位移。

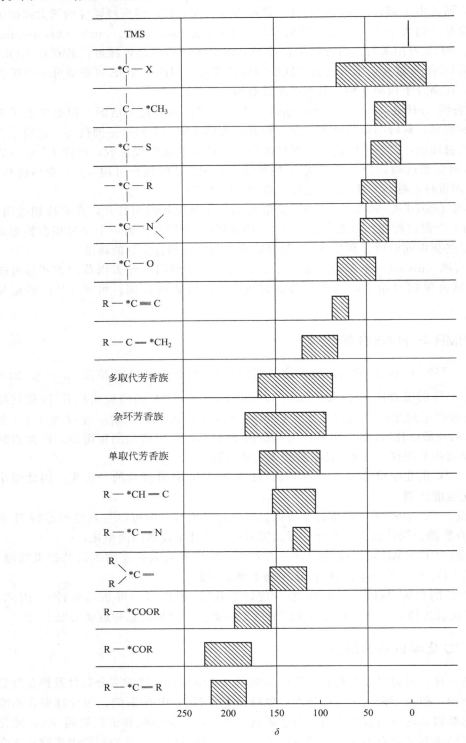

图 6.13　常见基团中 ^{13}C 的化学位移

一般来说，影响 [1]H 化学位移的各种因素也基本上都影响 [13]C 的化学位移，但 [13]C 核外有 p 电子云，使 [13]C 化学位移主要受顺磁屏蔽作用的影响，归纳起来，影响 [13]C 化学位移的主要因素有以下几点：

（1）碳的杂化

碳原子的轨道杂化（sp^3、sp^2、sp 等）在很大程度上决定着 [13]C 化学位移的范围。一般情况下，屏蔽常数 $\sigma_{sp^3} > \sigma_{sp} > \sigma_{sp^2}$，这使得 sp^3 杂化的 [13]C 共振吸收出现在最高场，sp 杂化的 [13]C 次之，sp^2 杂化的 [13]C 信号出现在低场，如表 6.4 所示。

表 6.4　杂环状态对 [13]C 化学位移的影响

碳的杂化形式	典型基团	[13]C 的化学位移值
sp^3	$-CH_3$，$-CH_2$，$-CH$，$-CH-X$	0～70
sp	$-C\equiv CH$，$-C\equiv C-$	70～90
sp^2	$C=C$，$-CH=CH_2$ C_6H_5-，$-C=O$	100～150 150～200

因此高分子材料的碳谱化学位移大致可分为三个区：

① 羰基或叠烯区，$\delta = 150～200$，或更高频低场。

② 不饱和碳原子区（炔碳除外），$\delta = 90～160$。

③ 脂肪链碳原子区，$\delta < 100$。

（2）取代基的电负性

与电负性取代基相连，使碳核外围电子云密度降低，化学位移向低场方向移动，且取代基电负性越大，δ 值向低场位移越大，如表 6.5 所示。

表 6.5　电负性取代基数对 [13]C 化学位移的影响

化合物	CH_4	CH_3Cl	CH_2Cl_2	$CHCl_3$	CCl_4
化学位移	-2.30	24.9	50.0	77.0	96.0

（3）立体构型

[13]C 的化学位移对分子的构型十分敏感，当碳核与碳核或与其他核相距很近时，紧密排列的原子或原子团会相互排斥，将核外电子云彼此推向对方核附近，使其受到屏蔽。例如烯烃的顺反异构体，烯碳的化学位移相差 1～2，顺式在较高场。分子空间位阻的存在，也会导致 δ 值改变，例如邻一取代和邻二取代苯甲酮，随 π-π 共轭程度的降低，使羰基 C 的 δ 值向低场移动。多环的大分子、高分子聚合物等的空间立构、差向异构，以及不同的归整度、序列分布等，可使碳谱的 δ_c 值有相当大的差异，因此，^{13}C-NMR 是研究天然及合成高分子结构的重要工具。

（4）溶剂效应和溶剂酸度

若 C 核附近有随 pH 值变化而其电离度也变化的基团如 OH、COOH、SH、NH_2 时，基团上负电荷密度增加，使 [13]C 的化学位移向高场移动。

6.4.5　碳核磁谱图解析和典型实例

用 ^{13}C-NMR 可直接测定分子骨架，并可获得 C=O、C≡N 和季碳原子等在 [1]H 谱中测不到的信息。图 6.14 双酚 A 型聚碳酸酯 ^{1}H-NMR 和 ^{13}C-NMR 谱图的对照，就清楚地说明了这一点。

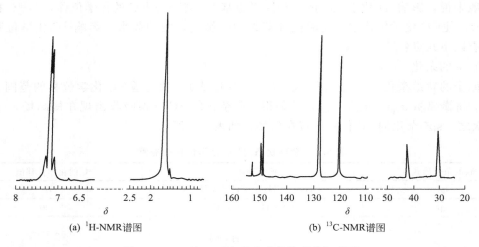

(a) ¹H-NMR谱图　　　　　　　　　(b) ¹³C-NMR谱图

图 6.14　双酚 A 型聚碳酸酯的核磁共振谱图

　　碳-60（C_{60}）是一种球状分子，每个分子内含 60 个碳原子，外形酷似现代的足球，所以也叫足球烯。受 Buckminster Fuller 的建筑启发，1985 年 Kroto 等人大胆地提出了著名的碳球结构模型。并用姓名加上烯烃的字尾 ene 将碳-60 命名为 Bukminster fullerene。因分子酷似足球，所以人们又称其为 Buckyball（巴基球）。1996 年 10 月 9 日，瑞典皇家科学院把 1996 年度诺贝尔化学奖授予了美国得克萨斯州休斯敦莱斯大学的柯尔（R. C. Curl）教授、英国萨塞克斯大学的克罗托（S. H. W. Kroto）教授和莱斯大学的斯莫利（R. E. Smalley）教授，以表彰他们在 1985 年发现了富勒烯。富勒烯是碳分子的一种新结构，是继石墨、金刚石之后新发现的第三类碳的同素异构体（如图 6.15 所示）。

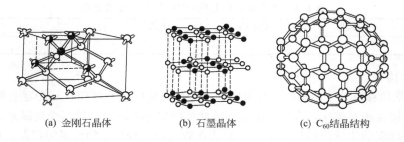

(a) 金刚石晶体　　　　(b) 石墨晶体　　　　(c) C_{60}结晶结构

图 6.15　碳的三种形态

　　他们在质谱仪记录的质量曲线中看到了清晰的尖峰，峰值的质量数是 720。这正好相当于 60 个碳原子。此后的 5 年中，大量计算表明球形分子笼是碳-60 最完美、最合理的结构，但人们却一直未能制备出常量的碳-60 样品，碳-60 仍只存在于原子簇束中，是一个未经证实的模型，因此对它的研究曾几度升温、降温。20 世纪 80 年代中期用斯莫利的设备无法收集到足够的样品，不可能进行核磁共振实验。直到 1990 年，德国海德堡马克斯·普朗克研究所的克里斯曼和美国亚利桑那大学的霍夫曼教授等改进了碳-60 的制备方法，他们通过在氦气气氛中蒸发石墨的方法成功地从石墨烟灰中分离出并得到了 100mg 碳-60。碳-60 的 ¹³C 核磁共振谱只有一条化学位移为 142.5 的谱线，这说明了碳-60 分子中 60 个碳原子处于等价位置，具有高度对称性，属 I_h 点群，故碳-60 是富勒烯中最稳定的分子。用红外光谱、X 射线衍射以及扫描探针显微镜等分析方法也得到同样的结论。从这以后，富勒烯真正得到了科学界的广泛重视,成为物理学家、化学家、生物学家和纳米材料科学家竞显身手之地。

6.5 NMR 在材料研究中的应用

作为测定原子的核磁矩和研究核结构的直接而又准确的方法,核磁共振是材料学、物理学、化学、生物学研究中的一种重要而强大的实验手段,也是许多应用科学,如医学、遗传学、计量科学、石油分析等学科的重要研究工具。下面简要介绍核磁共振在材料学尤其是高分子材料研究领域的相关应用。

6.5.1 有机材料的定性分析

NMR 是鉴别高分子材料的有力手段。一些结构类似、红外光谱也基本相似的高分子,用 NMR 可轻易得到鉴别。下面举例说明。

(1) 聚烯烃的鉴别

许多结构类似、红外光谱也基本相似的高分子,都可以很容易用 ^{1}H-NMR 或 ^{13}C-NMR 来鉴别。例如:聚丙烯酸乙酯和聚丙烯酸乙烯酯,它们的红外谱图很相似,几乎无法区别,但用 ^{1}H-NMR 则很容易鉴别。两者的 H_a 由于所连接的基团不同,而受到不同的屏蔽作用:聚丙烯酸乙酯中,H_a 与氧相连,屏蔽作用减弱,其化学位移向低场方向移动,$\delta=1.21$;聚丙烯酸乙烯酯中 H_a 与羰基相连,受到屏蔽作用较大,其化学位移向高场移动,$\delta=1.11$,可通过核磁共振氢谱鉴别。

$$\begin{array}{cc} -\!\!\!\!\left(CH_2-CH\right)_{\!n} & -\!\!\!\!\left(CH_2-CH\right)_{\!n} \\ | & | \\ C-O-\overset{a}{CH_2}\overset{b}{CH_3} & O-C-\overset{a}{CH}=\overset{b}{CH_2} \\ \| & \| \\ O & O \end{array}$$

聚丙烯、聚异丁烯和聚异戊烯虽然同为烃类化合物,但其 ^{1}H-NMR 谱有明显差异,如图 6.16 所示。

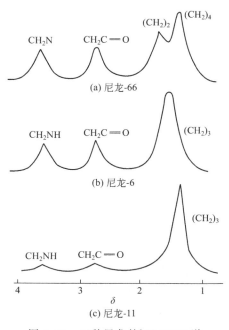

(a) 尼龙-66

(b) 尼龙-6

(c) 尼龙-11

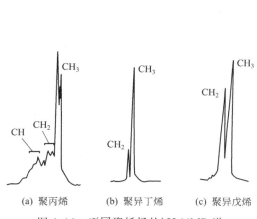

(a) 聚丙烯 (b) 聚异丁烯 (c) 聚异戊烯

图 6.16 不同聚烯烃的 ^{1}H-NMR 谱

图 6.17 三种尼龙的 ^{1}H-NMR 谱

（2）聚酰胺的鉴别

对于尼龙-66、尼龙-6 和尼龙-11 三种不同的尼龙，其 NMR 谱是很易识别的，如图 6.17 所示。尼龙-11 的 $(CH_2)_3$ 峰很尖，尼龙-6 的 $(CH_2)_3$ 为较宽的单峰，而尼龙-66 $(CH_2)_2$ 和 $(CH_2)_4$ 两个峰，峰形较宽。

（3）定性鉴别的一般方法

可利用标准谱图对合成的高分子进行定性鉴别。高分子 NMR 标准谱图主要有萨特勒（Sadller）标准谱图集。使用时，必须注意测定条件的区别，尤其是溶剂、共振频率等的异同。从一张核磁共振氢谱图上可以获得三方面的信息，即化学位移、耦合裂分和积分强度。综合考虑这三方面信息和影响化学位移的各种因素，对 ^{1}H-NMR 图谱解析至关重要。可以通过元素分析和 ^{1}H-NMR 谱图的解析就能确定较简单有机分子的结构，而不必借助于其他仪器分析实验。而对于要确定较复杂未知物的结构，应结合其他的表征方法如质谱、红外、紫外和色谱分析等共同测定。

6.5.2　共聚物组成的测定

利用共聚物的 NMR 谱中各峰面积与共振核数目成正比例的原则，可定量计算共聚物的组成。图 6.18 是氯乙烯与乙烯基异丁醚共聚物的 ^{1}H-NMR 谱，各峰归属如图所示。

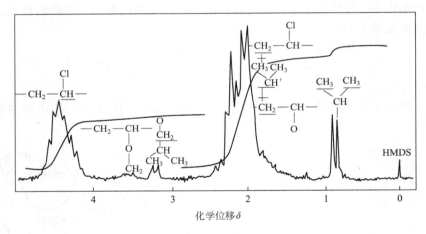

图 6.18　氯乙烯与乙烯基异丁醚共聚物的 ^{1}H-NMR 谱图

（100MHz，溶剂为对二氯代苯，温度为 140℃）

两种组分的摩尔比可通过测定各质子吸收峰面积及总面积来计算。因乙烯基异丁醚单元含 12 个质子，其中 6 个是甲基的，氯乙烯单元含 3 个质子，所以可由 ^{1}H-NMR 结果计算共聚物中两种单体的摩尔比。

6.5.3 共聚物序列结构的研究

NMR 不仅能直接测定共聚物的组成，还能测定共聚序列分布，这是 NMR 的一个重要应用。例如偏氯乙烯-异丁烯共聚物的序列结构的研究，该共聚物的单体单元如下：

—CH$_2$—C— (M$_1$) 带 Cl, Cl

—CH$_2$—C— (M$_2$) 带 CH$_3$, CH$_3$

均聚的聚二氯乙烯在 δ 为 4.0（CH$_2$）处出峰，聚异丁烯在 $\delta=1.3$（CH$_2$）和 1.0（CH$_3$）处出峰。从如图 6.19 所示共聚物的 60MHz ^{1}H-NMR 谱上可见，在 $\delta=3.6$（a 区）和 1.4（c 区）处分别有一些吸收峰，它们应分别归属于 M$_1$M$_1$ 和 M$_2$M$_2$ 两种二单元组；而在 $\delta=3.0$ 和 2.7 处（b 区）的吸收对应于单元组 M$_1$M$_2$。如图 6.20 所示，a、b 和 c 区共振峰的相对强度随共聚物的组成而变，根据其相对吸收强度值可以计算共聚物组成。

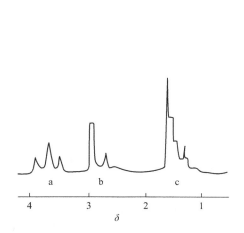

图 6.19 偏氯乙烯-异丁烯共聚物的氢谱（60MHz，130℃，S$_2$Cl$_2$ 溶液）

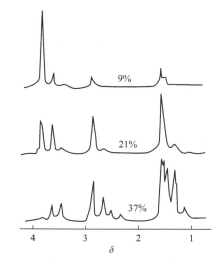

图 6.20 组成比例不同的偏氯乙烯-异丁烯共聚物的氢谱（60MHz，130℃，S$_2$Cl$_2$ 溶液）

进一步仔细观察发现，a 区主要有三个共振峰，它们对应于四单元组 M$_1$M$_1$M$_1$M$_1$（$\delta=3.86$）、M$_1$M$_1$M$_1$M$_2$（$\delta=3.66$）和 M$_2$M$_1$M$_1$M$_2$（$\delta=3.47$）。b 区有四个主要共振峰，对应于 M$_1$M$_1$M$_2$M$_1$（$\delta=2.89$）、M$_2$M$_1$M$_2$M$_1$（$\delta=2.68$）、M$_1$M$_1$M$_2$M$_2$（$\delta=2.54$）和 M$_2$M$_1$M$_2$M$_2$（$\delta=2.37$）。c 区的三个共振峰对应于三单元组 M$_2$M$_2$M$_1$（$\delta=1.56$）、M$_1$M$_2$M$_2$（$\delta=1.33$）和 M$_2$M$_2$M$_2$（$\delta=1.10$），从 c 区还可能分辨出基于 M$_1$M$_2$M$_1$ 的五单元组的峰。

6.5.4 高分子键接方式和异构体的研究

（1）键接方式

聚 1,2-二氟乙烯主要键接方式是头-尾结构，偶尔也会有头-头结构。如图 6.21 所示为 ^{19}F-NMR 谱图。谱图中除了头-尾结构的 A 峰外，还有头-头结构引起的 B、C、D 三种氟原子峰。从 ^{19}F-NMR 数据还可以算出，该聚合物中含有 3%～6% 的头-头结构。

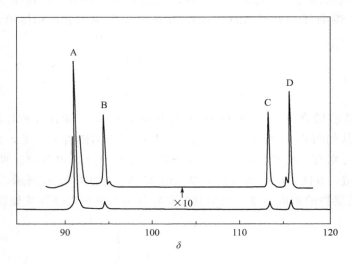

$$\underset{A}{—CH_2—}\underset{}{CF_2—}\underset{C}{CH_2—}\underset{}{CF_2—}\underset{D}{CF_2—}\underset{}{CH_2—}\underset{}{CH_2—}\underset{B}{CF_2—}\underset{}{CH_2—}$$

图 6.21　聚偏二氟乙烯 188MHz 的 ^{19}F-NMR 谱

（2）几何异构体

聚异戊二烯可能有以下四种不同的加成方式：

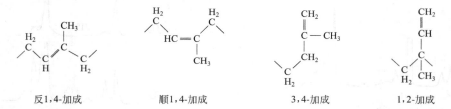

反1,4-加成　　　　　　　顺1,4-加成　　　　　　　3,4-加成　　　　　　　1,2-加成

由双键碳上质子的化学位移可以测定 1,4-加成和 3,4（或 1,2)-加成的比例。对 1,4-加成（包括顺式和反式）的 C＝CH—C，$\delta=6.08$；对 3,4（或 1,2)-加成的 C＝CH$_2$，$\delta=4.67$。

用此法已测得天然橡胶中 3,4 或 1,2-加成的含量仅为 0.3%。由 CH$_3$ 的化学位移可以测定顺 1,4-加成和反 1,4-加成之比。它们的吸收均出现在高场，对顺 1,4-加成异构体，$\delta=1.67$；对反 1,4-加成异构体，$\delta=1.60$。用此法测得天然橡胶中含 1% 反 1,4-加成结构。

NMR 还可用于研究沿高分子链的几何异构单元的分布，如图 6.22 所示为聚异戊二烯中顺 1,4 和反 1,4-加成结构双键质子的氢谱。在聚异戊二烯链中由顺 1,4（用 c 表示）和反 1,4（用 t 表示）组成的三单元即 ccc、cct、tct、ctc、ttc 和 ttt，分别在不同 δ 值处出峰，从而提供了几何异构序列分布的信息。

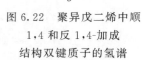

图 6.22　聚异戊二烯中顺
1,4 和反 1,4-加成
结构双键质子的氢谱

（3）聚合物立构体

由 NMR 可研究聚合物的立构规整度。例如聚甲基丙烯酸甲酯（PMMA）有三种不同

的立构结构，两个链接排列次序如下所示：

$$H_3COOC \quad H_A \quad COOCH_3$$

等规结构

$$CH_3 \quad H_A \quad COOCH_3$$

间规结构

在等规结构中，亚甲基的两个质子 H_A 和 H_B 由于所处的化学环境不同，在 ^1H-NMR 谱图上裂分为四重峰（H_A、H_B 各两个峰），在间规结构中，H_A 和 H_B 所处的化学环境完全一样，在 NMR 谱图上呈现单一峰；而其他许多小峰则属于无规聚合物，如图 6.23 所示。还可看出各种结构 CH_3 的化学位移明显不同。等规结构为 $\delta = 1.33$，无规结构为 $\delta = 1.21$，间规结构为 $\delta = 1.10$。根据 CH_3 峰的强度比，可确定聚合物中三种立构结构的比例。

应用聚合物的碳谱也可进行上述结构研究。图 6.24 为聚丙烯的 ^{13}C-NMR 谱图。全同聚丙烯的 ^{13}C 谱只有三个单峰，分别属于亚甲基（CH_2）、次甲基（CH）和甲基（CH_3），如图 6.24（a）所示；无规聚丙烯的三个单峰都较宽，而且分裂成多重峰，如图 6.24（b）所示。从化学位移值可辨别出不同的立构体，如表 6.6 所示。

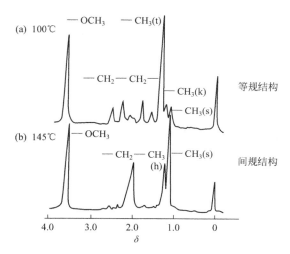

图 6.23 PMMA 的 ^1H-NMR 谱图
[溶剂：氯苯（约 30%）；仪器：60Hz]
（a）100℃；（b）145℃

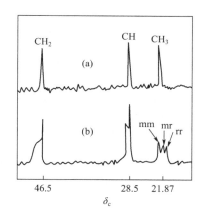

图 6.24 聚丙烯的 ^{13}C-NMR 谱
（60℃，邻二氯苯溶液）
（a）5% 的全同聚丙烯；（b）浓度 20% 的无规聚丙烯

表 6.6 聚丙烯不同立构体的 δ_c 值

立构体	δ_{CH_3}	δ_{CH}	δ_{CH_2}
全同	21.8	28.5	46.5
间同	21.0	28.0	47.0
无规	20~22	21~29	44~47

无规聚丙烯的 α-甲基碳由于空间位置不同，出现了三个峰，分别属于 mm、mr、rr 三个单元组。

参 考 文 献

[1] 朱诚身，王红英，毛陆原，等. 聚合物结构分析. 北京：科学出版社，2004.

[2] 张美珍. 聚合物研究方法. 北京：中国轻工业出版社，2000.

[3] 王培铭、许乾慰. 材料研究方法. 北京：科学出版社，2005.

[4] 陈洁，宋启译. 有机波谱分析. 北京：北京理工大学出版社，1996.

[5] 陈志军，方少朋. 近代测试技术——在高分子研究中的应用. 成都：成都科技大学出版社，1998.

[6] 薛奇. 高分子结构研究中的光谱法. 北京：高等教育出版社，1995.

[7] 高家武. 高分子近代测试技术. 北京：北京航空航天大学出版社，1994.

[8] 沈其丰. 核磁共振碳谱. 北京：北京大学出版社，1983.

[9] 赵天增. 核磁共振碳谱. 郑州：河南科学技术出版社，1993.

[10] 董炎明. 高分子材料实用剖析技术. 北京：中国石化出版社，1997.

[11] Schilling F C S, Bovey F A, Brach M D, et al. Observation of the stereochemical configuration of poly (methyl methacrylate) by proton two-dimensional J-correlated and NOE-correlated NMR spectroscopy. Macromolcules，1985，18 (7)：1418-1422.

[12] Bovey F A. Nuclear Magnetic Resonance Spectroscopy. 2nd ed. San Diego：Academic，CA，1988.

[13] Skoog D A，Leary J J. Principles of Instrumental Analysis，Fourth Edition. Florida：Savnders College Publishing，1997.

[14] Hcrii F，Zho Q，Kitamaru P，et al. Carbon-13 NMR study of radiation-induced crosslinking of linear polyethylene. Macromolecules，1990，23 (4)：977-981.

[15] Bronniman C E，Szeverenyi N M，Maciel C E. ^{13}C spin diffusion of adamantane. J Chem Phys，1983，79：3694.

[16] 汪昆华，罗传秋，周啸. 聚合物近代仪器分析. 北京：清华大学出版社，1991.

[17] 恩斯特 R R，博登豪斯 G，沃考恩著 A. 一维和二维核磁共振原理. 杜有如，沈联芳，等译. 北京：科学出版社，1997.

[18] 黄惠中. 纳米材料分析. 北京：化学工业出版社，2003.

[19] Emsley J W，Feeney J. Milestones in the first fifty years of NMR. Prog Nucl Magn Reson Spectrosc，1995，28 (1)：1-9.

[20] Xu J，Chen L，Zeng D，et al. Crystallization of $AlPO_4$-5 aluminophosphate molecular sieve prepared in fluoride medium：a multinuclear solid-state NMR study. J Phys Chem B，2007，111 (25)：7105-7113.

[21] Patel K K，Khan M A，Kar A. Recent developments in applications of MRI techniques for foods and agricultural produce-an overview. J Food Sci Tech，2015，52 (1)：1-26.

[22] 蒋卫平，王琦，周欣. 磁共振波谱与成像技术. 物理，2013，42 (12)：826-837.

[23] Zhang P，Grandinetti P J，Stebbins J F. Anionic species determination in $CaSiO_3$ glass using two-dimensional ^{29}Si NMR. The Journal of Physical Chemistry B，1997，101 (20)：4004-4008.

[24] Khoshro A，Keyhani A，Zoroofi R A，et al. Classification of pomegranate fruit using texture analysis of MR images. Agricultural Engineering International：CIGR Journal，2009.

第7章

热分析技术

7.1 热分析概论

热分析一词是由德国的 Tammann 教授提出的，发表在 1905 年《应用与无机化学学报》上。但热分析技术的发明要更早，而热重法是所有热分析技术中发明最早的。

热分析技术（thermal analysis）是在程序控制的温度下测量物质的各种物理转变与化学反应，用于某一特定温度时物质及其组成和特性参数的测定，由此进一步研究物质结构与性能的关系、反应规律等。在热分析过程中，物质在一定温度范围内发生变化，包括与周围环境作用而经历的物理变化和化学变化，诸如释放出结晶水和挥发性物质的碎片，热量的吸收或释放，某些变化还涉及物质的增重或失重，发生热-力学变化、热物理性质和电学性质变化等。热分析法的核心就是研究物质在受热或冷却时，产生的物理和化学的变迁速率和温度，以及所涉及的能量和质量变化。

国际热分析及量热协会（ICTAC）名词委员会曾对热分析技术给出定义：测量物质任何物理性质参数与温度关系的一类相关技术的总称。1978 年该委员会对该定义作了如下修订：在程序控温和规定气氛下，测量物质某种物理性质与温度和时间关系的一类技术。该定义已相继被国际应用与纯粹化学委员会（IUPAC）和美国材料试验学会（ASTM）接受。热分析方法包括许多与温度或时间有关的物理性质变化的实验方法，包括 TG（thermogravimetry）、TGA（thermogravimetric analysis）、DTA（differential thermal analysis）、DSC（differential scaning calorimetry）、TMA（thermomechanical analysis）、DMA（dynamic mechanical analysis）等，也包括上述方法与其他方法组合使用的联用技术。根据热分析的定义，按所测物质物理性质的不同，热分析主要方法的分类和定义如表 7.1 所示。

表 7.1 热分析方法的分类及其定义

物理性质	方法名称	定义	典型曲线
质量	热重法 thermogravimetry（TG）	在程控温度下,测量物质的质量与温度关系的技术。横轴为温度或时间,从左到右逐渐增加;纵轴为质量,自上向下逐渐减少	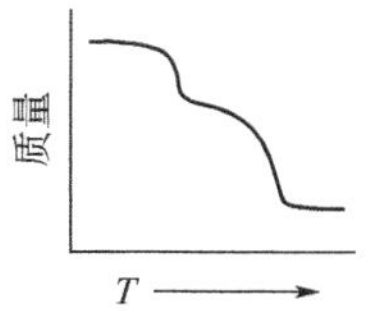

物理性质	方法名称	定 义	典型曲线
质量	微商热重法 derivative thermogravimetry (DTG)	将热重法得到的热重曲线对时间或温度一阶微商的方法。横轴同上;纵轴为重量变化率	
	逸出气体检测 evolved gas detection (EGD)	在程控温度下,定性检测从物质中逸出挥发性产物与温度关系的技术(指明检测气体的方法)	
	逸出气体分析 evolved gas analysis (EGA)	在程控温度下,测量从物质中释放出的挥发性产物的性质和(或)数量与温度关系的技术(指分析方法)	
焓(热量)	差示扫描量热法 differential scanning calorimetry (DSC) (1)Power-Compensation DSC (2)Heat-Flux DSC	在程控温度下,测量输入物质和参比物之间的功率差与温度关系的技术。横轴同上;纵轴为热流率,有两种: (1)功率补偿 DSC; (2)热流 DSC	
温度	差热分析 differential thermal analysis (DTA)	在程控温度下,测量物质和参比物之间的温度差与温度关系的技术。横轴为温度或时间,从左到右逐渐增加;纵轴为温度差,向上表示放热,向下表示吸热	
	定量差热分析 quantitative DTA	能得到能量和其他定量结果的 DTA	
尺寸	热膨胀法 termodilatometry (linear;volume) (TD)	在程控温度下,测量物质在可忽略负荷时的尺寸与温度关系的技术。其中有线热膨胀法和体膨胀法	
力学性质	热机械分析 thermomechanical analysis (TMA) (length or volume)	在程控温度下,测量物质在非振动负荷下的形变与温度关系的技术。负荷方式有拉、压、弯、扭、针入等	

续表

物理性质	方法名称	定　义	典型曲线
力学性质	动态热机械法 dynamic thermomechanometry； dynamic Mechanical Analysis（DMA） torsional Braid Analysis（TBA）	在程控温度下，测量物质在振动负荷下的动态模量和（或）力学损耗与温度关系的技术。其方法有悬臂梁法、振簧法、扭摆法、扭辫法和黏弹谱法等	
电学性质	热电学法 thermoelectrometry	在程控温度下，测量物质的电学特性与温度关系的技术。常用于测量电阻、电导和电容	
电学性质	热介电法 thermodielectric analysis dynamic dielectric analysis（DDA）	在程控温度下，测量物质在交变电场下的介电常数和（或）损耗与温度关系的技术	
电学性质	热释电法 thermal stimulatic current analysis（TSCA）	先将物质在高电压场中极化（高温下），再速冷冻结电荷，然后在程控温度下测量释放的电流与温度的关系	
联用技术 multiple techniques	同时联用技术 simultaneous techniques	在程控温度下，对一个试样同时采用两种或多种热分析技术。例如热重法和差热分析联用，即以 TG-DTA 表示	
联用技术 multiple techniques	耦合联用技术 coupled simultaneous techniques	在程控温度下，对一个试样同时采用两种或多种分析技术，而所用的这两种仪器是通过一个接口（interface）相连接。例如差热分析或热重法与质谱联用，并按测量时间上的次序，标以 DTA-MS 或 TG-MS（GC）	

续表

物理性质	方法名称	定　义	典型曲线
联用技术 multiple techniques	间歇联用技术 discontinuous simultaneous techniques	对同一试样应用两种分析技术，而对第二分析技术的取样是不连续的。如差热分析和气相色谱的间歇联用	

这里的测量样品指试样本身或其反应产物，包括中间产物。该定义包括三方面内容。一是程序控温，一般指线性升（降）温，也包括恒温，循环或非线性升、降温，或温度的对数或倒数程序。二是选一种观测的物理量 P（可以是热学、力学、光学、电学、磁学、声学的等）。三是测量物理量 P 随温度 T 的变化，而具体的函数形式往往并不十分显露，在许多情况下甚至不能由测量直接给出它们的函数关系。最常见的热分析方法是差热分析、差示扫描量热法、热重分析和热-力学分析法。

7.2　差热分析与差示扫描量热法

差热分析（DTA）是在程序控制温度下测量样品与参比物之间的温度差和温度之间关系的热分析方法；差示扫描量热（DSC，也叫差动热分析）是在程控温度下测量保持样品与参比物温度恒定时输入样品和参比物的功率差与温度关系的分析方法。两者均是测定物质在不同温度下，由于发生量变或质变而出现的热变化，即吸热或放热。发生吸热反应的过程有：晶体熔融、蒸发、升华、化学吸附、脱结晶水、二次相变、气态还原等；放热反应有：气体吸附、结晶、氧化降解、气态氧化、爆炸等。而结晶形态的转变、化学分解、氧化还原、固态反应等则可以是吸热的，也可以是放热的。上述反应均可用 DTA 与 DSC 来分析。这两种方法不反映物质是否发生重量变化，也不分是物理或化学变化，只反映在某温度下物质发生反应的热效应，而不能确定反应的实质。

7.2.1　DTA 与 DSC 仪器的组成与原理

（1）差热分析仪的组成与原理

DTA 仪器由炉子、炉温控制器、微伏放大器、记录与数据处理器组成。炉子中的核心部件为样品支持器，它由试样和参比物容器、热电偶与支架等组成。而比较先进的仪器，其控温、放大后的信号记录与数据处理均由计算机控制。DTA 的基本原理如图 7.1 所示。

试样（s）和参比物（r）分别放在加热炉内相应的杯中（常用铝坩埚，高温时用铂、陶瓷坩埚），当炉子按某一程序升、降温时，测温热电偶测得参比物的温度 T_r 并输入计算机内，由计算机控制升温。差值热电偶测得试样温度（T_s）与参比物的温差 ΔT（$= T_s - T_r$），经放大后输入计算机，由计算机记录所有数据，并可对数据进行必要的处理，标出各种特征值，将数据存储并最后由绘图仪绘出 DTA 曲线。

目前，已有可在 $-190\,℃$ 到 $2400\,℃$ 和极限压力从 10^{-6} torr（1torr$=133.322$Pa）到几百个大气压下测定试样 DTA 曲线的仪器。四种常见的 DTA 曲线如图 7.1(b)～(e) 所示。

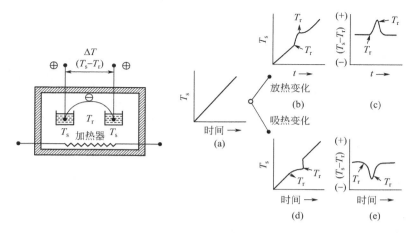

图 7.1　差热分析（DTA）原理图

（2）差示扫描量热计的组成与原理

普通 DTA 仪仅能测量温差，其大小虽与吸放热焓的大小有关，但由于 DTA 与试样内的热阻有关，不能定量测量焓变 ΔH，而 DSC 可完成这一任务。常用的 DSC 仪有热流式与功率补偿式两种。

① 热流式 DSC 仪。又称定量 DTA 仪，如图 7.2 所示，是将感温元件由样品中改放到外面，但紧靠试样和参比物，以消除试样热阻 R 随温度变化的影响，而仪器热阻的变化在整个要求的温度范围内是可被测定的，导致在试样和感温元件间出现一个热滞后，以 R 对温度的校正可使被校正的 ΔT 峰变成转变的能。TA（原 Du Pont）和 Mettler 等公司的产品即为该种型式。

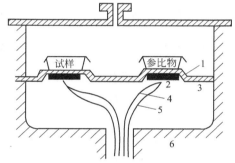

图 7.2　热流式 DSC 方框图
1—铜盘；2—热电偶结点；3—镍铬板；
4—镍铝丝；5—镍铬丝；6—加热块

② 功率补偿式 DSC 仪。1963 年美国的 Watson 和 O′neil 等在美国匹茨堡召开的"分析化学和应用光谱"会议上首次提出了差示扫描量热法并自制了仪器。即采取两个独立的量热器皿，在相同的温度环境下（$\Delta T = 0$），以热量补偿的方式保持两个量热器皿的平衡，从而测量试样对热能的吸收或放出。由于两个量热器皿均放在程控温度下，采取封闭回路的形式，能精确迅速地测定热容和热焓。后来 Perkin-Elmer 公司采用该技术生产了 DSC-1 型商品化仪器。如图 7.3(a)、(b) 所示，分别是功率补偿式 DSC 仪的方框图与原理图。同 DTA 仪相比，在 DSC 仪中增加了功率补偿控制器。

根据测量目的的不同，商品 DTA 仪与 DSC 仪分为标准型（温度范围−175～725℃）、高温型（室温～1500℃）和高灵敏型（主要用于液体试样）。

（3）几个热分析专用术语

① 热分析曲线（curve）。在程控温度下，用热分析仪扫描出的物理量与温度或时间的关系曲线，指热分析仪器直接给出的原曲线。

② 升温速率（$\mathrm{d}T/\mathrm{d}t$ 或 β，heating rate）。程控温度对时间的变化率。其值可为正、负或零，且不一定是常数。单位为 K/min 或 ℃/min。

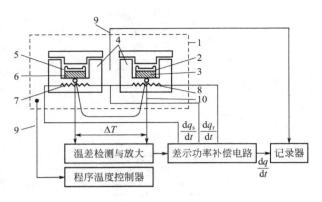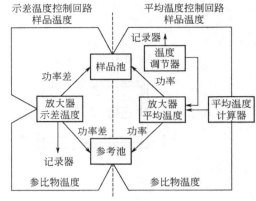

(a) 功率补偿式DSC仪的方框图　　　　　　　(b) 功率补偿式DSC仪的原理图

1—电炉；2，5—容器；3—参比物(r)；4—支持器；6—试样(s)；
7，8—加热器；9—测温热电偶；10—温差热电偶

图7.3　功率补偿式 DSC 仪的方框图与原理图

③ 差或差示（differential）。在程控温度下，两相同物理量之差。
④ 微商或导数（derivative）。程控温度下，物理量对温度或时间的变化率。

7.2.2　差热分析与差示扫描量热法峰面积的计算

7.2.2.1　DTA 曲线的特征温度和表示方法

（1）DTA 峰面积的计算

如图 7.4 所示，将试样（s）和参比物（r）同放在温度为 T_w 的保温块中，若忽略试样与参比物温度分布的不均一性，则可由热电偶测得各自温度为 T_s、T_r。若 T_w 以一定速度 $\Phi = dT_w/dt$ 变化，则参比物在 $t=0$ 时 $T_r = T_w$；当 T_w 开始随时间 t 增加时，因参比和容器有热容 C_r，将产生一定的滞后，再随 T_w 成比例地上升；样品因具有与参比不同的热容 C_s，其温度 T_s 随 T_w 的变化滞后的时间将与 T_r 不同而出现明显的差距，如图 7.4（a）所示，为 DTA 的理想曲线，是 ΔT（$= T_s - T_r$）对时间 t 作图，此时 t 与温度呈线性关系。如图 7.4（b）所示，曲线达到 a 点之前，试样不发生热变化，ΔT 为定值，曲线为水平，即基线，此时 $\Delta T = \Delta T_a$，而

$$\Delta T_a = \frac{C_r - C_s}{K} \Phi \tag{7.1}$$

式中，K 为比例系数，与温度无依赖关系；其他符号定义同前。

在实验中，基线的平直非常重要。若基线不稳会带来假象以至掩盖了真正的变化。到达 a 点后试样开始吸热，ΔT 不是定值，而随时间急剧增大，需环境向试样供热。而环境的供热速度有限，吸热使试样的温升变慢使 ΔT 增大，到 b 点时达极大值 ΔT_b，吸热反应开始变缓，到 c 点时反应停止，试样自然升温。若以 ΔH 表示试样吸（放）的热量，在环境升温速率 Φ 恒定时有：

$$C_s \frac{d\Delta T}{dt} = \frac{d\Delta H}{dt} - K(\Delta T - \Delta T_a) \tag{7.2}$$

在 b 点 ΔT 达极大值 ΔT_b，此时 $d\Delta T/dt = 0$，则有

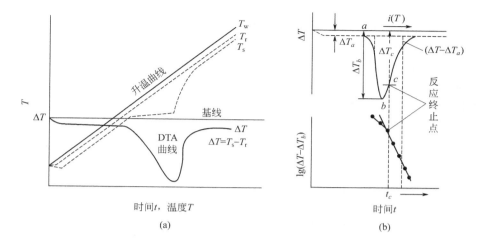

图 7.4 DTA 曲线的分析

(a) T_w、T_r、T_s 的升温曲线与 DTA 的理想曲线；(b) 确定反应终点的作图法

$$\Delta T_b - \Delta T_a = \frac{1}{K} \times \frac{\mathrm{d}\Delta H}{\mathrm{d}t} \tag{7.3}$$

反应从始点 a 进行到终点 c，整个过程变化的总热量为：

$$\Delta H = C_s(\Delta T_c - \Delta T_a) + K \int_a^c (\Delta T - \Delta T_a)\mathrm{d}t \tag{7.4}$$

为简化上式，可假定 c 点偏离基线不远，即 $\Delta T_c \approx \Delta T_a$，则有

$$\Delta H = K \int_a^\infty (\Delta T - \Delta T_a)\mathrm{d}t = KA \tag{7.5}$$

式中，A 为 DTA 峰的面积；K 是传热系数，当仪器与操作条件确定后应为常数，而对 DTA 来说，K 随温度而变化，因而由 DTA 峰面积不能直接求热量。

（2）反应终点的确定

在反应终点 c 时，由于反应热效应结束，$\mathrm{d}\Delta H/\mathrm{d}t = 0$，则式（7.2）可简化为

$$C_s \frac{\mathrm{d}\Delta T}{\mathrm{d}t} = -K(\Delta T - \Delta T_a) \tag{7.6}$$

移项积分得

$$\int \frac{\mathrm{d}\Delta T}{\Delta T - \Delta T_a} = \int -\frac{K}{C_s}\mathrm{d}t \tag{7.7}$$

$$\ln(\Delta T - \Delta T_a) = -\frac{Kt}{C_s} \tag{7.8}$$

$$\Delta T_c - \Delta T_a = \exp\left(-\frac{Kt}{C_s}\right) \tag{7.9}$$

可见在 c 点后，ΔT_c 回基线以指数形式衰减。因此由 DTA 曲线尾部向封顶逆向取点，由式（7.8）作 $\ln(\Delta T - \Delta T_a)$-$t$（或 T）图，开始偏离直线的点即为反应终点 c 点 ［如图 7.4(b)］。文献报道，纯金属熔融过程的终点在 DTA 曲线的峰点，而聚乙烯熔融及结晶草酸钙脱水反应终点在顶点回基线约 1/3 处。

7.2.2.2 定量 DTA 曲线方程与功率补偿式 DSC 曲线方程

A. P. Gray 发展了描述定量 DTA 和 DSC 的理论处理。该理论基于以下基本假设：

① 试样（s）和参比（r）的温度 T_s 和 T_r 均匀且与各自容器温度相等。所以，测温点在样品中的任意部位或接触容器外壁效果相同。

② 试样与参比物及容器的热容 C_s 和 C_r 与可控热阻在测温范围内为常数。

③ 炉子向两个容器传导热量 Q_s 和 Q_r 与温差成正比；系数均为 K，K 值不随温度变化而变化；试样放（吸）热时 dH/dt 为"+"号（"−"号）。

根据该理论，可推导出定量 DTA 曲线方程

$$\frac{dH}{dt} = (C_s - C_r)\frac{dT_r}{dt} + C_s\frac{d(T_s - T_r)}{dt} + \frac{T_s - T_r}{R} \tag{7.10}$$

两边同乘以 R 得

$$R\frac{dH}{dt} = (T_s - T_r) + R(C_s - C_r)\frac{dT_r}{dt} + RC_s\frac{d(T_s - T_r)}{dt}$$

$$= \Delta T + \frac{\Delta C}{K}\beta + RC_s\frac{d\Delta T}{dt} \tag{7.11}$$
$$\quad \text{Ⅰ} \qquad \text{Ⅱ} \qquad \text{Ⅲ}$$

式中，$\Delta T = T_s - T_r$，为温差；$\Delta C = C_s - C_r$，为热容差；$R = \dfrac{1}{K}$；$\beta = \dfrac{dT_r}{dt}$，为升温速率。则任一时刻 $R(dH/dt)$ 可看作下述三项之和：第Ⅰ项为温差 ΔT；第Ⅱ项 $\Delta C\beta/K$ 相当于 DTA 曲线的基线方程；第Ⅲ项 $RC_s d\Delta T/dt$ 为 DTA 曲线上任意点的斜率 $d\Delta T/dt$ 乘以系统的时间常数 RC_s。对曲线上任一点有

$$R\frac{dH}{dt} = \text{Ⅰ} + \text{Ⅱ} \pm \text{Ⅲ} \tag{7.12}$$

第Ⅲ项当曲线斜率为正（负）时取正（负）号。因此，如知道 RC_s 即可绘制出直接反应试样瞬间热行为的曲线。

根据 A. P. Gray 理论推导出的功率补偿式 DSC 曲线方程，功率补偿引起的功率差 ΔW 为

$$\Delta W = \frac{dQ_s}{dt} - \frac{dQ_r}{dt} = \frac{dH}{dt} \tag{7.13}$$

式中其他符号定义如前。功率补偿式 DSC 的曲线方程为

$$\frac{dH}{dt} = -\frac{dQ}{dt} + (C_s - C_r)\frac{dT}{dt} - RC_s\frac{d^2Q}{dt^2}$$

$$= -\frac{dQ}{dt} + \Delta C\beta - RC_s\frac{d^2Q}{dt^2} \tag{7.14}$$
$$\quad \text{Ⅰ} \qquad \text{Ⅱ} \qquad \text{Ⅲ}$$

式中，第Ⅰ项 $\dfrac{dQ}{dt} = \dfrac{dQ_s}{dt} - \dfrac{dQ_r}{dt}$，其符号与 $\dfrac{dH}{dt}$ 相反；第Ⅱ项 $\Delta C\beta$，$\beta = \dfrac{dT}{dt}$，为升温速率，$\Delta C\beta$ 为 DSC 基线的漂移值，与 DTA 不同，与热阻 R 无关，即改变热阻并不影响 DSC 基线漂移的程度，这是功率补偿式 DSC 的一大优点；第Ⅲ项是 DSC 曲线的斜率，为 Q 对 t 的二阶导数，乘以常数 RC_s 后仍很小，因此 R 可在较宽的温度范围内变化，仪器可在较宽的范围内使用，ΔH 与曲线峰面积 A 具有较好的定量关系，可用于反应热的定量测定，这是该式 DSC 仪的另一优点。

7.2.2.3　DSC 与 DTA 峰面积的计算

当有热效应发生，曲线开始偏离基线的点称为始点温度 T_i。T_i 与仪器灵敏度有关，一

般重复性较差。基线延长线与曲线起始边切线交点温度，称为外推始点 T_e；峰值温度为 T_p。T_e 和 T_p 的重复性较好，常以其作为特征温度进行比较。曲线恢复到基线的温度 T_f 为终止温度。而实际上反应终止后由于整个体系的热惯性，热量仍有个散失过程，真正的终止温度可用图 7.4(b) 所示的方法求得。也有的用双切线法求得外推终点 T'_f。对于 DTA 与 DSC 曲线，最重要的参数是其外推始点 T_e、峰温 T_p 和由 $T_i T_p T_f T_i$ 所包围的峰面积 S。无论是计算反应过程的放热量以计算反应程度，还是进行反应动力学处理，都涉及反应峰面积的计算。

　　求面积最常用的方法是求积仪法、剪纸称重法和数格子法。现在大部分仪器已具有自动求积程序。在所研究的反应进行期间，试样的热传导、热容等基本性质发生变化，可能使反应前后的基线发生偏移，从而使峰的包围线难以确定，从而给面积的计算带来困难。当反应前后基线没有或很少偏移时，联结基线即可求得峰面积。而在有偏移时，可按图 7.5(a)～(f) 所示的方法进行计算。

　　① 分别作峰前后基线的延长线，切点即为反应起始与终止温度 T_i 和 T_f，连接 T_i 与 T_f，与峰所包围的面积即为 S，如图 7.5(a)。

　　② 如图 7.5(b)，作起始与终止边基线的延长线，和峰温 T_p 的垂线，求得 $T_i T_p O T_i$ 的面积 S_1 和 $O' T_p T_f O'$ 的面积 S_2，两者之和即为峰面积 S，这里反应前部分少计算的面积 S_1 在后部分 S_2 中得到了补偿。前述两种方法是经常采用的方法。

　　③ 由峰两侧曲率最大的两点 A、B 间连线所得峰面积。只适于对称峰，如图 7.5(c)。

　　④ 在图 7.5(d) 中，作 C 点切线的垂线交另一边于 D 点，CBDC 所围面积即为 S。

　　⑤ 直接作起始边基线的延长线而求得峰面积，如图 7.5(e)。

　　⑥ 如图 7.5(f)，基线有明显移动的情形，则需画参考线，从有明显移动的基线 BC 联结 AB，此时视 BC 为中间产物的基线而不是第一反应的持续；第二部分面积为 CDEF，FD 是从峰顶到基线的垂线。

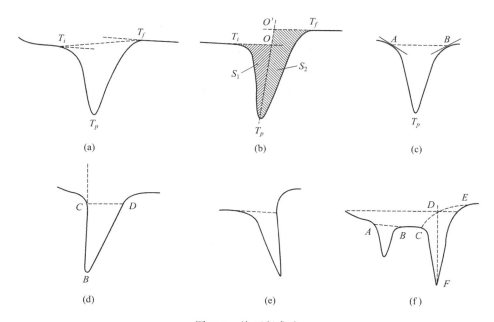

图 7.5　峰面积求法

7.2.3 影响 DTA 与 DSC 曲线的因素

DTA 与 DSC 所得到的试样结构的信息，主要来自曲线上峰的位置（横坐标——温度）、大小（峰面积）与形状。许多因素可影响 DTA 与 DSC 曲线的位置、大小与形状，但概括起来可分为仪器因素、操作条件和样品状态三类。

7.2.3.1 仪器因素对 DTA 与 DSC 曲线的影响

仪器方面的影响，主要来自炉子的结构和记录仪，是设计仪器时必须充分考虑的因素，在此只作简要介绍。

(1) 炉子的结构与尺寸

试样和参比物是否放在同一容器内，热电偶置于样品皿内还是外，炉子采用内加热还是外加热，加热池及环境的结构几何因素等，均会对 DTA 或 DSC 的测量带来较大影响，因此不同仪器测得的结果差别较大，甚至同一仪器的重复性欠佳。因此在设计炉子时应综合考虑多种因素，使其结构尽可能合理，以得到好的分析结果。

(2) 均温块体

其主要作用是传热到试样，是影响基线好坏的重要因素，均温区好，基线平直，检测性能稳定。普遍使用的材料有镍、铝、银、镍铬钢、铂等金属和刚玉之类的陶瓷材料。在 $20 \sim 1000℃$ 的温度范围内，材料的热导率和热辐射系数对均温块体与支持器材料同样重要，特别当处于靠辐射传热的温度范围。在此温度范围内，磨光金属表面的热辐射系数只是陶瓷材料的 $10\% \sim 25\%$，因此，可能后者传热更快。实验结果表明：低热导率的陶瓷材料制成的均热块体对吸热效应分辨得更好，而对放热效应，金属均温块体分辨得好。陶瓷在较低温度下更灵敏，而金属块体是在高温，原因是热传导和热辐射在不同温度范围内所起的作用不同。

(3) 支持器

DTA 曲线的形状受到热从热源向样品传递和反应性样品内部放出或吸收热量速率的影响，故支持器在 DTA 试验中起着极重要的作用。Wiburn 和 Melling 详细讨论了支持器对 DTA 曲线的影响，利用计算机模拟，通过改变时间常数 RC_s 作出各种 DTA 曲线，发现随 RC_s 的增大，曲线形状发生歪曲，如同随支持器扩散系数降低和热容增大，曲线形状发生明显变化一样。低扩散系数均温块型支持器会引起 DTA 峰越过零基线，因而产生了好像是紧接着放热峰就出现吸热峰的现象。Gray 讨论了样品支持器的时间常数，最好使 RC_s 尽量小，理想状态是小至式(7.12)中Ⅲ的大小与Ⅰ＋Ⅱ相比可以忽略。RC_s 越小，仪器越稳定，越能准确记录样品的瞬间热行为。

(4) 热电偶

热电偶的位置与形状将影响 DTA 分析结果。目前使用的多为平板式热电偶，置于样品皿底部，比过去放于样品皿中的结点球形热电偶的重复性要好。热电偶应对称地固定在圆柱形试样皿的中心可使所得的 DTA 峰最大而又十分准确，否则位置不当时会使曲线产生各种畸变。

(5) 试样器皿

常用试样器皿也叫坩埚，多用金属铝、镍、铂及无机材料如陶瓷、石英或玻璃等制成。试样器皿的材料与形状对热分析结果均有影响。制备坩埚的材料在测试温度范围内必须保持物理与化学惰性，自身不发生各种物理与化学变化，对试样、中间产物、最终产物、气氛、参比也不能有化学活性或催化作用。如碳酸钠的分解温度在石英或陶瓷坩埚中比在铂金坩埚中低，因在 500℃ 左右碳酸钠会与 SiO_2 反应形成硅酸钠。聚四氟乙烯也不能用陶瓷、玻璃、石英坩埚，以免反应生成挥发性硅化合物，而铂坩埚不适合装含 S、P、卤素的有机材料试样。铂对许多有机物具有加氢或脱氢催化活性。因此在使用试样器皿时应根据试样的测温范围与反应特点，选择合适材料的坩埚。试样容器的大小、重量、几何形状及使用后遗留残余物的清洗程度对分析结果均有影响。常用坩埚大多为圆柱形，对称性较好。

7.2.3.2　操作条件对 DTA 与 DSC 曲线的影响

操作条件对 DTA 与 DSC 曲线的影响不容忽视，选择合适的操作条件对试验的成功与否十分重要。

（1）升温速率

目前商品热分析仪的升温速率范围可为 $0.1\sim500℃/min$，常用范围为 $5\sim20℃/min$，以往尤以 $10℃/min$ 居多。提高升温速率 β，常使峰温 T_p 线性增高，热分析动力学分析的一类方法就是利用温度对 β 的依赖性。同时 β 增大常会使峰面积有某种程度的增大，使曲线峰形状变得更陡，并使小的转变被掩盖从而影响相邻峰的分辨率。从提高分辨率的角度，采用低升温速率有利。但对于热效应很小的转变，或样品量非常少的情况，较大的升温速率往往能提高结果的灵敏度，使 β 小时不易观察到的现象显现出来。因此，根据所测样品的实际情况，有时往往会采用不同的升温速率进行研究。

（2）气氛

所用气氛的化学活性、流动状态、流速、压力等均会影响样品的测试结果。

① 气氛的化学活性。实验气氛的氧化性、还原性和惰性对 DTA 曲线影响很大。可以被氧化的试样，在空气或氧气中会有很强的氧化放热峰，在 N_2 等惰性气体中则没有。

② 气氛的流动状态、流速与压力。实验所用气氛有两种：静态气氛，常采用封闭系统；动态气氛，气体以一定速度流过炉子。前者对于有气体产物放出的样品会起到阻碍反应向产物方向进行的作用，故以流动气氛为宜。气体流速的增大，会带走部分热量，从而对 DTA 曲线的温度和峰大小有一定影响。目前商用热分析仪具有很好的气氛控制系统，能保持和重复所需要的动态系统，商用高压 DTA 的压力范围为 $1\sim10MPa$，压力由纯净气体如氧、氮、氢、CO_2 等产生。气体压力对反应，特别是有气体产物生成的反应具有明显影响，压力增大，即便是惰性气体，一般也使转变温度增大。

③ 灵敏度与走纸速度。为了使得到的 DTA 与 DSC 曲线能得到最好的峰形，必须选择合适的纵、横坐标范围，即灵敏度与走纸速度的选择。灵敏度是指记录仪的满刻度量程，改变灵敏度，即改变差示热电偶或功率补偿系统的放大倍数。灵敏度过大，会使峰过高以致超过满刻度量程而出现平头峰，并可增大噪声的影响，而产生虚假的峰，给温度的标定和面积的计算均带来困难；反之则使得到的峰过小，而使许多反应细节被掩蔽掉。合适的灵敏度应使所测得的最大峰不超过 1/2 量程为宜，这样当基线处于中间时，可使吸、放热峰均能得到较大的峰。如选择的灵敏度使最大峰高超过 1/2 量程，可通过调整基线位置，即放热时将基线向吸热方向调，吸热时把基线移向放热方向调，从而使吸、放热过程均得到更大的峰。走纸速度应与升温速率相匹配，即升温速率快时，走纸速度加快；升温速率降低几倍，走纸速度尽可能降低相同的倍数，这样不同升温速率所得到的峰横坐标才可能一致，以便比较。过快的走纸速度会使峰扁平，过慢的走纸速度会使峰过于窄瘦，均影响观测效果。故灵敏度、走纸速度的选择应与升温速率一同考虑。当然，对于完全由计算机控制的仪器，由于其纵、

横坐标均可放大与缩小，只要有足够的灵敏度，无所谓走纸速度的影响。

④ 参比物与稀释剂。ΔT 与 ΔW 均是样品与参比物之差，因此作为参比的物质自身在测试温度范围内必须保持物理与化学状态不变，除因热容升温所吸热外，不得有任何热效应。在材料的热分析中，最常用的参比物为 $\alpha\text{-}Al_2O_3$。

有时测试所得 DTA 曲线的基线随温度升高偏移很大，使得产生"假峰"或使得到的峰形变得很不对称。此时可在样品中加入稀释剂以调节试样的热传导率，从而达到改善基线的目的。通常用参比物作稀释剂，这样可使样品与参比物的热容尽可能相近，使基线更接近水平。使用稀释剂还可起到在定量分析中制备不同浓度的可反应物试样，防止试样烧结，降低所记录的热效应，改变试样和环境之间的接触状态，并进行特殊的微量分析的作用。

7.2.3.3　样品状态对 DTA 与 DSC 曲线的影响

精心设计仪器因素和合理选择操作条件，是为了使试样得到最好的分析结果。而样品状态对 DTA 与 DSC 曲线的影响因素很多，特别是结构因素，正是热分析研究的对象，以及操作因素也给分析带来干扰，应注意避免。

（1）试样量

在灵敏度足够的前提下，试样的用量应尽可能少，这样可减少因试样温度梯度带来的热滞后，从而使峰形扩张，分辨率下降，峰温高移。特别是含结晶水试样的脱水反应，过多的样品在坩埚上部形成一层水蒸气，从而使转变温度大大上升。同样试样，因用量不同，其特征温度可相差达几十摄氏度之多，如涤纶用量从 5mg 增加到 50mg，其熔点在 261～266℃之间变化，而热降解温度在 443～450℃间变化。

（2）试样粒度

试样粒度和颗粒分布对峰面积和峰温度均有一定影响。通常小粒子比大粒子应更容易反应，因较小的粒子有更大的比表面与更多的缺陷，边角所占比例更大，从而增加样品的活性部位。一般粒径越小，反应峰面积越大。大颗粒状铋的熔融峰比扁平状样品的要低而宽；粒状 $AgNO_3$ 与粉状样品相比熔融起始温度由 161℃增加到 166.5℃，而冷后重熔时两者相同。

（3）样品装填方式

DTA 与 DSC 曲线峰面积与样品的热导率成反比，而热导率与样品颗粒大小分布和装填的疏密程度有关，接触越紧密，则热传导越好。对于无机样品，可先研磨过筛，对高分子样品应尽量均匀。填充到坩埚内时应将样品装填得尽可能均匀紧密。

7.2.4　DTA 与 DSC 数据的标定

DTA 与 DSC 对样品结构与性能进行定性与定量分析的依据，分别是曲线所指示的温度与峰面积，因此，对仪器的温度及热量测量的准确程度要经常进行标定。通常是在样品 DTA 或 DSC 曲线完全相同的条件下，测定已知熔融热物质的升温熔化曲线，以确定曲线峰所指示的温度和单位峰面积所代表的热量值。

（1）温度的标定

为确立热分析试验的共同依据，国际热分析协会在美国标准局（NBS）初步工作的基础上，分发一系列共同试样到世界各国进行 DTA 测定，确定了供 DTA 和 DSC 用的 ICTA-NBS 检定参样（certified reference materials，CRM），如表 7.2 所示，并已被 ISO、IUPAC 和 ASTM 所认定。

（2）热熔的标定

如表 7.2 所示，同时给出了标定物质的热熔值。对仪器应定期进行标定，每次至少用两种不同的标准物，试验温度必须在标定的温度范围之内。如若仪器测得的温度与标准值有差别，则可通过调整仪器，使之与标准相合。

表 7.2　热熔标定物质的熔点与熔化熔

元素或化合物的名称	熔点/℃	熔化熔/(J/g)	元素或化合物的名称	熔点/℃	熔化熔/(J/g)
联苯	69.26	120.41	铅	327.5	22.6
萘	80.3	149.0	锌	419.5	113.0
苯甲酸	122.4	148.0	铝	660.2	396.0
铟	156.6	28.5	银	690.8	105.0
锡	231.9	60.7	金	1063.8	62.8

7.3　热重分析与微商热重法

热重分析是应用最早的热分析技术，与 DTA（DSC）和 TMA（DMA）共同成为热分析技术的三大组成，在材料结构分析中有着广泛的应用。

7.3.1　热重分析与微商热重法的基本原理

7.3.1.1　热重分析与微商热重法的定义

热重分析是在程序升温下测量试样与温度或时间关系的一种热分析技术，简称热重法（TG），微商热重法是将热重法得到的热重曲线对时间或温度的一级微分的方法，英文简称 DTG。热重法通常有动态（升温）和静态（恒温）之分，但通常是在等速升温条件下进行。

TG 曲线的纵坐标为余重（mg）或以余重百分数（%）表示，向下表示重量减少，反之为重量增加；横坐标为温度（K）或时间（s 或 min）；DTG 的横坐标与 TG 相同，纵坐标为质量变化速率 dm/dT 或 dm/dt，单位为 mg/min（mg/℃）或 %/min（%/℃），如图 7.6 所示。

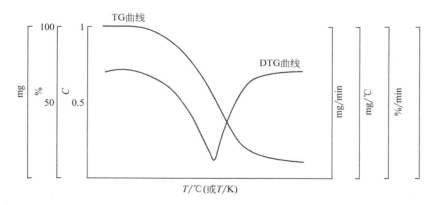

图 7.6　TG、DTG 曲线

7.3.1.2 TG 曲线特征温度的表示方法

可以用多种形式表达 TG 曲线的特征温度，有的是直观数值，而有的需经画图与简单计算求出。

(1) 直观温度值

即直接从 TG 或 DTG 曲线上读取的特征温度，如图 7.6 所示，是最常用的特征温度表示方法。①起始温度 T_i，TG 曲线开始失重偏离基线的温度。T_i 的影响因素较多，因而重复性较差。②特定失重量时温度 T_X，取失重量为 X（$X=5\%$、10%、20%、50% 等）时的失重温度，相应的温度下标 X 为 0.05、0.1、0.2、0.5 等。③最大失重速率温度 T_p，TG 曲线上折点温度，常为两平台之间的中点，DTG 曲线上峰值温度，此时失重速率最大，也叫峰值温度，利用 DTG 可更好地确定 T_p。④终止温度 T_f，TG 曲线上下一个平台开始，DTG 曲线回到基线时的温度。⑤外推起、终点温度为避免 T_i、T_f 重复性较差的缺点，与 DSC 类似，有时用双切线法求得外推起始和终点温度 T_i 与 T_f。⑥完全复重温度，若样品的失重率可达 100%，则可取 100% 失重时温度；若有残重，则取 TG 与 DTG 两者基线完全开始走平时温度。

(2) 10% 正切温度 T_N

即正切温度 T_N（外推始点温度）与失重 10% 时面积比的乘积 [式(7.15)]。

$$10\%正切温度=正切温度\times\dfrac{失重\ 10\%时\ TG\ 曲线包围的面积}{失重\ 10\%时的矩形面积} \tag{7.15}$$

正切温度 T_N 与面积比的求法如图 7.7 所示。T_N 与起始分解温度有关，而面积比涉及起始分解程度，两者之积就特别强调了起始分解性质，实质为避免 T_i 重复性不好的一种起始降解温度表示方法。

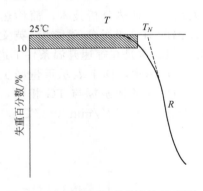

图 7.7　10% 正切温度的求法示意图

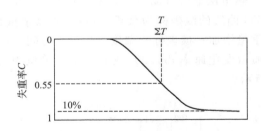

图 7.8　ΣT 求法示意图

(3) 加和温度 ΣT

即将 900℃ 时余重 C 加 1 再除 2，即 $(C+1)/2$，此值所对应的温度即为加和温度 ΣT，如图 7.8 所示，当 900℃ 时余重 C 为 10%，即 ΣT 时而值为 $(0.10+1)/2=0.55$，失重率 0.55 所对应的温度即为 ΣT，ΣT 实质上与失重最大速率有关。

(4) 积分程序分解温度 IPDT

即对整个 TG 曲线从 25℃ 到 900℃ 求和的一种方法，提供了对不同材料进行比较的共同基础，是 Doyle 提出的测定高分子材料热稳定性的一种半定量方法。IPDT 具有半挥发（失重 50% 时）温度的实际意义，故适用于一步与多步分解过程。由于 IPDT 是通过曲线面积求得，重复性好。

7.3.2 热天平的基本结构

热天平的发展经历了机械式和电磁式，现在均为电子式。组成电子式热天平的基本单元如图 7.9 所示，主要包括微量电天平、炉子、温度程序器、气氛控制器和数据采集与处理系统。根据天平和炉子的位置，电子式天平可分为垂直式和水平式，而垂直式又分为上皿式和下皿式。

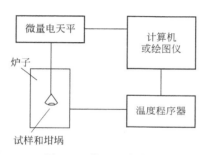

图 7.9 热天平方块图

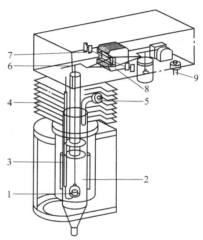

图 7.10 SHIMADZU 下皿式 TG 仪
1—试样；2—加热炉；3—热电偶；4—散热片；
5,9—气体入口；6—天平梁；
7—吊带；8—磁铁

（1）下皿式

下皿式即试样皿（试样支持器）在天平的下方，它适用于简单 TG 测量。下皿式的炉子一般做得较小，因此，加热和降温速率都可较快，热惰性小。日本 SHIMADZU（岛津）和美国 PE（珀金-埃尔默）公司都有下皿式，如图 7.10 所示，为岛津下皿式 TG 仪内部结构图。

（2）上皿式

上皿式即样品皿在天平的上方。这种热天平除了可单独测量 TG 外，还可用于 TG-DSC 联用测量，其中炉子一般做得较大，因此，可加大样品用量，可适用于大容量分析。PE 和德国 NETSZCH（耐驰）公司都有上皿式热天平。如图 7.11 所示，是耐驰公司上皿式样品皿示意图。

（3）水平式

试样皿在天平的上方

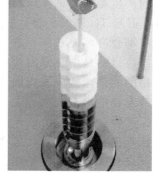

图 7.11 耐驰上皿式（STA 449C）样品皿

水平式（卧式）即样品皿和支持器处于水平位置，这种形式的热天平浮力相对较小，也可用于 TG-DSC 联用测量。PE 和瑞士 METTLER（梅特勒）公司均有水平式。如图 7.12 所示，是 METTLER 公司水平式内部结构示意图。

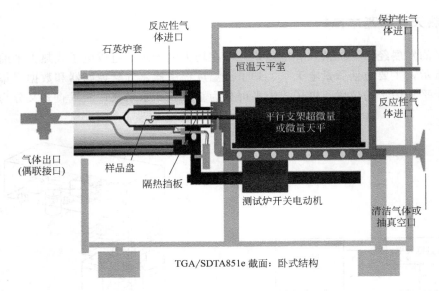

图 7.12　梅特勒水平式内部结构图

7.3.3　影响热重数据的因素

影响热重数据的因素主要有仪器本身的因素和实验条件。仪器本身的因素主要有浮力、对流和挥发物的冷凝，它们对 TG 数据都有一定的影响，其影响程度随热天平方式的不同而异。随着热分析仪的发展，已经从仪器的设计和制造上消除了一些影响热重数据的因素，例如对流的影响。但每次的试验则总会与样品状况、所选用的试样皿、气氛种类和升温速率有关，因此选择好条件是准确获得 TG 数据的基础。

7.3.3.1　仪器因素及解决方法

（1）浮力与样品基线

浮力的产生是因为试样周围的气体随温度不断升高而发生膨胀，从而使密度减小，造成表观增重，引起 TG 基线上漂。据计算，300℃时的浮力约为室温的一半，而 900℃只有 1/4。三种热天平都会有浮力效应，解决的方法是在相同条件下（包含待测样品的温度范围）预先做一条基线，目的是消除浮力效应造成的 TG 曲线的漂移。虽然水平式天平的浮力最小，但对要求严格的测试，也应预先做基线。

（2）挥发物的再凝聚

在 TG 试验过程中，由试样受热分解或升华而逸出的挥发物，有可能在热天平的低温区再冷凝。这不仅会污染仪器，也会使测得的样品重量偏低，待温度进一步上升后，这些冷凝物会再次挥发从而还可能产生假失重，使 TG 曲线出现混乱，造成结果不准确。尽量减小试样用量，并选择合适的吹扫气体流量，以及使用较浅的试样皿都是减少再凝聚的方法。

7.3.3.2　实验条件

（1）样品状况

样品量、粒度和装填到样品皿中的紧密程度都可能对样品的反应热、热导率和比热容，进而对 TG 图谱产生影响。样品量越大，信号越强，但传热滞后也越大，此外，挥发物逸出也会影响曲线变化的清晰度，因此，试样用量应在热天平的测试灵敏度范围之内尽量减少。

由于材料样品的热传导率比无机物和金属小，常用量应相对更小，一般为 5～10mg。当测试 T_m 时，样品量应尽量小，否则由于温度梯度大导致熔程长，而当测试 T_g 时，应适当加大样品量，以提高灵敏度。在做 TG 试验时，还应注意样品粒度均匀，批次间尽量一致，并在样品皿中铺平而且接触面越大越好。

（2）试样皿

试样皿的材质种类很多，包括玻璃、铝、铂、陶瓷、石英等，但用于材料热分析的主要有铝、铂和陶瓷，其中铝制样品皿主要用于 500℃ 以下的 TG 测试，而铂和陶瓷则用于 500℃ 以上的 TG 试验。选择样品皿时，首先要考虑样品皿对试样、中间产物和最终产物不会产生化学反应，还要考虑欲测试样的耐温范围。此外，样品皿的形状以浅盘为好，试验时将试样薄薄地摊在其底部，不加盖，以利于传热和生成物的扩散。但如测试含量较少的组分（如少量灰分），则应用深盘，否则所关心的组分含量又可能被掩盖。

（3）气氛种类

样品所处的气氛对 TG 试验结果有显著影响。因此，试验前应考虑气氛对热电偶、试样皿和仪器的原部件有无化学反应，是否有爆炸和中毒的危险等。虽然可用气氛很多，包括惰性气体、氧化性气体和还原性气体，但常用于材料 TG 试验主要有 N_2、He 和空气三种。其中样品在 N_2 或 He 中的热分解过程一般是单一的热分解过程，反映的是热稳定性，而在空气（或 O_2）中的热分解过程是热氧化过程，氧气有可能参与反应，因此它们的 TG 曲线可能会明显不同。He 的热导率比 N_2 大，尽管成本高，但测低温（因 N_2 接近其液化温度）及测可能与 N_2 在高温下发生反应的特殊样品时，则必须用 He。

气氛处于静态还是动态对试验结果也有很大影响。TG 试验一般在动态下使用，以便及时带走分解物，但应注意流量对试样分解温度、测温精度和 TG 谱图形状等的影响。静态气氛只能用于分解前的稳定区域，或在强调减少温度梯度和热平衡时使用，否则，在有气体生成时，围绕试样的气体组成就会有所变化，而试样的反应速率会随气体的分压而改变。

过去的仪器只有一种气体进口，现在有的仪器分保护气和吹扫气。保护气专用于保护天平，气流量一般在 20mL/min，而吹扫气专为带走由热重试验样品产生的气体，气流量稍大于保护气，一般在 40mL/min。保护气用惰性气体，而吹扫气可根据目的不同而改变，两种气氛在一般情况下相同。

（4）升温速率

不同的升温速率对 TG 结果也有明显的影响。升温速率越快，所显示的温度滞后越明显，测出的结果与实际情况相差越大，这是由电加热丝与样品之间的温度差和样品内部存在温度梯度所致。升温速率太快，有时会掩盖相邻的失重反应，甚至把本来应出现平台的曲线变成折线；升温速率越低，分辨率越高，但太慢又会降低实验效率。考虑到高分子的传热性不及无机物和金属，因此测 TG 曲线时的升温速率一般定在 5～10℃/min。

在特殊情况下，也可以选择更低的升温速率。对复杂结构的分析，如共聚物和共混物，采用较低的升温速率可观察到多阶分解过程，而升温速率高就有可能将其掩盖。

7.3.4 热重试验及图谱辨析

热重试验前要对温度进行较正，这种标定工作至少应每半年进行一次。对于单独的 TG 仪器（一般是下皿式）可由两种方法进行标定，即居里点法和吊丝熔断失重法；对于 TG-DSC 联用仪，则可用标准物质同时进行温度标定和灵敏度校验。在使用 DSC 前已做过温度标定的则在一定的时间内，不必专门对 TG 试样进行温度标定。对质量的标定则可直接用标准法进行。

7.3.4.1 温度标定

（1）居里点法

居里点法是根据铁磁材料在外磁场作用下，达到居里点时（失去磁性）有表现失重的特性进行温度标定。不同金属或合金的居里点不同，因此，将它们结合起来即可在较大温度范围内进行标定。这种标定一般用 5 种不同居里点的金属或合金。

（2）吊丝熔断失重法

吊丝熔断失重法是将标定温度用的金属丝制成直径小于 0.25mm 的吊丝，把一个质量约 5mg 的铂线圈砝码用这种吊丝挂在热天平的试样容器一端，当温度超过可熔断金属吊丝的熔点时，砝码掉下来，TG 曲线便产生一个不连续的失重。

上述两种方法标定时一般均为用 10℃/min 的升温速率进行，因此，在实际进行 TG 试验时，也以 10℃/mm 的结果最为准确。随着仪器的发展，现在可直接用电子技术对热电偶进行较正。

7.3.4.2 热重试验

进行 TG 实验前，需根据样品特点和对样品的要求，综合考虑上述各种影响因素，包括选择样品皿和气氛、升温速率和温度范围，然后按照操作规程进行试验。一般情况下，首先要根据对样品的要求（温度范围和升温速率）做基线，如果预先存有符合要求的基线数据，也可直接调出使用。

为确保实验的准确性和可重复性，最好先开机在待测的温度范围内先进行"老化实验"，以消除湿气的可能影响；如测低温 TG 曲线，为防止水分的影响，要反复抽真空—充氮气（氩气）过程；对挥发分和灰分较少而又要作为重点考察时，要加大样品用量。此外，还要严格防震，因振动而引起的天平零点的变化会被记录下来，从而对图谱产生影响。

7.3.4.3 数据处理和谱图解析

（1）积分曲线和微分曲线

如图 7.13 所示，曲线 a 即是程序升温条件下典型材料质量随温度变化的 TG 曲线示意图。TG 曲线表示加热过程中样品失重的累积量，为积分型曲线，其纵坐标可以是绝对质量值或剩余百分比。

对 TG 曲线的处理包括开始失重温度、失重阶段以及失重百分率的确定，并可同时在原始 TG 曲线（积分线）的基础上做出微分曲线（DTG 曲线），即质量变化率 dW/dT 或 dW/dt，以清楚地观察每阶段失重最快的温度。DTG 曲线是 TG 曲线对温度或时间的一阶导数，DTG 曲线上出现的峰与 TG 曲线上两台阶间质量发生变化的部分相对应，峰的面积与试样对应的质量变化成正比，峰顶

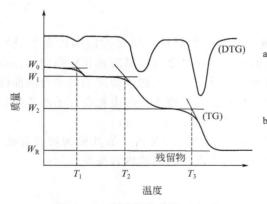

图 7.13 热重分析曲线（a）和
微商热重法曲线（b）

与失重变化速率最大时温度相对应。

TG 曲线上质量基本不变的部分称为平台，两平台之间的部分称为台阶。材料的 TG 曲

线一般都可以观察到二到三个台阶：第一个失重台阶 $W_0 - W_1$ 多数发生在 100℃ 以下，最可能的原因是试样中的吸附水或试样内残留的溶剂；第二个台阶往往是试样内添加的小分子助剂，例如高分子增塑剂、抗老剂等；第三个台阶发生在高温，则属于试样本体的分解。在某种特殊情况下 TG 曲线还会发生增重现象，这可能是物质与环境气体（如氧气）进行了反应所致。

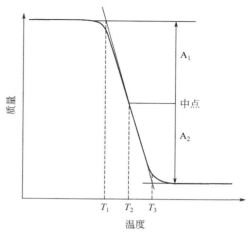

图 7.14 分解温度的测定方法

对分解温度的测定如图 7.14 所示。T_1 即为分解开始的温度，以曲线直线部分的延长线与分解前基线的交点为定点。T_2 是分解过程的中间温度，以失重前的水平延长线和失重后的水平延长线距离的中点，与失重曲线的交点为定点。T_3 为分解的最终温度，其定点方法如 T_1。

（2）热重图谱解析注意事项

① 热重曲线一般为失重曲线，但也会出现增重曲线。其处理方法分别如图 7.15 和图 7.16 所示，以及相应的公式如下。

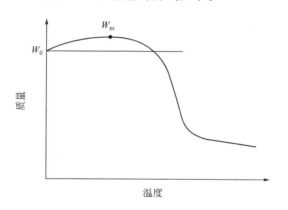

图 7.15 增重曲线的处理与计算

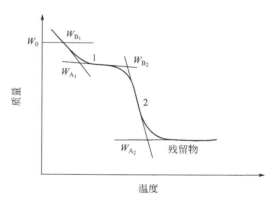

图 7.16 失重曲线的处理与计算

$$W_G = \frac{W_m - W_0}{W_0} \times 100\%$$

$$W_{组分1} = \frac{W_{B_1} - W_{A_1}}{W_0} \times 100\% \tag{7.16}$$

$$W_{组分2} = \frac{W_{B_2} - W_{A_2}}{W_0} \times 100\%$$

② 热分析数据（包括 DSC 和 TG）受仪器结构、实验条件和试样本身反应的影响，因此在表达热分析数据时必须注明这些条件，例如仪器型号、样品质量、升温速率等。

③ 对于多阶段分解过程，尤其是不易区分的多阶分解过程，要借助 DTG 进行合理分段。

（3）热重图谱解析实例

如图 7.17 所示是利用热重分析技术表征噻二唑锌配合物 $[Zn(eatz)_2(Ac)_2]$ 的热分解

过程，样品分别采用 2.5℃/min、5℃/min、10℃/min、15℃/min、30℃/min 五个升温速率，随着升温速率加快，分解温度向高温方向移动。

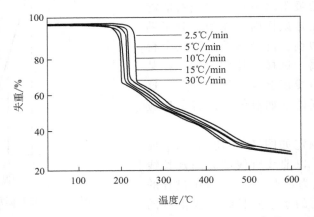

图 7.17　不同升温速率时，配合物 [Zn(eatz)₂(Ac)₂] 的 TG 曲线

7.4　热膨胀法和热机械分析

材料在外部变量的作用下，其性质随时间的变化叫作松弛。如果这外部变量是力学量（应力或应变），这种松弛称为力学松弛（mechanical relaxation）；松弛过程引起能量消耗，即内耗（internal friction）。

动态热力分析 [dynamic thermomechanical analysis，即动态热机械分析（DMA）] 是指试样在交变外力作用下的响应。它所测量的是材料的黏弹性即动态模量和力学损耗，测量方式有拉伸、压缩、弯曲、剪切和扭转等，可得到保持频率不变的动态力学温度谱和保持温度不变的动态力学频率谱。当外力保持不变时的热力分析为静态热力分析（thermomechanical analysis，即 TMA），也就是在程序温度下，测量材料在静态负荷下的形变与温度的关系，亦称为热机械分析。

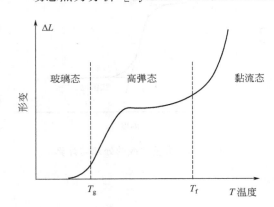

图 7.18　非晶态聚合物的热机械曲线

如图 7.18 所示，是非晶态聚合物的热机械曲线。随温度变化出现三种力学状态，即玻璃态、高弹态和黏流态，曲线开始突变时的温度分别为玻璃化温度 T_g 和黏流温度 T_f。聚合物结晶、交联度及分子量等均会影响热机械曲线的形状及 T_g、T_f。

7.4.1　热膨胀法

热膨胀法（thermodilatometric analysis，即 TDA）是指程序控温条件下，在可忽略负荷时测量材料的尺寸与温度关系的技术。分为体膨胀法和线膨胀法，分别用体膨胀仪和线膨胀仪测量材料的体膨胀系数和线膨胀系数。

（1）体膨胀法

体膨胀法通常用体膨胀系数对温度作图。温度升高 1℃时，试样体积膨胀（或收缩）的相对量称为体膨胀系数。

$$\alpha_V = \frac{1}{V_0} \times \frac{\Delta V}{\Delta T} \tag{7.17}$$

式中　α_V——体膨胀系数，K^{-1}；

　　　V_0——起始温度下试样的原始体积，mm^3；

　　　ΔV——温度差 ΔT 下试样的体积变化量，mm^3；

　　　ΔT——试验温度差，K。

如图 7.19 所示，为体膨胀系数测定装置，是一种毛细管体膨胀仪。测量时将试样装入样品池内，抽真空，然后将水银或与所测聚合物不互溶的高沸点液体（如甘油、硅油等）装满样品池，并使液面升到毛细管的一定高度，在程序控温下，样品温度发生变化时，样品体积的变化反映在毛细管内液体的升降，同时记录温度和毛细管内液面的高度。把毛细管液面高度变化的读数，扣除相应注入液体的膨胀值和容器的膨胀值，得到样品体积的变化值，即可由式（7.17）求出 α_V，从而得到 α_V-T 关系图。

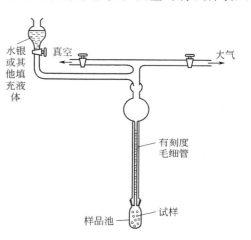

图 7.19　体膨胀系数测定装置图

（2）线膨胀法

线膨胀法是测量聚合物试样的一维尺寸随温度的变化。当温度升高 1℃时，沿试样某一方向上的相对伸长（或收缩）量称为线膨胀系数。

$$\alpha_L = \frac{1}{L_0} \times \frac{\Delta L}{\Delta T} \tag{7.18}$$

式中　α_L——线膨胀系数，K^{-1}；

　　　L_0——起始温度下试样的原始长度，mm；

　　　ΔL——温度差 ΔT 下试样的长度变化量，mm；

　　　ΔT——试验温度差，K。

如果试样长度随温度升高而增长，α_L 为正值，反之为负值。为了尽可能减小仪器本身的热膨胀系数，线膨胀计装置采用熔融石英材料（其线膨胀系数为 $0.5 \times 10^{-6} K^{-1}$）。测定试样变化的装置有机械千分表、光学测微计等。

如果被测试样是各向同性的，通过一维的线性变化就能说明三维的体积变化，线膨胀系数与体膨胀系数仅相差一个倍数。如果试样是各向异性的，利用线膨胀法只是测量一维的变化，可以研究试样的各向异性。

7.4.2　热机械分析

在程序控温条件下，给试样施加一恒定负荷，试样随温度（或时间）的变化而发生形变，采用一定方法测量这一形变过程，再以温度对形变作图，得到温度-形变曲线，这一技术就是热机械分析。热机械分析仪有两种类型，即浮筒式和天平式。负荷的施加方式有压缩、弯曲、针入、拉伸等，常用的是压缩力。

（1）压缩法

采用压缩探头，测定聚合物材料的玻璃化温度、黏流温度及线膨胀系数等。聚合物材料在玻璃化温度以下时，链段运动被冻结，只有那些较小的运动单元，如侧基、支链、小链节的运动，键长、键角的改变，从宏观上材料受力后的形变很小，膨胀系数很小；当温度升到 T_g 时，链段运动被激发，链段可以通过主链中单键的内旋转不断改变构象，其至可使部分链段产生滑移，表现在宏观上即材料发生大的形变，因而膨胀系数较大，温度继续升高到黏流温度 T_f，整个分子链开始滑动，表现为材料在外力作用下发生黏性流动。所以在温度-形变曲线上 T_g、T_f 前后曲线斜率发生突变，得到拐点。由曲线的拐折处作两条直线延伸的交点，得到 T_g 和 T_f，如图 7.20 所示。

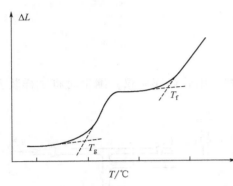

图 7.20 由热机械曲线求得 T_g 和 T_f

（2）针入度法

压缩探头，可用于测定聚合物材料的维卡软化点温度。维卡软化点温度指塑料试样在一定的升温速率下，施加规定负荷时，截面积为 $1mm^2$ 的圆柱状平头针针入试样 1mm 深度时的温度。国标规定升温速率为 5℃/6min 和 12℃/6min 两种，负荷为 1kg 和 5kg 两种。由测得的针入度曲线求得软化点温度即可判断材料质量的优劣。

（3）弯曲法

采用弯曲探头，测得温度-弯曲形变曲线，由此可得聚合物的热变形温度。热变形温度是指在等速升温下，受简支梁式的静弯曲负荷作用下，试样弯曲形状达到规定值时的温度。

（4）拉伸法

采用拉伸探头，将纤维或薄膜试样装在专用夹具上，然后放在内外套管之间，外套管固定在主机架上，内套管上端施加负荷，测定试样在程序控温下的温度-形变曲线。拉伸法定义形变达 1% 或 2% 时对应的温度为软化温度，升温速率为 12℃/6min。在恒温下，可得出负荷-伸长曲线，由此可求出模量。

7.5 热分析技术在材料研究中的应用

热分析是研究有机材料热性能的主要手段，同时能获得结构方面的信息，而且随着热分析技术的发展，新的功能还在不断出现，加之热分析仪操作方便，价格相对便宜，因而几乎已成为从事材料研究的实验室所必备的仪器。本节将在用 DSC 和 TG 测定材料基本热性能参数的基础上，简要介绍 DSC 和 TG 在材料结晶行为、共聚物软硬段相容性、共混物相容性、热稳定性、辅助有机材料剖析以及其他方面研究的应用。

7.5.1 材料的结晶行为

7.5.1.1 结晶热力学参数的测定

（1）熔融温度 T_m、结晶温度 T_c 和平衡熔融温度 T_m^0

熔融温度 T_m：在 DSC 曲线上，结晶有机材料在通常的升温速率熔化时并不显现明确的熔点，而出现一个覆盖一小段温度范围的熔程（测 T_{m} 时，一般要加热至比熔融终止温度高约 30℃）。其中开始吸热（曲线偏离基线）的温度被认为是开始熔化温度，而曲线重新回到基线的温度为熔融结束温度。有两种从 DSC 曲线上确定 T_{m} 的方法，一种是把晶体完全熔化完的温度作为该有机材料的熔点，但这个温度并非是曲线重新回到基线的温度，而是外推熔融终止温度，即由高温侧基线向低温侧延长的直线，和通过熔融峰高温侧曲线斜率最大点所引切线的交点温度。另一种是把峰尖的温度作为熔点。虽然通常把熔融的终点作为材料的熔点，但在两种情况下，则宜将峰尖温度作为熔点。一种情况是材料的熔融终点会因拖尾太长而不宜判断，由此得到的外推熔融终止温度会因人而异；另一种情况是出现两个相连但独立的熔融峰，此时并不能清楚地看到第一个熔融峰的熔融结束温度。

熔点的确定还受升温速率以及热历史的影响，与温度标定速率一致时更为准确。有的公司已开发出一种软件，在测试温度和标定温度不一致时可自动进行温度校正，这样就可在其他测定速率下测定 T_{m}。

结晶温度 T_{c}：与升温熔融曲线相反，将 DSC 降温曲线中曲线偏离基线开始放热的温度称为开始升温结晶温度，同样可得到结晶终了温度和峰尖温度。也有两种确定结晶温度的方法，即开始结晶温度（通常为外推结晶起始温度）或峰尖温度（最大结晶速率温度），但通常将后者作为材料的结晶温度。结晶温度的确定同样受降温速率的影响，例如当尼龙-1010 试样以 $10\sim80$℃/min 的速率冷却结晶时，其 DSC 曲线上的放热峰始点温度 T_{i} 随降温速率 R 增大呈线性降低（如图 7.21 所示）。

平衡熔融温度 T_{m}^0：材料的平衡熔点即热力学熔点。由于有机材料晶区的完善程度可以差别很大，因此，实际测量的熔点往往低于平衡熔点。但真正完善的晶型不易得到，实际中可用间接方法获得 T_{m}^0，即测定不同结晶温度下等温结晶所得到的系列样品的 T_{m}，以 T_{m} 对 T_{c} 作图，并将 T_{m} 对 T_{c} 的关系图外推到与 $T_{\mathrm{c}}=T_{\mathrm{m}}$ 直线相交，其交点即为该样品的 T_{m}^0。依据的原理是材料晶体的完善程度与结晶温度有关，结晶温度越高，生成的晶体也越完善，其相应的熔融温度也越高。如图 7.22 所示，是尼龙-1010 的 T_{m}-T_{c} 图。实际中也有人用熔融过程终了的温度作为平衡熔点。

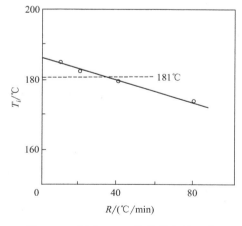

图 7.21 尼龙 1010-的结晶起始温度
与降温速率的关系

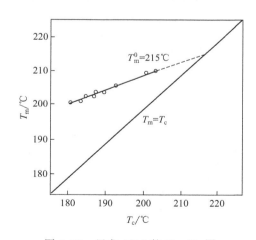

图 7.22 尼龙-1010 的 T_{m}-T_{c} 图

（2）熔融焓 ΔH、熔融熵 ΔS 和结晶度 W_{c}。

熔融焓 ΔH 指结晶热焓或结晶熔融热，是结晶部分熔融所吸收的热量，可从 DSC 测到的熔融峰面积直接得到，并用来衡量材料结晶度的大小。

熔融熵 ΔS 可从 T_m^0 与 ΔH 和 ΔS 的关系式中求出：

$$T_m^0 = \frac{\Delta H}{\Delta S} \tag{7.19}$$

结晶度 W_c，可定义为材料的结晶部分熔融所吸收的热量与 100% 结晶的同类材料熔融所吸收的热量之比，也可定义为材料结晶所放出的热量与形成 100% 结晶所吸收的热量之比。虽然理论上某一结晶样品熔融热焓 ΔH_m 与结晶热焓 ΔH_c 应相等，但对大多数结晶性材料而言，用 DSC 测定的 ΔH_m 总是稍大于相应的 ΔH_c，其差值大小取决于样品的结晶速度和结晶平衡过程。因此通常采用 ΔH_m 来计算结晶度 W_c：

$$W_c = \frac{\Delta H_{m试样}}{\Delta H_{m标准}} \times 100\% \tag{7.20}$$

式中，$\Delta H_{m标准}$ 为相同化学结构、100% 结晶的同类样品的熔融热焓，可从文献手册和工具书中查找或通过其他方法获得，例如测定已知结晶度为 100% 的同类试样的 ΔH_m 或将用其他方法测得的不同结晶度的系列样品，用 DSC 测定其相应的 ΔH_m，再以 ΔH_m 对结晶度作图，并将所得到的曲线外推到 100% 结晶度，即求得相应的 $\Delta H_{m标准}$。

（3）热容 C_p

在升温速率不变时，DSC 谱图中基线的偏移量只与试样和参比物的热容差有关，因此可利用基线偏移量来测定某一有机材料的热容。具体方法是，选择已知热容的物质（如蓝宝石）为基准，按一定的恒温—升温—恒温程序分别测定蓝宝石、有机材料试样和空坩埚的 DSC 图。由蓝宝石和试样的 DSC 图与空白基线的热流率差与相应质量之比，得到试样的热容，如下式所示：

$$C_{px} = \frac{h}{H} \times \frac{m_s}{m_x} \times C_{ps} \tag{7.21}$$

式中，C_{px} 和 C_{ps} 分别为试样和蓝宝石的热容；m_x 和 m_s 分别为试样和蓝宝石的质量；h 为试样与空白基线的热流率差；H 为蓝宝石与空白基线的热流率差。随着热分析仪的发展，温度调制式示差扫描量热计可由单一实验直接测量热容。

7.5.1.2 熔体结晶和冷结晶

以上所涉及结晶行为的基本参数均与熔体结晶有关，但对骤冷材料冷结晶及其熔融的研究，对于探讨结晶机理、了解结晶结构，以及选择材料加工工艺和热处理条件也都具有十分重要的意义。如图 7.23 所示，为如何从聚酯薄膜的冷结晶行为来确定其加工条件，试样在测定前先进行熔融并快速淬火处理，以得到基本上的非晶结构。从冷结晶 DSC 曲线上可清楚地看到冷结晶开始和结束温度以及熔融温度，从而可以确定薄膜的拉伸温度必须选择在 T_g 以上和 $117\,℃$ 之间的温度内，以免由于发生结晶而影响拉伸，拉伸后热定型温度则一定要高于 $152\,℃$，使之冷结晶安全，但又不能太接近熔点，以免结晶熔融。

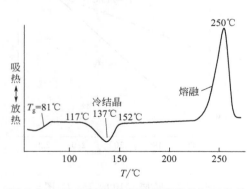

图 7.23　用 DSC 法确定聚酯薄膜的加工条件

从熔体降温和玻璃态升温（预先熔融后淬火）虽然都能使结晶有机材料结晶，但结晶出现的温度范围有所不同，冷结晶出现的温度要低于熔体结晶而且速率更快。冷结晶在高于

T_g 时就可能结晶，而且在熔体淬火时就可能已存在小晶核，因此冷结晶试样成核密度更高。将熔体以相同速率降温结晶时，可将结晶温度 T_c 和 T_m 的温度差（过冷度之差）作为结晶能力的量度；而将淬火试样以相同速率升温时，可把冷结晶的温度与 T_g 之差 ΔT_g 作为非等温冷结晶速率的量度。

7.5.1.3 等温结晶动力学

在获得了有关结晶的基本参数后，可通过 DSC 结晶动力学研究，进一步深入了解结晶材料的结晶行为。结晶过程可分为等温和非等温结晶。等温结晶不涉及降温速率的动态过程，避免了试样内的温度梯度，理论处理相对容易，因此，等温结晶是研究和展示材料结晶行为常用的实验方法之一。

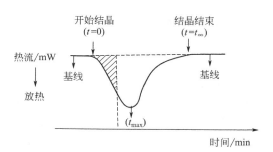

图 7.24 材料的结晶放热峰

如图 7.24 所示，是典型的 DSC 等温结晶曲线。为得到结晶时间适宜和较为完整的结晶曲线，一般应选择结晶熔融温度 30℃ 以下左右。选择温度过低，从熔融态尚未达到该温度时结晶即可能发生，选择温度过高，结晶完成时间延长，结晶速度趋于变缓，甚至可能长时间不能结晶。比较合适的温度是从熔融温度以最快的降温速率到达所设定的结晶温度后，经一定的结晶诱导期后即出现明显的放热曲线。样品量一般选择 5～10mg，升温至熔点以上 20～30℃，并在该温度停留 2～5min 后降至所设定的结晶温度。

有机材料的等温结晶过程主要有 3 种处理方法，但一般用处理小分子等温过程的经典 Avrami 方程描述，其形式为 $1-a(t)=\exp[k(T)t^n]$。式中，$a(t)$ 是时间 t 时的结晶分数（相对结晶度），$k(T)$ 是与温度有关的速率常数，n 是 Avrami 指数，与成核机理和生长方式有关。对上式两边取两次对数可得：

$$\ln[-\ln(1-a)]=\ln k+n\ln t \tag{7.22}$$

由式（7.22）可知，从 DSC 曲线上求出结晶度后，由非晶部分的量（非晶分数）的双对数与时间对数作图，从其截距可求得 k，由直线斜率可求出 n。直线最后部分可能产生的偏离说明高分子和小分子结晶行为的区别。有机材料的结晶过程可认为分两个阶段，其中符合 Avrami 方程的直线部分称为主期结晶，偏离 Avrami 方程的非线性部分称作次期结晶。由半结晶期法可更精确地求出 Avrami 方程中的两个参数 n 和 k，详见文献。

7.5.1.4 非等温结晶动力学

在高分子材料加工过程中，结晶过程都是在非等温条件下进行的，例如纤维的熔融纺丝以及塑料成型加工等。因此，研究非等温结晶动力学更具有理论和实际意义。对非等温结晶动力学的研究也更活跃，不断地有新处理方法和模型出现。但由于非等温结晶的复杂性，对其动力学的处理不像等温结晶那样有比较成熟的测试与数学处理方法。

对非等温结晶的研究可分为线性和非线性降温，但多为等速降温研究。非等温结晶的 DSC 实验较为简单，将结晶材料升温至熔点以上 20～30℃，停留数分钟以消除热历史，然后以一定速率（通常 10℃/min）降温，就可以看到类似等温结晶的曲线。与等温结晶的最大不同是增加了降温速率的变化，因此非等温动力学的理论处理都包含了降温速率的影响。

非等温结晶动力学的处理方法多数都采取对 Avrami 方程的修正，也有人提出不同于

Avrami 方程的宏观动力学方程，有些研究的数学处理比较复杂，主要包括：Kissinger 法、Ozawa 法、Jeziorny 法，Nakamura 法、Rein 法、Ziabicki 法、Ishizuka 和 Koyama 法、Markworth 法、Harnisch 和 Muschik 法以及近几年由莫志深等提出的方法等，不同的结晶性有机材料可能适用不同的非等温结晶理论。其中最为常见的处理方法包括以下 4 种：

（1）Kissinger 法

Kissinger 法是 20 世纪 50 年代提出的，其数学模型是：

$$\frac{\mathrm{dln}(\Phi/T_{max}^2)}{\mathrm{d}(1/T_{max})}=\frac{\Delta E}{R} \tag{7.23}$$

式中，Φ 是样品降温速率；T_{max} 是对应 DSC 结晶峰位的绝对温度。不同的 Φ 对应着不同的 T_{max} 值，用 $\ln(\Phi/T_{max}^2)$ 对（$1/T_{max}$）作图，可得一条直线，从直线斜率可求出结晶活化能 ΔE。

（2）Ozawa 法

Ozawa 方程是 20 世纪 70 年代初出现的处理材料非等温结晶的方法，其特点是以材料结晶的成核和生长为着眼点。他提出的方程如下：

$$1-a=\exp[-K(T)/\Phi^m] \tag{7.24}$$

式中，$K(T)$ 是冷却函数；Φ 是样品降温速率；指数 m 是与成核机理和晶体增长锥数有关的常数，类似于 Avrami 方程中的指数 n。在给定的结晶温度 T_c 下，以 $\lg[-(1-a)]$ 对 $\lg\Phi$ 作图，可得到一直线，其截距为 $K(T)$，斜率为指数 m。

（3）Jeziorny 法

Jeziorny 法也是 20 世纪 70 年代提出的方法。该法是基于等温结晶动力学的假设，对 Avrami 动力学方程进行修正得到，因此可称为修正 Avrami 方程的 Jeziorny 法。Jeziorny 将得到的结晶速率常数 K 进行修正，假设非等温结晶样品的降温速率 Φ 为恒定值，则相应的结晶速率常数 K_c 可表示为：

$$\lg K_c=\frac{\lg K}{\Phi} \tag{7.25}$$

（4）莫志深等提出的方法

莫志深等人结合 Avrami 和 Ozawa 方程，于 1997 年提出了一个新的非等温结晶动力学方程：

$$\lg\Phi=\lg F(T)-a\lg t \tag{7.26}$$

式中，Φ 为降温速率；$F(T)$ 和降温速率有关；$a=n/m$；t 为结晶时间。在某一给定的相对结晶度时，以 $\lg\Phi$ 对 $\lg t$ 作图可得一直线，其截距为 $F(T)$，斜率为 a。$F(T)$ 可理解为在单位时间内达到某一结晶度时所要采取的降温速率。

7.5.2　材料液晶的多重转变

液晶是具有明显各向异性的有序流体，是除气态、液态和固态外物体可以存在的另一种稳定的热力学相态。小分子和高分子都可在一定条件下形成液晶，其中高分子液晶是由稳定高分子高级结构的"液晶元基团"和柔性链构成。液晶性高分子按其分子结构可粗略地分为主链型液晶高分子和侧链型液晶高分子，"液晶元基团"接在高分子主链上的称为主链型液晶有机材料，液晶元基团接在高分子侧链位置的称为侧链型液晶有机材料。由于温度变化而呈现液晶性的为热致型液晶有机材料，而由于溶剂作用的变化导致液晶性的为溶致型液晶有机材料。液晶性有机材料可以处于向列相、胆甾相（螺旋向列相）和近晶相，也可具有多液晶型现象。其中热致液晶可观察到液晶态随温度的转变，因此 DSC 被广泛用于测量液晶有机材料从向列相向各向同性液相的转变温度和热焓。

（1）晶-晶转变、晶-液晶转变和液晶-液相转变

与未形成液晶的材料相比，液晶材料在加热过程中的热转变往往包括从晶相到液晶相的转变，以及液晶相到各向同性液相的转变。如图 7.25 所示，是一种聚酯同系物 PB-n（n 为连接液晶相的柔性链单元）的升温 DSC 曲线，从图中可以看出，当柔性链单元较少时，DSC 曲线上呈现两个吸热峰，分别表示晶相向近晶相的转变以及近晶相向各向同性液相的转变。当柔性链单元长到一定程度时，在低温侧还出现了宽峰，可归结为从一种晶相到另一种晶相的转变。如图 7.25 所示，随着柔性链的增加，所有转变温度均向低温位移。

（2）双液晶基元的复杂液晶转变

如图 7.26 所示，是含有两种不同液晶基元复杂高分子（K15）从各向同性液体缓慢冷却至 270K，然后升温测得的 DSC 曲线。可以看出，在从晶相向液晶相、再由胆甾相和向列相向各相同性液体转变之间，存在 6 个小的液晶转变峰，这是由它复杂的液晶基元所致。对这些相转变的归属可结合偏光显微镜进行。

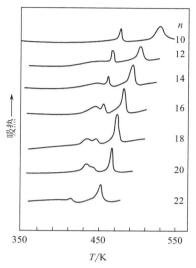

图 7.25 聚酯同系物 PB-n 的升温 DSC 曲线（升温速率：10K/min；N$_2$）

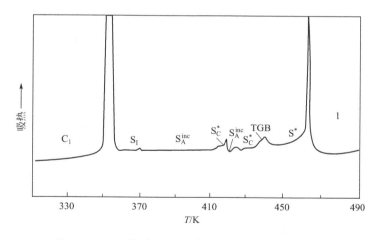

图 7.26 K15 的升温 DSC 曲线（升温速率 5K/min）

7.5.3 材料的玻璃化转变温度 T_g 及共聚共混物相容性

虽然有不同实验手段用于测定材料的玻璃化转变温度 T_g，如黏弹性测量、核磁共振谱法、介电测量等，但最常用的还是 DSC 法。热机械法（DMA）也可用于玻璃化转变的测定（见第 5 章）。多嵌段共聚物中的 T_g 及其变化还可反映其中软硬段的相容性，而共混物中的 T_g 也是判断两组分相容性的标志之一。

7.5.3.1 玻璃化转变温度 T_g

有机材料在 T_g 时由于热容的改变使 DSC 的基线平移，因此可看到明显的转变区，如

图 7.27 所示，为 T_g 测定的典型 DTA 与 DSC 曲线示意图。图中 A 点是 DSC 曲线开始偏离基线的点，是玻璃化转变的起始温度，把低温区的基线由 A 点向右外延，并与转变区切线相交的点 B 作为外推起始温度。ICTA（国际热分析协会）已做出了在曲线上如何决定 T_g 的规定，即将外推起始温度（以转折线的延线与基线延线的交点 B）作为 T_g，但也仍有人将中点温度 O 作为玻璃化转变温度 T_g，将转变区曲线与高温区基线向左外推的交点通常作为终止温度。在 T_g 转变区往往会出现一个异常小峰（焓变松弛），其峰回落后与基线的交点称为外推玻璃化温度。

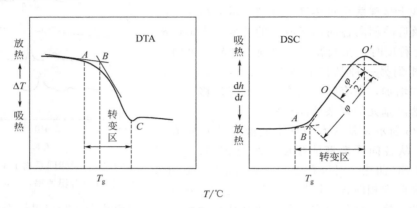

图 7.27 用 DTA 曲线和 DSC 曲线测定 T_g 值

由于玻璃化转变是一种非平衡过程，操作条件和样品状态会对实验结果有很大影响。其中升温速率越快，玻璃化转变越明显，测得的 T_g 值也越高。测 T_g 时常用 $10 \sim 20 ℃/mm$ 的升温速率，为便于对比，测定的 T_g 值应当注明升温速率条件。样品的热历史对 T_g 也有明显的影响，因此，需消除热历史的影响才能保证同类样品玻璃化转变温度的可比性。消除热历史的方法是将样品进行退火处理，退火温度应高于样品的玻璃化转变温度，但如消除结晶对 T_g 的影响，则应加热到熔点以上消除热历史。此外，样品中残留的水分或溶剂等小分子化合物有利于有机材料分子链的松弛，从而使测定的 T_g 值偏低。因此试验前，应将样品烘干，彻底除尽残留的水分或溶剂。

需要说明的是，上述 T_g 的测定都是指非晶态材料。由于种种原因在一般条件下很难测定结晶材料的 T_g，但可采取 DMA、介电测量或 NMR 等来观测结晶材料中的非晶区受限运动。另外，对于由几种不相容非晶态材料构成的体系，也很难测定少量组分的 T_g（浓度较低）。

7.5.3.2 研究多相材料体系的相容性

通过 DSC 测定多相材料的 T_g，进而判断相容性是一种十分有效的方法。如观察到单一 T_g，其值介于两个纯组分之间，则可认为构成共混物的组分是相容的；如果出现两个 T_g，则可推断共混物的组分间是不相容的，有相分离产生。但如果一种组分的量很少（$W < 5\%$），或两组分各自的 T_g 相差不到 $20℃$，则用 DSC 不易检测出微弱相的存在。

对于相容的材料共混物，可用不同的理论和经验方程描述相容共混物 T_g 与组成的关系。

（1）Fox 方程

$$\frac{1}{T_g} = \frac{W_1}{T_{g1}} + \frac{W_2}{T_{g2}} \tag{7.27}$$

式中，T_g 是共混物的玻璃化转变温度；T_{g1} 和 T_{g2} 分别是组分 1 和组分 2 的玻璃化转变温度；W_1 和 W_2 分别是组分 1 和组分 2 的质量分数。

（2）Gordon-Taylor 方程

$$T_g = \frac{W_1 T_{g1} + K W_2 T_{g2}}{W_1 + k W_2}$$ (7.28)

式中，K 与玻璃化转变前后的热容增量有关，其他各量的定义与上式相同。

（3）Couchman 方程

$$\ln T_g = \frac{W_1 \ln T_{g1} + W_2 \dfrac{\Delta C_{p2}}{\Delta C_{p1}} \ln T_{g2}}{W_1 + W_2 \dfrac{\Delta C_{p2}}{\Delta C_{p1}}}$$ (7.29)

式中，ΔC_{p1} 和 ΔC_{p2} 分别是组分 1 和组分 2 玻璃化转变前后的热容增量，其他各量定义同上。

（4）Kwei 方程

$$T_g = \frac{W_1 T_{g1} + k W_2 T_{g2}}{W_1 + k W_2} + q W_1 W_2$$ (7.30)

式中，k 和 q 为线性常数，其他各量定义同上。Kwei 方程可用于分子间存在特殊作用例如氢键相互作用的材料体系。k 和 q 可通过非线性最小二乘法中的线性最大值获得。q 与氢键强度有关，反映的是混合物中一个组分内氢键的解离和两组分分子间氢键形成的平衡。

如图 7.28 所示，是酚类材料和聚己内酯（PCL）各种比例的共混物以及两种材料单独存在时的 DSC 曲线。从图中可以看出，纯的酚类材料 T_g 为 64.62℃，而纯的 PCL 熔点是 60.94℃。所有不同比例的共混物都只显示一个 T_g，表明两种材料的非晶态具有良好的混溶性。对此混溶物的计算表明，q 为 -10，表明 PCL 和酚类材料中的分子间相互作用要弱于酚类材料中自身的相互作用，因此在酚类材料/PCL 共混物中一定存在着特殊的相互作用，从而克服酚类材料中自身的氢键。如图 7.29 所示，是酚类材料/PCL 混溶性共混物中 T_g 和组成的关系。可以看出，T_g 和组成的关系基本符合 Kwei 方程，在高 PCL 含量时线性关系偏离的原因是 PCL 的结晶。

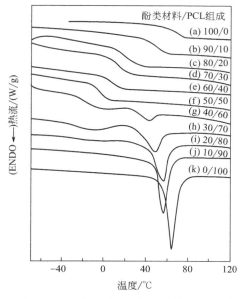

图 7.28　酚类材料/PCL 共混物的 DSC 曲线

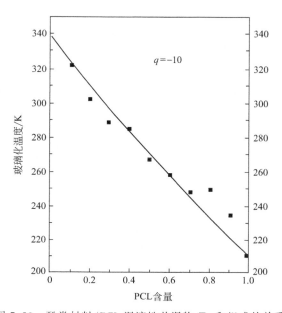

图 7.29　酚类材料/PCL 混溶性共混物 T_g 和组成的关系

■：实验值；—Kwei 方程

7.5.3.3 研究与 T_g 转变有关的其他性能

(1) 分子间相互作用对 T_g 的影响

分子间的氢键显著地影响 T_g。由聚羟基苯乙烯及其衍生物的 T_g 数据可知，最有利于形成分子间氢键的材料 T_g 最高。但在天然材料中，由于普遍存在分子内和分子间氢键，难于测量 T_g。

(2) 材料的交联和降解的影响

由于材料交联后链段运动受阻，因而表现为 T_g 升高；材料降解后，分子量减小，T_g 降低，因此可以用 T_g 的变化幅度来表征材料交联或降解的程度。有人总结了经验关系式 $T_g' = T_g + K\rho$，式中，T_g' 为交联后的玻璃化转变温度，T_g 为未交联的玻璃化转变温度，K 为常数（可通过其他方法测出），ρ 为交联密度。但在交联密度高时，则很难测到 T_g，也就不再有上述 T_g'-交联密度关系式。

(3) T_g 与增塑剂含量的关系

增塑剂的存在不仅可降低材料的 T_g 转变温度，还会使 T_g 温区变宽，因此如果增塑剂与材料是相容的，可通过 Fox 公式研究增塑剂含量和 T_g 的关系。

(4) 研究 T_g 与分子量和分子量分布的关系

当材料的分子量较低时，T_g 随分子量的增大而提高，并遵从如下关系：$T_g = T_{g\infty} - C\overline{M}_w$。以聚苯乙烯（PS）为例，PS 的 T_g 随分子量的增加而升高，直到分子量达到 5×10^4，然后保持在一个恒定的数值（360K 左右），该恒定值与合成方法、纯度和分子量分布有关。通常，商品 PS 的 T_g 要比纯 PS 低 6~10K，因为商品试样中的残留单体起增塑作用。此外，T_g 温度范围随分子量分布的加宽而扩宽，分子量较小时，还可观察端基的影响。

7.5.4 材料的热稳定性及热分解机理

用热分析中的 TG 法可以测定有机材料的热分解温度并比较其热稳定性，包括在 N_2 中的热稳定性和在空气或氧气中的热氧稳定性，从而确定材料成型加工及使用温度范围；通过求出热分解反应活化能并推测反应机理，可分析材料的化学结构，并可通过热降解回收废塑料制品。此外，通过 TG 还可进一步估算有机材料的热寿命。

(1) 热稳定性

用 TG 法通过 N_2 气氛可以研究有机材料的热稳定性。如图 7.30 所示，可以明显看出

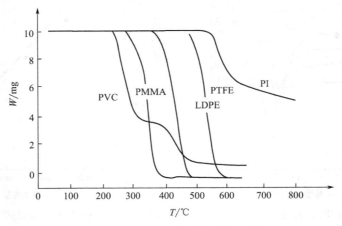

图 7.30 五种材料的热稳定性比较

不同材料失重最剧烈的温度，并由此比较它们的热稳定性。可以看出，具有杂环结构的聚酰亚胺（PI）稳定性最高，而以氟原子代替聚烯烃链上的 H 原子也大大增加了热稳定性。但在有机材料链中存在氯原子，将形成弱键致使聚氯乙烯（PVC）热稳定性最差。

（2）热氧稳定性

材料的热氧稳定性是指材料在空气或氧气中的稳定性。材料在氮气气氛中的热失重是对其纯热稳定性的考察，而热氧稳定性更接近材料的实际使用状态，因此，对材料热氧稳定性的考察具有特别的意义。由于氧气可能参与材料的降解，其热氧稳定机理可能与热稳定机理不同。例如一种共聚甲醛在空气和氮气氛中的降解反应级数分别为 0.36 和 1.06（经 Freeman-Carroll 方法处理，见后），差别很大即说明这一问题。又例如聚酰亚胺在静态空气和氮气中的 TG 曲线也有明显的差别（如图 7.31 所示），在含氧的静态空气中显然是多阶段降解过程。

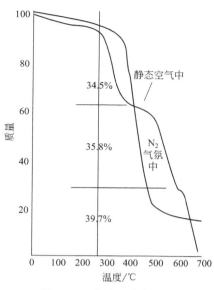

图 7.31 聚酰亚胺在不同气氛中的 TG 曲线

（3）裂解反应动力学

用 TG 法可方便地研究有机材料裂解反应动力学，其优点是快速、样品用量少、不需要对反应物和产物进行定量测定，并且可在整个反应温度区连续计算动力学参数，并确定动力学参数如反应级数 n 和活化能 E 等。

如图 7.32 所示，为某一材料热分解后生成产物 B（固体）和产物 C（气体）的 TG 曲线，其中 W_0 为起始物 A（固）的质量，W 为温度 T（或时间 t）时 A（固）和 B（固）的质量之和，W_∞ 为 B 固体的质量，ΔW 为 T（或 t）时的失重量，样品的失重率 a 可用下式表示：

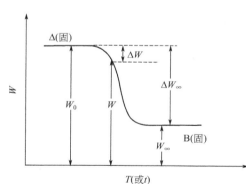

图 7.32 材料 A（固）热分解生成 B（固）和 C（气）的 TG 谱图

$$a = \frac{W_0 - W}{W - W_\infty} = \frac{\Delta W}{\Delta W_\infty} \qquad (7.31)$$

应用质量作用定律和 Arrhenius 方程，可得到简单的热分解反应动力学方程：

$$\frac{\mathrm{d}a}{\mathrm{d}T} = \frac{A}{\Phi} \mathrm{e}^{-E/RT} (1-a)^n \qquad (7.32)$$

求解动力学参数的方法有多种，包括等温法、图解微分法、差减微分法、积分法以及对差减微分法改进的 Anderson-Freeman 法等，详见文献。

（4）热寿命估算

构成使用寿命的有三个相互关联的因素，即寿命终止指标（如失重率大于 10% 或 20% 等）以及温度和时间的确定，仅提及其中一个并没有实际意义，因此寿命问题是一个三维的概念，影响因素十分复杂。虽然对热老化寿命的估算早就有成熟的公式，但耗时过长，因此，用 TG 方法对热寿命进行估算是一种简单有效的近似方法。

Dakin 首次通过实验证明了寿命的对数与使用温度的倒数成直线关系，即：

$$\lg\tau = a\,\frac{1}{T} + b \qquad\qquad (7.33)$$

式中，τ 为寿命；T 为使用温度；a 和 b 为两个常数。虽然这是个从实验中总结出来的经验公式，但通过动力学表达式，并经积分可得到如下公式：

$$\lg\tau = \frac{E}{2.303R}\times\frac{1}{T} + \lg\left\{\frac{1}{1-n}\left[1-C^{(1-n)}\right]\right\} - \lg A \qquad n\neq 1 \qquad (7.34)$$

式中，τ 为寿命；C 为失重分数；n、E、A 分别为反应级数、活化能和频率因子，可由热失重动力学求得。虽然与 TG 热分解动力学相关的模型有很多，但一般用 Freeman-Carroll 差减微分法或积分法，因用此两种方法可同时获得三个动力学参数。将得到的动力学参数代入上述公式中，即可进一步代入不同温度，从而计算出在相应温度下的寿命值。对热寿命的估算还可根据其他方法。

需要注意的是，寿命终止指标需根据情况自定，如认为失重 10%～20% 即为寿命终止，则式(7.34) 中 C 为 0.1 或 0.2，动力学模型公式的选择需根据所研究的材料是否适合而定。在用 TG 试验求出动力学参数时，可在几个不同的温度（K）下分别进行，以求出动力学参数的平均值。还需要指出的是，这种方法只考虑了热（以氮气为气氛）和氧（以空气或氮气为气氛）两种因素，不包括湿、光、生物、化学等自然天候因素，因而与使用寿命相关，但不等同。

7.5.5 材料的剖析

热分析也是对材料进行剖析鉴定的一种有效辅助方法，尤其是各种联用仪的出现，使得对材料的剖析可能直接给出定性结果。在热分析三大主要技术中，DSC、TG 和 DMA 均可起各自的作用，本节对 DSC 和 TG 在这方面的应用做一简要介绍。

（1）测定材料挥发物的含量

如果材料中含有水分、残留溶剂、未反应完的单体或其他挥发组分时，可以很方便地用 TG 进行定量。这些小分子组分在材料主链分解前就会逸出。

（2）复合材料成分分析

许多材料都含有无机添加剂，它们的热失重温度往往要高于基体材料，因此根据热失重曲线，可得到较为满意的分析结果。如图 7.33 所示，是混入一定重量比的碳和二氧化硅的

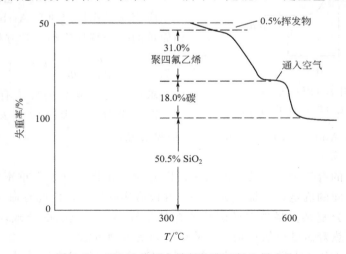

图 7.33　TG 法分析含填料的聚四氟乙烯成分

聚四氟乙烯的 TG 曲线。可以看出，在 400℃以上聚四氟乙烯开始分解失重，留下碳和 SiO$_2$，在 600℃时通过空气加速碳的氧化失重，最后残留物为 SiO$_2$。根据图上的失重曲线，很容易定出聚四氟乙烯质量分数为 31.0%，C 为 18.0%，而 SiO$_2$ 为 50.5%，其余为挥发物（包括吸附的湿气和低分子物）。

（3）测定多组分体系的组成

对于不相容的非晶相多组分体系，通过测定各组分在玻璃化转变区的比热增量，可以定量确定不相容、非晶相多组分体系的组成。多组分体系中某一组分 i 的含量，可由多组分体系中组分 i 与纯组分 i 在玻璃化转变区的比热增量的比值获得，但应注意加热速度应小于或等于冷却速度、测试前样品应进行退火处理和除掉试样中的水和溶剂等小分子杂质；对于相容的非晶相多组分体系，可由 Fox 方程确定 T_g 和质量分数的关系；而对于不相容并含有结晶组分的多组分体系，可通过测定多组分体系和可结晶组分熔融热焓的比值获得可结晶组分的含量。

（4）鉴别材料的种类

利用材料的特征热图谱，可以对材料的种类进行鉴别。一般材料的 TG 谱图可从有关手册或文献中查到。如果是热稳定性差异非常明显的材料同系物，通过 TG 则很容易区别。如图 7.34 所示，是聚苯乙烯（PS）、聚 α-甲基苯乙烯（P-αMS）、苯乙烯和甲基苯乙烯无规共聚物（S-αMS 无规）以及其嵌段共聚物（S-αMS 嵌段）四种试样的 TG 曲线。由此可见，PS 和 P-αMS 热失重差别明显，无规共聚物介于两者之间，而嵌段共聚物则由于形成聚苯乙烯和聚甲基苯乙烯各自的段区而出现明显两个阶段的失重曲线。

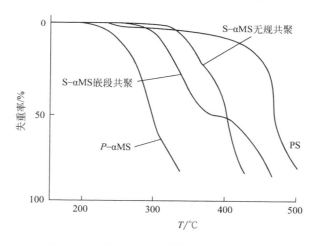

图 7.34 用 TG 法鉴别同系材料和共聚物

7.5.6 动态热机械分析评价材料的使用性能

聚合物的分子运动不仅与高分子链结构有关，而且与高分子聚集态结构（结晶、取向、交联、增塑、相结构等）密切相关，聚集态结构又与工艺条件或过程有关，所以动态热力分析已成为研究聚合物的工艺、结构、分子运动、力学性能关系的一种十分有效的手段。再者，动态热力分析实验所需试样少，可以在宽阔的温度和频率范围内连续测定，在较短时间即可获得聚合物材料的模量和力学内耗的全面信息。尤其在动态应力条件下应用的制品，测得其动态力学性能数据更接近于实际情况。

（1）耐热性

测定塑料的 DMA 温度谱，不仅可以得到以力学损耗峰顶或损耗模量峰顶对应的温度表征塑料耐热性的特征温度 T_g（非晶态塑料）和 T_m（结晶态塑料），而且还可得知模量随温度的变化情况，因此比工业上常用的热变形温度和维卡软化点更加科学。同时还可以依据具体塑料产品使用的刚度（模量）要求，准确地确定产品的最高使用温度。

如图 7.35 所示，为尼龙-6 和 PVC 的模量与温度的谱图。如用热变形仪可测得尼龙-6 热变形温度为 65℃，而 PVC 热变形温度为 80℃。如由此判定 PVC 耐热性高于尼龙-6，这显然是不正确的。从图 7.35 中可看到，显然在 80℃时 PVC 与尼龙-6 在 65℃时的模量 E' 基本相同，但对 PVC 来说，80℃意味着玻璃化转变，在该温度附近，模量急剧变化，E' 下降几个数量级，而对尼龙-6 而言，65℃仅意味着非晶区的玻璃化的转变，而尼龙晶区部分仍保持晶态，这时尼龙-6 处于韧性塑料区，仍有承载能力，而且此时温度继续升高，模量变化也不大，一直到 220℃附近，尼龙才失去承载能力。

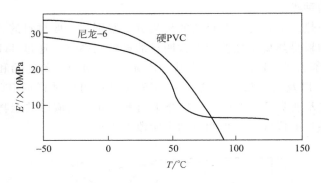

图 7.35　尼龙-6 和硬 PVC 的 E'-T 图

对于复合材料，短期耐热的温度上限也应是 T_g，因为一切聚合物材料的一切物理力学性能在 T_g 或 T_m 附近均发生急剧的甚至不连续的变化，为了保持制件性能的稳定性，使用温度不得超过 T_g 或 T_m。

除了可以得到 T_g（或 T_m）外，从 DMA 温谱图至少还可得到关于被测样品耐热性的下列信息：材料在每一温度下储能模量值或模量保留的百分数；材料在各温度区域内所处的物理状态；材料在某一温度附近，性能是否稳定。显然，只有把工程设计的要求和材料随温度的变化结合起来考虑，才能确切地评价材料的耐热性。设计人员可以利用 DMA 温谱图获得的上述几种信息，来决定聚合物材料的最高使用温度或选择适用的材料。即 DMA 温谱图可以对聚合物材料，在一个很宽温度范围内（且连续变化）的短期耐热性给出较全面且定量的信息。

（2）耐寒性或低温韧性

塑料，本质上是非晶态聚合物的"玻璃态"，或部分结晶高聚物的"晶态＋玻璃态"（硬塑料）或"晶态＋橡胶态"（韧塑料）。塑料之所以不像小分子玻璃那么脆，其根本原因在于：许多塑料在使用条件下，虽然处于主链链段运动被冻结的状态，但某些小于链段的小运动单元仍具有运动的能力，因此在外力作用下，可以产生比小分子玻璃大得多的形变而吸收能量，然而，当温度一旦降到某一温度以下，以致材料中可运动的结构单元全部被"冻结"时，则塑料就会像小分子玻璃一样呈现脆性。所以塑料的耐寒性或者说低温韧性，主要取决于组成塑料的聚合物在低温下是否存在链段或比链段小的运动单元的运动。通过它们的

DMA 温谱图中是否有低温损耗峰进行判断。若低温损耗峰所处的温度越低，强度越高，则可以预测这种塑料的低温韧性好。因此凡存在明显的低温损耗峰的塑料，在低温损耗峰顶对应的温度以上具有良好的冲击韧性。如聚乙烯的 T_g 约为 $-80℃$，是典型的低温韧性塑料。在 $-80℃$ 出现明显次级转变峰的非晶态塑料聚碳酸酯，是耐寒性最好的工程塑料。相反，缺乏低温损耗峰的聚苯乙烯塑料是所有塑料中冲击强度最低的塑料。当使用 T_g 远低于室温的顺丁橡胶改性后，在 $-70℃$ 有了明显损耗峰的改性聚苯乙烯，就成为低温韧性好的高抗冲聚苯乙烯。

对于橡胶材料，一旦温度低于 T_g，构成橡胶的柔性链堆砌得十分紧密，自由体积很小，受力时变得比塑料还要脆，失去使用价值，因此评价橡胶耐寒性的依据主要是它的 T_g。组成橡胶材料的聚合物材料分子链越柔软，橡胶的 T_g 就越低，其耐寒性就越低。可得出下面几种橡胶的耐寒性依次为：硅橡胶＞氟硅橡胶＞天然橡胶＞丁腈橡胶、氯醇橡胶。

（3）阻尼特性

为了减震、防震或吸音、隔音等，在民用工业、通信、交通及航空航天等领域均需要使用具有阻尼特性的材料。阻尼材料要求材料具有高内耗，即 $\tan\delta$ 大。理想的阻尼材料应该在整个工作温度范围内均有较大的内耗，$\tan\delta$-T 曲线变化平缓，与温度坐标之间的包络面积尽量大。所以用材料的 DMA 温谱图可以很容易选择出适合于在特定温度范围内使用的阻尼材料。

目前各类阻尼材料已广泛应用于火箭、导弹、人造卫星、精密机床等领域。随着现代科技的发展以及应用领域的拓宽，在实际工程技术中，对阻尼材料的性能要求也越来越高。性能优异的阻尼材料要求使用温度区域在玻璃化转变温度范围（$60\sim80℃$）内，而一般均聚物的阻尼功能区仅为 $20\sim30℃$。所以研究者就通过各种途径，研制具有不同结构和性能的聚合物阻尼材料来满足实际需求。

（4）老化性能

聚合物材料在水、光、电、氧等作用下发生老化，性能下降，其原因在于结构发生了变化。这种结构变化往往是大分子发生了交联或致密化或分子断链和产生新的化合物，由此体系中各种分子运动单元的运动活性受到抑制或加速。这些变化常常可能在 $\tan\delta$-T 谱图的内耗峰上反映出来（如表 7.3 所示）。采用 DMA 技术不仅可迅速跟踪材料在老化过程中刚度和冲击韧性的变化，而且可以分析引起性能变化的结构和分子运动变化的原因，同时也是一种快速择优选材的方法。

表 7.3 塑料在老化过程中分子运动的变化在 $\tan\delta$-T 谱图上的反映

谱图的变化	谱图变化的原因和结果
玻璃化转变峰向高温移动	交联或致密化，分子链柔性降低
玻璃化转变峰向低温移动	分子链断裂，分子链柔性增加
次级转变峰高度增加	分子链运动加速，相应分子运动单元的活动性增加
次级转变峰高度降低	分子链运动受抑制，相应分子运动单元的活动性降低
新峰的产生	发生化学反应，形成新物质

如图 7.36 所示，为尼龙-66 吸水前后的 DMA 温度谱。由图可见，未吸水的干尼龙-66 的三个内耗峰 α、β、γ 分别在 $70℃$、$-60\sim-40℃$、$-120\sim-110℃$，分别对应于主链链段运动、酰胺基局部运动和酰胺键之间的—$(CH_2)_n$—的运动。比较干态尼龙和吸水尼龙的 DMA 温谱图，至少可得到这些信息：①尼龙-66 随吸水量的增加，T_g 大幅度下降。这是由

于尼龙分子与水分子形成氢键而削弱了尼龙分子之间的氢键，从而使分子链柔性增加，T_g下降。②当尼龙-66吸水量足够大以至 T_g 降至室温之下时，吸水尼龙在室温附近便处于韧性塑料区，冲击强度必定比干尼龙高。③当温度低于吸水尼龙的 T_g 时，吸水尼龙的模量反比干态尼龙的模量高，说明尼龙吸水后，由于分子链柔性的增加，有利于排列堆砌，从而提高了结晶度。④尼龙-66吸水后，β 峰向低温方向移动，说明酰胺链的运动变得更为自由，但 γ 峰的高度明显降低，推测 γ 峰受水与高分子相互作用的影响，吸水量增加时，水与高分子之间的相互作用增强，—$(CH_2)_n$—短链的运动反而受到抑制。

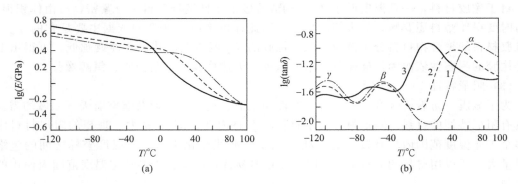

图 7.36　尼龙-66 吸水前后的 DMA 温度谱
1—干态尼龙-66；2—相对湿度 50％环境吸水后；3—相对湿度 100％环境吸水后

　　在为某种特定环境选材的工作中，DMA 技术更是一种快速择优的方法。例如，需要为灯光系统选择一种耐光老化的薄膜，待选材料有六种：尼龙-6、PET、乙烯/丙烯酸共聚物、PES、水基聚氨基甲酸酯树脂和 UV 固化硫醇树脂，以每种待选材料的薄膜制备试样，在规定的老化条件下加速老化不同的时间，测定它们的 tanδ-T 谱，结果如图 7.37 所示。从图中可以看出，只有乙烯/丙烯酸共聚物及水基聚氨基甲酸酯在经历规定的老化条件下加速老化之后，其 tanδ-T 谱没有多大变化，从而可以得出结论：这两种材料制成的薄膜适合用于灯光系统。

7.5.7　动态介电分析评价材料的使用性能

　　介电常数 ε 和介电损耗角正切 tanδ（损耗因数）是电介质与绝缘体的两个主要特性。在不同应用场合下，对这两个特性的要求也各不相同。用于储能元件（如电容器）时，要求介电常数要大，这使得单位体积中储存的能量大；用于一般绝缘体时，要求介电常数小，以减小流过的电容电流。在一般电气设备中用的电介质和绝缘体，均要求介电损耗小，因为损耗大，不但消耗、浪费电能，而且使电介质发热，容易造成老化或损坏，这在工作电场强度高、电压频率高的工作条件下尤为突出。只有在特殊场合（如要求利用介质发热）时，才用损耗因数大的材料，为了检验、评定电工设备、元件的性能，选择合适的绝缘材料，就必须对介电常数或电容、损耗因数进行测量，通过介电常数的测量，可以判断绝缘系统中的含湿量、老化程度等。测量 ε 和 tanδ 的温度谱和频率谱，可作为研究电介质和绝缘材料结构的一种手段。

7.5.7.1　介电常数

　　普通物理学告诉我们，平行板电容器的电容 C 与平板电极的面积 S 成正比，与平板电

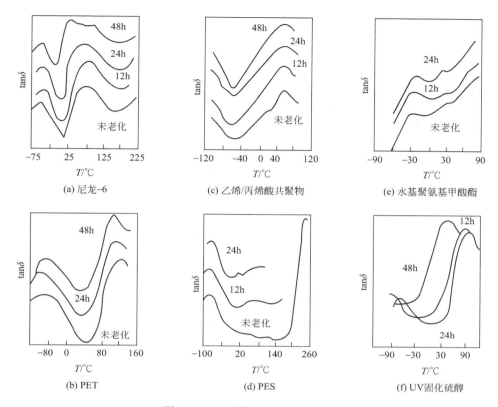

图 7.37　六种材料的内耗温度谱

极间的距离 d 成反比，其比例常数决定于介质的特性。如果在真空电容器上加一直流电压 U，在两个极板上将产生电荷 Q_0，则电容 C_0 为

$$C_0 = \frac{Q_0}{U} = \varepsilon_0 \frac{S}{d} \tag{7.35}$$

式中，ε_0 称为真空电容率，$\varepsilon_0 = 8.85 \times 10^{-2} \mathrm{F/m}$。

如果两极板间充满电介质，由于电介质分子的极化，这时极板上的电荷由 Q_0 增加到 Q，电容器的电容由 C_0 增加到 C，

$$C = \frac{Q}{U} = \varepsilon \varepsilon_0 \frac{S}{d} \tag{7.36}$$

C 比 C_0 增加了 ε 倍，ε 即为介电常数，表征电介质储存电能能力的大小，是介电材料的一个十分重要的性能指标。电介质的极化程度越大，则极板上的电荷越多，介电常数也就越大。因此，介电常数在宏观上反映了电介质的极化程度。

7.5.7.2　介电损耗

电介质在交变电场中会损耗部分能量而发热，这种现象就是介电损耗。产生介电损耗主要有两个原因：一是电介质所含的微量导电载流子在电场作用下流动时，由于克服内摩擦力需要消耗部分电能，这种损耗为电导损耗，对于非极性聚合物来说，主要是电导损耗。二是由偶极转向极化的松弛过程引起的，这种损耗是极性聚合物介电损耗的主要部分。

如前所述，电子极化、原子极化和转向极化都是一个速度过程，只是前两种极化的速度

极快。在交变电场中，三种极化均是电场频率的函数。在低频电场中，三种极化都能跟上外电场的变化，电介质不产生损耗，如图 7.38（a）所示。当电场变化从 0 到 1/4 周期 $\left(0 \sim \frac{1}{4}T\right)$ 变化时，电场对偶极子做功，使偶极子极化并从电场吸收能量；在 $\frac{1}{4}T \sim \frac{1}{2}T$ 期间，随电场强度减弱，偶极子靠热运动恢复到原状，取得的能量又全部还给了电场。后半周期与前半周期相同，只是极化方向相反。所以在电场变化一周时，电介质不损耗能量，但随电场频率的增加，首先，转向极化跟不上电场变化，如图 7.38（b）所示。这时电介质放出的能量小于吸收的能量，能量差消耗于克服偶极子转向时所受的摩擦阻力，从而使电介质发热，产生了介质损耗，当电场频率进一步提高时，偶极子的转向极化完全跟不上电场的变化，转向极化不会发生，介质损耗也就急剧下降。

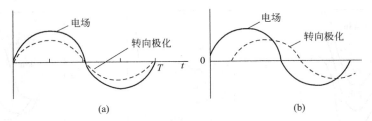

图 7.38　偶极转向极化随电场变化图
（a）偶极转向与电场同步；（b）偶极转向滞后电场

　　由于电子极化和原子极化很快，由它们引起的损耗发生在更高的频率范围，当外电场的频率与电子或原子的固有振动频率相同时，发生共振吸收，损耗了电场的能量。原子极化损耗在红外光区；电子极化损耗在紫外光区。在电频区，只有转向极化引起的介质损耗。

7.5.7.3　动态介电分析在聚合物中的应用

　　鉴于聚合物的各种介电松弛过程与不同尺寸运动单元的分子运动密切相关，介电谱是聚合物内部分子运动状况的一种真实写照。因此测量聚合物的介电谱，成为研究聚合物分子运动的一种重要手段。物质的分子运动直接受各种结构因素的制约，聚合物的分子运动是其内部结构特征和物理状态的反映，因而聚合物的介电谱测量广泛应用于聚合物结构的研究。支化会引起与在支化点处分子运动有关的松弛过程；结晶度的变化使与晶区和非晶区的分子运动相关的松弛峰高度改变；交联抑制链段的运动使玻璃化转变区移向高温和变宽；取向会使试样的松弛特性出现明显的各向异性；共聚使损耗峰的位置和状态随组成不同而变化；增塑提高链段的活动性使玻璃化转变区移向低温等。此外，其他添加、杂质、共混、老化、降解等也都在聚合物的介电谱上有各自的特征表现，所以介电谱还用于对添加剂、杂质和共混体系的分析，对聚合物的固化过程、老化降解过程的研究，是一种不可缺少的工具。下面简要介绍介电分析技术在一些方面的应用。

　　（1）表征聚合物的各级结构

　　前面已介绍了极性和非极性、非晶和结晶聚合物的介电谱，这里再列出几个不同结构聚合物的介电谱。如图 7.39 所示，为不同 PEO 含量的 PEO/层状硅酸盐纳米复合材料的介电松弛谱图（其中左右两侧为不同温度条件）。如图 7.40 所示，为不同 PEO 含量的 PEO/层状硅酸盐纳米复合材料的 Arrhenius 关系图。α′松弛过程和 β 松弛过程都具有 Arrhenius 温度依赖性，而 α 过程明显不具有 Arrhenius 温度依赖性，而是符合 VFT 关系式。从图 7.39 可以看出，在不添加纳米硅酸盐的纯 PEO 中是不存在 α′松弛过程的。

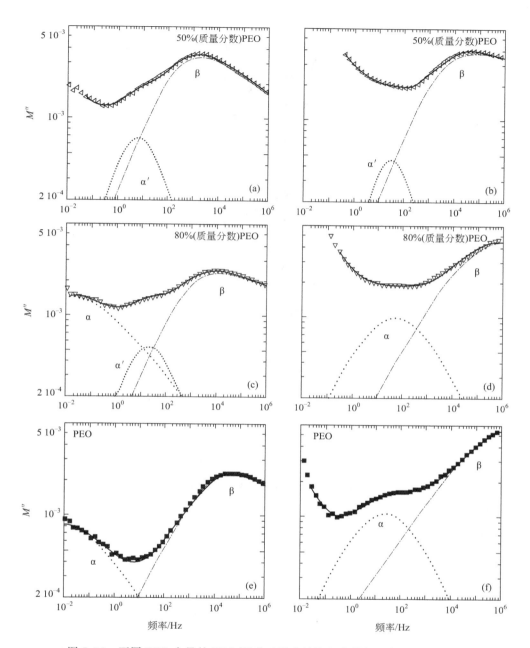

图 7.39　不同 PEO 含量的 PEO/层状硅酸盐纳米复合材料的介电松弛谱图
（其中左右两侧为不同温度条件）

　　随着 PEO 含量的降低（自图 7.39 的底部向上的顺序），出现 α′松弛过程且松弛损耗逐渐增大，说明添加纳米硅酸盐对 PEO 的限制作用影响了其松弛过程。另外，通过不同松弛过程的松弛时间与温度的 Arrenius 关系图，可求出 α′松弛过程在不同 PEO 含量下的活化能，如表 7.4。可明显看出：随着 PEO 含量的减少，α′松弛越来越快、越来越容易。故可通过添加纳米硅酸盐来破坏 PEO 的结晶态，增加"限制"作用，促进聚合物链的局部运动。

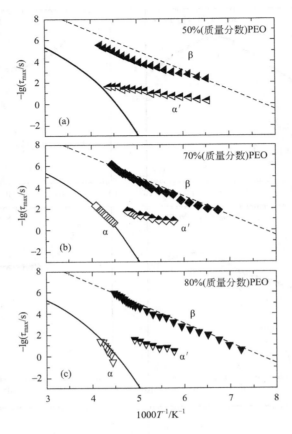

图 7.40　不同 PEO 含量的 PEO/层状硅酸盐纳米复合材料的 Arrenius 关系图

表 7.4　不同 PEO 含量 α′松弛过程的活化能

PEO 含量/%	30	50	70	80
活化能/(kJ/mol)	12±3	13±3	17±2	28±3

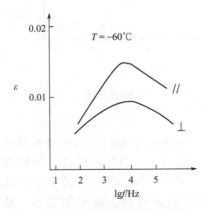

图 7.41　聚甲醛松弛的各向异性

材料受到拉伸后取向，呈各向异性，沿拉伸方向和垂直拉伸方向的介电谱不同，如图 7.41 所示。

（2）研究增塑作用

增塑剂的加入使聚合物的黏度降低，偶极转向极化更容易，相当于升高温度的效果。所以加入增塑剂使聚合物介电损耗峰移向低温（频率一定，如图 7.42 所示），或移向高频（温度一定）。

聚合物-增塑剂体系大致可分为三类：①聚合物和增塑剂都是极性的；②只有聚合物是极性的；③只有增塑剂是极性的。第一种情况的介电损耗峰强度随组成变化将出现一个极小值，后两种情况下，由于极性基团浓度随组成变化而减小，介电损耗峰的强度呈单调减小（如图 7.43 所示）。

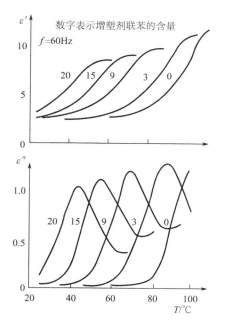

图 7.42 不同增塑剂含量 PVC 的介电温度谱

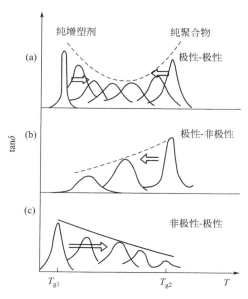

图 7.43 极性不同的聚合物-增塑剂体系的
介电损耗峰变化情况

（3）研究固化体系

动态介电分析是一种简便、快速的研究热固性树脂及以其为基体的复合材料和有机涂料固化过程的有效方法。它可以检测固化程度及不同因素对固化度的影响，以探索最佳固化体系配方与固化条件；探讨固化反应动力学，测定固化反应的活化能；研究热固化对力学松弛时间的影响，并与其他宏观参数的变化规律进行比较；通过不同频率下的介电测量，计算玻璃化转变温度，并研究其与固化度的关系等。此外还可以对制件的固化现场实时监控，将特制的传感器置于制件不同的部位，直接从制件获取信息，将测得的结果输入计算机中，与理论固化模型进行比较，用比较的结果作为控制信号来控制和调节制件的温度和加压条件，这样形成的智能化控制回路，可实现对制件成型过程的连续自动控制。

漆包线的质量直接影响电机、电器和电子产品的可靠性。多年来介电损耗温度谱作为控制和检测漆包线漆膜质量的有效手段，已被许多漆包线厂和电机电器厂所利用。漆包线漆膜成膜过程是一个高分子交联反应过程，它与反应程度即漆膜的固化度有关，在反应达到一定程度前，漆膜的固化度在慢慢提高，漆膜交联点增加、分子量增加，玻璃化温度提高。在玻璃化转变区介电损耗 $\tan\delta$ 发生突变和陡升，通过切线方法可以求出产生突变时对应的温度（即 T_g）。所以可以用 $\tan\delta$ 和 T_g 的关系，分析漆膜的固化程度，找出生产漆包线的最佳工艺参数，得到最佳工艺范围后，可把性能优良的漆包线 $\tan\delta$-T 曲线作为标准曲线来有效地指导生产。

如图 7.44（a）所示，为性能良好的聚酯亚胺漆包圆线 QZ（G）的温度谱，是由切线法得到的温度。147℃与漆膜的玻璃化转变温度十分接近，也与这种漆包线的温度指数十分接近。如图 7.44（b）所示，为有针孔聚酯亚胺漆包扁线 QZ（G）B-2/155 的温度谱，当温度略有升高时 $\tan\delta$ 就急剧上升。如图 7.44（c）所示，为吸湿的聚酯亚胺漆包扁线 QZYB-2/155 的温

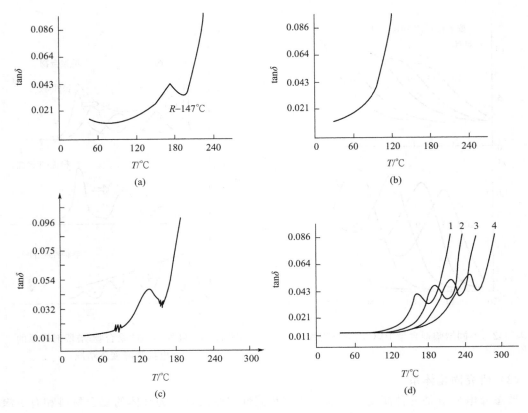

图 7.44 漆包线的 tanδ 温度图谱

(a) 固化不够；(b) 固化正常；(c) 固化正常；(d) 固化过度

度谱，曲线上 90℃附近出现的许多小峰说明漆包线吸湿，150℃附近出现的小峰说明有高沸点溶剂挥发。如图 7.44(d) 所示，表示不同工艺生产的复合漆包线 Q(Z/XY)B-2/180，固化程度不同有明显不同的 tanδ 陡升温度，若结合常规性能，可以找到合适的 tanδ 陡升温度点，就能选择合理的工艺参数。

(4) 研究压电聚合物及其复合材料

压电材料具有能够实现机械能和电能之间的相互转换功能，评价其性能的优劣，总是以一定的材料性能参数的大小及其变化规律来衡量的。压电聚合物首先是介电材料，其 ε 和 tanδ 自然是两个重要材料参数。据报道，Muralidhar 等制备了 $BaTiO_3$/PVDF 压电复合材料，在 10Hz、30℃下测得其介电常数 ε 随 $BaTiO_3$ 含量的增加，复合材料的 ε 逐渐增大，当 $BaTiO_3$ 的质量分数为 70%时，材料的 ε 接近极大值。

(5) 研究极化聚合物

极化聚合物是一类非线性光学材料，它是由极性生色团分子通过掺杂或化学键合的方式引进聚合物材料中，并在外电场作用下极性生色团分子沿外电场方向取向并被冻结下来而形成的。它是由美国科学家 Meredish 在 1982 年借鉴了压电聚合物的概念后首先提出来的。这类材料具有一系列独特的优点，如优异的光学质量、低介电常数、皮秒至飞秒的响应速度、优异的可加工性和可集成性等。极化聚合物材料的非线性光学活性起源于掺杂或键合在聚合物基底材料中的极性生色团分子在外电场作用下形成的有序取向，它们属于分子偶极驻极体。极化后的薄膜中实际存在两类电荷：一类是由外界注入的被材料表面或体内的各类陷阱捕获的空间电荷；另一类是材料内极性生色团分子定向排列所产生的偶极电荷。

热刺激电流法能很好地表征出材料内部的电荷动态特性，是研究极化聚合物材料内在理化特性的一种非常有效的工具。实验结果表明，极性生色团分子取向弛豫主要是由外激发所导致的分子热运动引起的。极化后存在于薄膜中的取向生色团分子的束缚能级和由外界注入的空间补偿电荷所处的陷阱能级不因表面电位的不同而改变，仅仅受材料的固有特性（如玻璃态转变温度及材料的分子立构等）的影响，通过把极性生色团分子作为侧链或主链键接到聚合物的骨架中，或使其形成交联结构及通过提高体系的玻璃态转变温度和热老化等方法来提高取向弛豫的稳定性都与材料的驻极体特性有关，即由受极化后捕获在材料中的空间和偶极电荷的弛豫特性所决定。

7.6 热分析联用技术

7.6.1 TG-DSC 联用

将热重分析 TG 与差热分析 DTA 或差示扫描量热 DSC 结合为一体，利用同一样品在同一实验条件下可同步得到热重和差热信息，如图 7.45 所示，是德国 NETZSCH（耐驰）公司的 TG-DSC 联用仪外观。与单独的 TG 或 DSC 测试相比，TG-DSC 联用具有如下显著特点：

① 可消除称重量、样品均匀性和温度对应性等因素的影响，因而 TG 与 DTA/DSC 曲线对应性更好。

② 根据某一热效应是否对应质量变化，将有助于判别该热效应所对应的物化过程，以区分熔融峰、结晶峰、相变峰、分解峰和氧化峰等。

③ 在反应温度处知道样品的实际质量，有利于反应热焓的准确计算。

④ 可用 DTA 和 DSC 的标准参样来进行温度标定。

如图 7.46 所示，是典型的 TG-DSC 联用曲线（MXenes 样品的热分析曲线）。从一张图可清楚地看到在 DSC 所显示热转变的同时相应 TG 曲线的变化，从中可求出分解温度、分解焓、分解的最大速率和余重等。

图 7.45　耐驰公司的 TG-DSC 联用仪外观

7.6.2 TG-FTIR 联用

如图 7.47 所示，是瑞士 METTLER TG-FTIR 联用仪外观，两种仪器通过一种性能优越的接口（如图 7.48 所示）连接，可同时连续地记录和测定样品在受热过程中所发生的物理化学变化，以及在各个失重过程中所生成的分解或降解产物化学成分，从而将 TG 的定量分析能力和 FTIR 的定性分析能力结合为一体，并已在材料热性能分析方面显示出其广阔的应用前景。

操作 TG-FTIR 联用仪的关键之一是控制好连接 TG 和 FTIR 传输管路的温度，如温度低，则逸出气在管路凝聚；而温度过高，则又会产生二次分解。另外连接管路的温度和清洗气的流速也必须合理地加以控制。

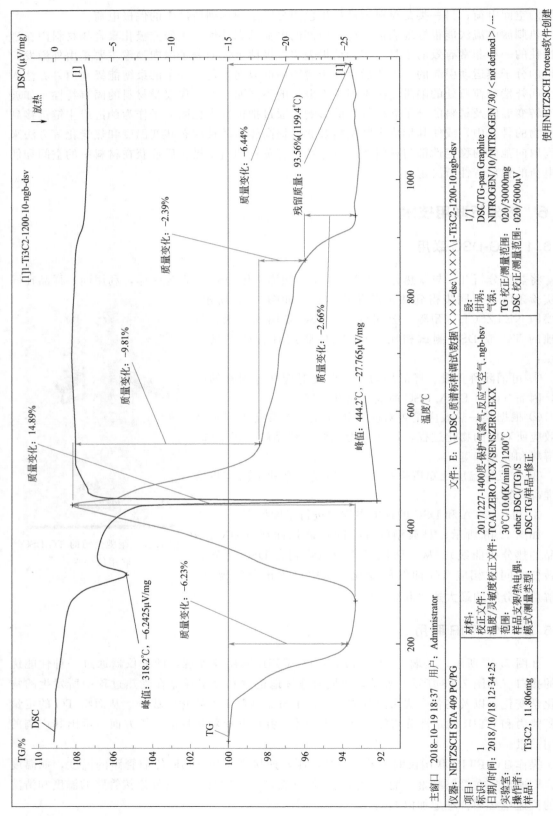

图7.46 典型的TG-DSC联用曲线(MXenes样品的热分析曲线)

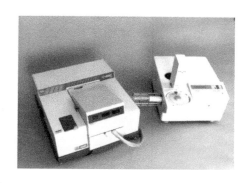

图 7.47　瑞士 METTLER TG-FTIR 联用仪

图 7.48　TG-FTIR 联用仪接口

7.6.3　TG-MS 联用

将 TG 和 MS 联用，可同时提供反应体系在受热过程中的产物组分信息，对研究热分解反应进程和解释反应机理具有重要意义。如图 7.49 所示，是 TG-MS 联用仪的外观，如图 7.50 所示，是 PBT 的 TG、DTG 和总离子色谱（TIC）曲线，可见 DTG 曲线与 TIC 曲线类似。在 TIC 曲线最大强度处测得的质谱，如图 7.51 所示。可见，分解组分逸出的碎片离子的质量处于小于 $m/z = 122$ 的范围。将图 7.51 所示的 TIC 和标准质谱图相比，可知 $m/z = 77$、39 和 122 的离子归因于苯甲酸。$m/z = 27$、39 和 54 的离子是丁二烯，因此可认为，在热分解过程中主要形成两种有机成分。从 TG-MS 数据和控制速率 TG 的结果比较，还可得出 PBT 热分解是主链无规断裂的结论。可见 TG-MS 联用技术是阐明热分解机理的有效方法。

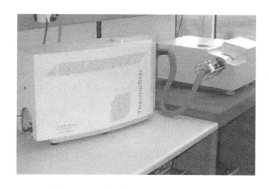

图 7.49　瑞士 METTLER 公司
TG-MS 联用仪的外观

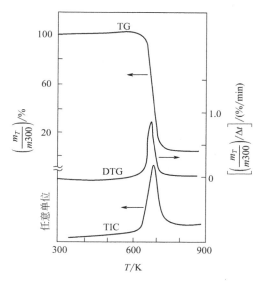

图 7.50　PBT 的 TG、DTG 和
总离子色谱（TIC）曲线

除上述联用仪外，还有 TG-DTA 气相色谱（GC）联用仪。

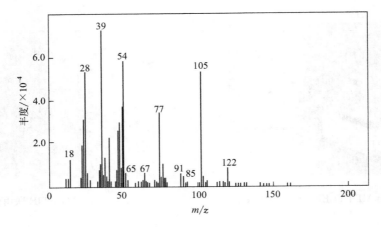

图 7.51　PBT 在 685K TIC 的质谱

参 考 文 献

［1］　王培铭，许乾慰. 材料研究方法，北京：科学出版社，2005.

［2］　朱诚身. 王红英，毛陆原，等. 聚合物结构分析. 北京：科学出版社，2004.

［3］　张美珍. 聚合物研究方法. 北京：中国轻工业出版社，2000.

［4］　吴人洁. 现代分析技术——在高聚物中的应用. 上海：上海科学技术出版社，1985.

［5］　汪昆华，罗传球，周啸. 材料近代仪器分析. 清华大学出版社，2000.

［6］　董炎明. 高分子材料实用剖析技术. 北京：中国石化出版社，1997.

［7］　陈镜泓，李传儒. 热分析及其应用. 北京：科学出版社，1985.

［8］　高家武，等. 高分子材料热分析曲线集. 北京：科学出版社，1990.

［9］　于伯龄，姜胶东. 实用热分析. 北京：纺织工业出版社，1990.

［10］　瑞德 BE，丹恩 GD. 聚合物和复合材料的动态性能测试. 过梅丽，刘士昕，译. 上海：上海科学技术文献出版
社，1986.

［11］　常铁军. 近代分析测试方法. 哈尔滨：哈尔滨工业大学出版社，1999.

［12］　蔡正千. 热分析. 北京：高等教育出版社，1993.

［13］　殷敬华，莫志深. 现代高分子物理学（下册）. 北京：科学出版社，2001.

［14］　刘振海，畠山立子，陈学思. 材料量热测定. 北京：化学工业出版社，2002.

［15］　刘玉坤，申小清，毛陆原，等. 噻二唑合锌配合物热分解过程的研究. 河南科学，2005，23（6）：803-806.

［16］　Ozawa T. Kinetics of non-isothermal crystallization. Polymer，1971，12（3）：150-158.

［17］　Jeziorny A. Parameters characterizing the kinetics of the non-isothermal crystallization of poly（ethylene terephthalate）
determined by d. S. C.. Polymer，1978，19（10）：1142-1144.

［18］　NakamuraK，WatanabeT，KatayamaK，et al. Some aspects of nonisothermal crystallization of polymers. I. Relationship
between crystallization temperature，crystallinity，and cooling conditions. J Appl Polym Sci，1972，16（5）：
1077-1091.

［19］　Rein D M，Beder L M，Baranov V G，et al. The model of polymer crystallization under non-isothermal condi-
tions. Acta Polymerica，1981，32：1-5.

［20］　ZiabickiA. Theoretical analysis of oriented and non-isothermal crystallization，Part II. Colloid Polym. Sci.，1974，252：
433-447.

［21］　IshizukaO，KoyamaK. Crystallization of running filament in melt spinning of polypropylene. Polymer，1977，18
（9）：913-918.

［22］　MarkworthA J，Glasser M L. Kinetics of anisothermal phase transformations. J Appl Phys，1983，54（6）：3502-
3508.

［23］　HarnischK，Muschik H. Determination of the Avrami exponent of partially crystallized polymers by DSC-（DTA-）

analyses. Collid Polym Sci，1983，261：908-913.

[24] LiuT X，Mo Z S，Wang S E，et al. Nonisothermal melt and cold crystallization kinetics of poly（aryl ether ether ketone ketone）（PEEKK）. Polym Eng Sci，1997，37：568-575.

[25] MaedaY，Yun YK，Jin J I. Thermal behaviour of dimesogenic liquid crystal compounds under pressure. Thermochim Acta，1998，322（2）：101-116.

[26] FoxT G. Infuence of diluent and of copolymer composition on the glass temperature of a polymer system. Bull Am Phys Soc，1956，1（2）：123-123.

[27] Gordon M，Taylor J S. Ideal Copolymers and The Second-Order Transitions of Synthetic Rubbers. I. Non-Crystralline Copolymers. J Appl Chem，1952，2：493-500.

[28] Kuo S W，Chang F C. The Study of Miscibility and Hydrogen Bonding in Blends of Phenolics with poly（ε-caprolactone）. Macromol Chem Phys，2001，202：3112-3119.

[29] Doyle CD. Kinetic analysis of thermogravimetric data. J Appl Polym Sci，1961，5（15）：285-292.

[30] 于伯龄. 热分析讲座（四），第七章 热分析动力学. 化工技术，1982.

[31] 原思国，赵林，梁志宏，等. FFC-1 离子交换纤维物理化学性能的研究. 离子交换与吸附，2003，19（6）：532-539.

[32] 刘振海，畠山立子. 热分析. 北京：化学工业出版社，2000.

第 8 章

表面分析技术

利用电子、光子、离子、原子、强电场、热能等与固体表面的相互作用，测量从表面散射或发射的电子、光子、离子、原子、分子的能谱、光谱、质谱、空间分布或衍射图像，得到表面成分、表面结构、表面电子态及表面物理化学过程等信息的各种技术，统称为表面分析技术。

表面分析可大致分为表面形貌分析、表面成分分析和表面结构分析三类。表面形貌分析指"宏观"几何外形分析，主要应用电子显微镜（TEM、SEM 等）、场离子显微镜（FIM）、扫描探针显微镜（SPM，如 STM、AFM 等）等进行观察和分析。表面成分分析包括表面元素组成、化学态及其在表面的分布（横向和纵向）测定等，主要应用 X 射线光电子能谱（XPS）、俄歇电子能谱（AES）、电子探针、二次离子质谱（SIMS）和离子散射谱（LSS）等。表面结构分析研究表面晶相结构类型或原子排列，主要应用低能电子衍射（LEED）、光电子衍射（XPD）、扫描隧道显微镜和原子力显微镜等。由于各种方法的原理、适用范围均有所不同，因而从不同层面给人们提供了认识微观世界的手段。本文主要介绍 X 射线光电子能谱和俄歇电子能谱。

8.1 X 射线光电子能谱

X 射线光电子能谱（X-Ray Photoelectron Spectroscopy，XPS）是由瑞典科学家 K. Siegbahn 及其领导的研究小组经过近 20 年的潜心研究于 20 世纪 60 年代发明的一种新的分析方法。他们发现了原子内层电子结合能的位移现象，解决了电子能量分析等技术问题，测定了元素周期表中各元素轨道结合能。K. Siegbahn 给这种谱仪取名为化学分析电子能谱（electron spectroscopy for chemical analysis，ESCA）。为了表彰 K. Siegbahn 在材料分析方法上所作出的杰出贡献，1981 年瑞典皇家科学委员会授予他诺贝尔物理学奖。X 射线光电子能谱是一种基于光电效应的电子能谱，它是利用 X 射线光子激发出物质表面原子的内层电子，通过对这些电子进行能量分析而获得的一种能谱。

8.1.1 X 射线光电子谱基本原理

8.1.1.1 光电效应 （photoelectron effect）

1887 年赫兹（Heinrich Rudolf Hertz，1857—1894）首先发现了光电效应，如图 8.1 所示，1905 年爱因斯坦（Albert Einstein，1879—1955）应用普朗克的能量量子化概念正确解

释了此一现象并给出了这一过程的能量关系方程描述，并因此获得了 1921 年的诺贝尔物理学奖。

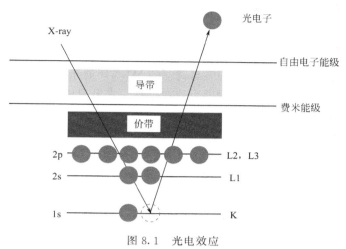

图 8.1 光电效应

原子中的电子处在不同的能级上，当光子的能量达到一定程度（$h\nu > E_B$）就可发生光电离过程：

$$M + h\nu \longrightarrow M^{+*} + e^-$$ (8.1)

$$E_K = h\nu - E_B \quad \text{（Einstein 的光电子发射公式）}$$ (8.2)

式中，ν 为光子的频率；E_B 表示内层电子的轨道结合能（electron binding energy）；E_K 表示被入射光子所激发出的光电子的动能（electron kinetic energy）；$h\nu$ 表示入射光子（X 射线或 UV）能量。

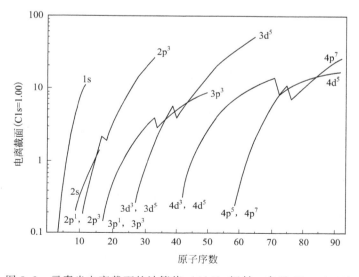

图 8.2 元素光电离截面的计算值（Al K_α 辐射，参照 C1s＝1.00）

在电离过程中，光子与物质原子分子碰撞后将全部能量传给原子中的电子而自身湮没。光电离过程与电子的其他电离过程一样，都是一个电子跃迁过程，光电离的直接电离是一步过程，不需遵守一定的选择定则，即任何轨道上的电子都可能被电离，这一点不同于一般电子的吸收和发射过程，它是一个共振吸收过程，满足条件 $h\nu = \Delta E$。光电子强度与光电离截面（photoionization cross section）有关。如图 8.2 所示，为不同元素的光电离截面与原子序数之间的关系，光电离截面与原子轨道的半径和原子序数有关。一般来说，原子半径越小，光电离截面越大，光电离的概率越大；原子序数越大，光电离的概率也越大。

8.1.1.2 弛豫过程（relaxation process）

通常在实际的光电离过程中产生的终态离子（M^{+*}）处于高激发态，会自发地发生弛豫（退激发）而变为稳定状态，该过程即为弛豫过程。光电离中的弛豫过程可细分为辐射弛豫和非辐射弛豫两种：

① 荧光辐射弛豫过程。原子中的内层电子被激发后产生空穴，次外层电子向空穴跃迁，能量以光子形式释放出来，形成荧光辐射。

$$M^{+*} \longrightarrow M^{+} + h\nu' \quad （特征射线） \tag{8.3}$$

② 俄歇过程（非辐射弛豫）。处于高能级上的电子向光激发产生的内层电子空穴跃迁，产生的能量将较外层电子激发成游离电子的过程。

$$M^{+*} \longrightarrow M^{2+} + e^{-} \quad （Auger 效应） \tag{8.4}$$

8.1.2 结合能

结合能的定义为：将特定能级上的电子移到固体费米能级或移到自由原子或分子的真空能级所需消耗的能量。电子结合能（E_B）代表了原子中电子（n，l，m，s）与核电荷（Z）之间的相互作用强度，结合能可由实验测定，也可用量子化学从头计算方法进行理论计算，比如 Hartree-Fock 自洽场（HF-SCF）方法。

$$
\begin{aligned}
E_i^{SCF} &= <i\left|-\frac{1}{2}\nabla^2\right|i> + \sum_M <i\left|\frac{-Z_M}{r_M}\right|i> + \sum_j (2J_{ij} - Kij) \\
&= \varepsilon_0 + \sum_j (2J_{ij} - Kij)
\end{aligned}
\tag{8.5}
$$

Koopmans 法则：

Koopmans 认为在发射电子过程中由于发射过程太突然以至于其他电子根本来不及进行重新调整，即电离后的体系同电离前相比除了某一轨道被打出一个电子外，其余轨道电子的运动状态不发生变化而处于一种冻结状态［突然近似（sudden approximation）］。Koopmans 认为轨道电子的结合能在数值上等于中性体系该轨道自洽单电子波函数本征值的负值，即

$$E_B^{KT}(n,l,j) = -E^{SCF}(n,l,j) \tag{8.6}$$

式中，$E^{SCF}(n,l,j)$ 表示用自洽场方法（Hartree-Fock）求得的 (n,l,j) 轨道电子能量的本征值；n、l、j 为轨道的三个量子数；$E_B^{KT}(n,l,j)$ 表示用 Koopmans 定理确定的 (n,l,j) 轨道电子结合能。

Koopmans 定理忽略了电子电离前后原子状态的改变，实际上计算值与实验之值有误差。自洽场模型实际上是一个近似模型，只适用于闭壳层体系。

在对实际样品观测中得到的 XPS 谱是同电离体系的终态密切相关的，测量的 E_B 值与计算的轨道能量有 $10\sim30\mathrm{eV}$ 的偏差。实际上结合能 E_B 通常与电子的初态、终态和弛豫过程有关。弛豫结果使离子回到基态并释放出弛豫能 E_{relax}。由于弛豫过程大体和光电发射同时进行，所以弛豫使出射的光电子加速提高了光电子动能。因此，考虑相对论效应和电子相关作用。准确的理论计算公式为

$$E_B = E^{SCF} - E_{relax} + E_{relat} + E_{corr} \qquad (8.7)$$

式中，E_{relat} 和 E_{corr} 分别为相对论效应和电子相关作用对结合能的校正，一般小于 E_{relax}。

表 8.1 为不同方法求得的 Ne 1s 和 Ne 2s 轨道结合能对比。

表 8.1　不同方法求得的 Ne 1s 和 Ne 2s 轨道结合能对比

计算方法	E_B/eV	
	1s	2s
Koopmans 定理 SCF 理论方法	981.7	52.5
直接计算方法 SCF 理论方法	868.6	49.3
考虑相对论校正	869.4	49.3
考虑相对论及相关作用校正	870.8	48.3
实验测量值	870.2	48.4

电子结合能参照基准：

① 孤立原子：轨道结合能的定义为把一个电子从轨道移到核势场以外所需的能量，即以"自由电子能级"为基准。

② 气态：可以理论计算值为基准。

③ 导电固体样品：以 Fermi 能级为基准。

④ 对于非导电样品，参考能级的确定不容易。

8.1.3　化学位移

化学位移的定义为由于原子所处的化学环境不同（与之相结合的元素种类和数量以及原子的化学价态）而引起的内层电子结合能的变化。判定原子化合态的重要依据就是化学位移。

8.1.3.1　初态效应

根据电子结合能的表达式 $E_B = E_{(n-1)} + E_{(n)}$，$E_{(n)}$ 表示原子初态能量，$E_{(n-1)}$ 表示电离后原子的终态能量。因此，原子的初态和终态直接影响着电子结合能的大小。

除少数元素（如 Cu、Ag 等）芯电子结合能位移较小在 XPS 谱图上不太明显外，一般元素化学位移在 XPS 谱图上均有可分辨的谱峰。

如图 8.3 所示，为三氟乙酸乙酯中四个不同 C 原子的 C 1s 谱线。一般来说，在有机物中 C 1s 轨道电子结合能大小顺序为：

$$C-C < C-O < C=O <$$
$$O-C=O < O-(C=O)-O$$

随氧原子与碳原子成键数目的增加碳的正荷电增加，导致 C 1s 结合能 E_B 的增加。

图 8.4 为金属铝的电子轨道结合能，氧化层中的铝与金属铝相比，其电子轨道结合能有明显的位移。

通常认为初态效应是造成化学位移的原因，

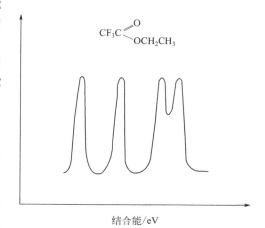

图 8.3　三氟乙酸乙酯中 C 1s 轨道电子结合能位移

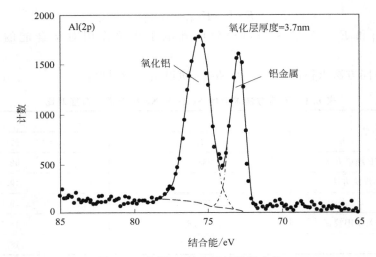

图 8.4　金属 Al 的电子轨道结合能

所以随着元素氧化态形式的增加从元素中出射光电子的 E_B 亦会增加，但前提是终态效应对不同的氧化态有相似的大小。实际上，对大多数样品而言，E_B 仅以初态效应项表示是足够的。

化学位移的理论计算对研究化学位移有很重要的作用。根据前面所讲的计算方法可以知道对于处于环境为 1 和 2 的某种原子有：

$$\Delta E_B^V(K)_{1,2} = -\Delta E^{SCF}(K)_{1,2} - \Delta(E_{relax})_{1,2} + \Delta(E_{relat})_{1,2} + \Delta(E_{corr})_{1,2}$$

$$(8.8)$$

由于相对论效应和相关的修正对结合能的影响是较小的，可以忽略，因此，上式简化为：

$$\Delta E_B^V(K)_{1,2} = -\Delta E^{SCF}(K)_{1,2} - \Delta(E_{relax})_{1,2}$$

$$(8.9)$$

弛豫效应可用下式表示：

$$E_B^V(K) = -[0.5 E^{SCF}(K) + E^{+SCF}(K)]$$

$$(8.10)$$

式中，$E^{+SCF}(K)$ 为离子体系的 SCF 能。

（1）电荷势模型

电荷势模型认为分子中的原子是由一个空心的非重叠的静电球壳包围一个中心核组成。根据这个假设，影响结合能位移的主要因素就是原子外层起屏蔽作用价电子层的电荷密度。如图 8.5 所示是含碳化合物 C 1s 电子结合能位移同原子电荷 q 的关系，从中可以看出随着价电荷的增加，结合能位移也增加。

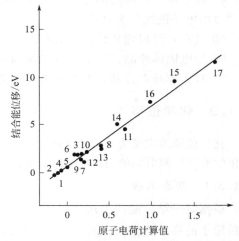

图 8.5　含碳化合物 C 1s 电子结合能位移同原子电荷 q 的关系

1—CH_4；2—CH_3-C；3—CH_3OH；

4— $CH_2\begin{smallmatrix}C\\C\end{smallmatrix}$ ；5— $H_2C\begin{smallmatrix}C\\N\end{smallmatrix}$ ；6— $H_2C\begin{smallmatrix}N\\N\end{smallmatrix}$ ；

7— $H_2C\begin{smallmatrix}C\\Cl\end{smallmatrix}$ ；8— $H_2C\begin{smallmatrix}Cl\\Cl\end{smallmatrix}$ ；9— $H_2C\begin{smallmatrix}C\\OH\end{smallmatrix}$ ；

10— $H_2C\begin{smallmatrix}C\\OC\end{smallmatrix}$ ；11—$CHCl_3$；12— $HC\begin{smallmatrix}C\\OC\end{smallmatrix}$ ；

13— $HC\begin{smallmatrix}OC\\OC\\OC\end{smallmatrix}$ ；14— $HC\begin{smallmatrix}OC\\OC\\OC\end{smallmatrix}$ ；15—CHF_3；

16—CCl_4；17—CF_4

（2）价势模型

价势模型就是用所谓的价电势 ϕ 来表达内层电子结合能：

$$\phi_A = -2\left(\frac{1}{4\pi\epsilon_0\mu}\right)\sum\langle\mu|\frac{1}{r_A}|\mu\rangle + \sum_{A\neq B}\frac{Z_B^*}{4\pi\epsilon_0 R_{AB}} \tag{8.11}$$

式中，Z_B^* 是 A 原子以外的原子实电荷；第一个加和只与体系的价分子轨道有关。

（3）等效原子实方法

该方法假设原子的内层电子受内层电子电离时的影响与在原子核中增加一个正电荷所受的影响是一致的，即原子实是等效的。

（4）原子势能模型

原子势能模型的结合能表达式为：

$$E_B = V_n + V_v \tag{8.12}$$

式中，E_B 为内层电子结合能；V_n 为核势；V_v 为价电子排斥势，为负值。

因此，根据电荷理论，原子氧化后价轨道留下空穴，排斥势绝对值变小，核势的影响上升使内壳层向核紧缩，结合能增加；反之，原子在还原后价轨道上增加，新的价电子排斥势能绝对值增加，核对内壳层的作用因价电子的增加而减弱，使内壳层电子结合能下降。

化学位移的经验规律：

① 同一周期内主族元素结合能位移随它们的化合价升高线性增加；而过渡金属元素的化学位移随化合价的变化出现相反规律。

② 分子 M 中某原子 A 的内层电子结合能位移量同与它相结合的原子电负性之和 ΣX 有一定的线性关系。

③ 对少数系列化合物，由 NMR 仪（核磁共振波谱仪）和 Mossbauer 谱仪测得的各自的特征位移量同 XPS 测得的结合能位移量有一定的线性关系。

④ XPS 的化学位移同宏观热力学参数之间有一定的联系。

8.1.3.2　终态效应

终态效应有弛豫现象、多重分裂、电子的震激和震离等，其表现形式为在 XPS 谱图上光电子主峰外常常出现一些伴峰。

（1）弛豫效应

弛豫可分为原子内项和原子外项两部分，原子内项是单独原子内部电子的重新调整所产生的影响，原子外项是指与被电离原子相关的其他原子其电子结构重新调整所产生的影响，弛豫效应可表示为：

$$\delta E_{relax} = \delta E_{relax}^{intra} + \delta E_{relax}^{extra} \tag{8.13}$$

$$I_K = I_0 + \delta E_{relax} \tag{8.14}$$

弛豫能越大，XPS 谱的卫星伴峰越强、越多。

（2）多重分裂（静电分裂）

在 XPS 谱中常常出现多个分裂峰，它们常常是由于原子核和电子的库仑作用，各电子间的排斥作用，轨道角动量之间、自旋角动量之间的作用以及轨道角动量和自旋角动量之间的耦合作用引起的，其分裂间隔正比于 $2S+1$，这里 S 为价壳层中未成对电子的总自旋。

（3）多电子激发

原子中的电子受到光子辐射后，可能产生单电子激发，也可能产生多电子激发。多电子激发主要有震激和震离，震激表示价壳层电子跃迁到更高能级的束缚态，但不脱离原子；震离表示价壳层电子跃迁到非束缚的连续状态成了自由电子。震激和震离的特点是它们均属单极激发和电离。电子激发过程只有主量子数改变。多电子激发常常出现在过渡金属氧化物中。

8.1.4　光电子能谱分析方法

光电子谱线（photoelectron lines）：XPS 谱由一组谱峰和背底谱线组成，它们包含了被分析物质元素组成和结构方面非常有价值的信息，如化学位移、俄歇电子谱线、电子自旋-轨道分裂、价电子结构等。在具体分析中，有全谱扫描（survey scan，能量扫描范围一般取 $0\sim1200eV$）和窄区扫描。

（1）定性分析

谱线类型的确定：

① 光电子谱线。光电子谱线的特点是一般情况下比较窄而且对称。如图 8.6 所示是 Ti_3AlC_2 的 XPS 全谱。

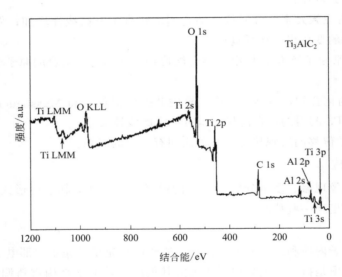

图 8.6　Ti_3AlC_2 的 XPS 全谱

② X 射线的伴峰。一般情况下由于 X 射线源并非完全单一引起，同时区别 Auger 电子峰，如图 8.6 中 Ti LMM 峰与 O 的 KLL 峰，与 X 射线光电子峰。

③ Auger 谱线。由于 Auger 电子的动能是固定的，X 射线光电子的结合能是固定的，因此，可以通过改变激发源（如 Al/Mg 双阳极 X 射线源、Mg 阳极 X 射线源）观察伴峰位置的改变与否来确定。

④ X 射线"鬼峰"。由于 X 射源的阳极可能不纯或被污染，则产生的 X 射线不纯。因非阳极材料 X 射线所激发出的光电子谱线被称为"鬼峰"。表 8.2 为常见的污染辐射。

表 8.2　阴极污染辐射激发引起的"鬼峰"位置

污染激发	阴极材料	
	Mg	Al
O（K_a）	728.7	961.7
Cu（L_a）	323.9	556.9
Mg（K_a）	—	233.0
Al（K_a）	−233.0	—

⑤ 震激和震离线。在光发射中，因内层形成空位，原子中心电位发生突然变化将引起外壳电子跃迁，这时有两种可能：①若外层电子跃迁到更高能级，则称为电子的震激（shake-up）；②若外层电子跃到非束缚的连续区而成为自由电子，则称为电子的震离（shake-off）。无论是震激还是震离，均消耗能量，使最初的光电子动能下降，如图 8.7 所示。

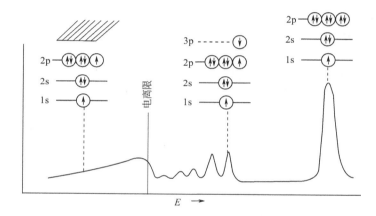

图 8.7　Ne 的震激和震离过程的示意图

⑥ 多重分裂。当原子的价壳层有未成对的自旋电子时，光致电离所形成的内层空位将与之发生耦合，使体系出现不止一个终态，表现在 XPS 谱图上即为谱线分裂，如图 8.8 和图 8.9 所示。

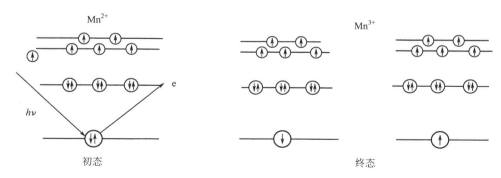

图 8.8　Mn^+ 离子的 3s 轨道电离时的两种终态

⑦ 能量损失峰。光电子在离开样品表面的过程中有可能与表面的其他电子相互作用而损失一定的能量，从而在 XPS 低动能侧出现一些伴峰，即能量损失峰，如图 8.10 所示。

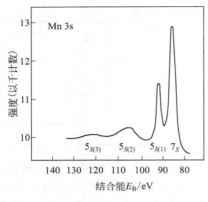

图 8.9 MnF$_2$ 的 Mn 3s 电子的 XPS 谱

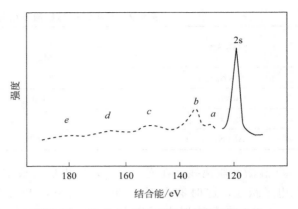

图 8.10 Al 的 2s 谱线及相关的能量损失线

谱线的识别如下。

① 确定经常出现的光电子峰，如 C、O 的光电子峰；

② 确定 Auger 线；

③ 根据 X 射线光电子谱手册中各元素的峰位表确定其他强峰，并标出其相关峰；

④ 区分多重峰、震激、震离、能量损失峰等；

⑤ 对于 p、d、f 谱线的鉴别应注意它们一般应为自旋双线结构，它们应有一定的能量间隔和强度比，p 线的强度比约为 1：2，d 线的强度比约为 2：3，f 线的强度比约为 3：4。

（2）化学态分析

原子结合状态和电子分布状态可以通过内壳层电子能级谱的化学位移推知：

① 光电子谱线化学位移。由于电子的结合能会随电子环境的变化发生化学位移，位移与原子上电荷密度密切相关，而电荷密度又受着元素周围环境（如电荷、元素价态、成键情况等）的影响，因此可以通过测得化学位移的方法，分析元素的状态和结构。谱线能量的精确测定是化学态分析的关键。

② 俄歇谱线化学位移和俄歇参数。最尖锐的俄歇线动能减去最强的 XPS 光电子线动能所得到的动能差称为俄歇参数，即

$$\alpha = E_K^A - E_K^P \qquad (8.15)$$

它与静电无关，只与化合物本身有关。它可进一步改为

$$\alpha' = \alpha + h\nu = E_K^A + E_B^P \qquad (8.16)$$

俄歇参数对分析元素状态非常有用。此外在一般情况下，俄歇谱线所表现的化学位移常比 XPS 光电子谱线表现的化学位移大。

③ 震激谱线。过渡元素稀土元素和锕系元素的顺磁化合物 XPS 谱中常常出现震激现象，因此常用震激效应的存在与否来鉴别顺磁态化合物的存在与否，如图 8.11 所示。

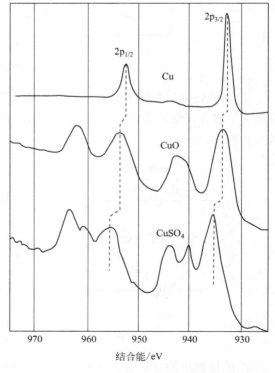

图 8.11 铜 2p 谱线和震激结构

④ 多重分裂。过渡元素及其化合物的电子能谱中均发生多重裂分，其裂分的距离与元素的化学状态密切相关。可以根据谱线是否裂分以及裂分的距离再结合谱线能量的位移和峰形的变化来准确地确定一元素的化学状态。如图 8.12 所示。

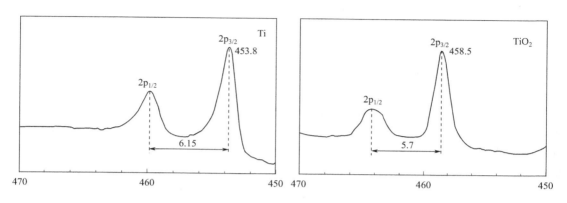

图 8.12　Ti 及 TiO$_2$ 中 2p$_{3/2}$ 峰的峰位及 2p$_{1/2}$ 和 2p$_{3/2}$ 之间的距离

⑤ 俄歇线形。价壳层俄歇线如 KVV、LVV、LMV 等的外形与一定的化学状态有着内在的联系，可以用来分析元素的化学状态。

（3）定量分析

常用的 XPS 定量方法有：标样法、元素灵敏度因子法和一级原理模型。标样法需制备一定数量的标准样品作为参考，且标样的表面结构和组成难于长期稳定和重复使用，故一般实验研究均不采用。目前 XPS 定量分析多采用元素灵敏度因子法，该方法利用特定元素谱线强度作参考标准测得其他元素相对谱线强度，求得各元素的相对含量。

① 一级原理模型。一级原理模型（first principle model）是从光电子发射的"三步模型"出发将所观测到的谱线强度和激发源待测样品的性质以及谱仪的检测条件等统一起来考虑形成的物理模型。

$$I_{ij} = KT(E)L_{ij}(\gamma)\sigma_{ij}\int n_i(z)e^{-z/\lambda(E)\cos\theta}\mathrm{d}z \tag{8.17}$$

式中，I_{ij} 为 i 元素 j 峰的面积；K 为仪器常数；$T(E)$ 为分析器的传输函数；$L_{ij}(\gamma)$ 是 i 元素 j 轨道的角不对称因子；σ_{ij} 为表面 i 元素 j 轨道的光电离截面；$n_i(z)$ 为表面 i 元素在表面下距离 z 处的原子浓度；$\lambda(E)$ 为光电子的非弹性平均自由程；θ 是测量的光电子相对于表面法线的夹角。

② 元素灵敏度因子法。元素灵敏度因子法是一种半经验性的相对定量方法，对于单相均匀无限厚固体表面两个元素 i 和 j，如已知它们的灵敏度因子 S_i 和 S_j 并测出

$$\frac{n_i}{n_j} = \frac{I_i/S_i}{I_j/S_j} \tag{8.18}$$

一般情况下：

$$C_i = \frac{I_i/S_i}{\sum\limits_j I_j/S_j} \tag{8.19}$$

使用原子灵敏度因子法准确度高于 15%。

8.1.5 X射线光电子能谱仪

X射线光电子能谱仪主要由X射线源、样品室、真空系统、能量分析器、记录装置等组成。电子强度对电子能量的图称为电子能谱图，这一部分由仪器自动完成。

（1）真空系统

通常超高真空系统真空室由不锈钢材料制成，真空度优于 10^{-8} mbar（1bar＝10^5Pa），超高真空一般由多级组合泵系统来获得。

（2）X射线源

用于产生具有一定能量的X射线的装置。高能电子轰击阳极靶会产生特征X射线，其能量取决于组成靶的原子内部的能级。此外，还可能产生韧致辐射。对于XPS，所用的是特征X射线，因为特征辐射具有窄的线宽，单色性好，所得到的信息精确。在目前的商品XPS仪器中，最常用的是Al/Mg双阳极X射线源，其特征X射线的能量和强度如表8.3所示，最常用的是 K_{α_1}、K_{α_2} 发射线。

表8.3　Mg和Al的特征X射线能量和强度

X射线	Mg 靶		Al 靶	
	能量/eV	相对强度	能量/eV	相对强度
$K_{\alpha 1}$	1253.7	67.0	1486.7	67.0
$K_{\alpha 2}$	1253.4	33.0	1486.3	33.0
$K_{\alpha 3}$	1262.1	9.2	1496.3	7.8
$K_{\alpha 4}$	1263.1	5.1	1498.2	3.3
$K_{\alpha 5}$	1271.0	0.8	1506.5	0.42
$K_{\alpha 6}$	1274.2	0.5	1510.1	0.28
K_{β}	1302.0	2.0	1557.0	2.0

K_{α_1}、K_{α_2} 时有 $2p_{3/2} \rightarrow 1s$ 和 $2p_{1/2} \rightarrow 1s$ 的跃迁产生的。此外，也可以用单色器（Johannson近四聚焦几何模型）去掉X射线中的伴线和韧致辐射，获得单色X射线源。双阳极X射线源由阳极靶材、灯丝、聚焦电极、冷却水管和铝窗组成，如图8.13和图8.14所示。

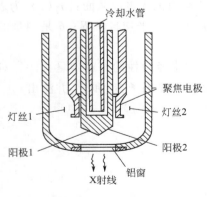

图8.13　双阳极X射线源

图8.14　光电子能谱仪

此外，同步辐射作为 X 射线光电子谱仪的激发源强度大、单色性好，产生的同步辐射能量连续可调（10eV～10keV），自然线宽仅 0.2eV。

（3）分析器系统

分析器由电子透镜系统、能量分析器和电子检测器组成。常用的静电偏转型分析器有球面偏转分析器（CHA）和筒镜分析器（CMA）两种。能量分析器用于在满足一定能量分辨率、角分辨率和灵敏度的要求下，析出某能量范围的电子，测量样品表面出射的电子能量分布，它是电子能谱仪的核心部件，分辨能力、灵敏度和传输性能是它的三个主要指标。

（4）X 射线光电子能谱

① 在固体研究方面的应用。对于固体样品，X 射线光电子平均自由程只有 0.5～2.5nm（对于金属及其氧化物）或 4～10nm（对于有机物和聚合材料），因而 X 射线光电子能谱法是一种表面分析方法。以表面元素定性分析、定量分析、表面化学结构分析等基本应用为基础，可以广泛应用于表面科学与工程领域的分析、研究工作，如表面氧化（硅片氧化层厚度的测定等）、表面涂层、表面催化机理等的研究，表面能带结构分析（半导体能带结构测定等）以及高聚物的摩擦带电现象分析等。

② 实例分析。分析方法通常被用来表征样品中的组分变化。如图 8.15 所示，为 SiC/Cu 复合材料 XPS 谱，图中给出了 Cu(2p) 波段范围标准的 Cu_2O、CuO XPS 谱线以及不同烧成温度下 SiC/Cu 复合材料的 XPS 结果。可以发现，不同烧成温度下获得的烧结样品 XPS 谱线形状出现显著差异。与标准的 Cu_2O、CuO 谱线相对照，450℃ 温度下烧成样品的 XPS 谱线形状与 CuO 非常相似，说明该温度下烧成的样品中含有 CuO；而 700℃ 烧成时的样品谱线与 Cu_2O 相似，只是可以观察到明显的重叠峰，如图中箭头指示。图中的虚线指示的是

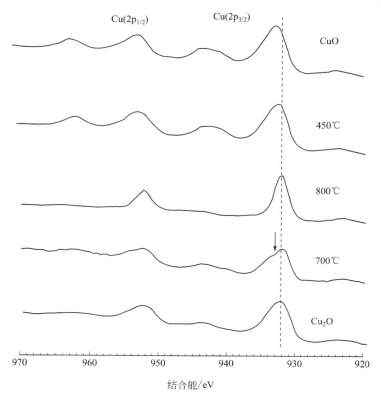

图 8.15　Cu_2O、CuO 和不同烧成温度下制备的 SiC/Cu 在 Cu(2p) 波段的 XPS 谱线

Cu 标样在 Cu($2p_{3/2}$) 区域的特征峰位，对应的结合能为 932.5eV。因此，可以判定，对于 700℃和 800℃下，样品的 Cu($2p_{3/2}$) 特征峰与 Cu 的特征峰重合，说明，这两个温度下的样品中主要物质是 Cu，这样的结果同 XRD 结果吻合。如图 8.15 所示，Cu_2O 标样在 Cu($2p_{3/2}$)区域的特征峰位对应的结合能为 932.8eV。700℃烧成的样品在 Cu($2p_{3/2}$) 区域 （932.5eV）和 Cu($2p_{1/2}$) 区域 （953.6eV）的重叠峰显示，样品中含有 Cu_2O。由于 Cu_2O 和 CuO 在 Cu(2p) 两个区域内的特征峰位、谱线形状等都十分相近，因此，单独从 XPS 谱线上无法判定 450℃下烧结的样品中是否含有 Cu_2O，而只能依靠 XRD 的检测结果。与 Cu_2O 相比，800℃下烧成的样品在 Cu($2p_{3/2}$) 和 Cu($2p_{1/2}$) 两个区域的特征峰较尖锐，峰宽小，没有重叠现象，况且，烧结样品中没有出现 Cu_2O 在 943.8eV 处对应的光电子峰，因此可以说样品中的 Cu_2O 含量很少。

8.2　俄歇电子能谱

俄歇过程由法国物理学家 P. V. 俄歇于 1925 年发现。俄歇电子数按能量的统计分布称俄歇电子谱，每种元素有各自的特征俄歇电子谱，故可用来确定化学成分。俄歇电子谱常被用来分析和鉴定固体表面的吸附层、杂质偏析及催化机制研究等。1953 年，俄歇电子能谱逐渐开始被实际应用于鉴定样品表面的化学性质及组成的分析。其特点是俄歇电子来自浅层表面，仅带出表面的讯息，并且其能谱的能量位置固定，容易分析。

俄歇电子能谱学（Auger electron spectroscopy，简称 AES），是一种表面科学和材料科学的分析技术。俄歇电子的平均自由程很小（1nm 左右），因此在较深区域中产生的俄歇电子向表面层运动必然会因碰撞而损失能量，使之失去了具有特征能量的特点，而只有在距离表面层 1nm 左右范围内（即几个原子层厚度）溢出的俄歇电子才具备特征能量，因此俄歇电子特别适用作表面层成分分析。应用俄歇电子进行分析的仪器称为俄歇电子谱仪，在扫描电子显微镜中用得不多。

8.2.1　俄歇电子能谱的基本原理

在原子内某一内层电子电离而形成空位，一个较高能量的电子跃迁到空位，同时另一个电子被激发发射，形成无辐射跃迁过程，这一过程被称为 Auger 效应，被发射的电子称为 Auger 电子，如图 8.16 所示。

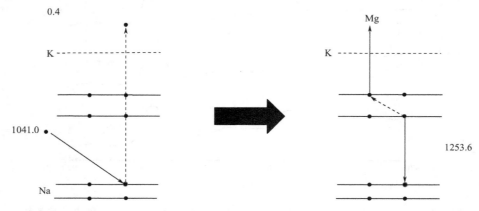

图 8.16　俄歇电子的产生过程

Auger 跃迁的标记以空位、跃迁电子、发射电子所在的能级为基础。如初态空位在 K 能级，L_1 能级上的一个电子向下跃迁填充 K 空位，同时激发 L_3 上的一个电子发射出去便记为 KL_1L_3。一般地说，任意一种 Auger 过程均可用 $W_iX_pY_q$ 来表示。此处，W_i、X_p 和 Y_q 代表所对应的电子轨道，如图 8.17 所示。

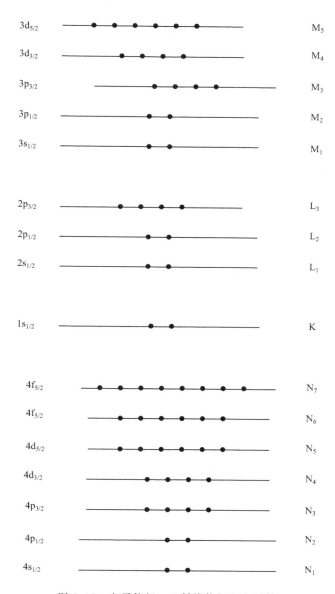

图 8.17 电子能级、X 射线能级和电子数

用于表面分析的 Auger 电子能量一般在 0~2000eV。

Perkin-Elmer 公司的 Auger 电子能谱手册，其中给出了各种原子不同系列的 Auger 峰位置，如图 8.18 所示。

每种元素的各种 Auger 电子的能量是识别该元素的重要依据。

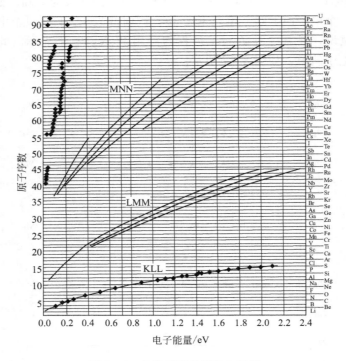

图 8.18　各种元素的俄歇电子峰

8.2.2　Auger 电子的能量和产额

（1）电离截面

电离截面是决定在 W_i 能级上产生初态空位的电离原子数目的重要因素。Worthington-Tomlin 在玻恩近似的基础上给出了如下的电离截面公式：

$$\sigma_W = \frac{6.51 \times 10^{-14} a_W K_W}{E_W} \left[\frac{1}{U} \ln \frac{4U}{1.65 + 2.35 \exp(1-U)} \right] \tag{8.20}$$

式中，σ_W 为电离截面；E_W 是 W 能级电子的电离能；$U = E_p/E_W$，E_p 是入射电子束的能量；a_W 是常数；K_W 为壳层的电子数。

W＝K：$a_W = 0.35$；W＝L：$a_W = 0.25$；W＝M：$a_W = 0.25$。

$$\sigma_W = \frac{6.51 \times 10^{-14} a_W K_W}{E_W} \left(\frac{1}{U} \right) \left(\frac{U-1}{U+1} \right)^{\frac{3}{2}} \left[1 + \frac{2}{3} \left(1 - \frac{1}{2U} \right) \ln(2.7 + \sqrt{U-1}) \right] \tag{8.21}$$

式中，E_W 的单位是 eV；σ_W 的单位是 cm^2；电离截面在 $U \sim 3$ 处有一最大值。

（2）Auger 电子概率

如图 8.19 所示，电离原子的去激发过程有辐射跃迁和无辐射跃迁，二者的概率 P_a 和 P_x 有 $P_a + P_x = 1$。E. H. S. Burhop 给出了 P_x 的半经验公式：

$$\left(\frac{P_x}{1 - P_x} \right)^n = A + BZ + CZ^3 \tag{8.22}$$

式中，Z 为原子序数。A. H. Wapstra 给出的 n、A、B、C 如下：

$$n = 1/4,\ A = -6.4 \times 10^{-2},\ B = 3.4 \times 10^{-2},\ C = -1.03 \times 10^{-6}$$

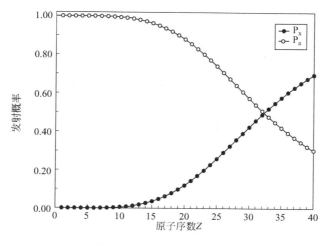

图 8.19 Auger 电子概率

（3）平均自由程和平均逸出深度

平均自由程和平均逸出深度是两个类似的概念。C. J. Powell 给出两者的区别时指出：平均自由程是指在理论上电子经受非弹性散射的平均距离，而平均逸出深度指的是在实际测量中，电子经受非弹性散射的平均深度。

设有 N 个电子，在固体中前进 dz，有 dN 个经受了非弹性散射而损失了能量，则

$$dN = -\frac{1}{\lambda} N dz \tag{8.23}$$

所以有 $N = N_0 \exp(-z/\lambda)$，λ 即为平均自由程。

D. R. Penn 基于介电理论给出了一个平均自由程的计算公式：

$$\lambda = \frac{E}{a(\ln E + b)} \tag{8.24}$$

式中，a、b 是取决于材料的常数。

M. P. Seah 和 W. A. Dench 分析了大量的实验数据后发现：

对于纯元素 $\lambda = 538E^{-2} - 0.41(aE)^{0.5}$

对于无机化合物 $\lambda = 2170E^{-2} + 0.72(aE)^{0.5}$

对于有机化合物 $\lambda = 49E^{-2} + 0.11(aE)^{0.5}$

式中，E 以费米能级为零点，eV；a 是单原子层厚度，nm；λ 是单层数，第三式 λ 的单位是 mg/m^2。

（4）背散射因子

入射电子与物质可以发生背散射，当电子经过背散射后，由于散射电子仍有一定的动能，因此，这些散射电子仍有可能对 Auger 电子产额产生影响，使 Auger 产额增加到 $1+r$ 倍，则 r 称为背散射增强因子。

根据 Monte Carlo 方法对背散射增加效应进行了数值模拟并结合最小二乘法原理，当入射角为 α 时：

$$\begin{aligned}
\alpha = 0°:\ & r = (2.34 - 2.10Z^{0.14})U^{-0.35} + (2.58Z^{0.14} - 2.98) \\
\alpha = 30°:\ & r = (0.462 - 0.777Z^{0.20})U^{-0.32} + (1.15Z^{0.20} - 1.05) \\
\alpha = 45°:\ & r = (1.21 - 1.39Z^{0.13})U^{-0.33} + (1.94Z^{0.13} - 1.88)
\end{aligned} \tag{8.25}$$

对于入射束 I_p，则 E_{WXY} Auger 电流为

$$I_A = \int_0^\infty I_p n_i \sigma_W P_{WXY} \exp\left[-\frac{z}{\lambda\cos\theta}\right] \sec(1+r)\mathrm{d}z \qquad (8.26)$$

$$= I_p n_i \sigma_W P_{WXY} \sec\alpha(1+r)\lambda\cos\theta$$

式中，n_i 是原子密度；θ 是发射的 Auger 电子与样品法向夹角。

若考虑表面粗糙度对 Auger 电流的影响，应乘以 $R(R<1)$。若计算进入能量分析器的 Auger 电流，则应乘上能量分析的传输率 T。即

$$I_A = RTI_p n_i \sigma_W P_{WXY} \sec\alpha(1+r)\lambda\cos\theta$$

8.2.3 俄歇电子能谱分析方法

8.2.3.1 定性分析

定性分析是进行 AES 分析的首要内容，其任务是根据测得的 Auger 电子谱峰的位置和形状识别分析区域内所存在的元素。AES 定性分析的方法是将采集到的 Auger 电子谱与标准谱图进行对比，来识别分析区域内的未知元素。

由于微分谱具有比较好的信背比，利于元素的识别，因此，在定性分析中，一般用微分谱。在《Auger 电子谱手册》中，有"主要 Auger 电子能量图"及 Li~U 的各元素标准谱图，还有部分元素的氧化物及其他化合物的标准谱。气体元素及部分固体元素的标准谱是以化合物或注入某一材料中给出的。谱中标有元素的 Auger 峰位，杂质元素的 Auger 电子峰用元素符号标出。

在标准谱中，激发 Auger 电子的电子束能量是固定的，一般是 3keV、5keV。因此，在采集 Auger 电子谱时，应选择与标准谱相同的电子束电压。微分谱中 Auger 电子的峰位以负峰位置为准，如图 8.20 所示。

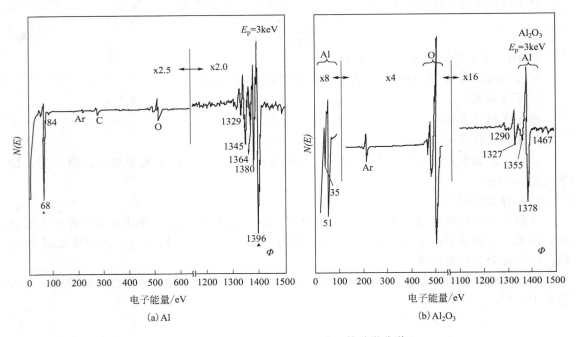

图 8.20 Al（左）和 Al_2O_3（右）俄歇微分谱

定性分析步骤：

① 首先选择最强的峰，利用标准谱图标明属于该元素的所有峰，判断可能是什么元素。识别时应考虑化学位移的影响。

② 选择除已识别元素峰外的最强峰，重复上述过程。对含量少的元素可能只有一个主峰反映在 Auger 电子谱上。

③ 若还有一些峰没有确定，可考虑它们是否是某一能量下背散出来的一次电子的能量损失峰。可以改变激发电子束的能量，观察该峰是否移动，若随电子束能量而移动则不是 Auger 电子峰。

对于元素含量低于检测灵敏度或微量元素的主峰被含量多的元素的 Auger 峰所"湮没"的情况，也可能检测不出来。有些元素由于只有一个 Auger 电子峰，又与某一元素的次峰重叠，这时，就需要根据实际情况和谱峰形状及经验来识别。

俄歇电子能谱由于具有五个特征能量、强度、峰位移、谱线宽和线型等方面的信息，因此可以使用俄歇电子能谱获得表面特征、化学组成、覆盖度、键中的电荷转移电子、态密度和键中的电子能级等信息，是一种非常有用的材料定性分析手段。

下面是应用 AES 方法研究 SiC/Cu(Cu₂O) 球状体生长过程的例子。

如图 8.21 所示，AES 谱线中可以发现，该球状体颗粒的中心和壳层都是由 SiC、Cu、Cu₂O 所组成。因此可以判断，SiC/Cu(Cu₂O) 球状体生长的实际过程为：烧结过程中由于 Cu-Cu₂O 液相的出现，使相邻的颗粒单元相互黏结在一起，形成较大的颗粒团聚体，在烧结过程的起始阶段形成小的团聚体核心。团聚颗粒的表面被一层液相所包覆，多个相邻的团聚体进一步黏结在一起，组成拉长颗粒，内部 SiC 颗粒作为骨架，支撑整个团聚颗粒，形成片状团聚颗粒。随着时间的延长及烧成温度的提高，在液相表面张力的作用下，片状大颗粒将产生塑性变形，沿着内部已经形成的核"卷曲"，构成如图 8.21 所示的壳层。更高温度下，随着壳层的不断软化，SiC 颗粒无法支撑整个壳层，引起壳层的"崩塌"，与内部核心结合，形成更大的核。结果表现为"晶粒"的合并生长现象。对于结晶方向一致的 Cu 颗粒，可以相互嵌合生长，形成牢固界面结合的致密结构；而对于那些结晶方向不匹配的颗粒，界面结合力较弱，在受力时沿界面断裂拔出，形成空洞结构。

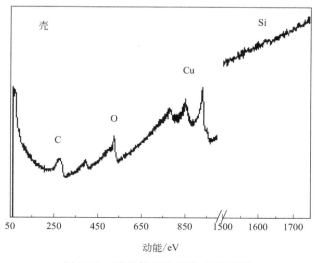

图 8.21　球状体颗粒核壳 AES 谱线

图 8.22 中的检测结果表明，这种"晶粒"生长对于 SiC/Cu（Cu$_2$O）包裹单元来讲实际上是一个原位生长的过程，即 SiC 与 Cu 相互间的位置保持不变；原始包裹结构也相应不变。合并生长是球状体生长模式最基本的体现。通过球状体生长的"晶粒"通常引起歪斜的球状体晶粒。

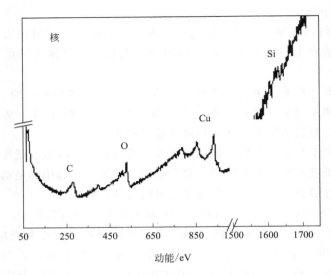

图 8.22　球状体颗粒核的 AES 谱线

8.2.3.2　定量分析

从理论上说，如果知道 Auger 电子峰的强度，根据一定的理论和计算方法，就可确定元素在所分析区域内的含量。在实际的分析过程中，定量分析将遇到各种各样的困难，使得Auger 电子能谱的定量分析变得极为复杂。

目前 Auger 电子能谱一般的分析精度为 30% 左右。若经过比较仔细的校正和数据处理，定量分析精度可提高到 5% 左右。

AES 定量分析的主要困难：试样的复杂性，即试样的非均匀性、表面成分的未知性、试样表面粗糙度的影响、多晶样品表面取向不同的影响、仪器性能对分析结果的影响、基体效应对分析结果的影响。

设所分析区域内 i 元素的原子密度为 n_i，它所占总分析区域的百分比为 C_i，则二者有如下关系：

$$C_i = \frac{n_i}{\sum\limits_j n_j} \tag{8.27}$$

若 i 元素所发射的 Auger 电子强度为 $I_{i,\text{WXY}}$，则根据 Auger 电子产额的公式，可以得到最后经过分析系统的 Auger 电子的强度为：

$$I_{i,\text{WXY}} = (1+r)I_\text{p}R n_i \sigma_{i,\text{W}} P_{i,\text{WXY}} \lambda_{i,\text{WXY}} T_{i,\text{WXY}} \sec\alpha \cos\theta \tag{8.28}$$

式中，i 代表 i 元素；WXY 代表 WXY 过程。

根据以上的公式对 Auger 电流进行计算是非常困难的。

（1）标样法

标样法是以所分析区域内所有元素的纯元素为标准样品，在相同的测试条件下，测出试样中 i 元素及 i 标样的强度 $I_{i,\text{WXY}}$ 和 $I^{\text{std}}_{i,\text{WXY}}$。所取 Auger 电子峰一般为主峰，试样表面清洁可靠。这样有：

$$\frac{n_i}{n_i^{\mathrm{std}}} = \frac{I_{i,\mathrm{WXY}}}{I_{i,\mathrm{WXY}}^{\mathrm{std}}} \tag{8.29}$$

若 n_i^{std} 已知，则 n_i、C_i 可测。

（2）相对灵敏度因子法

相对灵敏度因子法是最常用的一种方法。它是事先已知各标准样品与 Ag 标样 351eV 峰的相对灵敏度因子

$$S_i = \frac{I_{i,\mathrm{WXY}}^{\mathrm{std}}}{I_{\mathrm{Ag},351}}$$

$$\frac{n_i}{n_i^{\mathrm{std}}} = \frac{I_{i,\mathrm{WXY}}}{S_i I_{\mathrm{Ag},351}} \tag{8.30}$$

Perkin-Elmer 公司给出的各元素在 $E_{\mathrm{p}} = 3\mathrm{keV}$、$5\mathrm{keV}$、$10\mathrm{keV}$ 下的相对灵敏度因子，如图 8.23 所示。

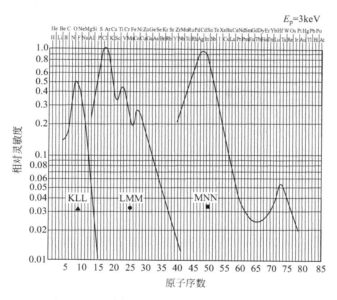

图 8.23　灵敏度因子

若 E_{p}、V_{h} 与测得的 S_i 相同，刻度系数为 d_i，则

$$\frac{n_i}{n_i^{\mathrm{std}}} = \frac{I_{i,\mathrm{WXY}}}{S_i I_{\mathrm{Ag},351}} \times \frac{d_{\mathrm{Ag}}}{d_i} \tag{8.31}$$

在实际的分析工作中，若保证 V_{h} 相同是困难的，一般是取 V_{h} 在很大的能量范围内，保证电子倍增器的响应是一致的。

8.2.4　俄歇电子能谱仪

从 1967 年 L. A. Harris 采用微分方法和锁定放大技术建立第一台实用的 Auger 电子谱仪以来，Auger 电子谱仪无论是在结构配置上，还是在性能上，都有了长足的改进。Auger 电子谱仪目前主要由 Auger 电子激发系统——电子枪，Auger 电子能量分析系统——电子能量分析器，超高真空系统，数据采集和记录系统及样品清洗、剖离系统组成。

（1）电子枪

电子枪是产生电子束的装置，它用来激发产生 Auger 电子。Auger 电子的能量一般在 0～2000eV，所以电子枪的加速电压一般在 5keV 以上。目前，常用的电子枪有热电离电子枪和场发射电子枪。热电子枪有 W、W(Ir) 或 LaB$_6$，场发射枪（FEG）使用大电场梯度，通过隧道效应发射电子发射材料做成尖点形状，以达到最好的电子通量和束径，我们在第 9 章将较详细介绍。

为了能采集 Auger 电子像，扫描 Auger 电子谱仪的电子枪加速电压一般为 10～15keV。电子枪的电子束斑直径，决定着 SAM 的空间分辨率。目前，商品仪器中，最小的电子束斑直径为 <15nm，最大加速电压为 20keV。

（2）电子能量分析器

电子能量分析器是分析电子能量的装置，是 Auger 电子谱仪的重要组成部分。在表面分析技术中使用的电子能量分析器都是静电型的，可分为"色散型"和"（带通）减速场型"两大类。对于前者，电子在能量分析器中偏转成像，而后者是建立在拒斥场减速的基本原理之上的。在实际的应用中，有三种能量分析器最为常用，即：筒镜型能量分析器（CMA）、半球形能量分析器（SDA）和 Staib 能量分析器。能量分析器工作原理如图 8.24 所示。

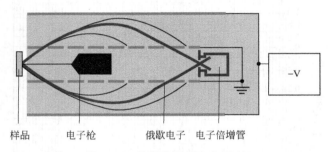

样品　　　电子枪　　　俄歇电子　电子倍增管

图 8.24　能量分析器工作原理

（3）真空系统

真空系统一般由主真空室、离子泵、升华泵、涡轮分子泵和初级泵组成。初级泵一般是机械泵或冷凝泵。Auger 电子谱仪的真空度一般小于 6.7×10^{-8} Pa。

（4）数据的采集

数据的采集有四种方式：点分析、线扫描、面绘图和深度剖析。

目前，Auger 电子谱仪的数据采集一般是以脉冲计数的形式，通过计算机采集不同能量下的 Auger 电子数。用固定的数据分析处理软件进行分析、处理，并把结果输出到打印机和笔绘仪上。此外，仪器的检测限为 0.1%～1%，原子单层信息探测深度一般小于 5nm。

离子枪和预处理室：离子枪是进行样品表面剖离的装置，主要用于样品的清洗和样品表层成分的深度剖层分析。一般用 Ar 作为剖离离子，能量在 1～5keV。

样品的预处理室是对样品表面进行预处理的单元。在预处理室内一般可完成清洗、断裂、镀膜、退火等一系列预处理工作，一般视用户的要求配置。

（5）Auger 电子能谱的测量

用于分析的 Auger 电子能量一般在 0～2000eV，它所对应的平均自由程为 0.5～3nm，即 1～5 个原子层左右。因此，Auger 电子的信号强度在整个电子信号中所占的比例是相当小的，即 AES 中有强大的背底，如图 8.25 所示。

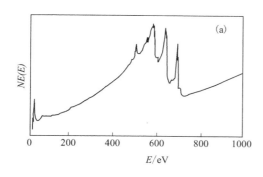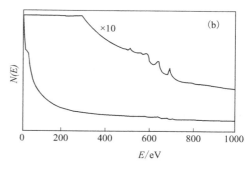

图 8.25　Fe 轻微氧化的俄歇电子直接谱

8.2.5　扫描 Auger 显微探针

1925 年俄歇首次发现俄歇电子，并以他的名字命名。20 世纪 50 年代有人首次用电子作激发源，进行表面分析，并从样品背散射电子能量分布中辨认出俄歇谱线。但是由于俄歇信号强度低，探测困难，因此在相当长时期未能得到实际应用。直至 1967 年采用电子能量微分技术，解决了把微弱的俄歇信号从很大的背景和噪声中检测出来，才使俄歇电子能谱（Auger electron spectroscopy，AES）成为一种实用的表面分析方法。1969 年使用筒镜分析器（cylindrial mirror analyser，CMA）后，较大幅度地提高了分辨率、灵敏度和分析速度，AES 的应用日益扩大。到了 70 年代，扫描俄歇微探针（scanning auger microprobe，SAM）问世，俄歇电子能谱学逐渐发展成为表面微区分析的重要技术。之后，采用高亮度电子源、先进电子光学系统、各类能量分析器［包括半球形能量分析器（hemispherical analyse，HSA）以及新型检测系统］，加之计算机控制及数据处理能力的扩大与提高，使 AES 的应用扩大到许多重要的科学领域，包括固体催化这一重要应用领域。

扫描 Auger 显微探针的基础是 Auger 电子能谱。它研究表面二维元素分布。其方法是将很细的初级电子束在样品表面扫描，同时选取能量分析器的通过能量为某一元素 Auger 电子峰的能量，使该元素的 Auger 电子形成二维图像。

目前，最好的 SAM 的初级电子束直径为<15nm，其空间分辨能力很高。

在实际的分析过程中，可用的最小束径一般大于电子枪的最小束径。因为：①束径越细，E_p 越大，I_p 越小，使得信噪比下降。②样品的抗辐照损伤的能力对束径的大小有限制。③束斑漂移对束径也有限制。

如图 8.26 所示是扫描俄歇微探针的扫描过程示意图，即在扫描过程中采用逐点扫描的方式。

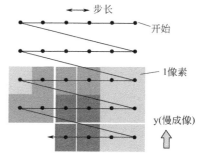

图 8.26　俄歇微探针扫描原理

8.2.6　扫描俄歇电子的应用

① 材料表面偏析、表面杂质分布、晶界元素分析；

② 金属、半导体、复合材料等界面研究；

③ 薄膜、多层膜生长机理的研究；

④ 表面的力学性质（如摩擦、磨损、黏着、断裂等）研究；

⑤ 表面化学过程（如腐蚀、钝化、催化、晶间腐蚀、氢脆、氧化等）研究；

⑥ 集成电路掺杂的三维微区分析；

⑦ 固体表面吸附、清洁度、沾染物鉴定等。

参 考 文 献

[1] 王世中，臧鑫士. 现代材料研究方法. 北京：北京航空航天大学出版社，1991.

[2] 左演声，陈文哲，梁伟. 材料现代分析方法. 北京：北京工业大学出版社，2001.

[3] 常铁军，祁欣. 材料近代分析测试方法. 2版. 哈尔滨：哈尔滨工业大学出版社，2003.

[4] 周玉，武高辉. 材料分析测试技术. 2版. 哈尔滨：哈尔滨工业大学出版社，2003.

[5] Briggs D. X 射线与紫外光电子能谱. 北京：北京大学出版社，1984.

[6] 王建祺，吴文辉，冯大明. 电子能谱学（XPS/XAES/UPS）引论. 北京. 国防工业出版社，1992.

[7] John F，et al. An introduction to surface analysis by XPS and AES. New York：John Wiley & Sons，2003.

[8] Briggs D，Seah M P. Practical Surface Analysis (Second Edition)，Volume 1：Auger and X-ray Photoelectron Spectroscopy. New York：John Wiley & Sons，1992.

[9] 朱明华. 仪器分析. 3版. 北京：高等教育出版社，2000.

[10] Skoog D A，Holler F J，Niema T A. Principles of Instrumental Analysis. Fifth Edition. Philadelphia，1997.

第 9 章

扫描电子显微镜

1935 年 M. Knoll 提出了电子显微镜的工作原理，1960 年 Everhart and Thornley 改进了二次电子检测器，1965 年剑桥科学仪器公司制造出了世界上第一台商用扫描电子显微镜。扫描电子显微镜（SEM）是固体物质监测和微机结构特征分析非常有效的分析手段之一。与光学显微镜相比，扫描电子显微镜（以下也简称扫描电镜）大大地提高了分辨率以及景深（大约是光学显微镜景深的 300 倍）。安装 X 射线能谱（EDS）仪、X 射线波谱（WDS）仪到扫描电镜上面可以同时快速、有效获取同一区域上的形貌、晶型和组成信息。

扫描电子显微镜法的理论基础是研究电子与物质的相互作用。因此本节将介绍电子与物质的相互作用，探讨扫描电子显微镜的方法与原理，介绍扫描电子显微镜法在材料分析和研究中的应用。

9.1 电子与物质的相互作用

9.1.1 电子散射

当高速运动的电子与物质的原子碰撞以后，由于原子核的质量远大于电子的质量，因而除了电子的动量发生改变以外，其能量几乎不变，即发生弹性散射。但是，入射电子与物质中的电子碰撞之后，除了运动方向发生变化外，其能量也将有所损失，也称非弹性散射。在电子与电子的碰撞过程中，入射电子的能量一部分转化为热能，一部分转化为其他的辐射或者激发出其他的光电子或者俄歇电子等（如图 9.1 所示）。

（1）弹性散射

假设散射电子运动方向与入射电子运动方向之间的夹角为散射角，入射角由于受到原子核周围库仑场的作用，其散射角随着两者之间的距离减小而增大。根据卢瑟福散射模型，散射角 $\phi > \phi_0$ 的卢瑟福散射截面为：

$$\sigma(>\phi_0) = \frac{\pi}{4} d^2 \cot^2 \frac{\phi_0}{2} \qquad (9.1)$$

式中，σ 为散射截面，即电子被散射到大于或者等于 ϕ_0 的概率除以垂直入射电子方向上的原子数；

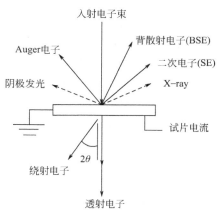

图 9.1 电子与物质的相互作用

d 为碰撞参数，可由 $\frac{\pi}{4}d^2 = 16.2 \times 10^{-14} \times \frac{Z^2}{E^2}(cm^2)$ 计算而得，其中 Z 为原子序数，E 为入射电子的能量（eV）。

由上式可知，散射截面与原子序数的平方成正比，这说明对于原子序数大的原子发生弹性散射的概率大于原子序数低的原子（如图9.2所示）。

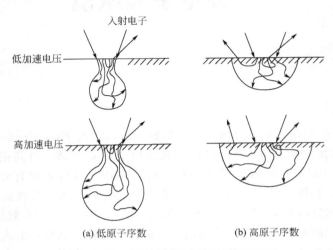

图 9.2 散射截面与原子序数的相互关系

（2）非弹性散射

高速运动的电子与原子中的电子碰撞发生非弹性散射，其能量的损失比较复杂，其散射角要远小于弹性散射的散射角。

（3）多次散射

入射电子射向物质时，会多次受到物质中多个电子或者原子核的散射（即多次散射），从而使得入射电子在遭到多次碰撞以后，其在各个方向上的散射概率趋于一致。由于散射截面与原子序数的平方成正比，因而对于轻元素，其散射的概率要小于重元素。

9.1.2 背散射电子

入射电子经过试样表面散射后改变运动方向后又从试样表面反射回来的电子称为背散射电子，又称背反射电子。大部分的背散射电子是弹性散射电子，它多数是由多次散射引起的，其能量与原子序数、初射电子的能量有关。一般来说，原子序数大的元素以发射高能量的背反射电子为主，反之亦然。

背反射系数可用 $\eta = KE^m$ 表示，其中 K、m 均为与原子序数有关的常数。

此外，电子束的入射角度也对背散射电子有重要的影响，入射角越大，则背散射系数越大。背散射电子的特征与样品的化学组成与其分布状态之间有很大的关系。

9.1.3 二次电子

二次电子是入射电子将样品中的电子轰出样品之外的那部分电子，其中大部分都属于价电子激发，能量一般小于50eV，一般情况下，将样品发射的能量低于50eV的电子称二次电子。在样品表面，二次电子的产生区域只占电子与样品相互作用的很小一部分，小于背散射电子的发射。二次电子发射系数可用下式表示：

$$\delta_0 = \frac{n_s}{n_1} \tag{9.2}$$

其中，n_s 为二次电子数量，n_1 为入射电子数量。二次电子发射系数与入射电子和样品表面发射夹角 α 的关系为：$\delta_\alpha = \delta_0 / \cos\alpha$，可见样品的棱角、尖峰等处会产生较多的二次电子。因此二次电子可以提供样品的表面形貌特征，如图9.3所示。

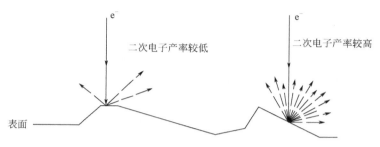

图 9.3　二次电子散射概率示意图

由于二次电子通常情况下是价电子激发，要克服外层电子的结合能，因此其能量较小，其逃逸深度很浅，其发射面积与入射电子束的轰击面积相差无几，电子束的入射角度对二次电子的产率有着较大的影响，二次电子的产率与原子序数的关系不是十分密切（如图9.4、图9.5所示）。

如图9.6、图9.7所示，可以发现二次电子的产率要小于散射电子，且和原子序数的密切相关性不如背散射电子。

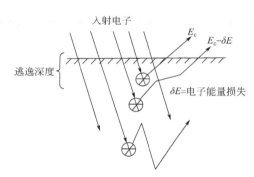

图 9.4　二次电子的逃逸

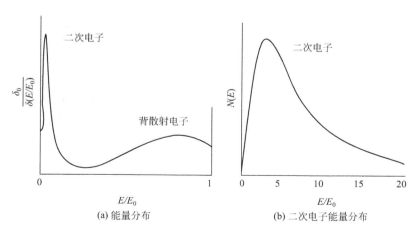

(a) 能量分布　　　　(b) 二次电子能量分布

图 9.5　散射电子的能量分布

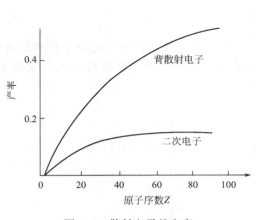

图 9.6 散射电子的产率

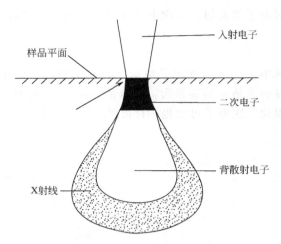

图 9.7 电子与物质的作用的体积

X射线电子束除了物质相互作用产生背散射电子和二次电子外，还可能辐射出可见光、红外光或者紫外光等阴极荧光，以及产生俄歇电子。

9.2 扫描电子显微镜结构和成像原理

9.2.1 扫描电子显微镜的工作原理

（1）电磁透镜的工作原理

在电子显微镜本身结构方面，最主要的电磁透镜源自 J. J. Thomson 做阴极射线管实验时观察到电场及磁场可偏折电子束。后人更进一步发现可藉电磁场聚焦电子，产生放大作用。电磁场对电子之作用与光学透镜对光波之作用非常相似，因而发展出电磁透镜。

静电磁场可以使电子的运动方向发生改变，对称的静电磁场可以像玻璃聚焦光线那样把电子束汇聚成一点，这使得用电子束聚焦成像成为可能，这样就产生了电磁透镜，如图 9.8 所示。

磁场对电子的作用：当电子运动的方向与磁力线垂直时，电子运动的轨迹是一个圆。圆的平面与磁场方向垂直。圆的半径：

$$R = \frac{mv_0}{eH} \qquad (9.3)$$

式中，m 为电子的质量；e 为电子的电荷；v_0 为电子的初速度；H 为磁场强度。

假设一束电子与磁力线成一定角度，每个电子的速度矢量可分为两个分速度矢量：一个平行于磁力线（使电子沿磁力线方向运动），一个垂直于磁力线（使电子作圆周运动）。电子运动的

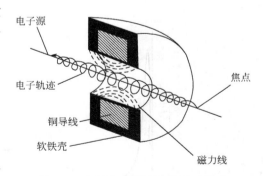

图 9.8 电子在磁透镜中的运动轨迹

轨迹是一条螺旋线（如图 9.8 所示）。所有满足旁轴条件的电子沿着各自的螺旋轨道经过相同时间又在同一点会聚，即这样的线圈起着聚焦的作用，但放大倍数为 1。然而，当电子经过短线圈造成的磁场时，由于短线圈形成的磁场是不均匀的，所以作用于电子的力是变化

的。在这类轴对称的弯曲磁场中，电子运动的轨迹是一条空间曲线，离开磁场后，电子的旋转加速度减为零，电子作偏向轴的直线运动，并进而与轴相交。其交点即为透镜的焦点，焦距 f 可用下式来表示：

$$\frac{1}{f} = \frac{0.22}{E} \int_{\text{隙}} H_z^2 \mathrm{d}z \tag{9.4}$$

式中，E 为加速电压；H_z 为磁场的轴向分量。由此可见，透镜的焦距与磁场强度的平方成反比，改变磁场强度可以改变焦距，进而改变放大倍数。

由于磁场对于电子有偏转作用，所以像相对于与原电子发射区域的像有一个偏转角。

从以上分析可见，轴对称的磁场对运动电子总是起会聚作用，磁透镜都是会聚透镜。

磁透镜与光学透镜一样存在像差。像差是透镜的固有特性，它包括：球面像差、色差、像散等。磁透镜的相差直接影响着电子束的直径。

球面像差（球差）：电子透镜中，由于透镜中离轴远的地方聚焦能力要比离轴近的地方强，其成像点较沿轴电子束成像之高斯成像平面距透镜为近（如图9.9所示）。球差为物镜中主要缺陷，不易校正，在电子显微镜中，一般在电磁透镜的后面接上一个光阑，以减小球差。

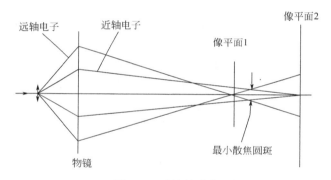

图 9.9　透镜的球差

色差：电子的运动速度不同，其波长也不同，因而在电磁透镜的成像位置也不同，即形成色差（如图9.10所示）。在电子显微镜中，采用加速电压的稳定性和透镜电流的稳定性来减小色差。

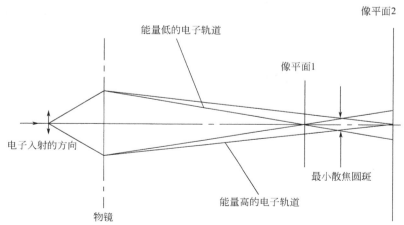

图 9.10　透镜的色差

像散：由透镜磁场不对称而来，使电子束在两互相垂直平面之聚焦落在不同点上（如图 9.11 所示）。像散一般用像散补偿器产生与散光像差大小相同、方向相反的像差校正，目前电子显微镜其聚光镜及物镜各有一组像散补偿器。

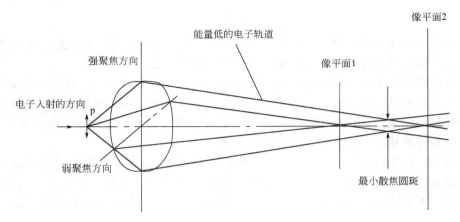

图 9.11　透镜的像散

由于电磁透镜能把电子束像光一样地聚焦成像，所以使用电子束作为光源的显微镜就应运而生了，这就是电子显微镜。

在电子显微镜中，电磁透镜的作用是使从电子枪发射的电子，通过电磁透镜，形成很细的电子束。电子束聚焦在样品表面上，在扫描电圈的作用下，在样品表面作行、帧扫描。这时，样品表面被激发出的二次电子即是观察样品表面形态的主要信息。二次电子产生的数量依赖于入射电子束与样品表面法线的夹角（入射角），而样品表面形态的变化则会引起入射角的改变。因此，二次电子的产率是样品表面特征的函数。

用探测器把带有样品表面形态信息的二次电子收集起来，转变成电压信号，在其荧光屏上便得到了与样品表面的形态相对应的灰度，使 CRT 中的电子束在荧光屏上的扫描与电子束在样品表面上的扫描同步，在屏幕上便形成了一幅反映样品表面形态的放大图像。

（2）二次电子像

由于二次电子的发射区只略微比电子束直径稍大一些，但比背散射电子发射区要小很多，因此，二次电子成像的分辨率比较高。一般来说，所说的扫描电镜的分辨率就是二次电子像的分辨率。接收二次电子的检测器由聚焦极、加速极、闪烁体、光导管和光电倍增管组成。

（3）背散射电子像

背散射电子为弹性散射，其能量在入射前和散射后保持一致，因此，较深层的背散射电子由于能量不变也可以逸出样品的表面，所以背电子散射的监测深度比二次电子大。但是只有面向探测器的背散射电子能够为监测器吸收，故背散射电子像具有较大的反差。由于背散射与原子序数有关，因此背散射电子像与样品的成分有着密切的关系。

（4）吸收电子像

由于入射电子可以被样品表面吸收使之带上负电荷，因此可以测定样品的接地电流从而得到吸收电子像。

（5）透射电子像

对于薄膜样品，入射电子可以透过样品，通过测定透过电子的数量，就可得到透射电子像。它与样品的密度和厚度有着密切的关系。

（6）电子通道花样

对于单晶体，晶体的趋向直接影响着背散射电子和二次电子的强度。当入射电子束与晶面的夹角大于布拉格角时，背散射电子数量较少，反之较多。背散射电子像会形成一条亮带，即电子通道花样。它与样品的晶面指数、晶面间距和布拉格角有关，如图 9.12 所示，为钒单晶的（111）通道花样。

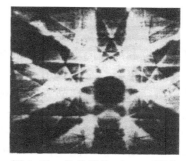

图 9.12　钒单晶的（111）通道花样（背散射电子）

9.2.2　扫描电子显微镜的结构

扫描电子显微镜主要由电子光学系统、扫描系统、信号检测放大系统、图像显示和记录系统、电源和真空系统组成，如图 9.13、图 9.14 所示。

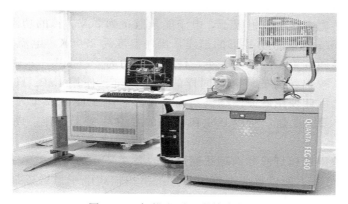

图 9.13　扫描电子显微镜实物图

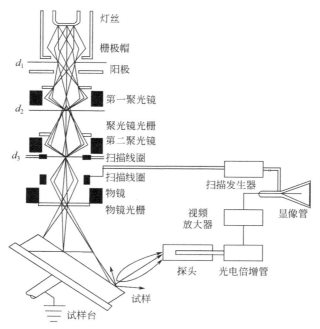

图 9.14　扫描电子显微镜工作原理图

(1) 电子光学系统

该系统由场发射电子枪、电磁透镜、光阑、样品室等部件组成。它的作用是得到具有较高的亮度和尽可能小束斑直径的扫描电子束。在光学系统中扫描电镜最后一个透镜的结构有别于透射电镜,它是采用上下极靴不同孔径不对称的磁透镜,这样可以大大减小下极靴的圆孔直砸,从而减少样品表面的磁场,避免磁场对二次电子轨迹的干扰,不影响对二次电子的收集。另外,末级透镜中要有一定的空间,用来容纳扫描线圈和消像散器。

a. 电子枪。电子枪的必要特性是亮度要高、电子能量散布要小。目前常用的有三种:钨(W)灯丝、六硼化镧(LaB_6)灯丝、场发射(field emission)式电子枪。不同的灯丝电子源大小、电流量、电流稳定度及电子源寿命等均有差异。热游离方式电子枪有钨(W)灯丝及六硼化镧(LaB_6)灯丝两种,它是利用高温使电子具有足够的能量去克服电子枪材料的功函数(work function)能障而逃离。对发射电流密度有重大影响的变量是温度和功函数,但因操作电子枪时均希望能以最低的温度来操作,以减少材料的挥发,所以在操作温度不提高的状况下,就需采用低功函数的材料来提高发射电流密度。价钱最便宜、使用最普遍的是钨灯丝,以热游离方式来发射电子,电子能量散布为 2eV。钨的功函数约为 4.5eV,钨灯丝系一直径约 $100\mu m$、弯曲成 V 形的细线,操作温度约 2700K,电流密度为 $1.75A/cm^2$,在使用中灯丝的直径随着钨丝的蒸发变小,使用寿命约为 40~80h。六硼化镧(LaB_6)灯丝的功函数为 2.4eV,较钨丝为低,因此同样的电流密度,使用 LaB_6 只要在 1500K 即可达到,而且亮度更高,因此使用寿命便比钨丝高出许多,电子能量散布为 1eV,比钨丝要好。但因 LaB_6 在加热时活性很强,所以必须在较好的真空环境下操作,因此仪器的购置费用较高。

场发射式电子枪则比钨灯丝和六硼化镧灯丝的亮度又分别高出 10~100 倍,同时电子能量散布仅为 0.2~0.3eV,所以目前市售的高分辨率扫描式电子显微镜都采用场发射式电子枪,其分辨率可高达 1nm 以下。

b. 电子光学系统中的电磁透镜主要是用来控制电子束射在样品上的斑点尺寸、电子束的发射角和电子束的电流。

c. 样品室。由于对真空的要求较高,有些仪器在电子枪及磁透镜部分配备了 3 组离子泵(ion pump),在样品室中,配置了 2 组扩散泵,在机体外,以 1 组机械泵负责粗抽,所以由 6 组大小不同的真空泵来达成超高真空的要求,另外在样品另有以液态氮冷却的冷阱(cold trap),协助保持样品室的真空度。

(2) 真空系统

真空系统由机械泵、扩散泵以及真空管道和阀门组成,且均采用自动化操作。

(3) 电源系统

由高压电源、透镜电流、电子枪电源和真空系统电源组成。

(4) 扫描系统

扫描线圈安装在第二聚光镜和物镜之间,它是扫描电镜的一个十分重要的部件。扫描线圈使电子作光栅扫描,与显示系统的 CRT 扫描线圈由同一锯齿波发生器控制,以保证镜筒中的电子束与显示系统 CRT 中的电子束偏转严格同步。由扫描信号发生器、放大控制器及相应的电子线路组成。它的作用是产生扫描信号,用以控制电子束在样品上的扫描幅度,并使其与显像管(CRT)中的电子束在荧光屏上的扫描同步。通过控制电子束在样品表面的扫描幅度来改变扫描电镜的放大倍数。扫描电镜的样品室要比透射电镜复杂,它能容纳大的试样,并在三维空间进行移动、倾斜和旋转。

（5）信号探测系统

二次电子和背反射电子探测器由收集器、闪烁体，光电倍增管和前置放大器组成，这是扫描电镜中最主要的信号检测。检测过程是电子进入收集器中，然后经过加速器的加速，电子射到闪烁器同时产生光电子，经过光电倍增管转化为电流，最后经过前置放大器输送电到显示器中（如图 9.15 所示）。现在显像和记录工作由计算机来完成。入射电子束和试样相互作用，从试样表面原子中激发出二次电子。二次电子收集极将各方向发射的二次电子汇集，再经加速极加速，射向闪烁体上转变成光信号。经光导管到达光电倍增管，使光信号再次转变为电信号。电信号经视频放大器放大，并将其输出送至显像管的栅极，调制显像管的亮度，因而在荧光屏幕上便呈现出一幅亮暗程度不同的反映试样表面形貌的二次电子像。一幅扫描图像由多达 100 万个分别与被分析物表面物点一一对应的图像点构成。

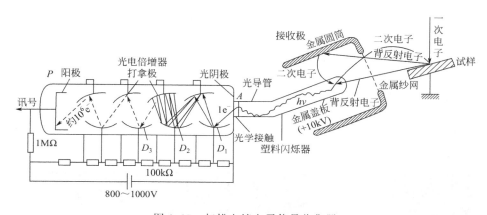

图 9.15　扫描电镜电子信号收集器

（6）显示系统

显示装置一般有两个显示通道：一个用来观察，另一个供记录用（照相）。在观察时为了便于调焦，采用尽可能快的扫描速度，而拍照时为了得到分辨率高的图像，要尽可能采用慢的扫描速度（多用 50～100s）。

扫描式显微镜有一重要特色是具有超大的景深（depth of field），约为光学显微镜的 300 倍，使得扫描式显微镜比光学显微镜更适合观察表面起伏程度较大的样品。

（7）吸收电子检测

试样不直接接地，而与一个试样电流放大器相接，可检出被测试样吸收的电子。它是一个高灵敏度的微电流放大器，能检测到 $10^{-12} \sim 10^{-6}$ A 这样小的电流。

（8）X 射线检测

它是检测试样发出的元素特征 X 射线波长和光子能量，从而实现对试样微区进行成分分析。

9.2.3　扫描电子显微镜的性能

（1）分辨率

分辨率就是指清晰分开的两个物体之间的距离。对于电子显微镜，衍射像差和球差对分辨率的影响较大。由于球差与磁场强度有关，因此，可以通过提高电子束电压、减少电子束波长的方法，提高分辨率。

（2）景深

景深是指图像清晰度保持不变的情况下，样品平面沿光轴方向前后可移动的距离。景深与放大倍数密切相关，放大倍数越大则景深越小。如图9.16所示，D_f即表示景深。

（3）放大倍数

扫描电镜的放大倍数 M 定义为：电子束在荧光屏上最大扫描距离和在镜筒中电子束在试样上最大扫描距离的比值。

$$M = \frac{l}{L} \tag{9.5}$$

式中，l 为荧光屏长度；L 为电子束在试样上扫过的长度。

这个比值是通过调节扫描线圈上的电流来改变的。

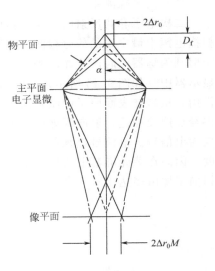

图 9.16　透镜的景深

9.2.4　扫描电子显微镜的特点

① 如图9.17所示，扫描电镜除了能显示一般试样表面的形貌外，还能将试样微区范围内的化学元素、光、电、磁等性质的差异以二维图像形式显示出来，并可用照相方式拍摄图像。

图 9.17　一种海底辐射虫在光学显微镜（左）和扫描电子显微镜（右）下的观察照片

② 扫描电镜是一种有效的理化分析工具，通过它可进行各种形式的图像观察、元素分析、晶体结构分析。扫描电镜可用于基础理论研究，也可用于生产中产品质量检查，以改善材料性能等。

③ 分辨本领高——二次电子成像能观察到试样表面6nm左右的微区情况；放大倍数可调范围大（一般100000～150000倍），如图9.18所示为100000放大倍数的二氧化锰。

④ 观察试样的景深大，图像富有立体感，可直接观察试样表面起伏较大的粗糙结构形

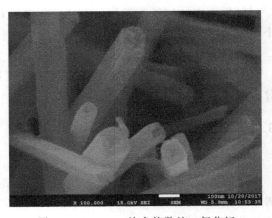

图 9.18　100000 放大倍数的二氧化锰

态，如图 9.19 所示。

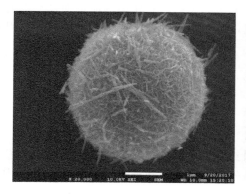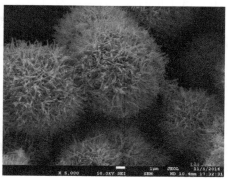

图 9.19　纳米二氧化锰

　　扫描电镜成像与电视显像相似。扫描电镜图像按一定时间、空间顺序逐点扫描形成，并在镜体外显像管荧光屏幕上显示出来。

　　由电子枪发射的能量达 30keV 的电子束，经会聚透镜和物镜缩小聚焦，在试样表面形成具有一定能量、一定强度、极小的点状电子束。在扫描线圈磁场作用下，电子束在试样表面上按一定的时间、空间顺序作光栅式逐点扫描。

9.2.5　样品制备

　　样品制备需满足以下条件：
　　① 表面导电性良好，需能排除电荷；
　　② 不能有松动的粉末或碎屑以避免抽真空时粉末飞扬污染镜柱体；
　　③ 样品耐热性良好；
　　④ 不能含液状或胶状物质，以免挥发；
　　⑤ 非导体表面需镀金（影像观察）或镀碳（成分分析）。

9.2.6　影响电子显微镜影像品质的因素

　　电子枪、电磁透镜以及样品室的洁净度等，避免粉尘、水气、油气等污染；调节加速电压、工作电流以及仪器调整、样品处理、真空度；环境因素（振动、磁场、噪声、接地）。如何做好 SEM 的影像，一般由样品的种类和所要的结果来决定观察条件，调整适当的加速电压、工作距离、适当的样品倾斜，选择适当的侦测器、调整合适的电子束电流。

　　一般来说，加速电压越高，电子束波长越短，理论上，只考虑电子束直径的大小，加速电压越大，可得到越小的聚焦电子束，因而提高分辨率，然而提高加速电压却有一些不可忽视的缺点，比如：无法看到样品表面的微细结构；会出现不寻常的边缘效应；电荷累积的可能性增大；样品损伤的可能性增大。

　　平时操作，若要将样品室真空亦保持在 10^{-8}Pa(10^{-10}torr)，则抽真空的时间将变长而降低仪器的便利性，更增加仪器购置成本，因此一些仪器设计了阶段式真空，亦即使电子枪、磁透镜及样品室的真空度依序降低，并分成三个部分来读取真空计读数，如此可将样品保持在真空度 10^{-5}Pa 的环境下即可操作。平时待机或更换样品时，为防止电子枪污染，皆使用真空阀（gun valve）将电子枪及磁透镜部分与样品室隔离，实际观察时再打开使电子束通过而打击到样品。

　　场发射式电子枪的电子产生率与真空度有密切的关系，其使用寿命也随真空度变差而急剧缩短，因此在样品制备上必须非常注意水气，或固定用的碳胶或银胶是否烤干，以免在观察的过程中，真空陡然变差而影响灯丝寿命。

9.3　场发射扫描电子显微镜

9.3.1　场发射扫描电子显微镜的结构

　　场发射扫描电子显微镜的基本结构与普通扫描电子显微镜相同，所不同的是场发射的电子枪。场发射电子枪（图 9.20）由阴极、第一阳极（减压电极）和第二阳极（加压电极）组成。第一阳极的作用是使以上的电子脱离阴极表面，第二阳极与第一阳极之间有一加速电压，阴极电子束在加速电压的作用下其直径可以缩小到 1nm 以下。阴极材料通常由单晶钨制成，场发射电子枪可分成三种：冷场发射式（cold field emission，CFE）、热场发射式（heat field emission，HFE）及肖特基发射式（Schottky emission，SE）。当在真空中的金属表面受到 108V/cm 大小的电子加速电场时，会有可观数量的电子发射出来，此过程叫作场发射，其原理是高压电场使电子的电位障碍产生 Schottky 效应，亦即使能障宽度变窄，高度变低，致使电子可直接"穿隧"通过此狭窄能障并离开阴极。场发射电子系从很尖锐的阴极尖端所发射出来，因此可得极细而又具高电流密度的电子束，其亮度可达热游离电子枪的数百倍，甚至千倍。要从极细的阴极尖端发射电子，要求阴极表面必须完全干净，所以要求场发射电子枪必须保持超高真空度以便防止阴极表面黏附其他的原子。一般情况下，阴极材料由单晶钨制成。

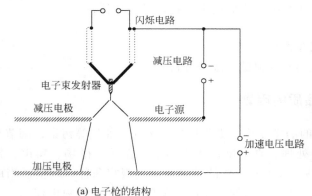

（a）电子枪的结构

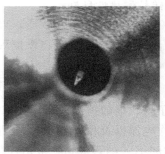

（b）电子枪实物图

图 9.20　场发射电子枪

　　① 冷场发射式电子枪必须在 10^{-10} torr 的真空度下操作，需要定时短暂加热针尖至 2500K，以去除所吸附的气体原子。冷场发射式电子枪最大的优点为电子束直径最小、亮度最高、持续时间非常长，因此影像分辨率最优，能量散布最小，缺点是需要很高的真空度、易污染、需要频闪（突然加热）、电流稳定性差。

　　② 热场发射式电子枪类似于冷场发射枪，不同的是热场发射枪是在 1800K 温度下操作，不需要针尖频闪，不易污染，具有较大的能量扩散。

　　③ 萧特基发射式电子枪系在钨（100）单晶上镀 ZrO 覆盖层，其操作温度为 1800K，

ZrO 的作用是将纯钨的功函数降低（2.8～4.5eV）。由于外加高电场的作用使得电子更容易以热能的方式跳过能障逃出针尖表面，真空度约 $10^{-9}\sim10^{-8}$ torr。它具有发射电流大、发射面较大、能量扩散小、电流密度较高、电流稳定性良好、不易污染、寿命长等特点，但影像分辨率较差。

场发射放大倍率由 25 倍到 650000 倍，在使用加速电压 15kV 时，分辨率可达到 1nm，加速电压 1kV 时，分辨率可达到 2.2nm。一般钨丝型的扫描式电子显微镜仪器上的放大倍率可到 200000 倍。

9.3.2　场发射扫描电子显微镜的特点

场发射扫描电子显微镜具有极高的分辨率，可达 1.5nm，是传统 SEM 的 3～6 倍，图像质量较好，但由于场发射电子枪亮度高，能量扩散小，不方便操作和维护。

9.4　电子探针显微分析

电子探针显微分析就是利用电子轰击待研究的试样来产生 X 射线，根据 X 射线中谱线的波长和强度鉴别存在的元素并算出其含量。电子探针（EPMA）的基本功能是用特征 X 射线获取样品的组成信息，其空间分辨率可达 $1\mu m$。现在已经可以将 X 射线能谱（energy dispersive spectrometry，EDS）仪和 X 射线波谱（wavelength dispersive spectrometry，WDS）仪安装在扫描电镜上面，提高电子探针技术的分析能力。自 1956 年第一台电子探针制成以来，电子探针技术日臻成熟，与扫描电子显微镜技术的结合愈来愈紧密。

9.4.1　EPMA 原理和结构

1895 年德国科学家发现了 X 射线，1914 年英国科学家 Henry Moseley 发现了特征 X 射线与原子序数之间的关系。1913 年莫塞莱发现了元素的特征 X 射线与其原子序数之间有着一定的关系：

$$\sqrt{\nu}=R(Z-\sigma) \tag{9.6}$$

式中，R 和 σ 为常数；Z 为原子序数；ν 为特征 X 射线的频率。

1920 年大多数元素的特征 X 射线谱图建立起来。

电子探针显微分析是利用聚焦的电子束照射到样品上使之产生特征 X 射线，由探测器接收，然后利用 X 射线谱仪分析其能量或者其波长并确定样品元素组成的一种分析方法。它是分析化学成分的仪器。

电子探针显微分析仪（EPMA-SEM）的结构如图 9.21 所示，电子探针与扫描电镜的结构大致相似，不同的是电子探针有一套完整的 X 射线波长和能量探测装置（波谱仪射线波长和能量探测装置，波谱仪 WDS 和能谱仪 EDS），用来探测电子束轰击样品所激发的特征 X 射线。由于特征 X 射线的能量或

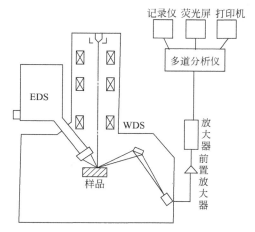

图 9.21　EPMA-SEM 装置

波长随着原子序数的不同而不同，只要探测入射电子在样品中激发出的特征 X 射线波长或能量，就可获得样品中所含的元素种类和含量，以此对样品微区成分进行定量分析，是电子探针最大的特点。

9.4.2 X射线能谱仪

X 射线检测分析的基础是特征 X 射线谱，给出了 X 射线能量与元素序数之间的关系。确定了特征 X 射线。

EDS 系统的工作原理如下。

（1）EDS 的结构

由探测器、前置放大器、脉冲信号、处理单元、D/A 多道分析器等组成。

X 射线能谱仪检测的是 X 射线光子，为检测器中的原子吸收并转化为电脉冲，脉冲振幅正比于光子能量，亦即探测器检测的是光子的能量。目前常用的探测器有盖革检测器、NaI(Ti) 闪烁检测器和 Si(Li) 监测器，由于 Si(Li) 检测器（锂漂移硅探测器，如图 9.22、图 9.23 所示）有量子效率较高、尺寸较小等特点，已成为最常用的检测器。在 Si(Li) 检测器中，X 射线光子照射探测器表面使得 Si 电离产生初始光电子，初始光电子在探测器中发生非弹性散射，进而产生许多电子空穴对，光子的能量在探头内消耗尽，经过增益放大形成输出脉冲。Si(Li) 检测器检测的有效波长在 0.4～10Å，目前检测元素的范围已达 6～92 号元素，能够分析碳以上的元素。

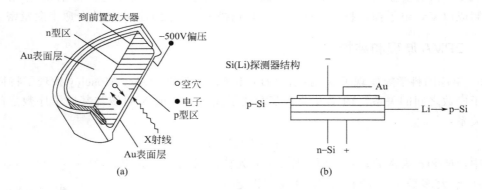

图 9.22　锂漂移硅探测器

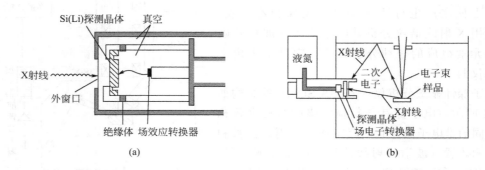

图 9.23　Si(Li) 探测器的结构

（2）检测过程

当 X 射线光子被探测器晶体捕获，探测器晶体上产生空穴电子对，这些电子对通过偏转线圈形成电荷脉冲，并通过牵制放大器，进一步转换为电压脉冲。脉冲信号通过线性放大器进一步放大后进入计算机 X 射线分析仪，转化为能量与强度的谱图。

（3）检测器的效率

样品产生的特征 X 射线非常接近于直线（宽度只有几个电子伏特），但是由于检测器类型的不同以及维护情况的差异使得图谱上形成的峰变宽（可达 135～200eV）。峰宽一般用半高峰宽（full width half max，FWHM）来表示。FWHM 也用来表示检测器的分辨率，如图 9.24 所示。

（4）EDS 的特点

如图 9.25 所示，X 射线能谱仪具有如下一些特点：①探测立体角大、探测效率高；②对薄样品检测效率优于厚块状样品；③可同时显示所有谱线，定性分析速度快。

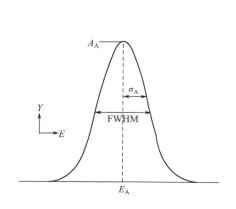

图 9.24　X 射线谱仪的分辨率

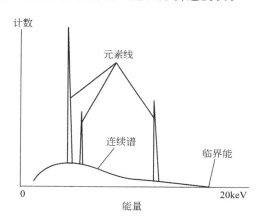

图 9.25　特征 X 射线

9.4.3　X 射线波谱仪

根据波长和频率之间的关系 $\lambda = \dfrac{c}{\nu}$，莫塞莱定律可以转变为：

$$\frac{1}{\sqrt{\lambda}} = R(Z - \sigma)/\sqrt{c} \tag{9.7}$$

如果测得 X 射线的波长则可判断样品中的元素，元素含量越多则 X 射线强度越高。

X 射线波谱仪由 X 射线光谱仪和测量电路系统组成。其中 X 射线探测器和分光晶体是核心部件。

（1）分光晶体

目前所用的分光晶体有氟化锂、石英、异戊四醇、邻苯二甲酸等，其作用是将 X 射线照射到分光晶体上后发生衍射，根据布拉格定律 $n\lambda = 2d\sin\theta$ 测得 X 射线的衍射角，计算出 X 射线的波长。根据莫塞莱定律确定其所对应的元素，达到元素分析的目的。

如图 9.26 所示，特征 X 射线进入分光晶体衍射以后进入计数管，并进一步转化为脉冲信号，经过进一步放大以后，进入脉冲高度分析器，定标器进行计数，从而获得 X 射线的强度信号。

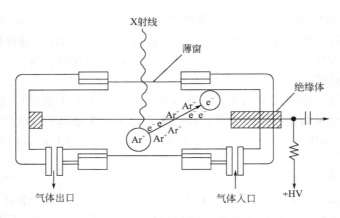

图 9.26 气体等比计数器

（2）X 射线的聚焦

由于电子束激发产生的 X 射线强度较弱，因此需要将 X 射线聚焦以增强衍射的强度，提高分辨率。目前采用的有 Johann 不完全聚焦和 Johansson 完全聚焦、半聚焦、可变聚焦、三维聚焦以及对数曲线聚焦等。如图 9.27 所示，是 Johansson 全聚焦示意图，图中分光晶体的曲率半径等于聚焦圆的半径。

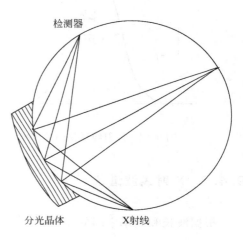

图 9.27 全聚焦光谱仪

在探测 X 射线过程中由于不同波长的 X 射线有不同的衍射角，因此需要改变 X 射线的衍射角，以满足布拉格方程，产生衍射线。目前多采用直进式的方法来使探测器始终可以保持在衍射线上。直进式的工作方式是分光晶体围绕自身的轴线作直线运动，同时探测器作四叶玫瑰线运动，其特点是：晶体移动距离与 X 射线波长成线性关系。直进式波谱仪具有较高的灵敏度和较高的分辨率（分开两种 X 射线波长的能力），X 射线的出射角大，重复性好，调整使用方便等。其缺点是：X 射线的利用率低。

X 射线波谱仪最低可以探测到元素铍（$Z=4$），探测精度高，能做痕量分析。

9.4.4　定性分析

在 X 射线能谱仪扫描电镜上，可以很快地完成所有元素的 X 射线能谱图，通过鉴别图谱中各个峰的能量来判断该峰所对应的元素，峰高与元素的含量成正比。X 射线能谱的定性分析参照全能谱分析，图中同时也给出了 K、L、M 主要谱线的 Si 逃逸峰。

定性分析的基本要求和原则：熟悉各元素线系中元素的能量谱，正确识别能谱中的虚假峰和干扰峰。为提高定性分析的准确性，需要尽可能累计足够的计数，选用适当的计数率，尽量用元素的多个峰来确定一种元素。

9.4.5 定量分析

电子探针定量分析的基础是元素特征 X 射线的强度。在实际测定中由于分析条件的变化和仪器的稳定性等各方面的因素，射线强度与元素含量的关系需要修正。定量分析方法之一是比较同样测试条件下样品 X 射线强度和已知含量样品的 X 射线强度：

$$\frac{c_i}{c_{std}} = \frac{I_i}{I_{std}} = k_i \tag{9.8}$$

式中，c_i 和 c_{std} 分别为样品和标准样的浓度；I_i 和 I_{std} 分别为样品和标准样元素 X 射线的强度；k_i 为样品和标准样的浓度比。

实际元素含量的修正由计算机来完成，主要的修正来源于原子序数效应、吸收效应和荧光效应等。①原子吸收效应源于原子序数不同引起的特征 X 谱线强度的改变，由图 9.28可见对于原子序数小的元素，X 射线荧光产率较低，强度较弱。②由于样品对入射电子束有一定的吸收，不同的样品吸收也不尽相同，由此引起的 X 射线强度的改变称为吸收效应。③荧光效应，由荧光效应的产生引起特征 X 射线强度改变的现象称为荧光效应。

SEM 大多配置了 EDS 探测器以进行成分分析。当需低含量、精确定量以及超轻元素分析时，则可再增加 1～4 道 X 射线波谱仪，如图 9.29 是 X 射线谱仪获得的 $BaTiO_3$ 的能谱和波谱，图 9.30 是 EDS 仪与 WDS 仪的性能比较。

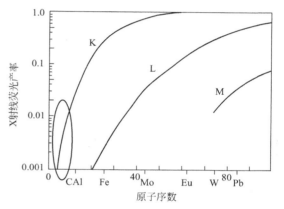

图 9.28　X 射线荧光产率与原子序数的关系

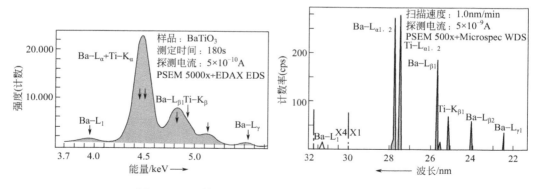

图 9.29　X 射线谱仪获得的 $BaTiO_3$ 的能谱和波谱

SEM 不但在科学研究而且在工农业生产中得到了广泛的应用，特别是电子计算机产业的兴起使其得到了很大的发展。目前半导体超大规模集成电路每条线的制造宽度正由 $0.25\mu m$ 向 $0.18\mu m$ 迈进。

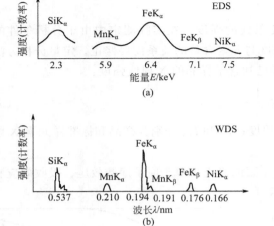

表格:

项目	EDS仪	WDS仪
分辨率/eV	80～180	约5
识别时间/min	1	5～30
使用	易	难
无标准分析	++	难
峰-背景比	100∶1	1000∶1

图 9.30　EDS/WDS 的比较

参 考 文 献

［1］　Goldstein，et al. Scanning Electron Microscopy and X-ray Microanalysis. 3rd Edition. New York：Plenum Press，2003.

［2］　常铁军，祁欣，等．材料近代分析测试方法．哈尔滨：哈尔滨工业大学出版社，2003.

［3］　王世中，臧鑫士．现代材料研究方法．北京：北京航空航天大学出版社，1991.

［4］　van Heimen M. Electron Microscopy of Materials. 1980.

［5］　郭素枝．扫描电镜技术及其应用．厦门：厦门大学出版社，2006.

［6］　张铭诚，袁自强，等．电子束扫描成像及微区分析．北京：原子能出版社，1987.

［7］　周玉．材料分析方法．北京：机械工业出版社，2006.

［8］　马礼敦．高等结构分析．北京：机械工业出版社，2006.

第 10 章

透射电子显微镜

10.1　透射电子显微镜简介

1932 年，德国柏林工科大学高压实验室的 M. Knoll 和 E. Ruska 研制成功了第一台实验室电子显微镜，即后来透射式电子显微镜（transmission electron microscope，TEM）的雏形。虽然放大倍数仅为 12 倍，但是该成果有力地证明了使用电子束和电磁透镜可形成与光学影像类似的电子影像，并为电子显微镜的开发与应用奠定了基础。

早期的透射电子显微镜功能主要是观察样品形貌，后来发展到可以通过电子衍射原位分析样品的晶体结构。同时具有能将形貌和晶体结构原位观察的两个功能是其他结构分析仪器（如光学显微镜和 X 射线衍射仪）所不具备的。透射电子显微镜增加附件后，又发展到可以原位进行形貌观察（二次电子像、背散射电子像、透射形貌像和透射扫描像）、晶体结构（电子衍射）分析、化学成分（能谱、特征能量损失谱等）分析。样品台也已出现可以设计成高温台、低温台和拉伸台，这样透射电子显微镜还可在加热、低温冷却和拉伸状态下观察样品的动态组织结构和化学成分的变化。这意味着现代的多功能电镜可在不更换样品的情况下同时进行多种分析，尤其是可针对同一微区原位进行形貌、晶体结构、化学成分（价态）、磁学、电学和力学性能的全面分析。本章将重点介绍透射电子显微镜的测试原理及其在材料分析和研究中的应用。

10.2　电子波与电磁透镜

10.2.1　光学显微镜的分辨率极限

人们用肉眼观察细小物体所能看见的最小细节即人眼分辨率（resolution），约为 0.1～0.2mm，因此必须借助显微镜才能看到更加细小的物体。显微镜可分为光学显微镜和电子显微镜。利用可见光作为光源，显微镜能够将人眼的分辨率提高到 1000 倍。超过这个放大倍数，人眼则无法分辨。为了更好地提高分辨能力，必须从本质上了解影响分辨率的因素有哪些及其如何影响。

光学显微镜是根据玻璃凸透镜的成像原理，要经过凸透镜的两次成像，如图 10.1 所示。首先经过物镜（凸透镜 1）成像，此时物体 AB 应在物镜（凸透镜 1）的一倍焦距和两倍焦距之间。根据物理学的原理，物体的反射光线穿过物镜经折射后，得到一个放大的倒立实像 A1B1（称为中间象）。然后以 A1B1 作为"物体"，经过目镜第二次成像。由于人观察或仪器摄像的时候是在目镜的另外一侧，根据光学原理，第二次成的像是一个正立虚像（以 A1B1 为参照物）。

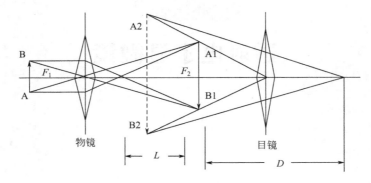

图 10.1　光学显微镜的成像原理示意图

AB—物体；A1B1—物镜放大图像；A2B2—目镜放大图像；F_1—物镜的焦距；

F_2—目镜的焦距；L—光学镜筒长度（即物镜后焦点与目镜前焦点之间的距离）；

D—明视距离（人眼的正常明视距离为 250mm）

光学显微镜是利用光的折射和衍射原理来成像的。由于光波的波动性，使得由透镜各部分折射到像平面上的像点及其周围区域的光波发生相互干涉作用，产生衍射效应。一个理想的物点，经过透镜成像时，由于衍射效应，在像平面上形成的不再是一个像点，而是一个具有一定尺寸的中央亮斑和周围明暗相间的圆环所构成的埃利（Airy）斑，如图 10.2 所示。

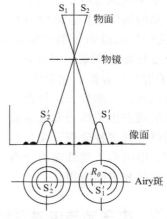

图 10.2　两个光源成像时形成的 Airy 斑

一个样品可以看成是由许多物点所组成，设想这些物点相邻、但不互相重叠。当用波长为 λ 的光波照射物体时，假如物体上两个相隔一定距离的点，经过透镜成像后在像平面上形成各自的埃利斑像。如果两物点相距较大，相应的埃利斑也彼此分开，当物点彼此接近时，相应的埃利斑也彼此接近，直至部分重叠。根据英国物理学家瑞利提出的判据，可知道两个埃利斑是否能被分辨开的极限距离，即通常两个相邻物点形成的两个埃利斑重叠部分的叠加强度是单一环埃利斑中心强度的 81％时，两个物点间的距离是人眼可以分辨的极限，如图 10.3所示，此时两个物点间的距离（S_1S_2）作为物镜的极限分辨率 ΔR_d，即显微镜的分辨率。

一个物体上的两个相邻点能否被显微镜分辨清楚，主要取决于显微镜中的物镜。假如在物镜形成的像中，这两点未被分开的话，则无论利用多大倍数的投影镜或目镜，也不能再把它们分开。根据光学原理，两个发光点的分辨距离 S_1S_2 为：

$$\Delta R_d = \frac{0.61\lambda}{n\sin\alpha}M \tag{10.1}$$

式中，ΔR_d 为两物点的间距；λ 为光线的波长；n 为透镜周围介质的折射率；$n\sin\alpha$ 为数值孔径，用 N.A 表示。

将玻璃透镜的一般参数代入上式，即最大孔径半角 $\alpha = 70° \sim 75°$，即使选择较大折射

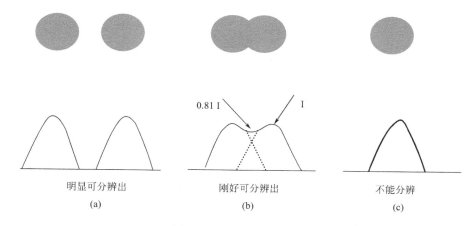

图 10.3 分辨本领示意图

率的介质，例如采用油浸式镜头的情况下，$n = 1.5$，其数值孔径 $n\sin\alpha = 1.25 \sim 1.35$，式(10.1)可化简为：

$$\Delta r_0 \approx \frac{\lambda}{2} \tag{10.2}$$

这说明，显微镜的分辨率取决于可见光的波长，而可见光的波长范围为 $390 \sim 760 nm$，故而利用可见光作为光源的光学显微镜的分辨率不可能高于 $2000 nm$。

根据式(10.1) 可知，要提高显微镜的分辨本领，需要从折射率和光源的波长上有所突破。目前能够找到的折射率最高的浸透介质是溴萘（$n = 1.66$），用溴萘作为介质只能将显微镜的分辨率提高到 $130 nm$。欲继续增大分辨率，则需用更短波长的光源。根据电磁波谱可知，紫外线波长比可见光短，在 $130 \sim 3900 nm$ 范围，但绝大多数样品都强烈吸收短波长紫外线，目前仅能利用 $200 \sim 250 nm$ 波长的紫外线。和普通的可见光显微镜比，现代紫外线显微镜可将分辨率提高 1 倍左右。激光共聚焦显微镜，可将放大倍数提高到约 10000 倍。X射线波长在 $0.5 \sim 100 nm$ 范围，但是至今还不知道有什么物质能使之有效地改变方向、折射和聚焦成像。电子的波动性被发现后，很快就被用来作为提高显微镜分辨率的新光源，随即出现了透射电子显微镜。

10.2.2 电子波的波长

根据德布罗意公式可以计算电子波的波长，即：

$$\lambda = \frac{h}{mv} \tag{10.3}$$

式中，h 为普朗克常数，$6.26 \times 10^{-34} J \cdot s$；$m$ 为电子的质量；v 为电子的速度。v 和加速电压 U 之间有如下关系：

$$\frac{mv^2}{2} = eU$$

即

$$v = \left(\frac{2eU}{m}\right)^{\frac{1}{2}} \tag{10.4}$$

式中，e 为电子所带的电荷，$1.6 \times 10^{-19} C$。

由式(10.3) 和式(10.4) 可得

$$\lambda = \frac{h}{(2emU)^{\frac{1}{2}}} \tag{10.5}$$

如果电子速度较低，则它的质量和静止质量相近，即 $m \approx m_0$（$9.1 \times 10^{-31}\,\mathrm{kg}$）。如果加速电压很高，则电子具有极高的速度，必须借助相对论进行校正，此时

$$m = \frac{m_0}{\left[1 - \left(\dfrac{v}{c}\right)^2\right]^{\frac{1}{2}}} \tag{10.6}$$

式中，c 为光速。

如表 10.1 所示是根据式（10.5）和式（10.6）计算出的不同加速电压下电子波的波长。

表 10.1　不同加速电压下电子波的波长（经相对论校正）

加速电压/kV	电子波长/Å	加速电压/kV	电子波长/Å
20	0.0859	100	0.0370
30	0.0698	120	0.0334
40	0.0601	160	0.0285
50	0.0536	200	0.0251
80	0.0418	500	0.0142

从计算出的电子波波长来看，在常用的 $100 \sim 200\,\mathrm{kV}$ 加速电压下，电子波波长要比可见光小 5 个数量级。

10.2.3　电磁透镜

电磁波的波长在一定的加速电压下要比可见光短得多，那么人们自然会取类比像或取像比类地想到，只要做出能制造出能够产生具有旋转对称特性的静电场或磁场的装置，就能实现电子束的聚焦。因此，科技工作者根据电子束在静电场或磁场中可以做直线加速和旋转运动的原理制造出了形状与玻璃透镜类似的，并具有非均匀旋转对称特性的静电场和磁场装置。人们将这种能够使电子束聚焦的装置，称为电子透镜。电子透镜可分为静电透镜（electrostatic lens）和电磁透镜（magnetic lens）两种，如图 10.4 所示。然而，和电磁透镜相比，静电透镜需要在很高的加速电压，甚至数万伏条件下才可以改变焦距和放大倍率，因此

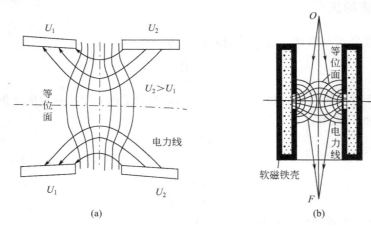

图 10.4　电磁透镜示意图

很容易被击穿。另外，静电透镜的像差也比磁透镜要大，所以在目前所开发的电子显微镜中大都采用电磁透镜，而静电透镜主要用于制造发射电子束的电子枪。

当电子在电场中运动时，由于电场力的作用，电子会发生折射。我们将两个同轴圆筒带上不同电荷（处于不同电位），两个圆筒之间形成一系列弧形等电位面族，散射的电子在圆筒内运动时受电场力作用在等电位面处发生折射并会聚于一点，这样就构成了一个最简单的静电透镜。由于电场中电位是连续变化的，这就决定了电场对电子的折射率是连续变化的；但在光学玻璃透镜系统，在介质界面折射率是突变的。所以导致电子在静电透镜场中沿曲线轨迹运动，而光在玻璃透镜系统中沿折线轨迹传播。

实际上，通电的短线圈就是一个最简单的电磁透镜，其所形成的磁场具有以轴为中心旋转对称而径向分布不均匀的特点。磁力线圈绕导线成环状，磁力线上任意一点的磁感应强度 B 都可以分解成平行于透镜主轴的分量 B_r 和垂直于透镜主轴的分量 B_r，如图 10.5（a）所示。速度为 V 的平行电子束进入透镜的磁场时，位于 M 点的电子将受到分量 B_r 的作用。根据右手法则，电子所受的切向力 F_t 的方向指向纸面，从而使电子获得一个切向速度 V_t；V_t 随即和分量 B_z 叉乘，形成另一个向主轴靠近的经向力 F_r 使电子向主轴偏转（聚焦），如图 10.5（b）所示。当电子穿过线圈走到 N 点位置时，B_r 的方向改变了 180 度，F_t 随之反向，但是 F_t 的反向只能使 V_t 变小，而不能改变 V_t 的方向，因此穿过线圈的电子仍然趋向于靠近主轴，结果使电子做圆锥螺旋近轴运动，如图 10.5（c）所示。一束平行于主轴的入射电子束通过电磁透镜时将被聚焦在轴线上一点，如图 10.5（d）所示，这与光学玻璃凸透镜对平行于轴线入射的平行光束的聚焦作用十分相似，如图 10.5（e）所示。值得注意的是，由于洛仑兹力的作用，用磁透镜成像时，图像会相对于物体产生一定角度的旋转。

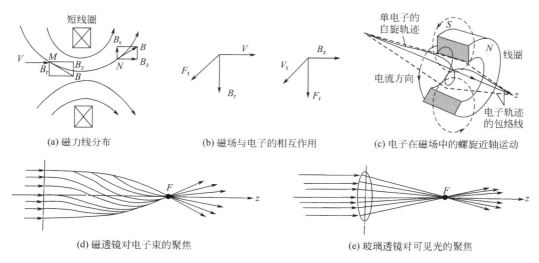

图 10.5　磁透镜的磁场及聚焦原理示意图

由通电短线圈构成的电磁透镜缺点是：①部分磁力线在线圈外，对电子束聚焦不起作用；②磁感应强度低，聚焦作用差。如果将短线圈安装在由软磁材料（低碳钢或纯铁）制成的具有内环形间隙的壳子里，则可使线圈通电后所产生的磁力线都集中在铁壳的中心区域，尤其是集中在内环形间隙附近区域，提高该区域的磁场强度和聚焦能力。软磁壳内孔和环形间隙的尺寸越小，间隙附近区域磁场强度越高，对电子的折射能力越强，相应透镜的焦距越短。为了进一步缩小磁场的广延度，使大量磁力线集中于缝隙附近的狭小区域内，接出一对顶端成圆锥状的极靴。带有极靴的电磁透镜可使有效磁场集中到沿透镜轴向几毫米的范围之内，获得近似理想的薄透镜。在实际应用中，通常将极靴组件套在软磁壳内环形间隙的两端，即常使用的是有极靴的电磁透镜，如图 10.6 所示。如图 10.7 所示，给出了短线圈，加铁壳和极靴后透镜磁感应强度分布示意图。

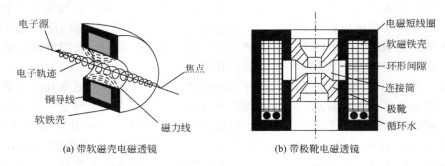

(a) 带软磁壳电磁透镜   (b) 带极靴电磁透镜

图 10.6　带有软磁壳和极靴的电磁透镜

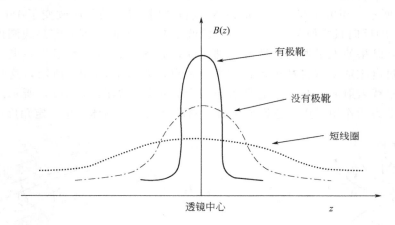

图 10.7　三种电磁透镜轴向磁感应强度分布

磁透镜的特点主要有：无论线圈中的电流方向如何改变，恒为会聚透镜，即电磁透镜的焦距总是正的；可通过调节电流很方便地改变透镜的焦距和放大倍数，这使得实际操作变得很方便。

10.2.4　电磁透镜的像差和分辨本领

电磁透镜的实际分辨率，目前还远远没有达到其理论预期值（波长的一半）。造成这种现象的主要原因是电磁透镜和光学显微镜相似，在成像时也具有各种像差。电磁透镜的像差分成两类，即几何像差和色差。几何像差是因为透镜磁场几何形状上的缺陷而造成的。几何像差主要指球差和像散。色差是由于电子波的波长或能量发生一定幅度的改变而造成的。下面将讨论球差、像散和色差形成的原因并指出减小这些像差的途径。

10.2.4.1　球差

球差即球面像差，是由于电磁透镜的中心区域和边缘区域对电子的折射能力不同而造成的。如图 10.8 所示，离透镜主轴较远的电子（远轴电子）被折射程度比主轴附近的电子（近轴电子）要大。

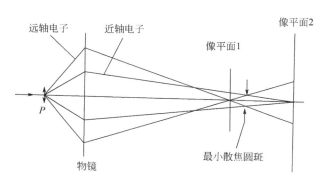

图 10.8　球差产生原理示意图

当物点 P 通过透镜成像时，远轴电子将会聚到靠近透镜的一侧，近轴电子将会聚到远离透镜的一侧电子，这样经过透镜由物点 P 激发出的电子不可能会聚到同一焦点上，从而在像平面 1 和像平面 2 之间形成了散焦圆斑。如果像平面在像平面 1 和像平面 2 之间做水平移动，就可以得到一个最小的散焦圆斑，即此处得到的像最清晰。

假设最小散焦圆斑的半径用 R_s 表示，则用 R_s 除以放大倍数 M，就可将其折算到物平面上去，其大小 $\Delta r_s = R_s/M$。通常将 Δr_s 称为因电磁透镜球差造成的散焦斑半径，并以此来衡量球差对分辨率的影响程度。当物平面上两点距离小于 $2\Delta r_s$ 时，则该透镜不能分辨，即在透镜的像平面上得到的是一个点。Δr_s 可用下式进行计算：

$$\Delta r_s = (1/4)C_s\alpha^3 \tag{10.7}$$

式中　C_s——球差系数；

　　　α——孔径半角。

通常情况下，物镜的 C_s 值相当于它的焦距大小，约为 $1\sim3\text{mm}$；高分辨电镜的 $C_s <$ 1mm。α 为孔径半角，一般为 $10^{-3}\sim10^{-2}\text{rad}$。由式（10.7）可以看出，减小球差可以通过减小 C_s 值和缩小孔径半角来实现，因为球差和孔径半角成三次方的关系，所以用小孔径半角成像时，可使球差明显减小。需要说明的是，在光学显微镜中，借助凸透镜和凹透镜组合的方法，可以将球差减小到衍射引起的缺陷以下，目前新一代电子显微镜中使用物镜球差校正器（电磁凹透镜）和物镜组合的方法来减小球差。如 JEM-ARM200F(UHR) 是一种可以实现球差校正的场发射透射电镜。

10.2.4.2　像散

像散是由透镜磁场的非旋转对称而引起的。如图 10.9 所示，以 AA′ 为旋转对称轴，由于透镜磁场的非旋转性对称，会使其在不同方向上的聚焦能力出现差别，结果使成像物点 P 通过透镜后不能在同一像平面上聚焦成一点。与图 10.8 球差相似，如果像平面在像平面Ⅰ和像平面Ⅱ之间作水平移动，也可以得到一个最小的散焦圆斑，即此处聚焦效果最佳。

如果将最小散焦斑的半径 R_A 折算到物点 P 的位置上去，就形成了一个半径为 Δr_A 的圆斑，即 $\Delta r_A = R_A/M$（M 为透镜放大倍数），以 Δr_A 来表示像散的大小。Δr_A 可通过式(10.8)进行计算：

$$\Delta r_A = \Delta f_A\alpha \tag{10.8}$$

式中　Δf_A——电磁透镜出现椭圆度时造成的焦距差；

　　　α——孔径半角。

极靴内孔不圆、上下极靴的轴线错位、制作极靴的材料材质不均匀以及极靴孔周围局部

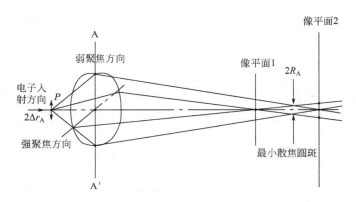

图 10.9　像散产生原理示意图

污染等原因，都会使电磁透镜的磁场产生椭圆度。通过引入一个强度和方位都可以调节的矫正磁场可以对由于电磁透镜制造原因造成的固有像散进行补偿。这个产生矫正磁场的装置，称为消像散器。

10.2.4.3　色差

实际上，入射电子的能量不可能是一个理想的数值，即电子能量会在一个微小的范围内变化。色差正是由于入射电子能量（或波长）的非唯一性所造成的。如图 10.10 所示，假设入射电子的能量出现一定的差别，则能量大的入射电子在距离透镜光轴比较远的地点聚焦，而能量较低的入射电子在距光轴较近的地点聚焦，由此造成了一个焦距差。使像平面在像平面 1 和像平面 2 之间移动时，亦可以得到一个最小的散焦斑。

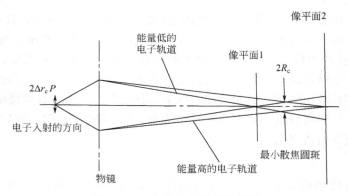

图 10.10　色差产生原理示意图

设由色差造成的最小散焦斑半径为 R_c，用 R_c 除以透镜放大倍数 M，即可将最小散焦斑的半径折算到物点 P 的位置上去，即 $\Delta r_c = R_c / M$，用来表示色差的大小。Δr_c 值可以通过下式进行计算：

$$\Delta r_c = C_c \alpha |\Delta E / E| \tag{10.9}$$

式中　C_c——色差系数；

$|\Delta E / E|$——电子束能量变化率；

α——孔径半角。

当 C_c 和孔径半角 α 一定时，$|\Delta E / E|$ 的数值取决于加速电压的稳定性和电子穿过样

品时发生非弹性散射的程度。如果样品很薄，则可把后者的影响略去，因此采取稳定加速电压的方法可以有效地减小色差。色差系数 C_c 与球差系数 C_s 均随透镜激磁电流的增加而减小。

10.2.4.4　电磁透镜的理论分辨率

　　光学显微镜的分辨本领基本上决定于像差和衍射，而像差基本上可以消除到忽略不计的程度，因此，光学显微镜的分辨本领主要取决于衍射。一个已经制造好的磁透镜，在使用过程中，所产生的像差主要包括：衍射效应产生的像差、球差、像散和色差。像散可以用消像散器消除，色差可用稳定加速电压的方法有效地减小，然而，由于电磁透镜总是会聚的透镜，不能用凸凹透镜组合的手段减小球差，因此电子显微镜分辨本领主要决定于球差和衍射。

　　由衍射造成的像差由式（10.10）决定：

$$\Delta r_d = \frac{0.61\lambda}{n\sin\alpha} \approx 0.61\frac{\lambda}{\alpha} \tag{10.10}$$

由此可知，当入射电子一定时，随着孔径半角的减小，由衍射导致的像差将变大，从而使透镜的分辨率降低。

　　从式（10.7）可知，当孔径半角减小时，球差变小。同时考虑由衍射和球差造成的影响时，则会发现改善其中一个因素而使另一个变坏，即两者是矛盾的。实际应用中兼顾球差 Δr_s 和衍射效应产生的像差 Δr_d 最好的办法是使两者相等，即令

$$\Delta r_d = \Delta r_s \tag{10.11}$$

求出相应的 α 角，这就是最佳孔径半角 α_0，即 $\alpha_0 = 1.25\left(\dfrac{\lambda}{C_s}\right)^{\frac{1}{4}}$，故电磁透镜的孔径半角一般为 $10^{-3} \sim 10^{-2}$ rad。由于现阶段只有用最小的孔径半角来减小电磁透镜的像差，而其孔径半角也仅是光学显微镜的几百分之一，因此电磁透镜的分辨率只比光学显微镜提高了 1000 倍左右，达到 0.2nm。随着超高压（500～3000kV）电子束以及近年来球差校正电磁透镜的使用，使电子显微镜的分辨率可以小于 0.1nm，达到可直接观察原子的水平。

10.2.4.5　电磁透镜的实际分辨本领

　　电磁透镜的分辨率受到衍射效应、球差、像散和色差等诸因素的影响，对于每一台电镜来说，其实际的分辨本领取决于上述各种像差中具有最大数值的那个量。实际的分辨率通常有多种，主要包括：点分辨率、晶格分辨率和空间分辨率。

　　点分辨率（point resolution）为透射电子显微镜刚能分辨清的两个独立颗粒的间隙或中心间距尺寸。测定方法：铂、铂-铱或铂-钯等重金属或合金蒸镀测量法。一般是将铂等重金属或合金真空蒸发到一层极薄的碳支承膜上，得到粒度范围 0.5～1.0nm、间距范围 0.2～1nm 且均匀分布的粒子。至少在同样条件下拍摄两张高倍粒子像底片，然后经光学放大，从照片上找出粒子间最小间距，再除以总放大倍数，即得到相应电子显微镜的点分辨率。

　　晶格分辨率（lattice resolution）指的是对晶格条纹像中条纹的分辨能力。在保证条纹清晰的前提条件下，最小晶面间距即为电镜的晶格分辨率。测量方法：利用外延生长定向单晶薄膜标准样品测量法。常用的金属有金（200）、（220）、（111），钯（200）、（400）等。例如：让电子束作用于金薄膜标准样品的（200）、（220）晶面与入射束平行，形成的透射束和衍射束同时进入透镜的成像系统，因两电子束存在相位差，造成干涉，在像平面上形成反映晶面间距大小和晶面方向的干涉条纹像，如图 10.11 所示。条纹像，较窄的条纹间

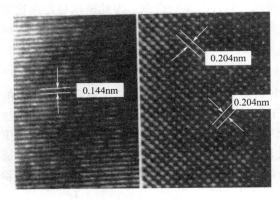

图 10.11 金薄膜标准样品 (200)、(220) 晶格像

距 d_{220} 为 0.144nm，与其成 45°，交角的晶面是 (200)，间距 d_{200} 为 0.204nm。图像上的实际面间距与理论面间距的比值，即为放大倍数。

空间分辨率（spatial resolution）是指图像中对细微结构可以辨认的最小几何尺寸。电子显微镜的空间分辨率受电子束斑尺寸的控制，电子束能会聚的束斑尺寸越小，对应的电子束亮度越高，其空间分辨率就越高。

对于点分辨率、晶格分辨率和空间分辨率，尽管概念不同，但是针对同一图像来说，其图像的分辨率（区分两点间的最小距离）却是相同的，即对于分辨能力而言，三者是一致的。图像的分辨率主要与加速电压和球差系数有关，在目前的制造技术水平和相同的加速电压条件下，场发射电子显微镜和六硼化镧电子显微镜的球差系数是相同的，因而两者图像的分辨率相同，场发射电子显微镜的空间分辨率更高。

10.2.5 电磁透镜的景深和焦长

（1）景深

景深（亦称场深，depth of field）是指在保持像清晰的前提下，试样在物平面上下沿光轴可移动的距离，或者说试样超越物平面所允许的厚度。

从理论上讲，当透镜焦距、像距一定时，只有一层样品平面与透镜的理想物平面相重合，就能在透镜像平面获得该层平面的理想图像。实际上，每一磁透镜都存在一个由衍射效应和像差引起的散焦圆斑。偏离理想物平面的物点在透镜像平面上也将产生一个具有一定尺寸的散焦圆斑，如果这种散焦圆斑尺寸不超过由衍射效应和像差引起的散焦斑，那么对透镜像分辨本领并不产生影响。因此，人们通常将透镜物平面允许的轴向距离偏差定义为透镜的景深，如图 10.12 所示。用 D_f 来表示景深，其大小可由式(10.12) 进行计算：

$$D_f = \frac{2\Delta r_0}{\tan\alpha} \approx \frac{2\Delta r_0}{\alpha} \qquad (10.12)$$

式中 Δr_0——电磁透镜分辨本领；

α——孔径半角。

式(10.12) 表明，电磁透镜孔径半角越小，景深越大。

一般的电磁透镜 $\alpha = 10^{-3} \sim 10^{-2}$ rad，$D_f = (200 \sim 2000)\Delta r_0$。假设，透镜分辨本领 $\Delta r_0 = 0.2$nm，则 $D_f = 40 \sim 400$nm。对于加速电压 100kV 的电子显微镜来说，样品厚度一般控制在 200nm 左右，在透镜景深范围之内，因此样品各部位的细节都能得到清晰的像。

电磁透镜的另一特点是景深（或场深）大，焦长很长，这是由于小孔径半角成像的结果。任何样品都有一定的厚度，电磁透镜景深大对于图像的聚焦操作（尤其是在高放大倍数情况下）是非常有利的。

（2）焦长

焦长（depth of focus）是指在保持像清晰的前提下，像平面沿光轴可移动的距离，或者说观察屏或照相底版沿光轴所允许移动的距离。

当电磁透镜焦距和物距一定时，像平面在一定的轴向距离内移动，也会引起散焦。如果散焦引起的散焦圆斑尺寸不超过电磁透镜因衍射和像差引起的散焦圆斑大小，那么像平面在一定的轴向距离内移动，对电磁透镜像的分辨率没有影响。通常将电磁透镜像平面允许的轴向距离偏差定义为电磁透镜的焦长。如图 10.13 所示，假设焦长用 D_L 表示，则可用式(10.13)进行计算：

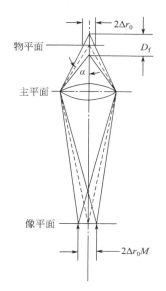 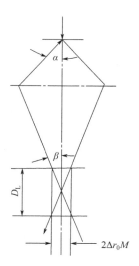

图 10.12　电磁透镜景深示意图　　　　图 10.13　电磁透镜焦长示意图

$$D_L = \frac{2\Delta r_0 M}{\tan\beta} \approx \frac{2\Delta r_0 M}{\beta} \tag{10.13}$$

式中，Δr_0 为电磁透镜分辨本领；$\tan\beta = \alpha/M$，M 为放大倍数。

因此，

$$D_L \approx \frac{2\Delta r_0 M^2}{\alpha} \tag{10.14}$$

当电磁透镜放大倍数和分辨本领一定时，透镜焦长随孔径半角减小而增大。假设电磁透镜分辨本领 $\Delta r_0 = 0.2$nm，孔径半角 $\alpha = 10^{-3}$rad，放大倍数 $M = 100$ 倍，则计算可知，焦长 $D_L = 4 \times 10^6$nm。这意味着该透镜实际像平面在理想像平面上或下各 2×10^6nm 范围内移动时不需改变透镜聚焦状态，图像仍保持清晰。

透射电子显微镜都由多级电磁透镜组成，一般电镜有 2~3 级，高性能电镜可有 5 级以上的电磁透镜，这样相对于最终所获得的图像而言，在保证像清晰的前提下，其景深和焦深将更大，从而使得其操作更加简单和方便。

10.3　透射电子显微镜的结构

透射电子显微镜的结构主要包括电子光学系统、电源与控制系统、循环冷却系统及真空系统，其中电子光学系统是透射电子显微镜的核心部分。如图 10.14 所示，为透射电子显微镜的电子光学组成示意图。从光学成像的角度来看，透射电子显微镜由三部分组成：照明系统、成像与放大系统及观察与记录系统。由透射电镜的发展简史可知，电子显微镜是根据光学显微镜的成像理论基础而开发出来的，因此其光学成像原理在本质上与光学显微镜相同，对此可借助如图 10.15 所示的光路图对比进行更好的理解。

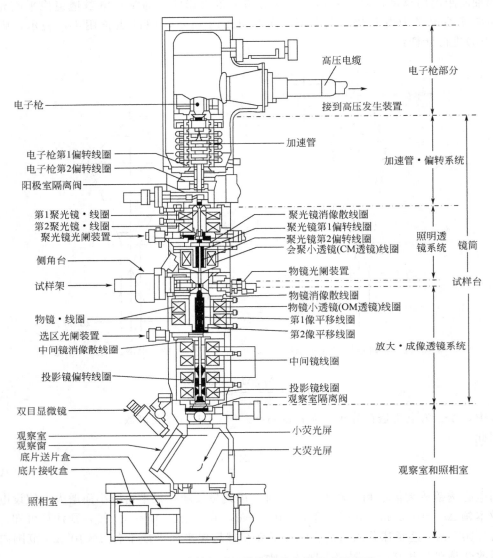

图 10.14 透射电子显微镜电子光学组成示意图

10.3.1 照明系统

照明系统包括电子枪、聚光镜平移对中、倾斜调节装置，其主要作用为：①提供一束亮度高、照明孔径半角小、平行度好、束流稳定的照明源；②保证电子束可在 2°～3° 倾斜，以满足明暗场成像转换的需要。

10.3.1.1 电子枪

电子枪（electron gun）是发射电子的照明光源，主要作用是产生并发射和加速电子。目前电子枪的种类分为热电子发射型和场电子发射型（即场发射型）。热电子发射型照明光

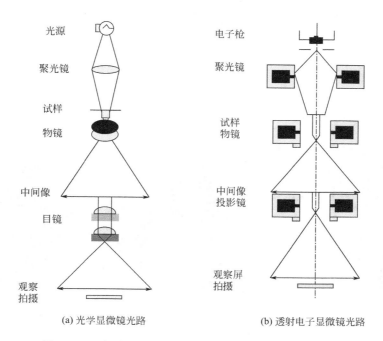

(a) 光学显微镜光路　　　　　　(b) 透射电子显微镜光路

图 10.15　光学显微镜与透射电子显微镜光路比较示意图

源又可细分为：钨灯丝、六硼化镧（LaB_6）和六硼化铈（CeB_6）三种。场发射电子源型照明光源可分为：冷场型和热场型。使用场发射电子源的透射电镜又称为场发射电镜。

早期的透射电子显微镜使用的主要为钨灯丝电子源，但是由于其亮度低、光源尺寸大及能量发散度较大，所以人们很早就开始寻找更亮的光源。1969 年 Broers 提出由单晶六硼化镧加工成锥状的顶端型而制造出六硼化镧型灯丝。1968 年，Crewel 提出了冷场型发射枪，并于 1980 年后开始应用。然而，冷场型发射枪在室温使用时，灯丝会产生残留气体分子的离子吸附，使得发射电流降低并产生噪声，这样必须定期进行闪光处理以消除吸附分子层。因此，Swanson 等人于 20 世纪 70 年代开发出钨针尖包覆有 ZrO 的热场型电子枪。表 10.2 给出了几种不同电子枪的特性。从表 10.2 可看出，热场发射型电子枪的亮度高、束斑尺寸小且能量发散度小，是目前综合性能最好的电子枪，因此也成了高分辨电子显微镜的首选。如图 10.16 所示，给出了几种不同灯丝的形貌。

表 10.2　几种不同电子枪的特性

项目	热电子发射		场发射	
电子枪种类	钨灯丝 W	六硼化镧 LaB_6	热场发射 ZrO/W<100>	冷场发射 W<310>
光源尺寸/μm	50	10	0.1～1	0.01～0.1
发射温度/K	2800	1800	1800	300
能量发散度/eV	2.3	1.5	0.6～0.8	0.3～0.5
束流/μA	100	20	100	20～100
束流稳定度	稳定	较稳定	稳定	不稳定
闪光处理(flash)	不需要	不需要	不需要	需要

项目	热电子发射		场发射	
亮度/[A/(cm². str)]	5×10^5	5×10^6	5×10^8	5×10^8
真空度	10^{-3}	10^{-5}	10^{-7}	10^{-8}
使用寿命	几个月	约1年	3~4年	约5年
电子枪费用/美元	20	1000	较贵	较贵

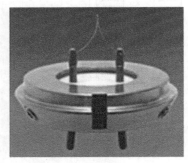  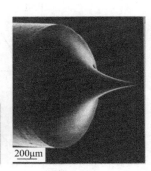

(a) 钨灯丝　　　　　　　(b) 六硼化镧/铈灯丝　　　　　　(c) 场发射钨灯丝

图10.16　几种电子枪

　　钨灯丝和六硼化镧/铈灯丝属于热阴极电子枪，它是利用高温使电子具有足够的能量去克服电子枪材料的功函数而逃离。常用的热电子发射型电子枪属于热阴极三极电子枪，它由发夹形钨丝阴极、栅极和阳极组成，其结构如图10.17所示。图10.17(a) 中反映了阴极、栅极和阳极之间的等位面分布情况。负的高压直接加在栅极上，同时在阴极和负高压之间有一个偏压电阻，这样使得栅极和阴极之间就会产生数百伏的电位差，如图10.17(b)。这样栅极比阴极电位值更负，因此可以用栅极来控制阴极发射电子的有效区域。

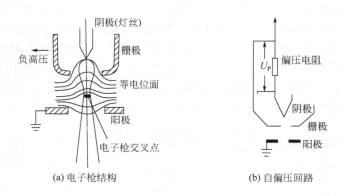

(a) 电子枪结构　　　　　　　　　　　(b) 自偏压回路

图10.17　热电子发射型电子枪工作原理示意图

　　当阴极流向阳极的电子数量加大时，在偏压电阻两端的电位值增加，使栅极电位比阴极进一步变负，由此可以减小灯丝有效发射区域的面积，束流随之减小。若束流因某种原因而减小时，偏压电阻两端的电压随之下降，致使栅极和阴极之间的电位接近。此时，栅极排斥阴极发射电子的能力减小，束流又可望上升。因此，自偏压回路可以起到限制和稳定束流的作用。由于栅极的电位比阴极负，所以自阴极端点引出的等位面在空间呈弯曲状。在阴极和阳极之间的某一地点，电子束会汇集成一个交叉点，这就是通常所说的电子源。交叉点处电子束直径约几十个微米。

如图 10.18 所示，为场发射电子枪工作原理示意图。场发射电子枪的原理是高电场下产生肖基效应 Schottky。它是利用靠近曲率半径很小的阴极尖端发射电子的，当在真空中的金属表面受到 10^8 V/cm 大小的电子加速电场时，将会有数量可观的电子发射出来，所以叫作场致发射，简称场发射。如果阴极尖端半径为 0.1～0.5m，若在尖端与第一阳极之间加 $U_1 =$ 3kV 的电位差，与第二阳极间加 $U_2 = 5$kV 的电位差，那么在阴极尖端附近建立的强电场就足以使它发射电子。在第二阳极几十千伏甚至几百千伏正电位作用下，阴极尖端发射的电子会聚在第二阳极孔的下方，电子束直径小至 20nm（甚至 10nm）。场发射电子是

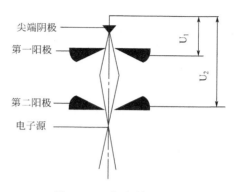

图 10.18 场发射电子枪
工作原理示意图

从很尖锐的阴极尖端所发射出来，因此可得极细而又具高电流密度的电子束，其亮度可达热阴极电子枪的数百倍甚至数千倍。由此可见，场发射电子枪是扫描电子显微镜获得高分辨率、高质量图像较为理想的电子源。不同的灯丝电子源大小、电流量、电流稳定度以及灯丝寿命等均有差异，如表 10.2 所示。

10.3.1.2 聚光镜

聚光镜的主要作用是把电子枪发射出来的电子会聚而成交叉点，以便得到一束强度高、直径小、相干性强、近似平行的电子束，并照射到样品上。一般都采用双聚光镜系统，

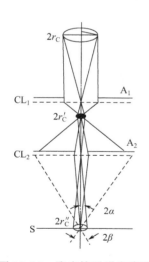

图 10.19 聚光镜照明光路图

如图 10.19 所示。第一聚光镜是强激磁透镜，焦距很短，通过改变焦距可以控制光斑大小；经过第一聚光镜后束斑缩小到 1/50～1/10，将电子枪第一交叉点束斑缩小为 1～5μm。第二聚光镜是弱激磁透镜，焦距很长；同时在第二聚光镜下方安装有一个聚光镜光阑，用以调整束斑大小；通过控制光阑照明孔径半角可得到一束近乎平行的电子束，以利于进行衍射操作；和未经过第一聚光镜的束斑相比，经过第二聚光镜后的束斑，适焦时放大了约 2 倍。结果在样品平面上可获得 2～10μm 的照明电子束斑。同时，为了减小像散，在第二聚光镜下还安装有一个消像散器。另外，由于第二聚光镜是长焦电磁透镜，这样在第二聚光镜和下方的物镜之间就会有较大的间隙，这样有利于装入样品台及相关附件。

为了满足各种分析功能的需要（如纳米束电子衍射模式和会聚束电子衍射模式等），照明系统也变得越来越复杂，在新型多功能的透射电子显微镜中越来越多地采用多级聚光镜。

10.3.2 成像系统

成像系统主要是由样品室、物镜、中间镜和投影镜组成。在物镜的上面是样品室，在物镜的下面还有物镜光阑和选区光阑。

(1) 样品室与样品台

样品室有一套机构，保证样品经常更换时不破坏镜筒主体的真空度。透射电子显微镜的样品既小又薄，通常需用外径为 3mm 的样品载网（一般为铜网、钼网和镍网等）来支持，如图 10.20 所示。将装载样品的台子称为样品台。样品台的作用是承载样品，并使样品能在物镜极靴孔内平移、倾斜、旋转，以选择感兴趣的样品区域或位向进行观察分析。新式的电子显微镜常最普遍配备的是侧插式倾斜装置。"侧插"就是样品杆从侧面进入物镜极靴中去。有的样品杆本身还带有使样品倾斜或原位旋转的装置。这些样品杆和倾斜样品台组合在一起就是侧插式双倾样品台和单倾旋转样品台。目前双倾样品台是最常用的，它可以使样品沿 x 轴和 y 轴倾转±60°。在晶体结构分析中，利用样品倾斜和旋转装置可以测定晶体的位向、相变时的惯习面及析出相的方位等。部分样品台还可以实现对样品的加热、冷却及测试应变等处理。

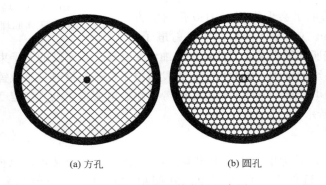

(a) 方孔   (b) 圆孔

图 10.20　透射电镜载网示意图

在照相曝光期间必须牢固地将样品载网夹持在样品座中并保持良好的热、电接触，减小因电子照射引起的热或电荷堆积而产生样品的损伤或图像漂移。平移是任何样品台最基本的动作，通常在两个相互垂直方向上样品平移最大值为±1mm，以确保样品载网上大部分区域都能观察到。样品图像的漂移量应小于相应情况下显微镜像的分辨率。

(2) 物镜

物镜在镜筒中的位置如图 10.21 所示，其作用是形成第一幅高分辨率电子放大像。在物镜下面的电磁透镜仅起到进一步放大的作用，这样物镜能够分辨出来的结构细节（包括任何缺陷）都被成像系统中的其他电磁透镜进一步放大。因此，透射电子显微镜分辨本领的高低主要取决于物镜。欲获得物镜的高分辨率本领，必须尽可能降低像差。通常采用强激磁、短焦距的物镜，像差小。

物镜是一个强激磁、短焦距的透镜（$f=1\sim3mm$），它的放大倍数较高，一般为 $100\sim300$ 倍。目前，高质量的物镜其分辨率可达 1Å 左右。物镜的分辨率主要取决于极靴的形状和加工精度。一般来说，极靴的内孔和上下极靴之间的距离越小，物镜的分辨率就越高。为了减少物镜的球差，往往在物镜的后焦面上安放一个物镜光阑。物镜光阑不仅具有减少球差、像散和色差的作用，而且可以提高图像的衬度。此外，物镜光阑位于后焦面的位置上时，可以方便地进行暗场及衬度成像的操作。

在用电子显微镜进行图像分析时，物镜和样品之间和距离总是固定不变的（即物距 L_1 不变）。因此改变放大倍数进行成像时，主要是改变物镜的焦距和像距（即 f 和 L_2）来满足

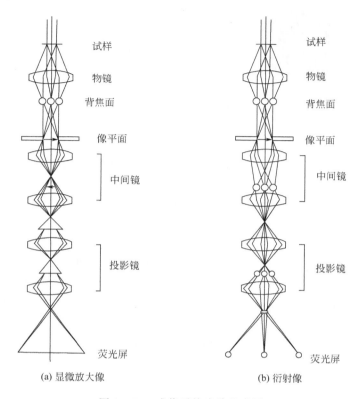

(a) 显微放大像　　　(b) 衍射像

图 10.21　成像系统光路示意图

成像条件。

（3）中间镜

中间镜是一个弱激磁的长焦距变倍透镜，一般情况下，可在 0～20 倍范围调节。实际上，中间镜是以物镜的像为试样进一步成像的。当放大倍数大于 1 时，用来进一步放大物镜像；当放大倍数小于 1 时，用来缩小物镜像。

在电镜操作过程中，主要是利用中间镜的可变倍率来控制电镜的放大倍数。如果物镜、中间镜和投影镜的放大倍数分别用 M_0、M_i 和 M_p 表示，则获得的电子显微图像总放大倍数 $M=M_0 M_i M_p$ 倍。通过调节线圈电流可以很方便地增大或减小放大倍数。

如果把中间镜的物平面和物镜的像平面重合，则在荧光屏上得到一幅放大像，这就是电子显微镜中的成像操作（也称为显微成像模式），如图 10.21（a）所示。如果把中间镜的物平面与物镜的背（后）焦面重合，则在荧光屏上得到一幅电子衍射花样，这就是透射电子显微镜的电子衍射操作（也称为衍射成像模式），如图 10.21（b）所示。

（4）光阑

透射电子显微镜的光阑包括三种：聚光镜光阑、物镜光阑和选区光阑。这三种光阑片都是用无磁性的金属（铂、钼等）制造的，其结构上则有四个不同直径的光阑孔，每个光阑孔的周围开有缝隙以使光阑孔受电子束照射后热量的散出，但不同的光阑尺寸范围不同。光阑被安装在光阑杆机构上，使用时，通过光阑杆机构调节光阑孔的位置，使光阑孔中心位于电子束的轴线上（光阑中心和主焦点重合）。由于小光阑孔很容易受到污

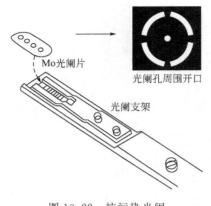

图 10.22 抗污染光阑

染，因此高性能的电子显微镜中常用抗污染光阑（或称自洁光阑），其结构如图 10.22 所示。

聚光镜光阑的作用是限制照明孔径半角。在双聚光镜系统中，聚光镜光阑常装在第二聚光镜的下方。光阑孔的直径为 $20\sim400\mu m$。做一般分析观察时，聚光镜的光阑孔直径可用 $200\sim300\mu m$；若做微束分析时，则应采用小孔径光阑。

物镜光阑（又称衬度光阑）通常被安装在物镜的后焦面上。常用的物镜光阑孔直径在 $20\sim120\mu m$ 范围内。当电子束通过薄膜样品后会产生散射和衍射。散射角（或衍射角）较大的电子被光阑挡住，不能继续进入镜筒成像，从而会在像平面上形成具有一定衬度的图像。光阑孔越小，被挡去的电子越多，图像的衬度就越大，因此，物镜光阑又被称为衬度光阑。物镜光阑的另一个主要作用是在后焦面上套取衍射束的斑点（即副焦点）成像，这就是暗场成像。利用明、暗场显微照片对照分析，可以方便地进行物相鉴定和缺陷分析。

选区光阑又称场限光阑或视场光阑，一般都放在物镜的像平面位置。选区光阑孔的直径通常在 $20\sim400\mu m$ 范围内，有的高达 $800\mu m$。当对样品进行微区的衍射分析时，需要在样品上放置光阑来限定微区。但是，由于待分析的微区仅有微米量级，要制造出如此小尺寸的光阑在技术上是很困难的，因此将选区光阑放在物镜的像平面上。这样放置和在样品上直接放置光阑是等效的，而光阑可以做得大一些，因此对这个微区进行衍射，叫作选区衍射。比如，当物镜放大倍数是 50 倍，则一个直径等于 $50\mu m$ 的光阑孔就可以选择样品上直径为 1m 的区域。

（5）投影镜

投影镜的作用是把中间镜的像（显微图像或电子衍射花样）作为物进一步放大，并投影到荧光屏上。和物镜一样，也是一个短焦距的强磁透镜。投影镜的激磁电流是固定的，因为成像电子束进入投影镜时孔径半角很小，因此其景深和焦距都非常大。即使改变中间镜的放大倍数，使显微镜的总放大倍数有很大的变化，也不会影响图像的清晰度。有时，中间镜的像平面还会出现一定的位移，由于这个位移距离仍处于投影镜的景深范围之内，因此，在荧光屏上的图像仍旧是清晰的。

目前，高性能的透射电子显微镜大都采用 5 级以上透镜放大，即有两级甚至三级中间镜和两级投影镜。对于极低倍数的成像，则不用物镜，直接用中间镜和投影镜成像。

10.3.3 观察记录系统

目前，比较常用的观察和记录装置包括荧光屏、照相底片和 CCD 照相机。在荧光屏下面放置可以自动换片的照相暗盒。照相时只要把荧光屏掀往一侧并竖起，电子束即可使照相底片曝光。由于透射电子显微镜的焦长很大，显然荧光屏和底片之间有数厘米的间距，但仍能得到清晰的图像。

通常采用在暗室操作情况下人眼较敏感的、发绿光的荧光物质来涂制荧光屏。这样利于高放大倍数、低亮度图像的聚焦和观察。电子感光片是一种以对电子束曝光敏感、颗粒度很小的溴化物乳胶底片，它对红光不敏感。由于电子和乳胶相互作用比光子强得多，照相曝光时间很短，只需几秒钟。早期的电子显微镜用手动快门，构造简单，但曝光不均匀。新型电子显微镜采用电磁快门，与荧光屏动作密切配合，动作迅速，曝光色彩夺目、均匀；有的还有自动曝光装置，根据荧光屏上图像的亮度，自动确定曝光所需的时间。

如果配上适当的电子电路，还可以实现拍片自动记数。近年来新式的透射电镜一般都配有 CCD 相机，可以直接把电镜中看到的图像采集，在计算机中实现图像处理分析、数据管理和报告打印等多种功能。如图像的亮度或衬度调节、图像的非均匀亮度调节、图像粘贴和测量等。

电子显微镜工作时，整个电子通道必须置于真空系统中。新式的电子显微镜中电子枪、镜筒和照相机之间都装有气阀，各部分都可以单独地抽真空和单独放气，因此，在更换灯丝、清洗镜筒和更换底片时，可不破坏其他部分的真空状态。

10.4　透射电镜样品制备方法

10.4.1　对样品的要求

透射电镜是利用电子束穿过样品后的透射束和衍射束进行工作的，这样电子束必须能够透过样品。电子穿透样品的能力与加速电压、样品厚度和物质的原子序数有关。通常情况下，加速电压越高、原子序数越低，电子束可穿透的样品厚度越大。从图像分析的角度来看，样品的厚度较大时，往往会使膜内不同深度层上的结构细节彼此重叠而互相干扰，得到的图像过于复杂，以至于难以进行分析。相反，如果样品太薄则表面效应突出，以至于样品中的相变与塑性变形方式有别于大块样品。因此，为了适应不同的研究目的，应分别选用适当厚度的样品。对于一般金属材料而言，样品厚度都在 500nm 以下。对于高分辨透射电子显微镜来说，则要求样品厚度为 10～20nm。

合乎要求的薄膜样品必须具备下列条件：①薄膜样品的组织结构在制备过程中不发生变化，即与大块样品相同；②样品相对于电子束而言必须有足够的"透明度"，且薄区要尽量大，因为只有样品能被电子束透过，才便于进行观察和分析；③薄膜样品应有一定的强度和刚度，以保证在制备、夹持和操作过程中受一定机械力作用不会引起变形或损坏；④试样表面的氧化和腐蚀会使样品的透明度下降，并造成多种假象，因而在样品制备过程中不允许表面产生氧化和腐蚀；⑤所制得的样品还必须具有代表性以真实反映所分析材料的某些特征。因此，样品制备时不可影响这些特征，如已产生影响则必须知道影响的方式和程度。

根据样品的形状，透射电子显微镜的样品可分为：粉末样品和薄膜样品。薄膜样品又可分为：直接样品、间接样品（或部分直接样品）。直接样品是指从要分析的材料上直接取样而获得的薄膜样品，利用电镜可直接观察试样内的精细结构。动态观察时，直接样品还可直接观察到相变。间接样品是指利用复型等方法而制备的能反映要分析材料表面形貌组织结构细节的薄膜复制品。

透射电子显微镜薄膜样品的常规制备方法很多，例如：化学减薄、电解双喷、解理、超薄切片、粉碎研磨、聚焦离子束、机械减薄、离子减薄，这些方法都能制备出较好的薄膜样品。目前新材料的发展日新月异，对样品制备提出了更高的要求。样品制备的发展趋势是制备时间更短，电子穿透面积更大，薄区的厚度更薄，高度局域减薄。

10.4.2　复型样品制备

复型就是样品表面形貌及结构细节的复制，其原理与用宣纸在文物碑刻上拓贴类似，实际上是一种间接的分析方法。制备复制的样品应具备以下条件：①复型材料本身必须是非晶态材料。晶体在电子束照射下，某些晶面将发生布拉格衍射，衍射产生的衬度会干扰复型表面形貌的分析。②复型材料的粒子尺寸必须很小。复型材料的粒子越小，分辨率就越高。例如，用碳作复型材料时，碳粒子的直径很小，分辨率可达2nm左右。如用塑料作复型材料时，由于塑料分子的直径比碳粒子大很多，因此它只能分辨直径比10～20nm大的组织细节。③复型材料应具备耐电子轰击的性能，即在电子束照射下能保持稳定，不发生分解和破坏。真空蒸发形成的碳膜和通过浇铸蒸发而成的塑料膜都是非晶体薄膜，它们的厚度又都小于100nm。在电子束照射下也具备一定的稳定性，因此符合制造复型的条件。

复型方法主要有：一级复型法、二级复型法和萃取复型法三种。由于近年来扫描电镜显微镜分析技术和金属薄膜技术发展很快，复型技术部分地为上述两种分析方法所代替。目前，复型主要用于样品稀缺或不允许从被分析材料或试件上直接取样时的薄膜样品制备。

（1）一级复型

一级复型有两种，即碳薄膜一级复型和塑料薄膜一级复型。

如图10.23所示，为真空镀膜装置。以金属样品为例，碳薄膜一级复型的制备方法如下：①将块状试样按金相试样要求磨抛成表面光洁的试样。②选择合适的腐蚀液进行比一般金相样品较深的腐蚀。③将样品被浸蚀表面向上放入真空镀膜装置的相应位置，打开仪器，则样品上表面可被蒸镀上一层厚度为数纳米的碳膜，如图10.24所示；镀层厚度可用放在样品旁边的乳白瓷片的颜色变化来估计。一般情况下，瓷片呈浅棕色时，碳膜的厚度正好符合要求，但实际中要根据具体样品适当调整。④把喷有碳膜的样品用小刀划成对角线小于3mm的小方块，然后把样品放入配好的分离液中进行电解或化学分离。⑤分离开的碳膜在丙酮或酒精中清洗，如果碳膜呈卷状没有打开，则需要用蒸馏水或去离子水进行清洗，在表面张力的作用下，通常被卷曲的薄膜会自动打开，然后便可置于专用铜网上备用或放入电镜观察。

图 10.23 一种真空镀膜装置

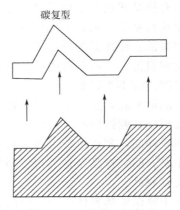

碳复型

图 10.24 碳膜一级复型

塑料薄膜一级复型作用的主要材料有：火棉胶醋酸戊酯溶液或醋酸纤维素丙酮溶液。具体制备方法如下：

① 在已制备好的样品或断口样品上滴上几滴体积浓度为1%的火棉胶醋酸戊酯溶液或醋酸纤维素丙酮溶液，溶液在样品表面展平，多余的溶液用滤纸吸掉，待溶剂蒸发后样品表面即留下一层100nm左右的塑料薄膜。

② 把这层塑料薄膜小心地从样品表面揭下来，如图 10.25 所示，并剪成对角线小于 3mm 的小方块，并放在直径为 3mm 的专用铜网上备用或直接进行显微分析。

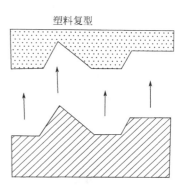

图 10.25　塑料薄膜一级复型

可以看出碳膜和塑料一级复型均是负复型，即复型上的凸凹与实际样品中的正好相反。复型上不同部分的厚度是不同的，因此根据质厚衬度的原理，在电子束垂直照射下，厚的部分透过的电子束弱，而薄的部分透过的电子束强，从而在荧光屏上形成一个具有衬度的图像。如分析金相组织时，这个图像和光学金相显微组织之间有着极好的对应性。

塑料一级复型和碳一级复型之间的不同之处：第一，碳膜的厚度基本上是相同的，而塑料膜上有一个面是平面，膜的厚度随试样的位置而异；第二，制备塑料一级复型不破坏样品，而制备碳一级复型时，样品将遭到破坏；第三，塑料一级复型因塑料分子较大，分辨率较低，而碳粒子的直径较小，故碳复型的分辨率可比塑料复型高一个数量级。塑料一级复型大都只能做金相样品的分析，而不宜做表面起伏较大的断口分析。目前，通常使用扫描电镜进行断口分析，而很少再使用一级塑料复型分析断口形貌，但此种方法可用于清理被污染或氧化的金属表面。

（2）二级复型

二级复型是将首先制得的一级复型（常用塑料一级复型）为模型，然后在一级复型上进行第二次碳复型，再把一级复型溶去，最终得到的是二级复型，如图 10.26 所示。

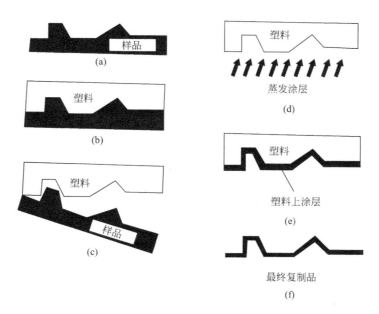

图 10.26　二级复型制备过程示意图

（3）萃取复型

萃取复型的制备方法和碳一级复型类似，不同的是金相样品在腐蚀时应进行深腐蚀，使第二相粒子容易从基体上剥离。此外，进行喷镀碳膜时，厚度应稍厚，以便把第二相粒子包覆起来。蒸镀过碳膜的样品用电解法或化学法溶化基体（电解液和化学试剂对第二相不起溶解作用），因此带有第二相粒子的萃取膜和样品脱开后，膜上第二相粒子的形状、大小和分布仍保持原来的状态，如图 10.27 所示。萃取膜比较脆，通常在蒸镀的碳膜上先浇铸一层塑料背膜，待萃取膜从样品表面剥离后，再用溶剂把背膜溶去，由此可以防止膜的破碎。

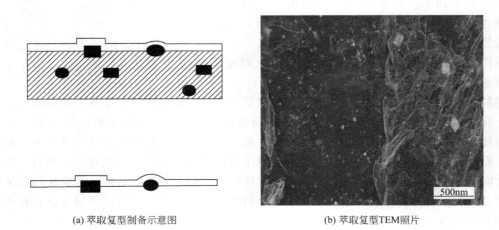

(a) 萃取复型制备示意图　　　　　　　　　(b) 萃取复型TEM照片

图 10.27　钢中碳氮化物萃取复型

在萃取复型的样品上可以在观察样品组织形态时，观察第二相粒子的形状、大小和分布，对第二相粒子进行化学成分分析、电子衍射晶体结构分析。如图 10.27(b) 所示，为钢中碳氮化物的萃取复型 TEM 照片，其中白色点状和块状物为碳氮化物颗粒。

10.4.3　粉末样品制备

透射电镜用粉末样品制备目的是将粉末分散到相应的支持膜上。常用的支持膜有以下几种：微栅、碳支持膜、纯碳支持膜和超薄碳支持膜。常用的方法有胶粉混合法与超声波分散法。

（1）胶粉混合法

基本过程：①在干净玻璃片上，滴适量的火棉胶溶液，并往火棉胶溶液中放少许粉末并搅匀；②将另一玻璃片盖上，再将两玻璃片对严并突然抽开；③等待膜干后，用刀片划成小方格；④将玻璃片斜插入水杯中，在水中上下穿插，膜片逐渐脱落；⑤用专用铜网将膜片捞出，留待观察。

（2）超声波分散法

基本过程：①先将样品（部分容易氧化的样品要做好防氧化工作）放入装有酒精或其他溶剂的培养皿等仪器中；②再将培养皿放入装有液体的超声分散仪中，超声分散 3～15min；③再用移液枪或滴管将混有样品的溶剂滴于专用铜网或超薄碳支持膜上，干燥后即可观察或备用。

为了防止粉末被电子束打落污染镜筒，可在粉末上再喷一层薄碳膜，使粉末夹在两层膜中间。纳米线的观察也可以采用超声波分散法进行。粉末样品制备的关键在于能否使其均匀地分散在支持膜上。如图 10.28 所示，是用超声波分散法制备氧化铁粒子的 TEM 照片。

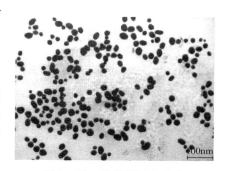

图 10.28　碳膜铜网上分布氧化铁粒子的 TEM 照片

10.4.4　薄膜样品制备

复型样品只能观察表面形貌，不能研究材料的内部结构，不能作微区成分分析，分辨力最好只能达到 5nm 左右，因此复型不能充分利用透射电镜的高分辨特长。萃取复型也只能观察被萃取的颗粒，不能研究基体材料。将材料直接制成薄膜样品，薄膜样品都是从需要分析的材料上直接取样制备得到的。从薄膜试样中可直接观察材料中各相形貌、空间分布、相中的亚结构、晶体缺陷等特点，获得衍射花样，并可借助能谱、能量损失谱等附件进行相的化学成分分析。能够更加全面、真实地解释材料各种性能和样品的形貌、成分、晶体结构及第二相与母相的晶体取向间的相关性，因此利用透射电子显微镜对薄膜样品直接观察的方法应用得越来越广泛。

薄膜样品的制备方法有多种，如离子减薄、切片、电解双喷减薄等，每种方法各有其优缺点和适用范围。在实际应用中，应根据材料的特性以及所需要达到的目的进行合理选择和制作试样。

（1）离子减薄

离子减薄制备薄膜的方法广泛用于金属材料、半导体、烧结陶瓷材料，以及表面覆膜材料的电镜试样制备。离子减薄基本工作原理是利用加速的离子轰击试样表面，使表面原子飞出（溅射出）。具体步骤如下：

① 将试样初加工成薄片。根据材料的塑韧性特点选用不用的加工方法。例如，对于脆性较小的材料（如大多数金属材料）可用线切割或机械研磨等方法加工；对于脆性材料（如陶瓷等）可用刀或金刚石圆盘锯将其制成薄片，要求样品厚度小于 500nm。另外，应注意的是，对于表面覆有薄膜的试样，如果要分析薄膜与基体界面结构、薄膜的结构、界面微结、生长形态等信息，则应在垂直于膜面的方向上用线切割等方法在不靠近边缘的位置取样，其后的减薄过程与其他薄膜样品制备流程相同。

② 预减薄。对初切薄片进行预先减薄。预先减薄的方法有两种，即机械法和化学法。机械减薄法是通过手工研磨或机械研磨来完成的。具体方法如下：将初切薄片一面用黏结剂（如 502 黏合剂）粘在块状样品座表面，然后在砂纸上进行手工研磨。注意不要使样品倾斜，不要用力太大，并充分冷却试样。压力过大和温度升高都会引起样品内部组织结构发生变化。减薄到一定程度时，用溶剂（如丙酮）把黏结剂溶掉，使样品从样品座脱落下来，然后翻面再黏结后研磨另一个面，直至样品被减薄至规定的厚度。研磨时也可以借助"手工研磨盘"。将粘有样品的样品台（一般为圆柱形平台）放入研磨盘中，从粗砂纸到细砂纸逐渐研磨至想要的厚度。使用砂纸的型号越大（砂粒越细），样品磨得越薄。研磨时应不断变换样品角度，或者沿"8"字形轨迹研磨。每更换一次砂纸，要用水彻底清洗样品。如果材料较硬，可减薄至 70nm 左右；若材料较软，则减薄的最终厚度不能小于 100nm。为了保证所观察的部位不引入因塑性变形而造成的附加结构细节，研磨后留有最终减薄去除的硬化层。

化学预先减薄的具体方法如下：将切割好的金属薄片放入配制好的化学试剂中，使它表面受腐蚀而继续减薄。因为合金中各组成相的腐蚀倾向是不同的，所以在进行化学减薄时，应注意减薄液的选择。如表 10.3 所示，列出了部分金属常用的化学减薄液的配方。化学减薄的速度很快，因此操作时必须动作迅速。化学减薄的最大优点是表面没有机械硬化层，薄化后样品的厚度可以控制在 20～50nm 范围内。化学减薄时必须事先把薄片表面充分清洗，去除油污或其他不洁物，否则将得不到满意的结果。

表 10.3　部分金属常用的化学减薄液的配方

金属名称	减薄液配方
碳钢和低合金钢	H_2O_2 40%＋H_3PO_3 60%(体积分数,下同); H_2O_2 33%＋HNO_3 33%＋ H_2O 17%＋CH_3COOH 17%; HF 10%＋HNO_3 40%＋ H_2O 50%
高铬钢铁和不锈钢	HF 10%＋HNO_3 30%＋ H_2O 45%＋HCl 15%(热溶液); $HClO_4$ 5%＋ CH_3COOH 95%
铝与铝合金	HCl 40%＋H_2O 60%＋$NiCl_2$ 5g/L,70℃; 200g/L NaOH 水溶液,70℃; HCl 50%＋ H_2O 50%＋数滴 H_2O_2
铜和铜合金	H_3PO_3 50%＋ HCl 10%＋ HNO_3 40%
镁和镁合金	稀 HCl 25%＋HNO_3 75%;HF 10%＋H_2O_2 60%＋HNO_3 30%

③ 对于刚度较好的试样，将预减薄片制成 ϕ3mm 的圆片。对于韧性较好且机械损伤对材料的电子显微镜分析影响不大的材料，如大多数的金属材料，可用机械切片机或手工冲头将样品进一步加工成 ϕ3mm 的圆片。对于脆性材料，可用超声钻（内径 ϕ3mm 空心钻头）将其进一步加工成 ϕ3mm 的圆片。需要注意的是，对于脆性太大的样品，可直接将初加工后的样品进行预减薄。

④ 终减薄。离子减薄的基本原理是利用加速的离子或原子直接轰击试样表面，使表面原子或分子溅射出，直到试样有足够大的薄区为止。使用最多的是氩离子减薄仪。在减薄过程中，氩离子入射到试样表面的角度为 10°～20°，加速电压为几千伏。如图 10.29 所示，为离子减薄仪的工作原理示意图。通电后，离子枪中的氩气被离子化成等氩离子体，在加速电压的作用下，等离子体通过阴极孔，以一定的入射角轰击旋转试样表面。离子减薄仪在真空下工作，试样被冷却到液氮温度，减薄至试样穿孔为止。

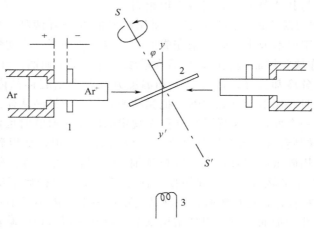

图 10.29　离子减薄仪工作原理示意图
1—离子枪；2—试样；3—照明；SS′—旋转轴

对于陶瓷薄膜样品，因其硬度高、耐腐蚀，因此离子减薄的时间长，一般长达10多个小时。如果预减薄后的试样厚度大，则离子减薄的时间更长。值得注意的是，长时间进行离子减薄时，由于离子辐照损伤，表面层可能非晶化。为了要抑制表面组成的变化和非晶化，需要寻找最佳的减薄条件，使用较低的电压（这时，减薄的时间变长）、降低入射角等。获得具有较大薄区的试样，应选择较小的 φ 角，但 φ 角应适当。合适的 φ 角是制样又快又好的必要条件。同时，为了抑制试样温度的上升，使用低温（液氮）试样台也是有效的。

（2）双喷电解减薄方法

双喷电解减薄方法主要用于导电材料，即金属和合金的薄膜试样制备。具体步骤和离子减薄基本相同，所不同的只是终减薄中使用的是双喷电解减薄而不是离子减薄。这种方法是目前效率最高和操作最方便的金属和合金材料薄膜试样的制备方法。

如图 10.30 所示，为双喷电解减薄仪的工作原理示意图。首先，将经过预减薄后薄片（要求厚度约 0.1mm）作为阳极，用铂或不锈钢作为阴极，加直流电压后，则位于样品两侧的喷嘴向着样品两个表面的中心喷射出电解液，从而在电解液的冲击和腐蚀作用下得到减薄。在进行电解减薄时，当圆片的中心出现小孔，光电控制元件就动作，电解减薄将自动终止。影响抛光过程的因素很多，但对确定的样品、阴极材料和电解液成分，抛光电压的选择应根据如图 10.31 所示的 $V\text{-}I$ 曲线来决定，理论与实际测定的曲线并不一致，一般可选用实际曲线上拐点 C 附近或比它稍高的电压。常用各种类型的电解减薄液和减薄条件如表 10.4 所示。

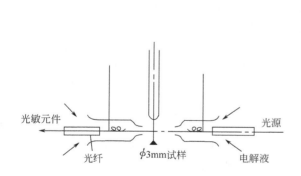

图 10.30　双喷电解减薄仪的工作原理示意图

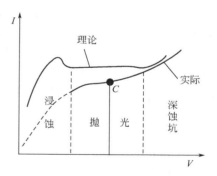

图 10.31　双喷电解减薄 $V\text{-}I$ 曲线

表 10.4　常用各种类型的电解减薄液和减薄条件

材料	配方	条件
Al 和 Al 合金	$1\% \sim 20\% \ HClO_4 + C_2H_5OH$	
	$8\% \ HClO_4 + 11\% (C_4H_9O)CH_2CH_2OH + 79\% \ C_2H_5OH + 2\% \ H_2O$	15℃
	$40\% \ CH_3COOH + 30\% \ H_3PO_4 + 20\% \ HNO_3 + 10\% \ H_2O$	喷射，-10℃
Cu 和 Cu 合金	$33\% \ HNO_3 + 67\% \ CH_3OH$	10℃
	$25\% \ H_3PO_4 + 25\% \ C_2H_5OH + 50\% \ H_2O$	
钢	$2\% \sim 10\% \ HClO_4 + C_2H_5OH$	
	$96\% \ CH_3COOH + 4\% \ H_2O + 200g/L \ CrO_3$	

续表

材料	配方	条件
不锈钢	5% $HClO_4$ +95% CH_3COOH	<15℃
	60% H_3PO_4 +40% H_2SO_4	
	10% $HClO_4$ +90% 乙醇	0℃
Mg-Al 合金	1% $HClO_4$ +99% 乙醇	不锈钢阴极

电解减薄后，要迅速将薄膜试样放入酒精或丙酮等溶液中漂洗干净。漂洗不干净时，试样表面就会形成一层氧化物之类的污染层，给分析带来较大的影响。如果电解减薄后试样被污染或表面形成了非晶层，则可再用离子减薄方法进行一次最后的减薄。

（3）超薄切片法

超薄切片方法是利用金刚石刀具一次性切出厚度小于 100nm 的薄膜。目前该方法普遍用于高分子材料、生物材料和比较软的无机材料薄膜样品的制备。例如，塑料、橡胶、软金属、生物材料等等。切片方式主要有两种类型：一种是常温切片，主要适用于一般的高分子材料；另一种是冷冻切片，主要适用于软材料，如软塑胶和橡胶，在低于其玻璃化转变温度时进行切片。

制作超薄切片基本步骤包括：包埋、整形、切片及捞取切片等步骤。具体操作如下：

① 包埋。将包埋剂与样品混合，用包埋剂支撑整个样品结构，以便于切片。选择包埋剂的硬度尽量与样品相近，一般情况下选用标准硬度。常用的包埋剂是丙烯基系列的树脂或环氧系列的树脂。丙烯基系列树脂容易切薄，而且，切了以后可以用三氯甲烷等除去树脂。在使用丙烯基系列树脂时，可以用明胶胶囊作为包埋试样的容器。环氧系列树脂的优点是硬化时间短，而且，耐电子束轰击。但是，如果试样较硬不必包埋。

② 整形。将包埋好的试样用玻璃刀或金刚石刀削去表面的包埋剂，露出样品，并削去样品四周包埋剂，修成金字塔形，顶面修成梯形或长方形（每边长度小于 0.5mm）。

③ 切片。将整形好的试样和金刚石刀具的位置固定好，使切削面与刀刃平行，调整好进刀量，即可开动仪器进行切片。

如图 10.32 所示，为超薄切片原理的示意图。固定试样的臂，每上下运动一次就自动前进一点，样品和金刚石刀相对运动，可将试样切成薄片。试样进给量要能够精确控制，以得到希望的薄片厚度。由于在金刚石刀附近有一个小水槽（即样品舟），切下的样品薄片将直接进入样品舟。通常，样品舟内装满水，连续切出的薄片都浮在水面上，如图 10.32（b）。

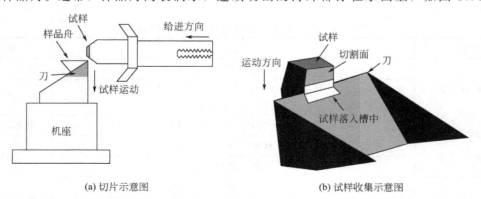

(a) 切片示意图   (b) 试样收集示意图

图 10.32 超薄样品切片工作原理示意图

注意注入水要与槽沿平齐，水位过低或过鼓，膜都不平整。

④ 捞取切片。用镊子夹住铜网，对准漂浮在液面上的切片轻轻一沾，使切片覆于铜网上；或可用小毛笔将水面上的切片拾起来，然后放在铜网上。

超薄切片法的优点是试样制备简单、快捷，但超薄切片需要有经验才能切出厚度均匀且很薄的试样；缺点是在制样过程中可能引入形变。

10.4.5 聚焦离子束方法

聚焦离子束（focused ion beam，FIB）系统是利用电透镜将离子束聚焦成非常小尺寸的显微加工仪器。通过荷能离子轰击材料表面，实现材料的剥离、沉积、注入、改性和化学增强刻蚀。聚焦离子束系统是目前微纳米加工技术中广泛应用的先进设备。

目前商用系统的离子束为液相金属离子源，通常使用 Ga^+ 离子。现代先进 FIB 系统为双束，即离子束＋电子束（FIB＋SEM）的系统。在扫描电子显微成像实时观察下，用离子束进行微加工。如图 10.33 所示，为 FIB＋SEM 系统的工作原理示意图。通常使用 Ga^+ 离子作为聚焦离子束，在加速电压下，将离子束缩小到几十纳米微小区域来减薄试样。当离子束照射样品时，样品能放出二次电子，因此通过检测二次电子，利用扫描电子显微成像功能能够在试样制备过程中实时观察试样表面的二次电子像，因而能够高精度地选定欲观察的微区来减薄，即能做"选区离子减薄"，并能精确检测样品的厚度，这是普通的离子减薄仪做不到的。

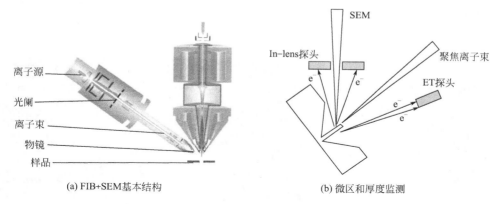

(a) FIB+SEM基本结构　　　(b) 微区和厚度监测

图 10.33　FIB＋SEM 系统的工作原理示意图

目前利用 FIB 制备 TEM 样品有两种方法：铣削阶梯法和削薄法。

铣削阶梯法：在观察区两侧铣削出两个方向相反的阶梯槽，中间留出极薄的 TEM 试样，如图 10.34 所示。铣削阶梯加工过程包括：沉积保护层、薄样定位、U 形切割、机械手固定和薄样取出、薄样与铜网焊接、继续减薄等步骤，如图 10.35 所示。最后或以用 FIB＋SEM 系统直接观察分析，也可以把样品放到铜网上用其他 TEM 设备观察。

削薄法（图 10.36）：首先用机械切割和研磨等方法将试样做到 $50\sim100\mu m$ 的厚度，然后在试样上用 FIB 沉积一层 Pt 作为保护层，最后用 FIB 将两侧的材料铣削掉。

同离子减薄和电解双喷减薄法相比，当存在异质界面时，用离子或电解双喷减薄等方法是难以制备出厚度均匀的薄膜的，而 FIB 方法却可以发挥威力。但是，强离子束可能造成试样损伤，Ga^+ 轰击时，也可能会残留在试样中。与其他的减薄装置比较，这种减薄装置的

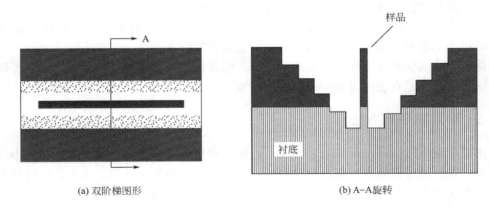

(a) 双阶梯图形   (b) A–A 旋转

图 10.34　透射电镜样品 FIB 铣削阶梯法示意图

(a) 沉积保护层   (b) 薄样定位   (c) U形切割

(d) 机械手固定   (e) 薄样取出   (f) 薄样与铜网焊接

(g) 切割薄样与机械手联接   (h) 机械手移开   (i) 继续减薄至要求

图 10.35　FIB 铣削阶梯法透射电镜薄膜加工过程

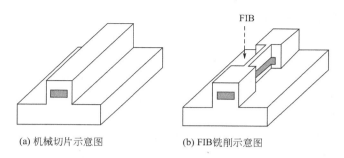

(a) 机械切片示意图　　　(b) FIB铣削示意图

图 10.36　透射电镜样品 FIB 削薄法示意图

价格是相当昂贵的。另外，FIB 方法能够铣削出几十纳米的微结构，它在特征器件研制中能够发挥重要作用，如光电子器件、纳米生物器件、微传感器等。

10.5　电子衍射

10.5.1　概述

透射电子显微镜的主要特点是可以进行组织形貌、化学成分与晶体结构的原位分析。在介绍透射电镜成像系统中已讲到，使中间镜物平面与物镜像平面重合（成像操作），在观察屏上得到的是反映样品组织形态的形貌图像；而使中间镜的物平面与物镜背焦面重合（衍射操作），在观察屏上得到的则是反映样品晶体结构的衍射斑点。本章主要介绍电子衍射基本原理与方法。

透射电子显微镜可以将产生的电子衍射束聚焦放大投影到荧光屏或照相底板上，形成规则排列的斑点或线条，这种图形就是电子衍射谱。弹性相干散射是电子束在晶体中产生衍射现象的基础。需要提醒的是，弹性相干散射是指晶体中原子位置的相干性，而非电子源本身的相干性，因而电子衍射谱反映晶体内部的结构和原子排布情况。

虽然电子衍射和 X 射线衍射均可用于分析晶体结构，但是两种方法存在异同点。相同点主要表现在以下几个方面：

① 电子衍射的原理和 X 射线衍射相似，满足布拉格方程且不产生消光时才会发生衍射；

② 如果将所得衍射花样以底片的形式呈现，则两种衍射方法所得到的衍射花样在几何特征上也大致相似；

③ 两种衍射花样的标定原理相同，并且使用相同的衍射卡片库。

由于电子波与 X 射线相比有其本身的特性，因此电子衍射和 X 射线衍射相比较时，具有下列不同之处：

① 电子衍射是电子受到在空间上周期性变化势场的散射，与样品的相互作用往往比 X 射线衍射与样品作用要强烈一些，往往不止发生一次散射；X 射线是与核外电子发生作用，与核外的电子分布情况相关。

② 电子束的波长要比 X 射线短得多，在同样满足布拉格条件时，它的衍射角 θ 很小，约为 $10^{-2}\,\mathrm{rad}$；而 X 射线产生衍射时，其衍射角最大可接近 $\pi/2$。

③ 由于电子的散射强度很高，导致电子束的透射能力有限，因此透射电镜要求试样做成薄膜状，这样使试样制备远比 X 射线衍射样品制备要复杂得多。

④ 电子衍射操作时采用薄膜样品，由于样品的尺寸效应，薄膜样品的倒易阵点并不是一个圆点，而会沿着样品厚度方向延伸成杆状，因而，增加了倒易阵点和爱瓦尔德球相交截的机会，结果使略微偏离布拉格条件的电子束也能发生衍射。

⑤ 由于电子波的波长短，采用爱瓦尔德球图解时，反射球的半径很大，在衍射角 θ 较小的范围内反射球的球面可以近似地看成是一个平面，从而也可以认为电子衍射产生的衍射斑点大致分布在一个二维倒易截面内。因此，衍射花样可以比较直观地反映晶体的结构和晶面位向，使晶体结构的研究比 X 射线更有优势。

⑥ 原子对电子的散射能力远高于它对 X 射线的散射能力（约高出四个数量级），故电子衍射束的强度较大，摄取衍射花样时曝光时间仅需数秒钟。并且有时电子衍射的强度几乎与透射束相当，致使两者间会产生交互作用，从而使电子衍射花样的强度分析变得复杂，不能像 X 射线衍射那样可以通过衍射强度来对物相进行定量计算、原位分析等。

10.5.2 电子衍射原理

10.5.2.1 布拉格定律

当一束平面单色波照射到晶体上时，各族晶面与电子束成不同坡度，电子束在晶面上的掠射角为 θ，按波的理论，两支散射束相干加强的条件为波程差是波长的整数倍。由 X 射线衍射基本原理可知布拉格方程的一般形式为：

$$2d\sin\theta = \lambda \tag{10.15}$$

因为 $\qquad\qquad\qquad \sin\theta = \lambda/2d \leqslant 1$

所以 $\qquad\qquad\qquad\qquad \lambda \leqslant 2d \tag{10.16}$

对于给定的晶体样品，只有当入射波长足够短时，才能产生衍射。布拉格定律规定了一个晶体产生衍射的几何条件，它是分析电子衍射谱几何关系的基础。对于电镜的照明光源——高能电子束来说，比 X 射线更容易满足。通常透射电镜的加速电压为 $100\sim200\text{kV}$，即电子波的波长为 $10^{-3}\sim10^{-2}\text{nm}$ 数量级，而常见晶体的晶面间距为 $1\sim10\text{nm}$ 数量级，于是

$$\sin\theta = \lambda/2d \approx 10^{-2} \qquad \theta = 10^{-2}\text{rad} < 1°$$

这说明，电子衍射的衍射角总是非常小，这是电子衍射区别于 X 射线衍射的主要原因。

10.5.2.2 倒易点阵与爱瓦尔德球图解法

（1）倒易点阵的定义

通常将真实空间的晶体点阵称为正点阵。设正点阵的原点为 O，倒易点阵的原点为 O^*。若已知晶体点阵参数分别为 a、b、c、d、e、g，则可定义倒易点阵点阵参数分别是 a^*、b^*、c^*、d^*、e^*、g^*，那么正点阵和倒易点阵间的参数之间具有下列关系：

$$a^*a = b^*b = c^*c = 1 \tag{10.17}$$

$$a^*a = b^*b = c^*c = 1 \tag{10.18}$$

根据定义，a^*、b^*、c^* 分别垂直于 bc、ca、ab 平面，如图 10.37 所示。倒易点阵中任意一点可表示为：

$$g_{hkl} = ha^* + kb^* + lc^* \tag{10.19}$$

式中，g_{hkl} 称为倒易矢量；h、k、l 表示该倒易阵点在倒易空间方位，它们是整数；a^*、b^*、c^* 为倒易点阵基失。需要说明的是正点阵和倒易点阵是互为倒易的。

根据倒易点阵的定义，倒易点阵具有 2 个基本性质：

① 在倒易点阵中，由原点 O^* 指向任意坐标为 (hkl) 的阵点的矢量 $\boldsymbol{g}_{hkl}$（倒易矢量）为

$$\boldsymbol{g}_{hkl} = h\boldsymbol{a}^* + k\boldsymbol{b}^* + l\boldsymbol{c}^* \tag{10.20}$$

必垂直于正点阵中相应的 (hkl) 晶面，即倒易点阵的阵点方向和正点阵的 (hkl) 垂直：$[hkl]^* \perp (hkl)$。实际上，更合理的说法应该是倒易矢量与一组相互平行的晶面相垂直。例如，图 10.37 中的倒易矢量 $(111)^*$ 与正点阵一组相互平行的 (111) 晶面相垂直；而倒易点阵中的一组相互平行的 $(111)^*$ 倒易面与正点阵中的矢量 (111) 相垂直。

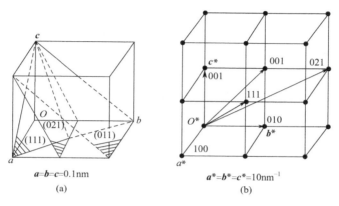

图 10.37 倒易基失和正空间基失之间关系

② 倒易矢量的长度等于正点阵中相应晶面间距的倒数，即

$$|\boldsymbol{g}_{hkl}| = \frac{1}{d_{hkl}} \tag{10.21}$$

由上述倒易点阵的性质可知，倒易点阵中的一个点代表的是正点阵中的一组晶面。倒易点阵中阵点的分布代表的是正点阵中一系列面列的分布。由此可见，倒易点阵的概念可使正点阵中的问题简化。

（2）爱瓦尔德球图解法

若采用反射面间距，由布拉格方程 $\sin\theta = \dfrac{\lambda}{2d_{hkl}}$ 得到

$$\sin\theta = \frac{1}{d_{hkl}} \Big/ \left(\frac{2}{\lambda}\right) \tag{10.22}$$

上述关系可用二维几何简图来表达，如图 10.38 所示。以 $\dfrac{1}{\lambda}$ 为半径画圆，令电子束或 X 射线沿 AO 方向入射并透过圆周上 O^* 点。取 O^*C 的长度为 $\dfrac{1}{d_{hkl}}$，设斜边 AO^* 与直角边的夹角为 θ，则三角形 AO^*C 满足布拉格方程。又从圆心 O 向 O^*C 所作的垂线 OD 即为反射晶面 (hkl) 的几何位置，而 OC 即为 (hkl) 晶面的反射线束的方向。上述以 O 为中心，$1/\lambda$ 为半径的球，这就是爱瓦尔德球（又称为反射球或衍射球）。因最先由 P. P. Ewald 提出衍射球思想，故亦称"爱（厄）瓦尔德球"。

以 O^* 为圆心，以 $\dfrac{1}{d_i}$ 为半径可以画出许多个球，如图 10.39 所示，这些球即为对应不同晶面的"倒易球"，每个倒易球都会与衍射球相交形成一个圆。这些圆实际是由若干倒易点 C 组成的，如 k 圆上的 C 点与 C' 点，而同一个圆上的倒易点是由相同 d 值的晶面衍

射形成的，因此，这些点所对应的晶面就组成了晶面簇。不同的圆就分别对应不同的晶面簇。

根据倒易矢量的定义，$O^*G = g$，可知：

$$k' - k = g \tag{10.23}$$

由图10.38的简单分析即可证明，式（10.23）与布拉格定律是完全等价的。由O向O^*C作垂线，垂足为D，因为g平行于（hkl）晶面的法向N_{hkl}，所以OD就是正空间中（hkl）晶面的方位，若它与入射束方向的夹角为θ，则有

$$O^*D = OO^* \sin\theta \tag{10.24}$$

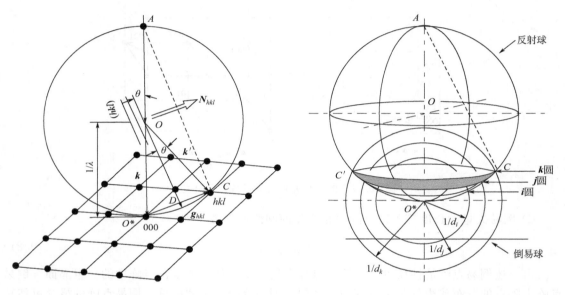

图10.38　爱瓦尔德球　　　　　　　　图10.39　爱瓦尔德球与倒易球

即　　　　　　　　　　　　　　　　$g/2 = k \sin\theta$
由于　　　　　　　　　　　　　$g = 1/d，\quad k = 1/\lambda$
故有　　　　　　　　　　　　　　$2d \sin\theta = \lambda$

同时，由图10.38可知，k'与k的夹角（即衍射束与透射束的夹角）等于2θ，这与布拉格定律的结果也是一致的。

图10.38中应注意矢量g_{hkl}的方向，它与衍射晶面的法线方向一致，因为已经设定g_{hkl}矢量的模是衍射晶面面间距的倒数，因此位于倒易空间中的g_{hkl}矢量具有代表正空间中（hkl）衍射晶面的特性，所以它又叫作衍射晶面矢量。爱瓦尔德球内的三个矢量k、k'和g_{hkl}清楚地描绘了入射束、衍射束和衍射晶面之间的相对关系，通过爱瓦尔德球图解法将布拉格定律用几何图形直观地表达出来，即爱瓦尔德球图解法是布拉格定律的几何表达形式。

理论上，样品中所有满足布拉格条件的晶面都应该在衍射球上找到一个对应的倒易点，但是，由X射线衍射基本理论可知，只有那些衍射强度不等于零的晶面才能产生衍射斑点，即衍射强度为零时，产生结构消光（或称系统消光），不能记录到衍射信息。也就是说，只有当不产生结构消光同时又满足布拉格定律的情况下才能得到衍射花样。在X射线衍射分析中已经对典型晶体的消光规律进行了讨论，并给出了不消光规律及晶面指数对应的关系。在进行电子衍射花样分析时，请查阅第2章相关知识。

10. 5. 2. 3　晶带定理与零层倒易截面

晶体中的许多晶面族（hkl）同时与一个晶向 $[uvw]$ 平行时（图 10.40），这些晶面族构成一个晶带，这个晶向称为晶带轴。常用晶带轴表示整个晶带，如 $[uvw]$ 晶带。既然这些晶面族都平行于晶带轴的方向，那么它们的倒易矢量 $g=ha^*+kb^*+lc^*$ 就构成一个与晶带轴方向 $r=ua^*+vb^*+wc^*$ 正交的二维倒易点阵平面 $(uvw)^*$。从 $gr=0$ 的正交关系可以得出晶带定律：

$$hu+kv+lw=0 \qquad (10.25)$$

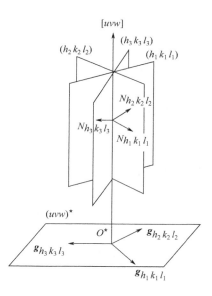

图 10.40　正空间中晶体的 $[uvw]$
晶带、晶面与衍射斑点
间的关系

在正点阵中，(hkl) 是属于 $[uvw]$ 晶带的晶面族指数。在倒易点阵中，hkl 是 $(uvw)^*$ 倒易平面上倒易阵点的指数。如果 $(h_1k_1l_1)$ 和 $(h_2k_2l_2)$ 是 $[uvw]$ 晶带中的两个晶面族，则可由方程组：

$$\begin{cases} h_1u+k_1v+l_1w=0 \\ h_2u+k_2v+l_2w=0 \end{cases} \qquad (10.26)$$

得出 $[uvw]$ 的解是：

$$u=k_1l_2-k_2l_1, \quad v=l_1h_2-l_2h_1, \quad w=h_1k_2-h_2k_1$$

或写成便于运算的形式

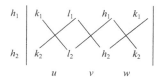

这也就是倒易阵点 $h_1k_1l_1$、$h_2k_2l_2$ 与原点一起构成的二维倒易点阵平面 $(uvw)^*$ 的指数。同理也可以由晶带定律求出由两个晶向 $[u_1v_1w_1]$ 及 $[u_2v_2w_2]$ 构成的晶面 (hkl) 的指数。

如图 10.40 所示，是晶带定律的示意图，属于 $[uvw]$ 晶带晶面族的倒易阵点 hkl 都在一个二维倒易点阵平面上。根据倒易关系，正点阵的 $[uvw]$ 方向与倒易点阵的 $(uvw)^*$ 倒易平面正交，因此这些 hkl 倒易点构成的二维倒易点阵平面就是 $(uvw)^*$。这个倒易点阵平面通过原点 O^*，满足关系式 $gr=0$，用 $(uvw)^*$ 表示。在它上面或下面并与之平行的第 N 层 $(uvw)^*$ 倒易面不通过原点，

$$gr=N \qquad 或 \qquad hu+kv+lw=N \qquad (10.27)$$

这就是广义的晶带定律。由于 h、k、l 及 u、v、w 都是一些整数，N 当然也是整数，一般代表 $(uvw)^*$ 倒易面的层数。

无论是电子衍射还是 X 射线衍射，样品在仪器中所处的位置相当于爱瓦尔德球球心（如图 10.39 所示），获得第一幅衍射花样的位置相当于过倒易面原点 O^* 且与球面相切的平面（也就是物镜的后焦面）。由于晶体的倒易点阵是三维点阵，这样当电子束沿晶带轴 $[uvw]$ 的反向入射时，通过原点 O^* 的倒易平面只有一个，因此过倒易面原点 O^* 且与球面相切的平面称为零层倒易面，用 $(uvw)_0^*$ 表示。显然，$(uvw)_0^*$ 的法向正好和正空间中的晶带轴 $[uvw]$ 重合。进行电子衍射分析时，大都是以零层倒易面作为主要分析对象的，

此时

$$g_{hkl} \cdot r = 0 \text{ 或 } hu + kv + lw = 0 \tag{10.28}$$

只要通过电子衍射实验测得零层倒易面上任意两个 g_{hkl} 矢量，就可求出正空间内晶带轴指数。由于晶带轴和电子束照射的轴线重合，因此就可能断定晶体样品和电子束之间的相对方位。

荧光屏或底片上获得的电子衍射花样都是零层倒易面的比例放大像。标准电子衍射花样是标准零层倒易截面的比例图像。倒易阵点的指数就是衍射斑点的指数。相对于某一特定晶带轴 [uvw] 的零层倒易截面内各倒易阵点的指数受到两个条件的约束。第一个条件是各倒易阵点和晶带轴指数间必须满足晶带定理，即 $hu + kv + lw = 0$。第二个条件是只有不产生结构消光的晶面才能在零层倒易面上出现倒易阵点。

如图 10.41 所示，一个立方晶胞，若以 [001] 作晶带轴时，(100)、(010)、(110) 和 (210) 等晶面均和 [001] 平行，相应的零层倒易截面如图 10.41(b) 所示。此时，[001]·[100] = [001]·[010] = [001]·[110] = [001]·[210] = 0。如果在零层倒易面上任取两个倒易矢量 $g_{h_1k_1l_1}$ 和 $g_{h_2k_2l_2}$，将它们叉乘，则有

$$[uvw] = g_{h_1k_1l_1} \times g_{h_2k_2l_2} \tag{10.29}$$

即 $u = k_1l_2 - k_2l_1$，$v = l_1h_2 - l_2h_1$，$w = h_1k_2 - h_2k_1$。

若取 $g_{h_1k_1l_1} = [110]$，$g_{h_2k_2l_2} = [210]$，则 $[uvw] = [001]$。

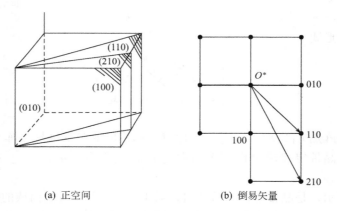

(a) 正空间   (b) 倒易矢量

图 10.41　立方晶体 [001] 晶带的倒易平面

10.5.3　单晶体电子衍射花样的标定

单晶电子衍射花样标定的主要目的为：确定所获得的单晶衍射花样中各阵点的指数、标定出单晶衍射花样所对应的晶带轴方向 [uvw]，从而确定所分析样品的点阵类型、物相及位向。

单晶电子衍射花样的标定依据是布拉格衍射方程和不消光规律。根据爱瓦尔德球图解衍射花样的形成原理可知，底片上获得的衍射花样是零层倒易面的放大图像，因此所要标定的衍射花样、样品、底片（照相底板）存在如图 10.42 所示的位置关系。从样品到荧光屏或底片的距离 L，称为相机长度。透射束形成的斑点 O' 称为透射斑点或中心斑点。由于透射束的强度明显大于衍射束，因此一般情况下中心斑点是衍射斑点中最亮的。R 是从中心斑点圆心到衍射阵点中心 G' 的距离。由于透射电镜的孔径半角非常小，矢量 g_{hkl} 近似垂直于

$O''O'$，因此可以近似认为$\triangle O''O'G_{hkl} \backsim \triangle O''O'G'$。

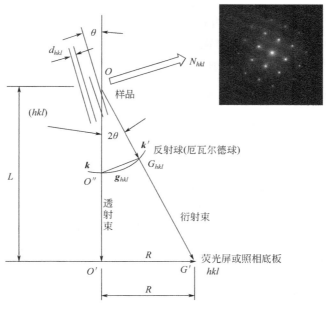

图 10.42　衍射花样的形成

这样，对于特定的透射电子显微镜来说，相机长度 L 是已知的，所以有

$$\frac{R}{L} \approx \frac{\boldsymbol{g}_{hkl}}{\boldsymbol{k}} \tag{10.30}$$

由于 $g=1/d$，$k=1/\lambda$
故

$$R = \frac{L\lambda}{d_{hkl}} \tag{10.31}$$

因为 $R // \boldsymbol{g}_{hkl}$，所以式（10.43）也可以写成矢量形式

$$R = L\lambda g_{hkl} = K\boldsymbol{g}_{hkl} \tag{10.32}$$

由式（10.32）可知，$K=L\lambda$，一般被称为相机常数，R 和 $\boldsymbol{g}_{hkl}$ 分别是正空间和倒易空间的矢量，因此 K 是一个协调正空间和倒易空间的比例常数。如图 10.42 所示，荧光屏或底片上获得的电子衍射花样是零层倒易面的比例放大像，这样也可以将相机常数简单地理解为电子衍射像的放大倍率或中间镜和投影镜放大倍数的乘积（$M_{\mathrm{i}} \times M_{\mathrm{p}}$）。

实际上，通过透镜中心的光线是不受到折射的，这样对于物镜背焦面上形成的第一幅电子衍射花样而言，物镜的焦距 f_0 相当于它的相机长度。如果此幅花样中衍射斑点（hkl）与中心斑点（000）之间的距离为 r，则热气电子衍射基本公式为：

$$rd_{hkl} = \lambda f_0 \tag{10.33}$$

则
底片上相应斑点与中心斑点的距离 R 应为

$$R = rM_{\mathrm{i}}M_{\mathrm{p}} \tag{10.34}$$

所以

$$Rd = \lambda f_0 M_{\mathrm{i}}M_{\mathrm{p}} \tag{10.35}$$

如果定义有效相机长度（effect camera constant）$L' = f_0 M_i M_p$，则有

$$Rd = \lambda L' = K' \tag{10.36}$$

式中，$K' = \lambda L'$，习惯上常被称为有效相机常数。

由于 f_0、M_i 和 M_p 分别取决于物镜、中间镜和投影镜的激磁电流，这样有效相机常数也将随之变化，因此为了准确标定衍射花样，必须要在上述三个透镜激磁电流都固定的条件下，标定相对应的相机常数，并在此条件下拍摄电子衍射花样，才能使 R 和 $\frac{1}{d_{hkl}}$ 间的比例关系准确，保证标定结果的准确性。

（1）已知相机常数和样品晶体结构时的电子衍射花样标定

实际上，对于样品晶体结构已知时，各种标定方法都可用于标定电子衍射花样，但是相对来说，最简单的方法是标准图谱对照法。如果常见晶体的标准衍射花样可以从相关资料中获取，那么直接进行比对即可。但是，还有许多结构没有标准的电子衍射花样可比对，这样就需要采用其他标定方法了。一般最常用的方法是尝试校核法，具体步骤如下：

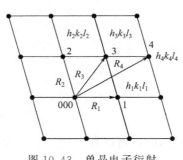

图 10.43　单晶电子衍射花样的标定示意图

① 测量靠近中心斑点（透射斑）的几个衍射斑点至中心斑点距离 R_1、R_2、R_3、R_4、…（如图 10.43 所示）。

② 因为相机常数已知，可以根据衍射基本公式 $R = \lambda L / d$，求出相应的晶面间距 d_1、d_2、d_3、d_4、…。

③ 因为晶体结构是已知的，每一 d 值即为该晶体某一晶面族的晶面间距，故可根据 d 值定出相应的晶面族指数 $\{hkl\}$，即由 d_1 查出 $\{h_1 k_1 l_1\}$，由 d_2 查出 $\{h_2 k_2 l_2\}$，依次类推。

④ 测定各衍射斑点之间的夹角 ϕ，也就是两个衍射晶面之间的夹角。

⑤ 决定离开中心斑点最近衍射斑点的指数。若 R_1 最短，则相应斑点的指数应为 $\{h_1 k_1 l_1\}$ 面族中的一个。对于 h、k、l 三个指数中有两个相等的晶面族（例如 $\{112\}$），就有 24 种标法；两个指数相等、另一指数为零的晶面族（例如 $\{110\}$）有 12 种标法；三个指数相等的晶面族（如 $\{111\}$）有 8 种标法；两个指数为零的晶面族有 6 种标法，因此，第一个斑点的指数可以是等价晶面中的任意一个。

⑥ 决定第二个斑点的指数。第二个斑点的指数不能任选，因为它和第一个斑点的夹角必须符合夹角公式。例如对于立方晶系来说，两者的夹角可用公式求得 φ。

$$\cos\varphi = \frac{h_1 h_2 + k_1 k_2 + l_1 l_2}{\sqrt{(h_1^2 + k_1^2 + l_1^2)(h_2^2 + k_2^2 + l_2^2)}} \tag{10.37}$$

在决定第二个斑点的指数时，应进行所谓的尝试校核，即只有 $h_2 k_2 l_2$ 代入夹角公式后求出的 φ 角和实测的 ϕ 一致时，$(h_2 k_2 l_2)$ 指数才是正确的，否则必须重新从 $\{h_2 k_2 l_2\}$ 晶面族中选择 $(h_2' k_2' l_2')$ 进行尝试，直到计算得到的 φ 角和实测的 ϕ 一致为止。应该指出的是 $\{h_2 k_2 l_2\}$ 晶面族可供选择的特定 $(h_2 k_2 l_2)$ 值往往不止一个，因此第二个斑点指数也带有一定的任意性。

⑦ 当 R_1 和 R_2 确定后，其他斑点可以利用矢量运算求得。由图 10.43 得，$R_1 + R_2 =$

R_3，即

$$h_1+h_2=h_3, \quad k_1+k_2=k_3, \quad l_1+l_2=l_3 \tag{10.38}$$

⑧ 根据晶带定理求零层倒易截面法线的方向，即晶带轴的指数。

$$[uvw]=\boldsymbol{g}_{h_1k_1l_1}\times\boldsymbol{g}_{h_2k_2l_2} \tag{10.39}$$

（2）相机常数未知、晶体结构已知时电子衍射花样的标定

测量数个斑点的 R 值（要求靠近中心斑点，但不在同一直线上；一般测量直径 D_i，$R_i=D_i/2$，这样测量的精度较高），然后按 R_1、R_2、R_3、…值的平方进行排序，则

$$R_1^2:R_2^2:R_3^2:\cdots=M_1^2:M_2^2:M_3^2:\cdots \tag{10.40}$$

将计算结果和不消光规律进行对照，并判断其结构和相应的晶面族指数。这种方法也常被称为比值法。

例如，对于立方晶系的阵点，从结构不消光原理来看，体心立方点阵 $h+k+l=$ 偶数时，才有衍射产生，因此它的 N 值只有 2、4、6、8、…。面心立方点阵 h、k、l 为全奇或全偶时才有衍射产生，固有 N 值为 3、4、8、11、12、…。如表 10.5 所示，由 M 值的递增规律可知晶体的点阵类型和相应的晶面族指数，例如 $N=1$ 即为 $\{100\}$，$N=3$ 为 $\{111\}$，$N=4$ 为 $\{200\}$ 等。

表 10.5　立方晶系阵点的衍射规律与干涉系数

衍射线的顺序号	简单立方			体心立方			面心立方			金刚石立方		
	hkl	m	$\dfrac{m_i}{m_1}$	hkl	m	$\dfrac{m_i}{m_1}$	hkl	m	$\dfrac{m_i}{m_1}$	hkl	m	$\dfrac{m_i}{m_1}$
1	100	1	1	110	4	1	111	3	1	111	3	1
2	110	2	2	200	6	2	200	4	1.33	220	8	2.66
3	111	3	3	211	8	3	220	8	2.66	311	11	3.67
4	200	4	4	220	10	4	311	11	3.67	400	16	5.33
5	210	5	5	310	12	5	222	12	4	331	19	6.33
6	211	6	6	222	14	6	400	16	5.33、6.33	422	24	8
7	220	8	8	321	16	7	331	19	6.67	333、511	27	9
8	300、221	9	9	400	18	8	420	20	8	440	3235	10.67
9	310	10	10	411、330	20	9	422	24	9	531	40	11.67
10	311	11	11	420	22	10	333、511	27		620		13.33

如果晶体不是立方点阵，则晶面族指数比值的变化规律可查阅其他资料，仍然可用比值法进行标定。例如，对于六方晶体系

已知
$$d=1/[4(h^2+hk+k^2)/3a^2+l^2/c^2]^{1/2} \tag{10.41}$$

则有
$$1/d^2=4/3\times[(h^2+hk+k^2)/a^2]+l^2/c^2 \tag{10.42}$$

令 $h^2+hk+k^2=M$，六方晶体 $l=0$ 的 $\{hk0\}$ 面族有

$$R_1^2:R_2^2:R_3^2:\cdots=M_1:M_2:M_3:\cdots=1:3:4:7:9:12:13:16:19:21:\cdots$$

当按照 R^2 的比值变化规律确定出晶体阵点类型和相应的面族指数后，接下来重复上文（1）中④～⑧步骤。

（3）晶体结构未知、相机常数已知时电子衍射花样的标定

这种情况下电子衍射花样标定的难度比较大，工作量繁重，因此在进行标定前，尽量收集样品的化学成分、热处理状态及微区成分分析等相关资料，并据此推测样品的晶体结构可能有哪些，即将未知相的结构界定到一定的范围内。然后，将整个界定范围内所有可能存相的 ASTM 衍射卡片找到，或利用专门程序将所有可能相的可能衍射谱计算出来，与实测的衍射谱进行对比查找可能的结果。标定的基本步骤如下：

① 收集与样品相关的信息，推测其所有可能的晶体结构。

② 测定低指数斑点的 R_i 值。应注意在几个不同的方位摄取电子衍射花样，保证能测出最前面的八个 R 值。

③ 根据 R_i 和电子衍射基本公式，计算各个 d_i 值。

④ 查 ASTM 卡片和各 d_i 值，都相符的物相即为待测的晶体结构参数信息。

（4）标准电子衍射花样对比法

所谓标准花样就是各种晶体点阵主要晶带零层倒易截面的放大像，它可以根据晶带定理和相应晶体点阵的消光规律绘出。标准花样对照法即是将实际观察、记录的衍射花样直接与标准花样对比，写出斑点的指数并确定晶带轴的方向，根据所获得的衍射斑点，特别是当样品的材料已知时，就可判断这套衍射斑点属于哪个晶带。

需要特别说明的是，由于电子显微镜的精度所限，实际标定过程中常因相机常数的不精确性或因电镜状态、电气参数的变化而导致产生一些误差。也很可能出现几张卡片上 d 均和测定的 d 值相近，增加判断的难度。因此，建议无论采用哪种标定方法，均要结合所测试样的相关信息来进行判断到底最可能是哪种物相。

10.5.4 多晶体电子衍射花样的标定

样品为多晶体时，电子衍射花样是由一系列不同半径的同心圆环所组成。这种环形花样的产生，是由于受到入射束照射的样品区域内存在大量取向杂乱的细小晶体颗粒，d 值相同的同一晶面族内符合衍射条件的晶面组所产生的衍射束，构成以入射束为轴、2θ 为半顶角的圆锥面，它与照相底版的交线即为半径 $R = \lambda L/d$ 的圆环。事实上，属于同一晶面族，但取向杂乱的那些晶面组的倒易点阵，在空间构成以 O^* 为中心，$g = 1/d$ 为半径的球面，它与爱瓦尔德球面的交线是一个圆，记录到的衍射花样中的圆环，就是这一交线的投影放大像。d 值不同的晶面族，将产生半径不同的圆环，如图 10.44 所示。参加衍射的晶粒数目越多，则衍射环的连续性越强，否则衍射环的连续性越差，如图 10.45 所示。所谓多晶电子衍射花样的指数化，就是确定产生这些衍射环的晶面族指数 $\{hkl\}$。

一般来说，立方晶系多晶环状花样的特征是除去消光外，所有的衍射环都能出现。例如，多晶面心立方体的衍射环从内向外各环的衍射指数分别为：$\{111\}$、$\{002\}$、$\{022\}$、$\{113\}$、$\{222\}$、$\{004\}$、$\{133\}$、$\{123\}$ 等。据此，通常利用已知标准多晶材料的环状衍射花样来校正相机常数 K。

多晶电子衍射花样的标定比单晶电子衍射花样要简单许多，通常有两种方法：比值法和 d 值对比法。

比值法适用于立方、四方和六方晶系，其标定步骤如下：

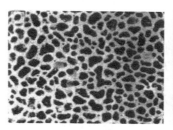

(a) 多晶形貌像

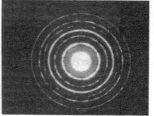

(b) 对应的衍射花样

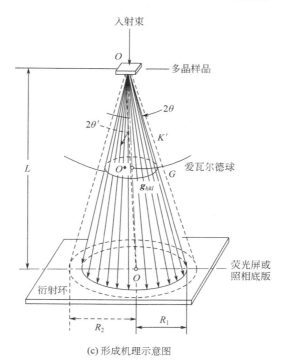

(c) 形成机理示意图

图 10.44 多晶体电子衍射花样及产生原理

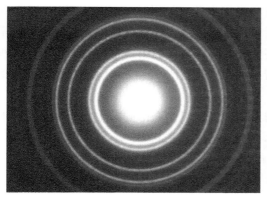

(a) 连续圆环

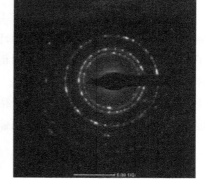

(b) 断续圆环

图 10.45 多晶体电子衍射花样

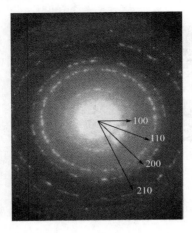

图 10.46 六方晶系多晶体衍射环

① 收集与样品相关的信息，推测其所有可能的晶体结构；

② 测定低指数斑点的 R_i 值；

③ 计算 R_i^2；

④ 根据 R^2 计算比值 $M\left(M=\dfrac{R_i^2}{R_1^2}\right)$；

⑤ 根据比值规律确定晶体结构类型和晶面指数 $\{hkl\}$；

⑥ 标定各环的晶面指数 $\{hkl\}$。

一般来说，从测量计算到确定出 hkl，大都采用列表的方法。根据晶体衍射不消光规律、六方晶系的 M 值变化规律可知，如图 10.46 和表 10.6 所示的多晶体衍射环所对应的晶体为六方晶体结构。

表 10.6 衍射环标定计算表

D_i/mm	18.0	31.5	37.0	48.0	49.5
R_i/mm	9.0	15.8	18.5	24.0	27.5
R_i^2/mm^2	81	250	342	576	756
R_i^2/R_1^2	1	3.1	4.2	7.1	9.3
M（取整）	1	3	4	7	9
hkl	100	110	200	210	300

用 d 值对比法也可标定多晶体的衍射环，其步骤和晶体结构未知、相机常数已知时电子衍射花样的标定步骤相同。

10.5.5 非晶体电子衍射花样的标定

非晶体的结构特点是原子排布的短程有序，即在非常小的范围内原子的排列具有规律。非晶态材料中原子团在空间的取向是随机分布的，这样非晶材料不再具有晶体衍射的特点。非晶态材料的电子衍射图只含有一个或两个非常弥散的衍射环（或称晕环），即除较强的透射束外，只会在透射斑点周围形成一定半径的光晕，其边界非常模糊。比较常见的是在第一晕环外侧还可观察到一个亮度比第一晕环更加宽化和模糊的第二晕环，如图 10.47 所示。非晶的电子衍射谱不用标定，只需要看到衍射花样具有与图 10.47 相似的特征，即可将其判定为非晶体。

由于单晶体、多晶体和非晶体电子衍射花样的特征完全不同，因此通过电子衍射花样可以很迅速地确定所分析的试样属于单晶体、多晶体还是非晶体。

10.5.6 复杂电子衍射花样

前面所讨论的衍射花样均属于简单电子衍射花样，是由单质或均匀（无序）固溶体中的某一晶带衍射所产生的。但是，在实际所获得的单晶电子衍射花样可能要比前面分析的要复杂得多，可能会出现一些"多余"的斑点或线条。这种现象的产生可能来自电子束的衍射效

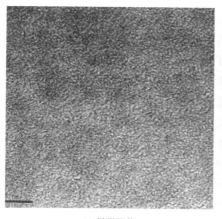 

(a) 显微图片   (b) 衍射花样

图 10.47　典型非晶显微形貌和对应的电子衍射花样

应或晶体的形状和结构等因素。这些"多余"信息的出现，使电子衍射的分析和标识常常干扰分析者的分析判断。为了识别与排除干扰信息，必须对常见的复杂电子衍射花样的特征和形成的主要原因有所了解。另一方面，这些"多余"信息也提供有关晶体相结构、形貌和缺陷的信息，这方面的知识可参考相关专著。复杂电子衍射谱主要包括：孪晶斑点、超点阵斑点、高阶劳埃斑、二次衍射斑点、会聚电子衍射和菊池线。

（1）孪晶斑点

孪晶的晶体学特点是晶体相对于某一晶面成镜面对称，该面即是孪晶面。孪晶是材料在凝固、相变和变形过程中，晶体内的一部分相对于基体按一定的对称关系而形成。

既然在正空间中孪晶和基体存在一定的对称关系，则倒易空间中孪晶和基体也存在这种对称关系，只是在正空间中的面与面的对称关系应转换成倒易阵点间的关系。因此，孪晶的衍射花样是两套不同晶带单晶衍射斑点的叠加，而这两套斑点的相对位向反映了基体与孪晶之间存在着的对称取向关系。最简单的情况是，电子束 B 平行于孪晶面，如图 10.48 所示，为孪晶斑点及分离出的两套具有位向关系的衍射花样（值得说明的是由于多重衍射，本应结构消光的地方也出现亮点）。两套斑点成明显对称性，并与实际点阵的对应关系完全一致。如图 10.49 所示，为面心立方 Cu 的孪晶衍射斑点。

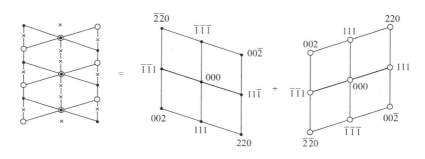

图 10.48　面心立方晶体孪晶的衍射花样

（2）超点阵斑点

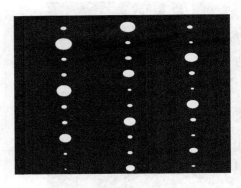

图 10.49　面心立方铜的孪晶衍射斑点

对于固溶体来说，如果按溶质原子与溶剂原子的相对分布位置来分类，可将其分为无序固溶体和有序固溶体。许多合金在高温时，其成分原子（如 AB 合金）会随机地占据晶格阵点，但温度降低时，这些原子会占据一些特殊的阵点，这种转变称为无序-有序转变。在这个转变过程中，当晶体内部的原子或离子发生了有规律的位移或不同种原子产生有序的排列，将引起其电子衍射花样的变化，使本来应该消光的斑点出现，这种额外的斑点称为超点阵或超结构斑点。如果间隙原子在空间有序地排列，和置换型超点阵一样，它也会产生超点阵斑点（如 Fe_4N、Fe_3N 等），但属于间隙型超点阵。

例如，镍基高温合金中 γ' 相 $[Ni_3(Al,Ti)]$ 沉淀强化相，它和基体（γ）都是面心立方结构晶体，但 γ' 为有序金属间化合物，其 Ni 原子分布在面心位置，而 Al 或 Ti 在立方体晶胞八个角上（假定 Ti 只取代 Al 的位置），γ' 和 γ 晶胞中的原子分布，如图 10.50 所示。

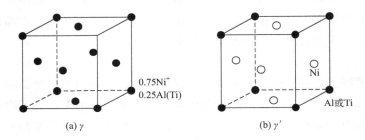

图 10.50　Ni 基固溶体 γ 和 γ' 相晶胞中各类原子占据的位置

面心立方结构晶胞中有四个原子。在无序的情况下，对 h、k、l 全奇或全偶的晶面组，结构振幅 $F=4f_{平均}$。例如，含 0.25Al（或 Ti）的 Ni 固溶体，$f_{平均}=0.75f_{Ni}+0.25f_{Al(Ti)}$。当 h、k、l 有奇有偶时，$F=0$，发生消光。

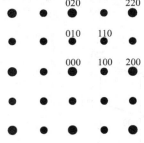

图 10.51　镍基高温合金中基体 γ 和 γ' 相的 [001] 晶带的电子衍射花样示意图

然而，在 γ' 相中，晶胞内应该发生消光的四个位置分别确定地由一个 Al（或 Ti）和三个 Ni 原子所占据。γ' 相的结构振幅为

$$F_{\gamma'}=f_{Al(Ti)}+f_{Ni}[e^{\pi i(h+k)}+e^{\pi i(h+l)}+e^{\pi i(k+l)}] \quad (10.43)$$

当 h、k、l 全奇全偶时，$F_{\gamma'}=f_{Al(Ti)}+3f_{Ni}$；而当 h、k、l 有奇有偶时，$F_{\gamma'}=f_{Al(Ti)}-f_{Ni}\neq0$，即不消光。

这样，在对应无序固溶体的衍射花样中本来应当因消光不应出现的阵点上，在有序化转变之后，因结构因子不为零，于是在衍射花样中出现了相应的"多余"斑点，即出现了超点阵斑点。这些超点阵斑点的强度相对较弱。

如图 10.51 所示，为镍基高温合金中基体 γ 和有序金属间化合物 γ' 相的 [001] 晶带的电子衍射花样示意图。图 10.51 是无序相和有序相两相衍射斑点的叠加，即 {010}、{110} 和 {100} 即为 γ' 相的超点阵斑点，γ' 相的基本反射斑点和 γ 相的斑点相重合。

（3）高阶劳厄斑

根据广义晶带定律［式(10.27)］可知，零层倒易面对应的阶数 $N=0$，其衍射花样均是由通过倒易原点 O^* 的倒易平面 $(uvw)_0^*$ 上的倒易点所贡献的，所有衍射斑点均在一套网格上。零层倒易面上的衍射斑点又称为零阶劳厄斑，简单电子衍射花样就是零阶劳厄斑的比例放大像。当 $N\neq0$ 时，将会出现与零层倒易面平行的高层倒易面。这种高层倒易面上的斑点，称为高阶劳厄斑。应该注意的是，只有零层倒易面上的 g 矢量与晶带轴垂直。

高阶劳厄斑形成的主要原因有以下三个方面：

① 薄膜试样的形状效应，使倒易阵点变长，出现倒易杆；

② 晶格常数很大的晶体，其倒易阵点紧密排布，倒易面间距小；

③ 倒易面的倾斜（入射束与晶带轴不平行）。

当上述的条件存在时，均将增加高层倒易面上的倒易点与反射球相交后仍然能在底片处成像的机会，而产生高阶劳厄斑，如图 10.52 和图 10.53 所示。

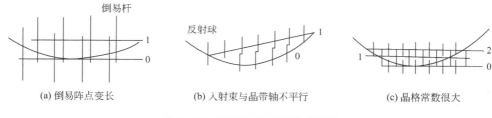

图 10.52　高阶劳厄斑的形成原理

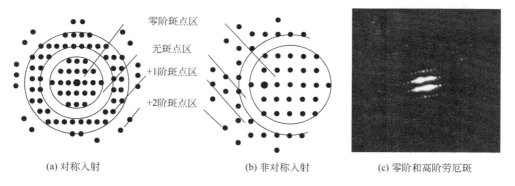

图 10.53　高阶劳厄斑几何示意图和实例

（4）二次衍射斑点

如果晶体衍射过程中产生较强的衍射束，则这些强衍射束又可能作为入射束在晶体中再次产生衍射，称为二次衍射。二次衍射一般出现在如下情况下：两相晶体之间，如基体和析出相之间或基底和沉积层之间等；相同晶体结构取向不同的晶体之间，如孪晶或晶界附近等。如图 10.54 所示，为二次衍射斑点，图中强点为一次衍射斑点，弱点为二次衍射斑点。

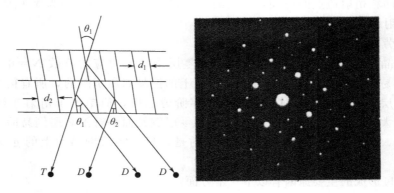

图 10.54　二次衍射形成原理及衍射斑点

（5）菊池衍射花样

在透射电镜操作过程中，如果样品晶体比较厚（约在最大可穿透厚度的一半以上）、样品内缺陷的密度较低，在其衍射花样中，除了规则的斑点以外，还常常出现一些亮、暗成对的平行线条，这就是所谓菊池线或菊池衍射花样。菊池首先发现这种现象并对此做出了解释，因此命名为菊池线或菊池衍射花样。典型的菊池衍射花样，如图 10.55 所示。

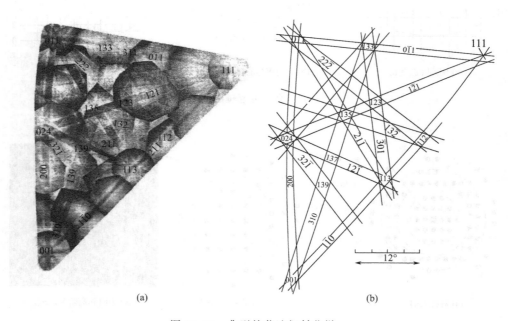

图 10.55　典型的菊池衍射花样

菊池线是电子束在较厚晶体内发生的一次非弹性散射的电子，在遇到某些晶面满足布拉格条件时所形成的一种衍射现象。菊池线广泛用于物相鉴定、晶体取向、位向关系和迹线分析。

（6）长周期结构

在晶体点阵原来的周期上再叠加一个新的更长的周期，这种结构称为长周期结构。与此对应的电子衍射花样特征是在基体衍射斑点外，还出现一系列间隔较密、排列成行的衍射斑点。图 10.56(a) 的结构图中左边第一个方格相当于一个周期，它在 c 方向的周期假定为 c，左边第二个方格是左边第一个方格移动了 $\left[0,\dfrac{1}{2},\dfrac{1}{2}\right]$ 的结果，右边第一个方格与左边第一个方格相同，右边第二个方格与左边第二个方格相同，4 个方格组成一个长周期结构，它在 c 方向的周期为 $4c$。此结构的计算机模拟的衍射图如图 10.56(b) 所示，图中亮的衍射斑点的间距对应于原先的周期 c，而亮点中间一排较暗点的衍射斑点间距只有亮的衍射斑点间距的 $1/4$，它对应于长周期结构的 $4c$ 周期。

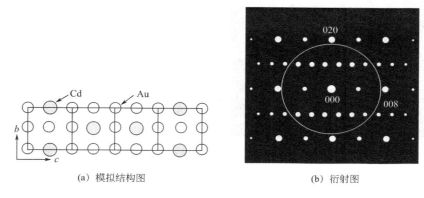

(a) 模拟结构图   (b) 衍射图

图 10.56 Au_3Cd 的模拟结构图和衍射图

（7）会聚束电子衍射

会聚束电子衍射（convergent beam electron diffraction，CBED）是指用尺寸很小（其范围可小至 2nm）且收敛的（锥型）电子束聚焦于样品，在背焦面上形成透射束和衍射束。如图 10.57 所示，透射束和衍射束束斑的大小与入射束的会聚角有直接的关系。如果增加入射束的会聚角，衍射图像上所有的斑点都会扩展，扩展到一定程度，斑点间将有少许交叠。习惯上将此种情况下的电子束称为小角会聚束。继续增大入射束的会聚角，斑点会扩展得非常大。这时一个中央透射斑里面就含有很多衍射斑点的交叠信息，这就是大角会聚图像。

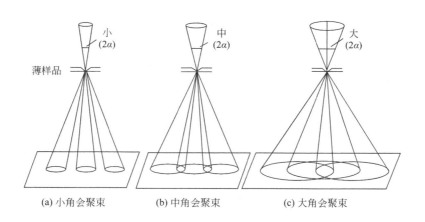

(a) 小角会聚束   (b) 中角会聚束   (c) 大角会聚束

图 10.57   会聚束电子衍射

当需要分析的区域比选区阑的最小孔径尺寸还要小时，选区衍射将失去作用，此时必须采用增大会聚角的方法，即将入射光斑缩小到微（纳）米量级，通过小角度会聚束衍射技术来进行分析。该技术不需要使用选区光阑，只需将细小的电子束直接照射到感兴趣区，获得衍射花样就可以进行详细分析了。目前的电子显微镜技术已经能够将电子束会聚到纳米数量级，因此小角度会聚束衍射技术又称为微（纳米）束衍射或微衍射。

传统的选区衍射所能分析的最小区域约为 $0.5\mu m$，只能提供晶体二维空间的资料。CBED 的发展使电子衍射远优于 X 射线衍射和中子衍射，在某些情形下更是唯一可利用衍射法。微（纳米）束衍射对几个或十几个晶胞尺寸的局部结构和原子排列十分敏感，目前已成为微米和亚微米区域的微相鉴定，测定晶体的衍射群、高对称极轴、点群、布拉菲晶格、空间群、晶格参数、样品厚度和界面结构等的有效手段。图 10.58 给出了大体积 ZrAlNiCuNb 非晶合金中微小准晶相的微衍射图。

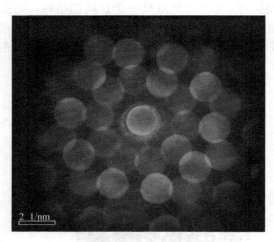

图 10.58　ZrAlNiCuNb 非晶合金中
微小准晶相的微衍射图

10.6　透射电子显微镜图像衬度及应用

电子显微形貌像和电子衍射花样是透射电镜从物质晶体试样中获得的两个重要信息。电子显微形貌像的成因取决于入射电子束与物质试样的相互作用，当其逸出试样下表面时，因为试样对电子束的作用使得透射电子束强度发生了变化，所以透射到荧光屏上的强度是不均匀的，这种强度的不均匀分布现象称为衬度，所获得的电子图像称衬度像。眼睛能分辨出的图像上不同区域间明暗程度的差别称为图像衬度。透射电子显微镜的图像衬度，取决于投射到荧光屏或照相底片上不同区域的电子强度差异。

电子显微图像衬度的形成主要有两种机制：结构振幅衬度和相位衬度。振幅衬度又分为质厚衬度和衍射衬度。相位衬度也包含原子序数衬度。事实上，相位衬度和振幅衬度两种机制是同时存在的，只是两者贡献程度不同而已。当晶体试样厚度大于 10nm 时是以振幅衬度为主，而当试样厚度小于 10nm 时则以相位衬度为主。

10.6.1　质厚衬度

质量-厚度衬度（质厚衬度）是由样品中不同微区的质量（密度或原子序数）和厚度差异造成的透射束强度差别而形成的衬度，如图 10.59 所示。粉末、非晶物质、生物复型及包含第二相的合金等样品的透射电子形貌像中的衬度以质量衬度为主，但是由于绝大多数样品的质量和厚度不可能绝对均匀，因此几乎所有试样都有质厚衬度。

当电子束透过试样时，电子与物质发生相互作用，产生吸收和散射现象。由于试样很薄，吸收现象可以忽略不计，只需考虑散射现象即可，另外也无需考虑是弹性散射还是非弹性散射。因此，可以简化理解为质厚衬度来源于试样原子对电子散射能力强弱，主要取决于散射强度和透射强度的比值。

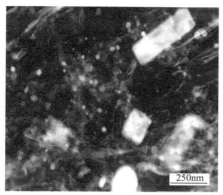

(a) 中碳微合金钢萃取复型样品

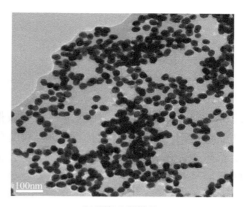

(b) 颗粒分散样品

图 10.59 质厚衬度应用实例

如图 10.60 所示，为质厚衬度形成原理示意图。当电子与试样作用产生散射时，如果散射角大于物镜光阑的孔径半角 α，那么这部分散射电子将被物镜光阑遮挡，而只有散射角小于物镜光阑孔径半角 α 的电子才能通过光阑到达荧光屏。因此，试样中那些与电子作用后，使电子散射角大于 α 的电子数目愈多，则通过光阑的电子数目就愈少；反之，就愈多。因此，一个试样由于各部分对电子散射能力不同，使得透射电子和散射电子数目不同，即透射强度和散射强度的比值不同，从而产生图像衬度。散射本领大、透射电子少的部分所形成的像要暗些，反之则亮些。

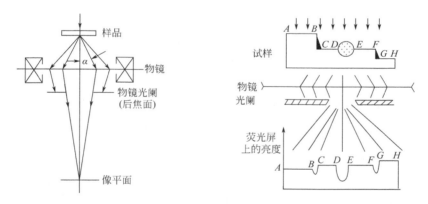

图 10.60 质厚衬度的产生原理

不同原子序数 Z 的元素，对电子的散射能力不同，重元素比轻元素散射能力强，成像时被散射出光阑以外的电子愈多；试样愈厚，对电子的"吸收"愈多，相应部位参加成像的电子愈少。

通常利用卢瑟福散射模型，引入散射概率 $\left(\dfrac{\mathrm{d}N}{N}\right)$ 的概念来定性描述质厚衬度的产生原理。

$$\frac{\mathrm{d}N}{N} = -\frac{\rho N_{\mathrm{A}}}{A}\left(\frac{\pi Z^2 e^2}{U^2 \alpha^2}\right)\left(1+\frac{1}{Z}\right)\mathrm{d}t \tag{10.44}$$

式中　ρ——物质密度；

　　　N_{A}——阿伏伽德罗常数；

　　　Z——元素的原子序数；

e——电子电荷；

α——孔径半角；

U——电子枪加速电压；

t——试样厚度；

A——原子量。

由式（10.44）可看出，试样越薄，电子被散射到物镜光阑外的概率越小，通过光阑参与成像的电子束透射强度越大，对应就获得较亮的衬度。而且，入射电子的散射概率不仅和样品的厚度 t 有关，还和构成样品的原子序数 Z 及其密度 ρ 有关。样品的密度越大，原子序数越大，样品原子核库仑电场越强，电子束发生散射的概率越大。

10.6.2 衍射衬度

晶体薄膜样品的厚度大致均匀，并且平均原子序数也无差别，因此不可能利用质厚衬度来获得满意的图像反差。为此，须寻找新的成像方法，那就是所谓的"衍射衬度成像"，简称衍衬成像。

衍射衬度（又称衍衬）是由晶体样品中各微区中晶体取向或者结构不同，满足布拉格方程的程度不同，而导致的图像衬度差异。衍射衬度实际上是衍射与透射强度组成比例不同引起的反差。衍射衬度通常是单束成像衬度，成像时用透射束或衍射束。用透射束成像时，因整个视场或图像亮度大，故称为明场像。用衍射束成像时，因整个视场或图像亮度小，故称暗场像。如果忽略电子束穿过试样时发生的能量吸收现象，则明场像和暗场像的衬度几乎是互补的。由于衍射衬度来源于电子束穿过样品下表面时各处衍射振幅的分布，因此也称振幅衬度。

衍射衬度对晶体结构、晶粒取向、晶体缺陷非常敏感，因此是晶体材料显微组织和晶体缺陷分析的有效方法。当样品中晶体结构、晶粒大小、形态和取向不同或存在内部缺陷时，则会导致衍射条件发生变化，从而形成不同的衍射衬度。

（1）明场像

以单相的多晶体薄膜样品为例，如图 10.61(a) 所示，设想薄膜内有两颗晶粒 A 和 B，两者的唯一差别是晶体取向不同。如果在入射电子束照射下，B 晶粒的某 (hkl) 晶面组恰

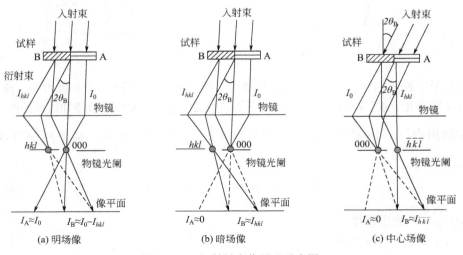

(a) 明场像　　　　　(b) 暗场像　　　　　(c) 中心场像

图 10.61　衍射衬度像原理示意图

好与入射方向交成精确的布拉格角 $2\theta_B$，而其余的晶面均与衍射条件存在较大的偏差，即 B 晶粒的位向满足"双光束条件（衍射束和透射束）"。

此时，在 B 晶粒的选区衍射花样中，(hkl) 斑点特别亮，也即其 (hkl) 晶面的衍射束最强。如果假定对于足够薄的样品，入射电子受到的吸收效应可不予考虑，且在所谓"双光束条件"下忽略所有其他较弱的衍射束，则入射电子束强度为 I_0，在 B 晶粒区域内经过散射之后，B 晶粒区域内电子强度将由衍射束强度 I_{hkl} 和透射束强度 (I_0-I_{hkl}) 两个部分组成。

同时，假设 A 晶粒内所有晶面组，均与布拉格条件存在较大的偏差，则可认为 A 晶粒微区内所有衍射束的强度均为零，于是 A 晶粒区域的透射束强度近似等于入射束强度 I_0。

由于在电子显微镜中样品的第一幅衍射花样出现在物镜的背焦面上，所以若在这个平面上加进一个尺寸足够小的物镜光阑，把 B 晶粒的衍射束 I_{hkl} 挡掉，而只让透射束 I_0-I_{hkl} 通过光阑孔并到达像平面，则构成样品的第一幅放大像。因为荧光屏上的图像只是物镜像平面上第一幅放大像的进一步放大而已，因此 A 和 B 晶粒的像亮度将不同。

即

$$I_B \approx I_0 - I_{hkl} \tag{10.45}$$

$$I_A \approx I_0 \tag{10.46}$$

如果以 A 晶粒的亮度为背景，则 B 晶粒的衬度为

$$\frac{\Delta I_B}{I_A} = \frac{I_A - I_B}{I_A} \approx \frac{I_{hkl}}{I_0} \tag{10.47}$$

B 晶粒较暗而 A 晶粒较亮。通常将这种让透射束通过物镜光阑而把衍射束挡掉而获得图像衬度的方法，叫作明场成像，所得到的像叫明场像。

（2）暗场像

如果把图 10.61(a) 中的物镜光阑位置移动一下，使其光阑孔套住 (hkl) 斑点，而把透射束挡掉，可以得到暗场像，如图 10.61(b) 所示。然而，由于此时用于成像的是离轴光线，所得图像质量不高，有较严重的像差，故此习惯上常以倾斜入射电子束的方法来获得中心暗场像。

如图 10.61(c) 所示，把入射电子束方向倾斜 2θ 角度（通过照明系统的倾斜来实现），使 B 晶粒的 $(\bar{h}\bar{k}\bar{l})$ 晶面组处于强烈衍射的位向，而物镜光阑仍在光轴位置。此时只有 B 晶粒的 $(\bar{h}\bar{k}\bar{l})$ 衍射束正好通过光阑孔，而透射束被挡掉，这叫作中心暗场成像方法。B 晶粒的像亮度 $I_B \approx I_{\bar{h}\bar{k}\bar{l}}$。对于 A 晶粒来说，由于在该方向的衍射衬度极小，像亮度几乎近于零。图像的衬度特征恰好与明场像相反，B 晶粒较亮而 A 晶粒很暗。显然，暗场像的衬度将明显地高于明场像，如图 10.62 所示。

上述单相多晶薄膜的例子说明，衍射衬度是由晶体试样结构和满足布拉格条件的程度不同而引起的衬度。衍射衬度图像是单束成像，透射束成像为明场像，衍射束成像为暗场像。一般来说，观察形貌用明场像，因为成像衬度好（尤其是加了合适的光阑），形变小。明场像因为是多个透射束的成像，对缺陷不敏感，虽然有时候也能反映出缺陷，但是极其模糊。明场像主要表现为厚度衬度，对厚度敏感。观察缺陷如位错/孪晶时用暗场像，因为暗场像是来自选定的某个衍射束，对应于晶体特定的晶面。在缺陷处，电子衍射的方向和完整处不一样，从而使得缺陷处能够在暗场像上清楚地显示出来。另外，在明场像衬度很小时，则可试着使用暗场像进行分析，有时可得到意想不到的效果，如图 10.63 所示。

(a) 明场像   (b) 暗场像

图 10.62   铝合金中的衍射衬度像

 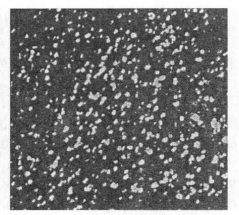

(a) 0.9PMN–0.1PT中B位有序区明场像   (b) 0.9PMN–0.1PT中B位有序区暗场像

图 10.63   0.9PMN-0.1PT 的衍射衬度像

10.6.3   相位衬度

当透射束和至少一束衍射束同时通过物镜光阑参与成像时，由于透射束与衍射束的相干作用，形成一种反映晶体点阵周期性的条纹像和结构像。这种像衬的形成是透射束和衍射束相位相干的结果，故称为相位衬度。相位衬度图像能够显示出材料物质在原子尺度上的精细结构，因此，把这种像也称为高分辨像。利用高分辨率透射电子显微镜（high resolution transmission electron microscopy，简称 HRTEM 或 HREM）获得的显微图像实际上就是材料原子级别显微组织结构的相位衬度图像。高分辨率透射电子显微技术的研究对象不一定必须是周期性的晶体结构，可以是准晶、非晶，也可以是单个空位、原子，位错、层错等晶体缺陷以及晶界、相界、畴界、表面等。

目前生产的透射电子显微镜一般都能做高分辨图像，但这些透射电子显微镜又分成了两类：高分辨型和分析型透射电子显微镜。二者的区别是高分辨电子显微镜上配备了高分辨物镜极靴和光阑组合，对应的样品台倾转角很小，从而可获得较小的物镜球差系数，得到更高的分辨率，如 Philip CM200ST 场发射型透射电子显微镜点分辨率可达 0.14nm；分析型透射电子显微镜有较大的样品倾转角，物镜极靴与高分辨型不同，即分析型透射电子显微镜的分辨率低于高分辨电子显微镜，但更适合做多种分析。但是，对于大多数材料而言，利用分析型透射电子显微镜拍摄高分辨图像也足够了。

高分辨透射电子显微术的成像方式是让透射波和各级散射波共同在像平面干涉成像，对于薄试样（厚度≤10nm）透射波和各级散射波，到达像平面时，振幅几乎没有变化，只有相位差不同。因此不能再用振幅衬度来解释图像，所以解释高分辨图像需要引入新的衬度理论——相位衬度。

（1）相位衬度形成原理

如图 10.64 所示，高分辨透射电子显微像的成像过程可分为两个基本过程：

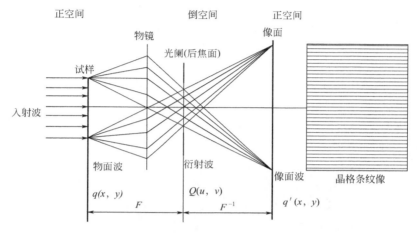

图 10.64 结构信息经过电子透镜传递干涉成像示意图

① 电子束透过样品，电子波的相位被样品所调制，在样品下表面形成带有晶体结构信息的物面波 $q(x,y)$；

② 透射波经物镜成像，经多级放大后显示在荧光屏上。

该过程又分为两步：从透射波函数到物镜后焦面上的衍射斑点［衍射波 $Q(u,v)$］，再从衍射斑点到像平面上成像。物镜相当于一个分频器，将物面波中的透射波与各级衍射波分开。透射束和衍射束通过物镜光阑后再发生相干，在物镜像平面上"还原"成晶格条纹或结构图像。

从数学上讲，$q(x,y)$→衍射波，衍射波→像面波 $q'(x,y)$，分别对应于一次傅里叶变换和一次逆变换。这两步过程为傅里叶正变换和逆变换。该过程的数学表达为衬度传递函数 $T(u,v)$。

对于理想透镜，相位体的像不可能产生任何衬度。实际上由于物镜存在球差、色差、像散（离焦）以及物镜光阑、输入光源的非相干性等因素，此时可产生附加相位，从而形成像衬度，看到晶格条纹像。衬度传递函数 $T(u,v)$ 即为一个相位因子，它综合了物镜的球差、离焦量及物镜光阑等诸多因素对像衬度（相位）的影响，是多种影响因素的综合反映。

（2）相位衬度像的种类及应用

高分辨显微像的衬度与物的对应关系依赖于图像解释。图像解释要结合电镜实验操作的具体条件和成像原理来分析，或用计算机模拟图像比较来分析判断。因此，在观察像之前，应当确定将要从高分辨电子显微像获得什么样的信息，为此，必须预先设定并记录相应的拍摄条件和衍射条件。

高分辨电镜图像主要包括晶格（条纹）像、结构（原子）像两大类型；又可细分为一维晶格条纹像、二维条纹（单胞尺寸）像、一维结构像和二维结构（原子尺度晶体结构）像等。

① 晶格条纹像。晶格条纹像可以在不同样品厚度和聚焦条件下获得，也不必设定特别的衍射条件，拍摄较容易，是高分辨像分析与观察中最容易的一种。晶格条纹像可以提供晶体结构周期信息，并有严格的对应关系，图像上表现为一组或多组平行等距的条纹。条纹方向垂直于对应的成像衍射束倒易矢量方向，条纹间距等于该衍射束代表的晶格间距。如果晶格条纹图像中出现条纹衬度异常，则表示晶体中存在缺陷或其他情况。例如，条纹中断、弯曲，其至晶格条纹间距发生变化。应该注意的是，晶格条纹像含有单胞尺寸信息，但不包含单胞内原子排列信息。

② 晶格结构像。晶格结构像既可以反映晶格周期，又可以反映晶体结构更小的细节，如原子或原子团的位置。与晶格条纹相不同，晶格结构像同时含有晶体结构和单胞内原子排列的信息，即像的衬度与原子排列具有对应关系。原子像可以反映出孤立存在的原子信息。

③ 相位衬度像的应用实例。如图 10.65 所示，为利用化学气相沉积方法在 Si 衬底上制备的 ZnO 纳米线的高分辨晶格条纹像。从 HRTEM 图像看到晶格条纹清晰、完整，相邻条纹间的距离约为 0.52nm，与 ZnO(001) 晶面间的晶格常数一致，进一步证明 ZnO 单晶纳米线沿着（001）方向生长且具有六角纤锌矿结构。

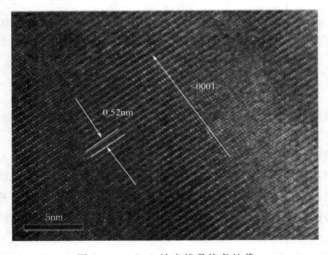

图 10.65　ZnO 纳米线晶格条纹像

如图 10.66 所示，为 $Fe_{73.5}CuNb_3Si_{3.5}B_9$ 液体急冷试样和急冷后再经 500℃、1h 热处理后的 HRTEM 图像及衍射花样。可以看出急冷试样中可观察到非晶特有的无序点状分布特征，未出现条纹特征，这说明急冷试样为完全非晶态组织［如图 10.66(a) 所示］。急冷试样经过 500℃、1h 热处理后的试样中可观察到明显的晶格条纹特征，如与箭头指向相反的左右微区，而箭头指向的微区，则具有非晶特有的无序点状分布特征，这说明经热处理后的试样发生了从非晶向晶化的转变，但未全部转变为晶体，即热处理后的试样组织中同时含有非晶和晶态组织。从对应的衍射花样［如图 10.66(c) 所示］中也可以看出热处理后的试样是由非晶和晶态组织组成的。对环状花样的标定可知，这些小晶体具有体心立方结构。（110）衍射环（内侧强化）的宽化现象（或称为漫散射，由非晶衍射形成）为非晶体的存在提供了证据。环状花样和晶格条纹共同证实了晶态物质的存在。

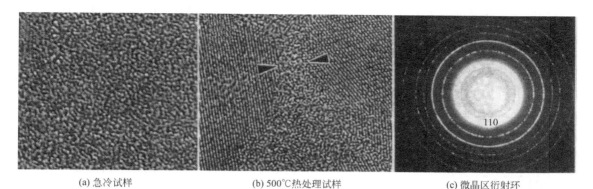

(a) 急冷试样　　　　　　　(b) 500℃热处理试样　　　　　　　(c) 微晶区衍射环

图 10.66　$Fe_{73.5}CuNb_3Si_{3.5}B_9$ 合金非晶及晶化处理试样的高分辨电镜分析

　　如图 10.67 所示，为无金属催化 CVD 法制备的一维纳米碳材料（纤维）的低倍 HRTEM 图像和高倍晶格条纹像。如图 10.67(a) 所示，显示纳米纤维的内部为空心结构。图 10.67(b) 较清晰地显示了其外壁的结构。纳米纤维内层晶格条纹非常清晰，结晶度高，晶格条纹与纤维轴向平行。经过测量得到晶格条纹之间的距离约 0.33nm，与理想石墨层间距（0.335nm）非常接近，表明产物为碳纳米纤维。然而，随着从内层向外层推进，结晶度逐渐下降，到达最外层时晶格条纹已经消失，为非晶态，这可能是由于过量的碳在碳纳米纤维表面沉积，无法完全结晶而形成了结晶度低或非晶态碳层。

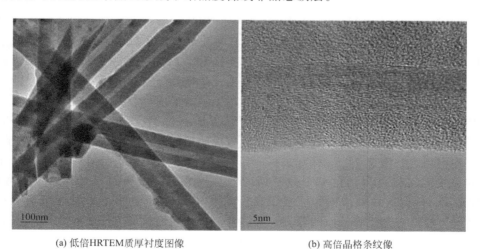

(a) 低倍HRTEM质厚衬度图像　　　　　　　(b) 高倍晶格条纹像

图 10.67　纳米碳纤维的低倍 HRTEM 图像和高倍晶格条纹像

10.6.4　原子序数衬度

　　20 世纪末，随着电子显微镜射线源装置和电子光学系统设计的改进，特别是场发射枪透射电子显微镜的出现，发展了一种高分辨扫描透射成像技术，即高分辨或原子分辨原子序数（Z）衬度成像（简称 Z 衬度像）技术，对应的设备称为高分辨扫描透射电子显微镜（scaning transmission electrom microscopy，STEM）。Z 衬度像也可称为扫描透射电子显微镜高角环形暗场像。这种图像属于非相干高分辨图像，与相位衬度像不同。相位衬度不会随着样品的厚度及电镜的焦距有很大的改变。像中的亮点总是反映真实的原子，并且点的强度与原子序数平方成正比。特别是它和随后发展起来的与像点对应的原子柱进行原位分析的电子能量损失谱（electron energy loss spectroscopy，EELS）相结合以后，就可以在一次实验中同时得到原子分辨率的材料内部结构以及电子能带结构的信息。这种方法尤其适用于缺陷、晶界和界面的微观结构及成分分析。

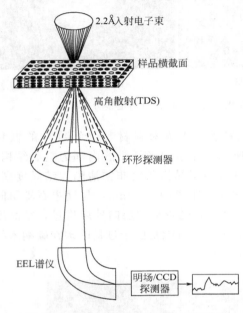

图 10.68　高分辨扫描透射电子显微镜
成像的基本过程示意图

得到高分辨 Z 衬度像有两个必要条件：原子尺度的高亮度电子束斑及环形探测器。如图 10.68所示，为高分辨扫描透射电子显微镜成像的基本过程示意图。在高分辨扫描透射电子显微成像中，采用细聚焦的高能电子束，通过线圈控制对样品进行逐点扫描，在扫描每一点的同时，放在样品下面的具有一定内环孔径的环形探测器同步接收被高角散射的电子。对应于每个扫描位置的环形探测器接收到的信号转换成电流强度显示在荧光屏或计算机屏幕上。荧光屏或计算机屏幕上点的强度将反映样品上对应点的高角电子散射强度。当电子束斑正好扫在原子列上时，很多高角散射的电子将被探测器接收，这个信号显示于计算机屏幕上就是亮点；而当电子扫描在原子列中间的空隙时，数量很少的电子被接收，在计算机屏幕上将形成一个暗点。连续扫描一个样品区域，扫描透射 Z 衬度暗场像就形成了。另外，从环形探测器内环洞通过的电子可以利用明场探测器形成一般高分辨明场像。

从环形探测器内环孔通过的低角散射电子可以再通过后置式电子能量过滤系统得到具有原子分辨率的电子能量损失谱，它不同于一般常规的透射模式下的从微米级区域得到的能量损失谱。在得到高分辨 Z 衬度像的同时，可以精确地将电子束斑停在所选择的原子列上，用较大的接收光阑就可得到此单个原子列的能量损失谱。图像的亮度与原子序数的平方（Z^2）成正比，因此这种图像称为原子序数衬度像（或 Z 衬度像）。在化学成分分析方面，EELS 和 X 射线能谱分析有相似的功能，但前者在轻元素的探测方面更有优势。EELS 的能量分辨率（约为 1eV）远高于 X 射线能谱（约 130eV）。因此 EELS 不仅能用来对样品进行定性和定量的成分分析，还可以提供元素的化学键及最近邻原子配位等结构信息。但 EELS 的缺点是，对于厚样品，受多重散射的影响比较严重，背底相对较高，信号的定域性较差。样品中两种元素原子序数差别越大，高分辨扫描透射电子显微镜图像中两组元的图像衬度就越大。如果样品的厚度是均匀的，这种图像则可以直接看作是元素分布图。

如图 10.69 所示的 a 型和 b 型 $Al_{72}Ni_{20}Co_8$ 十次准晶的原子排列，对于 a 型结构，第一个小原子环（0.5nm 直径）有三个很强的点。根据强度分析，每个亮点代表的原子列都是由 Ni 和 Co 元素原子组成的。尽管这三个 Co(Ni) 原子破坏了十次对称性，但它外面的原子环仍保持十次对称性。对于 b 型结构，第一个环的像有较均匀的强度，其强度大于原子列是 Al 原子的强度而小于全部是纯 Co 或 Ni 的强度，并由此断定这些原子列是由混合的 Al、Co

和 Ni 组成的。这种中心原子环化学成分的无序是其在高温下稳定理想十次准晶结构的直接证据。2nm 直径的大原子环是由 10 个 Co(Ni) 原子对组成的。从图像中可以看出，每个原子对的投影距离只有 0.14nm，说明了这些原子列对中的原子间隔地在样品中排列。上述这些原子结构和成分信息是不可能从普通的高分辨像中得到的。

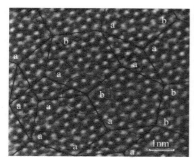 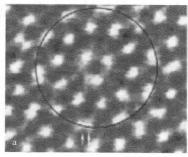 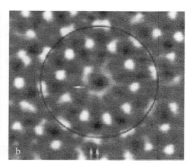

图 10.69　a 型（a）和 b 型（b）Al$_{72}$Ni$_{20}$Co$_8$ 准晶沿十次对称轴的 2nm 原子环的 Z 衬度像

参 考 文 献

[1]　李晓娜. 材料微结构分析原理与方法. 大连：大连理工大学出版社，2014.

[2]　刘庆锁. 材料现代测试分析方法. 北京：清华大学出版社，2014.

[3]　李炎. 材料现代微观分析技术. 北京：化学工业出版社，2011.

[4]　陈厚. 高分子材料分析测试与研究方法. 北京：化学工业出版社，2011.

[5]　杨序纲，吴琪琳. 材料表征的现代物理方法. 北京：科学出版社，2013.

[6]　乔玉林. 纳米微粒的润滑和自修复技术. 北京：国防工业出版社，2005.

[7]　刘君星，闫冬梅，周奎臣. 分子生物学仪器与实验技术. 哈尔滨：黑龙江科学技术出版社，2009.

[8]　朱和国，王新龙. 材料科学研究与测试方法. 2 版. 南京：东南大学出版社，2013.

[9]　齐海群. 材料分析测试技术. 北京：北京大学出版社，2010.

[10]　金培鹏，韩丽，王金辉，等. 轻金属基复合材料. 北京：国防工业出版社，2013.

[11]　戎咏华，姜传海. 材料组织结构的表征. 上海：上海交通大学出版社，2012.

[12]　刘文西，等. 材料结构电子显微分析. 天津：天津大学出版社，1989.

[13]　章晓中. 电子显微分析. 北京：清华大学出版社，2006.

[14]　徐祖耀，黄本立，鄢国强. 材料表征与检测技术手册. 北京：化学工业出版社，2009.

[15]　章晓中. 电子显微分析. 北京：清华大学出版社，2006.

[16]　陈梦谪. 北京钢铁学院. 金属物理研究方法. 第二分册. 北京：冶金工业出版社，1982.

[17]　黄孝瑛. 材料微观结构的电子显微学分析. 北京：冶金工业出版社，2008.

[18]　齐海群. 材料分析测试技术. 北京：北京大学出版社，2010.

[19]　黄新民，解挺. 材料分析测试方法. 北京：国防工业出版社，2006.

[20]　安春霞，姜威，魏平. ZnO 纳米线阵列的生长机制. 哈尔滨师范大学自然科学学报，2009，25（5）：64-67.

[21]　李晓川. 一维纳米碳材料的无金属催化 CVD 法制备与生长机理研究. 湖南大学，硕士论文，2009.

[22]　吴波. 纳米化材料微结构特征与力学性能研究. 中国科学院力学研究所. 2008.

[23]　Wu X L，Zhu Y T，Wei Y G，et al. Strong strain hardening in nanocrystalline nickel. Physical Review Letters，2009，103（20）：205504（1-4）.

[24]　Jaume Gázquez，Gabriel Sánchez-Santolino，Neven Bikup，et al. Applications of STEM-EEL S to complex oxides. Materials Science in Semiconductor Processing，2016，6.

[25]　Yan Y，Pennycook S J，Tsai A P. Direct imaging of local chemical disorder and columnar vacancies in Ideal Decagonal Al-Ni-Co Quasicrystals. Physical Review Letters，1998 81（23）：5145-5148.

[26]　叶恒强，王元明. 透射电子显微学进展. 北京：科学出版社，2003.

第 11 章

扫描探针显微镜

11.1 扫描探针显微镜概述

扫描探针显微镜（scanning probe microscopy，SPM）是使用扫描样品的物理探针形成表面图像的显微镜分支。扫描探针显微镜覆盖几种相关技术，用于成像和测量精细尺度上的表面时，在 x 和 y 方向上精度可达 $0.1nm$，在 z 方向上达到 $0.01nm$，达到分子和原子团的水平。在标尺的另一端，SPM 扫描可以在 x 和 y 方向上覆盖超过 $100\mu m$ 的距离，并且在 z 方向上覆盖 $4\mu m$，这是一个巨大的范围。可以说，SPM 技术的发展是一项重大成就，因此它对材料科学和工程的许多领域产生了深远的影响。

11.1.1 扫描探针显微镜的发展历程

人类依靠感官来认识世界，而仪器则是人类感官的延伸。在扫描探针显微镜出现以前，对微观结构的观测主要是通过光学或者电子透镜成像来实现。光学显微镜由于受光波波长的限制，分辨率一般仅能达到微米级水平；电子显微镜以透射或反射的方式成像，分辨率可达到纳米级。但这类以透镜成像方式工作的显微镜分辨率都受到 Abbe 极限的限制，其分辨率的极限为所采用光波波长的 $1/2$，这一限制使得电子显微镜的分辨率很难进一步提高。

1956 年，美国科学家 O. Keefe 提出了扫描探测原理，应用此原理就能从理论上突破 Abbe 极限对显微镜分辨率的限制。1970 年，美国国家标准局的 R. Young 等人采用 O. Keefe 的扫描探测原理，研究利用场发射电流测量样本表面的形貌，并于 1974 年研制出一台新型的轮廓仪 "topografiner"，该仪器可以说是现代扫描探针显微镜的雏形。

扫描隧道显微镜（scanning tunneling microscopy，STM）如图 11.1 所示，是 IBM 苏黎世实验室的 G. Binnig 博士与 H. Rohrer 博士及其同事们发明的一种基于量子隧道效应的新型表面分析仪器。STM 的研制工作始于 1978 年末，1982 年在 $CaIrSn_4$ 和金单晶上获得第一张单原子台阶像，1983 年获得第一张 Si(111)-7×7 表面重构像，从而宣告了具有原子级空间分辨能力的新一代显微镜的诞生。1986 年，G. Binnig 和 H. Rohrer 与发明电子显微镜的 E. Rusks 共同获得了 1986 年的诺贝尔物理学奖。如图 11.2 所示为中科院物理所 Wang 等人利用 STM 获得的高分辨图像。

STM 是 SPM 家族中的第一位成员，扫描隧道显微镜的发明，具有划时代的意义。STM 可以在大气、真空、溶液、惰性气体甚至反应性气体等各种环境中进行，工作温度可以从液氦温度到几百摄氏度。利用 STM 可以获得的最高垂直尺度分辨率高达 $0.01nm$，最

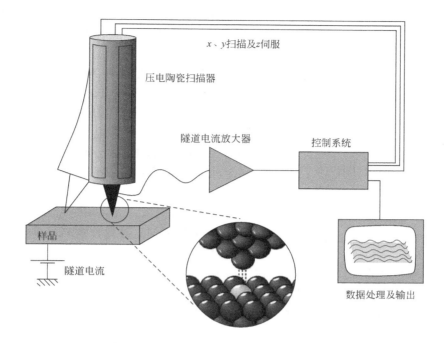

图 11.1 扫描隧道显微镜系统结构原理图

(a) Pt(001)面的原子排列结构　　　　　(b) Si(111) − (7×7)原子再构图像

图 11.2 扫描探针显微镜获取的部分高分辨图像

高横向分辨率可达 0.1nm，可观测到样品表面原子尺度的图像，使人类第一次能够实现对单个原子在物质表面排列状态的实时观测，开展与表面电子行为有关的各种表面物理化学过程和生物体系的研究，在表面科学、材料科学、生命科学等领域的研究中有着重大的意义和广阔的应用前景。同时，STM 还是纳米结构加工的有力工具，可用于制备纳米尺度的超微结构，还可用于操纵原子和分子等。

　　然而，尽管 STM 具有亚纳米级的精度，但由于对样品有非绝缘性的特性要求，只能针对导体和半导体材料进行研究。为了解决这个问题，原子力显微镜（atomic force

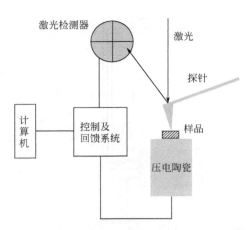

图 11.3　原子力显微镜系统结构原理图

microscope，AFM）应运而生，并且同样能够提供原子级分辨率的样品表面图像，其工作原理如图 11.3 所示。

　　此后人们在 STM 和 AFM 原理的基础上又相继发明了力调制显微镜（force modulation microscopy，FMM）、相位检测显微镜（phase detection microscopy，PDM）、静电力显微镜（electrostatic force microscopy，EFM）、电容扫描显微镜（scanning capacitance microscopy，SCM）、热扫描显微镜（scanning thermal microscopy，SThM）和近场光隧道扫描显微镜（near-field scanning optical microscopy，NSOM）等各种系列显微镜，以满足研究不同性质样品之需要，它们一起组成了庞大的显微镜家族。从成像机理上讲，这些显微镜都是利用探针在被测样本表面上进行横向和纵向扫描从而引起相关被测量变化的原理来工作的设备，因此国际上把这一系列的显微镜称为扫描探针显微镜（scanning probe microscope，简称 SPM）。

11.1.2　扫描探针显微镜的特点

　　扫描探针显微镜与光学和电子显微镜的成像方式有明显不同。扫描探针显微镜的关键部位是一个非常尖锐的探针，控制探针在样品表面作近距离的扫描，检测探针与样品之间的相互作用，并转换为相应的光电信号，通过电子系统的反馈控制和计算机的处理，从而形成了反映样品信息的高精度图像，提供样品表面纳米精度的形貌或其他信息。

　　人们先后研制了多种扫描探针显微镜，因为借助的探针与样品间的作用机理不同，所以在仪器结构、成像模式等很多方面都不完全相同。但不同的作用机理可以提供样品的不同信息，各种扫描探针显微镜都在纳米科学技术的发展过程中发挥着各自的作用。不同类型 SPM 之间的主要区别在于它们的针尖特性及其相应的针尖-样品相互作用方式的不同。

　　一般来说，扫描探针显微镜都是由扫描台、电子学反馈控制机箱和用于图像采集和图像处理的计算机三部分组成。与其他表面分析技术相比，SPM 具有以下优势：

　　① 原子级高分辨率。如 STM 在平行和垂直于样品表面方向的分辨率可分别达 0.1nm 和 0.01nm，即具有原子级的分辨率，可以分辨出单个原子。

　　② 可以实时获得样品空间表面的三维图像。

　　③ 可以观察单个原子层的局部表面结构，而不是体相或整个表面的平均性质。

　　④ 可在真空、大气、惰性气体和反应性气体等不同环境下工作，甚至可将样品浸在水和其他溶液中，不需要特别的制样技术，并且探测过程对样品无损伤。

　　⑤ 配合扫描隧道谱（scanning tunneling spectroscopy，简称 STS）可以得到有关表面结构的信息，例如表面不同层次的态密度、表面电子阱、电荷密度波、表面势垒的变化和能隙结构等。

　　⑥ 很多材料在使用电子显微镜观察时对电子束轰击敏感，常造成试样的电子束损伤或微结构改变，严重时会达到无法观测的程度。SPM 则可以完全避免这一问题。

　　⑦ 由于不同的 SPM 具有比较类似的系统架构，所以不同的 SPM 可以组合在一起，形成组合显微镜，能够根据不同的物理机理获取样品不同的物理性质。

表 11.1 列出了 SPM、TEM 和 SEM 的主要性能指标。

表 11.1 SPM、TEM 和 SEM 的主要性能指标

指标	SPM	TEM	SEM
空间分辨率	横向 0.1nm 纵向 0.01nm	点分辨率 0.3～0.5nm 线分辨率 0.1～0.2nm	3～6nm
试样环境	大气、液体、真空	高真空	高真空
温度	室温、高温、低温	室温、高温、低温	室温、高温、低温
试样损伤	几乎无	电子束敏感物质受损伤	电子束敏感物质受损伤
力学性质	局部微区力学性能	无	无
元素分析	无	有（EDX）	有（EDX）

正是基于这些优点，扫描探针显微镜在生命科学、纳米科学、材料科学、表面科学等中得到了广泛应用。本章节以扫描隧道显微镜和原子力显微镜为主，分别从工作原理和工作方式两个方面进行阐述。

11.2 扫描探针显微镜的工作原理

下面主要以 STM 和 AFM 为例介绍 SPM 的工作原理。

11.2.1 扫描隧道显微镜的工作原理

STM 是现今分辨能力最高的表面分析仪器之一，被国际科学界公认为 20 世纪 80 年代世界十大科技成就之一。因此，STM 成为研究单原子分子的理想技术之一，在单分子科学及纳米科学研究领域起到了重要作用。

STM 的工作原理是基于量子力学隧道效应的相关理论。在经典力学中，当势垒的高度比粒子的能量大时，粒子是无法越过势垒的。然而，根据量子力学原理，能量为 E 的电子在势场 $U(z)$ 中的运动满足薛定谔方程：

$$-\frac{h^2}{2m} \times \frac{\mathrm{d}^2}{\mathrm{d}z^2}\psi(z) + U(z)\psi(z) = E\psi(z) \tag{11.1}$$

式中，$\psi(z)$ 是描述电子状态的波函数；m 是电子的质量。在 $E < U(z)$ 的经典禁戒区域，式(11.1) 有下列解：

$$\psi(z) = \psi(0)e^{-\kappa z} \tag{11.2}$$

$$\kappa = \frac{\sqrt{2m(U-E)}}{h} \tag{11.3}$$

式中，κ 是衰减系数，描述电子在 $z > 0$ 方向的衰减状态。此时电子穿过势垒出现在势垒另一侧的概率并不为零，这种现象称为隧道效应。隧道效应是微观粒子（如电子、质子和中子）波动性的一种表现。一般情况下，只有当势垒宽度与微观粒子的德布罗意波长可比拟时，才可以观测到显著的隧道效应。对于大量电子，总有一些电子穿越表面电势的束缚在表面形成电子云。如图 11.4 所示，当金属探针接近样品表面时，如果探针尖端与样品表面的距离足够小，尖端的电子云与样品表面的电子云就产生了交叠。如果在探针和样品之间加上一个偏置电压 V，电子就会在电势的作用下定向移动，形成隧道电流。

隧道电流的大小依赖于针尖到样品的距离，并与偏置电压和样品与针尖的平均势垒有

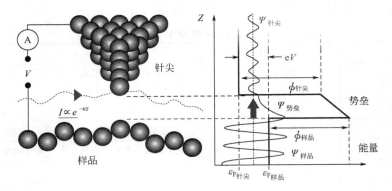

图 11.4　针尖与样品隧道电流的模型

关。根据 Simmons 总结的隧道电流表达式：

$$J = J_0 \{ \overline{\varphi} \exp(-A\, \overline{\varphi}^{\frac{1}{2}}) - (\overline{\varphi} + eV) \exp[-A(\overline{\varphi} + eV)^{\frac{1}{2}}] \} \tag{11.4}$$

处于费米能级 E_F 与 $E_F - eV$ 之间的能量为 E_n 的样品态 $\overline{\varphi}$ 的电子均有机会隧穿进入针尖，其在针尖表面 $z = S$ 处出现的概率密度正比于 $|\psi_n(0)|^2 e^{-2\kappa s}$。显然，隧道电流的大小与该能量区间内的所有样品表面电子态的贡献成正比，即有：

$$I \propto \sum |\psi_n(0)|^2 e^{-2\kappa s} \tag{11.5}$$

如果偏压 V 足够小，以致在 eV 能量区间内电子态密度没有重大变化，则式（11.5）的求和可以改写为费米能级 E_F 处单位体积和单位能量内的电子态数目。样品在位置 z 和能量 E 处的局域态密度 $\rho_s(z, E)$ 可表示为：

$$\rho_s(z, E) = \frac{1}{\varepsilon} \sum_{E_n = E - \varepsilon}^{E} |\psi_n(z)|^2 \tag{11.6}$$

利用式（11.6），可以将隧道电流表达式（11.5）写成如下形式：

$$I \propto \rho_s(0, E_F) e^{-2\kappa s} \tag{11.7}$$

式中，$\rho_s(0, E_F)$ 为样品表面费米能级 E_F 处的局域态密度。假定偏压 V 远小于逸出功的值，当忽略激发时，如逸出功以 eV 为单位，衰减系数以 Å^{-1} 为单位（1Å＝0.1nm），从而式（11.5）可简化为

$$I \approx V \rho_s(0, E_F) e^{-1.02\sqrt{\phi} s} \tag{11.8}$$

式（11.8）是一维模型给出的最简单的隧道电流表达式。从这个公式，我们可以看到，针尖和样品的间距 z 处在 e 的指数位置上，微小变化会导致隧道电流有非常敏感的响应。STM 实验中常用金属材料逸出功的典型值为 4eV，这就给出衰减系数的典型值约为 1Å^{-1}。根据式（11.8），电流衰减 1Å 约为 e^2 倍，即 7.4 倍，电流对间距如此敏感的响应，正是 STM 原子级空间分辨能力根源之所在。

同时，要实现样品表面的原子分辨，对针尖的形状也有严格的要求。由于电子的波长远大于原子分辨的要求，所以 STM 也必须满足"小孔径成像"的要求，理想的情况是在针尖尖端恰有一个原子存在。这个原子与样品表面的原子作用最强，而针尖次尖端的原子与样品的间距会比最尖端原子与样品的间距大一个原子半径（约 0.05nm）以上，这样次尖端原子与样品表面的作用，就会比最尖端原子与样品表面的作用小很多，从而可以忽略。这样总的隧道电流 90% 来源于针尖最顶端的原子，最尖端原子与样品表面的作用是主要的。实际实验中的 STM 探针一般由钨丝或铂铱丝制成。

11.2.2 原子力显微镜的工作原理

尽管 STM 有着现代许多表面分析仪器所不能比拟的优点，但由仪器本身的工作原理所造成的局限性也是显而易见的。由于 STM 是利用隧道电流进行表面形貌及表面电子结构性质的研究，所以只能直接对导体和半导体样品进行研究，对绝缘体的测试无能为力。为了弥补 STM 这一不足，1986 年斯坦福大学的 Binnig、Quate 和 Gerber 发明了第一台原子力显微镜。

原子力显微镜与扫描隧道显微镜的最大区别在于并非利用电子隧道效应，而是通过检测待测样品表面和一个微型力敏感元件之间极微弱的原子间作用力来研究物质的表面特性。毫无疑问，AFM 的应用范围比 STM 更为广阔，它克服了扫描隧道显微镜不能应用于绝缘材料上的局限性，被广泛应用于导体、半导体和绝缘体材料表面的结构研究，而且 AFM 实验也可以在大气、超高真空、溶液以及反应性气氛等各种环境中进行，因而在表面科学、材料科学和生命科学等领域的研究中有其特殊的重要意义。除了可以研究各种材料的表面结构外，AFM 还可以研究材料的硬度、弹性、塑性等力学性能以及表面微区摩擦性质；也可以用于操纵分子、原子，进行纳米尺度的结构加工和超高密度信息存储。

原子力显微镜的原理建立在探针尖的原子与样品表面原子在足够接近时存在相互作用力的基础之上。探针被装在一个小小的弹力臂的端头上，探针尖端上的原子与样品表面的相互作用力与两者的间距具有密切联系，如图 11.5 所示。当间隙大时，不存在作用力；在间隙逐渐缩小过程中，将出现引力（F_W），主要有范德华力、毛细作用力、磁力和静电力。引力随着间隙缩小而增大，继续缩小间隙，探针针尖和样品原子外围电子将出现斥力（F_R），主要有键结力和静电相互排斥力。斥力随距离减小的增速比引力快得多，在间隙缩小过程中将很快由相吸转向相斥。引力和斥力的合力称为雷纳德-琼斯相互作用势（Lennard-Jones potential），可以表示为：

$$F_A = F_R + F_W = \frac{A}{r^m} - \frac{B}{r^n} \tag{11.9}$$

式中，r 为针尖原子与样品表面的最小距离；A、B、m、n 针对不同的模型，可以是不同的常数。

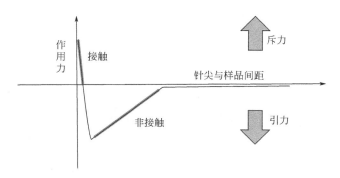

图 11.5 探针/样品间作用力与距离的关系

AFM 针尖装在一个一端固定的弹性微悬臂上，弹性微悬臂对微弱力极为敏感，当样品或针尖轻轻接触时，针尖与样品表面原子之间的相互作用力就会引起微悬臂发生微小的弹性形变，也就是说微悬臂的形变可作为样品-针尖相互作用力的直接度量。

如图 11.6 所示，一束激光照射到微悬臂的背面，微悬臂将激光束反射到一个光电检测器，检测器不同象限接收到的激光强度差值同微悬臂的形变量会形成一定比例关系，比如当微悬臂的形变约为 0.01nm，激光束反射到光电检测器后，则可放大为 3～10nm 的位移，产生可测量的电压差。反馈系统根据检测器电压的变化不断调整针尖或样品 Z 轴方向的位置，保持微悬臂的变形量不变，即保持针尖-样品间作用力恒定不变，针尖就会随表面的起伏上下移动，测量检测器电压对应样品扫描位置的变化，可获得针尖上下运动的轨迹，即样品的表面形貌特征。这种检测方式被称为"恒力"模式（constant force mode），是使用最广泛的扫描方式。AFM 探针因其结构、材料等不同，弹簧常数范围宽至 0.01～500 N/m，针尖尖端的曲率半径可小至 1nm，通常为 10nm，也可以通过镶嵌微球达到 μm 的量级，如图 11.6 所示。不同种类的探针可适用于不同的材料和需求，这拓宽了 AFM 的使用范围。

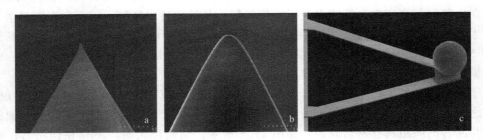

图 11.6　标称半径分别为 15nm(a)、150nm(b) 和 20μm(c) 的探针针尖 SEM 图像

11.3　工作方式

11.3.1　扫描隧道显微镜的成像模式

STM 根据检测方式不同一般可分为恒电流（constant current mode）和恒高度（constant height mode）两种模式，以下简称为恒流模式和恒高模式，如图 11.7 所示。

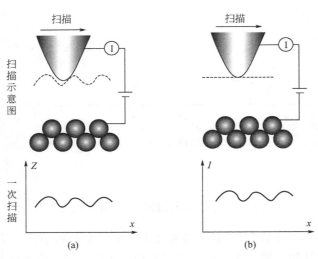

图 11.7　STM 成像的恒流模式(a) 和恒高模式(b)

在恒流模式下，针尖在样品表面扫描时，STM通过反馈电压不断地调解扫描针尖在竖直方向的位置，以保证隧道电流恒定在某一预先设定值，即隧道电流保持恒定。如果反馈系统探测到隧道电流降低，它将调节载荷在扫描头压电陶瓷上的控制电压，增加探针尖与样品的距离，以保持隧道电流的恒定。对于电子性质均一的表面，电流恒定实质上意味着 s 值（针尖与样品之间的距离）恒定，因此通过记录针尖在表面的 x-y 方向扫描时的反馈电压可以得到表面的高度轮廓，从而获得样品表面的形貌特征。经过计算机的记录和自动计算处理，样品表面的高度将被精确测定。但反馈系统响应速度限制了高度信息准确及时获取，因此大扫描范围和不规则样品表面都会影响扫描速度。

在恒高模式下，针尖以一个恒定的高度在样品表面快速地扫描，检测的是隧道电流的变化值 ΔI。隧道电流随着样品的形貌和样品表面的电学性能变化而变化。在这种情况下，反馈速度减小甚至完全关闭，即保持电压基本恒定。当针尖扫描样品表面时，记录样品表面上每个测量点的隧道电流值，经处理后得到图像。在恒高模式中没有反馈系统的参与，扫描头无需上下移动，从而加快了扫描速度，实际上这种模式只适用于能够达到原子级光滑的样品表面。

STM的恒流和恒高工作模式各有其优点。采用恒流模式可以高精度地探测不规则的表面，得到表面形貌的高度值。但是，这种模式下反馈体系和压电陶瓷驱动系统的响应需要一定的时间，从而使扫描的最快速度受到限制。使用恒高模式在原子级平整表面快速扫描时，反馈回路和压电陶瓷的驱动系统无需对针尖所扫描的表面形貌做出响应，因此，可以以尽量快的速度成像，因为它缩短了能够用来研究表面的快速过程中所采集的时间。同时，快速成像可以把压电陶瓷的蠕变、滞后效应和热漂移导致的图像失真减到最小。但是与恒流模式相比，恒高模式通过隧道电流变化来推出形貌的高度过程较为困难。现有的恒流法扫描模式有两个缺点：一是当扫描器扫到某点时，即使隧道电流等于电流设定值，扫描器还是要等待一个固定的时间后再进行下一点的扫描，从而使扫描时间增加；二是当扫描器扫到某点时，如果隧道电流不等于电流设定值，扫描器在等待一个固定时间后，不论隧道电流值是否等于电流设定值，便进行下一点的扫描，使得该点数据成为虚假数据。

通常情况下，我们认为隧道电流的图像反映了样品的形貌，严格地讲，隧道电流与样品表面电子密度分布状况密切相关。与其说STM是在测量表面形貌，不如说它是在测量样品表面恒定电子密度。STM是通过保持针尖与样品恒定的距离来测量电流与电压的关系，或是通过保持针尖与样品恒定的电压来测量电流与距离的关系。因此，扫描隧道谱（STS）是用来研究样品表面原子级电子结构和性能的很好工具。

11.3.2 原子力显微镜的成像模式

AFM有多种操作模式，一般有以下五种：接触式（contact mode）、非接触式（non-contact mode）、轻敲式（tapping mode）、交织式（interleave normal mode/lift mode）和力曲线（force curve）式。根据样品表面不同的结构特征和材料的特性以及不同的研究需要，选择合适的操作模式。下面分别介绍接触式、非接触式和轻敲式三种最常用的操作模式及其应用。

（1）接触式成像模式（contact mode，CM-AFM）

接触模式是AFM的常规操作模式，随着探针针尖与样品表面原子逐渐靠到一起，它们开始微弱地相互吸引，这种吸引力逐渐增加到原子间的距离近到相互排斥为止。随着原子间距离逐渐减小，排斥力越来越大，并逐渐抵消吸引力。在扫描器引导探针尖扫过样品的过程中，接触力使悬臂转弯以适应力势的变化。在接触模式中，针尖与样品表面的距离只有几个埃，产生的范德华力大约有 0.1~1000nN。微悬臂自身的力对样品的作用就像是一个被压缩的弹簧的力，吸引力和排斥力的大小还要取决于微悬臂的弯曲程度和弹性系数。在接触模式的实际操作中，针尖通常是受到这些力的综合作用，而且要通过原子间排斥力来平衡探针，如图 11.8(a) 所示。

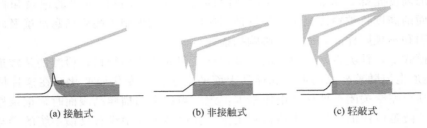

(a) 接触式　　　　　(b) 非接触式　　　　　(c) 轻敲式

图 11.8　AFM 三种成像模式示意图

类似于 STM，接触模式的 AFM 也有两种工作模式：恒力模式和恒高模式。在恒力模式中，根据 AFM 反馈系统的信息，精确控制扫描头随样品表面形貌在 Z 方向上下移动，从而来维持微悬臂所受作用力的恒定，从扫描头的 Z 向移动值得出样品的形貌像。这种模式中，扫描速度受反馈系统响应速度的限制，实质上力的恒定就是微悬臂的反射值的恒定。在恒高模式中，扫描头尖的高度则固定不变，从微悬臂在空间中的偏转信息中可以直接获取样品的形貌像。恒高模式常被用于微悬臂的偏转和所受作用力变化非常小、表面非常平整的样品，比如样品的原子级像，而且因其扫描速度快的缘故，常被用于即时测量表面动态变化的样品。

在大气环境中，由于毛细作用的存在，针尖和样品之间有较大的黏附力，横向扫描时施加在样品上的额外作用力可能会造成样品表面的损伤，而且这种黏附力的存在会增大针尖与样品的接触面积，降低成像的分辨率。一般有两种解决办法：一是黏附力与物质表面自由能直接相关，表面自由能越大，针尖与样品间的黏滞作用越强，因此可以通过对 AFM 针尖进行表面修饰（在针尖上涂覆低表面能的材料或用自组装单分子膜修饰针尖等）来降低其表面自由能，从而有效地降低针尖与样品的接触面积；二是将针尖和样品浸入液体中，以克服毛细作用带来的影响，同时由于减少了针尖与样品间的相互作用力而提高了成像分辨率。

如果在扫描过程中，微悬臂的方向和快速扫描的方向垂直，则针尖除了可以探测到与样品垂直方向的原子力，还会由于针尖与样品之间的摩擦力使得微悬臂横向扭转，这样就可以研究样品表面的微区摩擦性质。目前横向力的测量已经被广泛用于研究不同摩擦性的多组分材料表面，如图形化表面的化学识别等。

虽然通常情况下接触模式都可产生稳定的高分辨图像，但它在研究生物大分子低弹性模量样品以及容易移动和变形的样品时有一定困难。例如探针在样品表面上移动和针尖-表面间的黏附力，有可能使样品产生相当大的变形，并对针尖产生较大的损害，从而可能在图像数据中出现假象，此时需要采用其他成像模式对样品进行扫描。

(2) 非接触式成像模式(non-contact mode，NC-AFM)

在非接触模式中，针尖保持在样品上方数十个到数百个埃的高度上。此时，针尖与样品之间原子间的相互作用力为引力（大部分是长程范德华力作用的结果），如图 11.8(b) 所示。在扫描过程中，针尖不接触样品，而是以通常小于 10nm 振幅始终在样品表面吸附的液质薄层上方振动，探针探测器检测的是范德华作用力和静电力等对成像样品没有破坏的长程作用力。由于提供了一种几乎不使探针尖与样品接触的测量样品表面形貌的方法，非接触式AFM是很有价值的。非接触式AFM除能用于测量导体的形貌外，还能用于测量绝缘体和半导体的形貌。探针尖与样品在非接触区的合力非常小，大约只有10^{-20}N，这个小作用力对研究软质或弹性材料是很有利的，而且在样品与探针尖相互作用的过程中不会被污染，所以NC-AFM在测量软质材料时比接触式AFM更为出色，可以对活性生物样品进行现场检测、对溶液反应进行现场跟踪等。

但由于探针尖与样品在非接触区的作用力很小，针尖与样品之间的吸引力会降低微悬臂的共振频率，导致振动的振幅减小，测量困难。而且较软的悬臂会被拉向样品与之接触，因此，NC-AFM的悬臂必须要比接触式AFM中所用的悬臂更加坚硬。非接触区的小作用力和NC-AFM中使用弹簧系数很高的探针，都是使NC-AFM信号变小而更难于测量的因素，所以，NC-AFM需要使用敏感的探测器。在非接触模式中，系统探测悬臂的共振频率或振幅，通过一个使探测器上下移动的反馈协助保持其恒定。通过使共振频率或振幅恒定，系统能保持针尖与样品平均距离恒定，如同接触式AFM的恒力模式。

与轻敲模式和接触模式相比，非接触模式横向分辨率较低，这是由针尖与样品之间的距离所限。值得注意的是，当硬质材料表面附有水薄层时，接触模式与非接触模式成像不同，接触式会穿过水膜对下面的样品成像，而非接触模式将对水膜表面成像。

（3）轻敲式成像模式（tapping mode，TM-AFM）

接触模式中横向力的存在不利于表面结合弱和软的样品分析，这是因为针尖的横向滑动会破坏样品表面形貌，并可能导致结果图像不清晰；而非接触模式由于针尖和样品之间分离，横向分辨率较低。因此，出现了一种新的成像模式：轻敲扫描模式。轻敲模式是随后发展起来的原子力成像技术，介于接触模式和非接触模式之间。在轻敲模式中，微悬臂在其共振频率附近做受迫振动，振荡的针尖轻轻地敲击表面，间断地和样品接触，如图11.8(c)所示。和NC-AFM一样，TM-AFM悬臂的振动振幅随着探针尖与样品的距离变化而变化，通过探测变化来产生表面的形貌图像。由于TM-AFM消除了探针尖与样品间的横向力，因此相比接触AFM更不容易破坏样品；同时，在具有大范围样品形貌变化的大扫描尺寸上TM-AFM比NC-AFM效率更高。由于克服了接触模式和非接触模式的一些局限，TM-AFM已经发展成为一个重要的AFM技术。

扫描过程中微悬臂也是振动的并具有比非接触模式更大的振幅（大于20nm），针尖在振荡时间断地与样品接触。由于针尖与样品接触，分辨率通常几乎同接触模式一样好；但因为接触是非常短暂的，针尖与样品的相互作用力很小（通常为$10^{-12}\sim10^{-9}$N），因此剪切力引起的分辨率降低和对样品的破坏几乎完全消失，克服了常规扫描模式的局限性，所以适用于对生物大分子、聚合物等软样品进行成像研究。轻敲模式在大气中成像，是利用压电晶体在微悬臂共振频率附近驱动微悬臂振荡。当针尖不与表面接触时，微悬臂是高振幅自由振荡的。当振荡的针尖向下移向表面直到它轻轻接触表面，由于微悬臂没有足够空间去振荡，其振幅将减小；然后，针尖反向向上振荡，微悬臂有更多空间去振荡，同时振幅增加，反馈系统根据检测器测量的振幅变化，通过调整针尖-样品间距来控制微悬臂振幅，也即使作用在样品上的力恒定，从而得到样品的表面形貌。

对于一些与基底结合不牢固的样品，轻敲模式避免了样品在针尖上的黏附以及在扫描过程中对样品的损坏。不同于接触模式和非接触模式，轻敲模式的针尖在接触表面时，有足够振幅来克服针尖与样品间的黏附力。同时，由于作用力是垂直的，表面材料受横向摩擦力、压缩力和剪切力的影响较小。同非接触模式相比较，轻敲模式的另一优点是具有较大的线性操作范围，使得垂直反馈系统高度稳定，可重复进行样品测量。

在液体中进行轻敲模式操作同样具有类似的优点。由于液体介质能够减少微悬臂的垂直共振频率，同空气中轻敲模式不同，整个液体池被振荡来驱动微悬臂振荡。当针尖开始接触样品，微悬臂的振幅也将减小，类似于空气中轻敲模式操作。同空气中操作相比，振荡的微悬臂进一步减少了样品上的横向摩擦力和剪切力，避免了接触模式中经常引起的样品损伤。

要获得高分辨、高质量的图像，针尖同样品表面接触又不破坏被扫描样品是关键因素。在 AFM 对软、黏性或易脆样品研究中，轻敲模式成像技术的发展是至关重要的。对那些易损伤而且与基底结合松散或者用其他 AFM 技术成像困难的样品，用轻敲模式可以进行高分辨表面形貌成像。尤其是轻敲模式克服了与摩擦、黏附、静电力有关的问题，解决了困扰常规 AFM 扫描方法的困难。用这种方法也成功地获得了相当多样品的高分辨图像，包括硅表面、薄膜、金属、绝缘体、感光树脂、高聚物和生物样品等。轻敲模式在大气或液体中对这些样品表面的研究，极大地扩展了 AFM 技术在新材料表面的应用领域。

轻敲式除了实现小作用力的成像以外，另一个重要的应用就是相位成像技术（phase imaging）。通过测定扫描过程中微悬臂的振荡相位和压电陶瓷驱动信号的振荡相位之间的差值，来研究材料的力学性质和样品表面的不同性质，如图 11.9 所示。相位成像技术可以用来研究样品的表面摩擦、材料的黏弹性和黏附性质等，也可以对表面的不同组分进行化学识别，与横向力显微镜得到的信息相近。但由于采用了轻敲模式，可以适用于柔软、黏附性强或与基底结合不牢固的样品，适应性更强。相位检测指的是监测驱动样品或微悬臂振荡的周期性信号与被检测到的微悬臂响应信号相位差的变化，即相位滞，以反映样品表面黏弹性的差异。相位检测信息可以和力调制图像同时获得，因此样品表面形貌特征、弹性模量和黏弹性等信息可被同时捕捉以便进行对比分析。用户可以有选择性地对样品和微悬臂进行振荡以同时得到形貌、幅值和相位等表面信息，样品上任何位置的相位及幅值能谱都可同时获得。

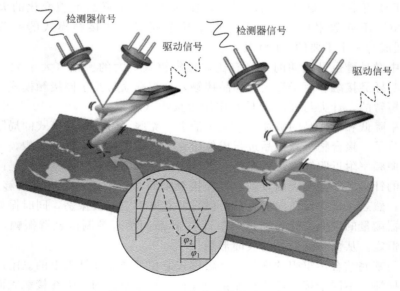

图 11.9　AFM 相位成像技术示意图

大量研究结果表明，相位成像对于相对较强的表面摩擦和黏附性质变化的反应是很灵敏的。目前，虽然还没有相位差与材料单一性质间的确定性关系，但是实例证明，相位成像在较宽的应用范围内可以得到很有价值的信息。它弥补了力调制和 LFM 方法中有可能引起样品破坏和较低分辨率的不足，可提供更高分辨率的图像细节，还能提供其他 SPM 技术所揭示不了的信息。

相位成像技术在复合材料表征、表面摩擦和黏附性检测，以及表面污染发生过程的观察研究中的广泛应用表明，相位成像将会在纳米尺度上研究材料的性质中起到重要作用。

如表 11.2 所示，列出了 AFM 三种工作模式的比较。

表 11.2　AFM 三种工作模式的比较

模式	优点	缺点	适用样品
接触式	扫描速度快； 是唯一能够获得"原子分辨率"图像的 AFM	横向力影响图像质量； 在空气中，因为样品表面吸附液层（浓缩的水汽和其他污染物）的毛细作用使针尖与样品之间的黏着力很大； 横向力与黏着力的合力导致图像空间分辨率降低，而且针尖刮擦样品会损坏软质样品（如生物样品、聚合物等）	垂直方向上有明显变化的硬质样品
非接触式	没有力作用在样品表面	由于针尖与样品的分离，横向分辨率降低； 为了避免接触吸附液层而导致针尖胶黏，其扫描速度低于轻敲和接触模式； 吸附液层必须薄，如果太厚，针尖会陷入液层，引起反馈不稳，刮擦样品	受测试环境影响大的样品
轻敲式	很好地消除了横向力的影响； 降低了由吸附液层引起的力； 图像分辨率高（1~5nm）	较接触模式的扫描速度慢	适于观测软、易碎或胶黏性样品，不会损伤其表面

11.4　图像伪迹和测量误差

同其他成像方法一样，扫描探针显微镜也不可避免地会出现一定程度的伪迹（亦称假象）。所谓伪迹，是指图像中出现的与试样固有结构完全无关的或者歪曲了其真实结构的图像。伪迹的产生通常来源于仪器操作者的经验缺乏，也可能是没有选择最佳的成像参数，这些参数包括设定力的大小、扫描速率和增益等。仪器本身的缺陷和仪器零部件的不完善，如针尖的磨损和污染等，也是假象产生的重要来源。测量误差主要是指仪器本身因素导致的测量误差。在本节中将重点介绍 AFM 图像的伪迹和测量误差。

11.4.1　探针针尖导致的伪迹和误差

使用原子力显微镜测量的图像总是探针几何形状和被成像的特征形状的卷积。如果探针针尖尺寸远小于被测量图像的特征，则探针产生的伪像将是最小的，并且从图像导出的尺寸测量将是准确的。选择合理的探针，可以有效避免探针产生伪影，例如，如果被测样品具有在 100nm 范围内的特征尺寸，则直径不大于 10nm 的探针将足以获得没有伪像的良好图像。在一些情况下，即使探针尺寸大于样品的特征尺寸，仍然可能从图像获得准确的结构信息。常见的针尖导致的伪迹和误差有：

（1）探针对图像形貌的放大效应

在测试碳纳米管、纳米球等样品时经常会发现，通过 AFM 获得的高度数据是正确的，而其宽度比预测的大，这是由于探针尺寸引起的样品表面形貌的放大效应，如图 11.10 所示。当探针尺寸与被测物体相当时，其针尖尺寸不可忽略，在计算样品宽度时，应排除探针针尖尺寸的影响。

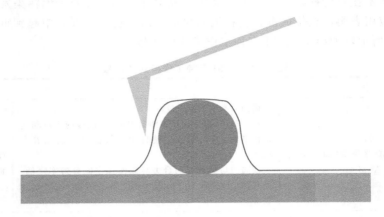

图 11.10　探针引起的图像放大效应示意图

（2）探针对图像形貌的缩小效应

当探针扫描狭缝等表面较低的样品形貌时，获得的尺寸往往会比预想的要小。这是因为获得的线性轮廓是由探针的几何形状而不是试样表面的几何形状决定的，如图 11.11 所示。此时仍然可以从获得的图像测量孔的开口，此外，可以使用不接触到正被测试的狭缝底部的探针来精确地测量重复图案的间距。

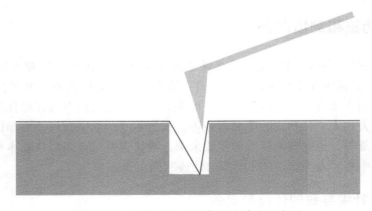

图 11.11　探针引起的图像缩小效应示意图

（3）探针导致的奇怪形貌

如果在测量图像之前探针针尖碎裂或者被污染，可能观察到难以解释的奇怪形状。例如，当探针针尖被污染或者损伤时，由此可能产生无数个针尖，导致图像中出现重复的奇怪形状。如图 11.12 所示圆圈中指明的不合理且重复出现的结构单元，为探针针尖被污染时产生多个针尖而导致的多针尖效应。多针尖效应一般表现为重复出现的特殊形貌，在形貌结构较复杂的试样中很难判断，因此，分析人员在观测图像时应十分小心，留意图像中是否有不合理重复出现的结构单元像。

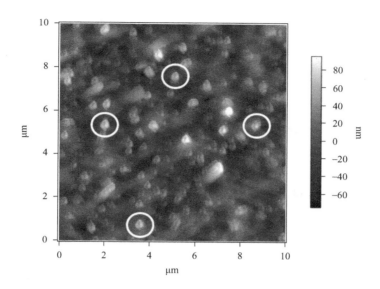

图 11.12 使用破损或者被污染探针测试出现的有多针尖效应的 AFM 图像

11.4.2 扫描器导致的伪迹和误差

原子力显微镜中在 x、y 和 z 方向上移动探针的扫描器通常由压电陶瓷制成。压电陶瓷能够移动探针非常小的距离，然而，当线性伏安法应用于压电陶瓷时，陶瓷以非线性运动移动。此外，压电陶瓷还表现出由自加热引起的迟滞效应，由于扫描器的几何形状，也可能将伪像引入图像中。扫描器导致的伪迹和误差主要有：

（1）x-y 轴以及 z 轴方向上的校准以及线性

所有原子力显微镜必须在 x-y 轴上校准，以使计算机屏幕上呈现的图像准确；扫描仪的运动也必须是线性的，使得由图像测量的距离准确。没有校正后的图像上的特征，通常在图像的一侧比在另一侧上更小。扫描器被正确地线性化后，扫描器是否被校准很重要，例如，扫描器可以是线性但不是校准的。如果校准不正确，则线轮廓测量的 x-y 值也不准确。

AFM 中的高度测量要求显微镜的 z 轴上的压电陶瓷是线性的并且已被校准，通常显微镜只在一个高度校准。然而，如果测量的 z 高度和实际 z 高度之间的关系呈非线性，则高度测量有误。如图 11.13 所示，表示 AFM 中实际 z 高度和测量 z 高度之间的关系。AFM 通常只测量一个校准点，如图中灰色圆圈所示，并且假设 z 陶瓷是线性的，如直线所示。然而，通常情况下，压电陶瓷是非线性的，如曲线所示。在这种情况下，使用 AFM 将获得不正确的 z 高度，除非被测量的试样数据接近校准测量值。

压电陶瓷中的滞后会导致悬臂以垂直运动移动到表面的边缘时过冲。该问题最常见于观察硅片、光盘等图案化的样品时或测试薄膜样品的边缘时，如图 11.14 所示。该效果可以使图像在视觉上更好，因为边缘看起来更清晰，但是获得的结构线轮廓有误。

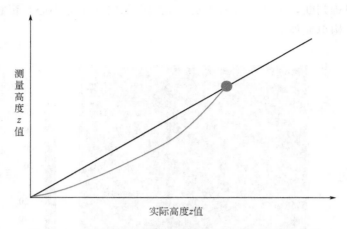

图 11.13　AFM 中实际 z 高度和测量 z 高度之间的关系

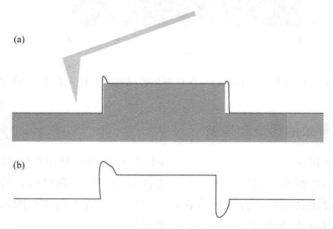

图 11.14　探针从试样表面从左到右扫描（a）和在结构的前缘
和后缘处的线轮廓中可以观察到过冲（b）

（2）扫描器漂移

AFM 图像中的漂移可能归因于压电扫描器中的蠕变，也可能因为 AFM 容易受到外界温度变化的影响。最常见类型的漂移发生在图像扫描的开始处。此伪影导致扫描范围的初始部分出现失真，经常表现为在扫描起始处图像的扭曲，如图 11.15 所示。因此在扫描原子分子尺度的高分辨成像时，常常需要开机等待一段时间才开始测量，以使系统达到稳定状态，停止漂移。在使用液体池在液态环境下测量和使用加热或冷却的装置时，尤其要留意漂移对结果的影响。

11.4.3　其他因素的影响

除了探针、扫描器的影响，其他因素也可能导致图像的伪迹以及误差。常见的有：

（1）光学干涉条纹

对附着在诸如硅片之类光滑表面的试样进行 AFM 测试时，往往在图像中出现周期性花样，通常间隔为 $1.5 \sim 2.5 \mu m$，这是由于来源于试样表面和悬臂表面的两束光发生干涉而引

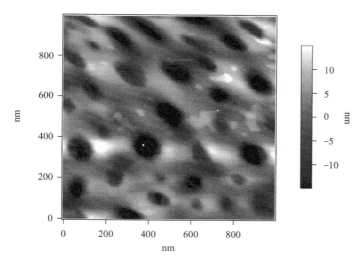

图 11.15 扫描器漂移导致图像在扫描开始时出现失真

起的。如果激光没有完全聚焦于探针悬臂表面，就会有部分光束溢出入射到样品表面，高反射率的试样如硅片、金等能将这些溢出的光反射向检测器。由于激光是相干光源，因而从悬臂反射的光束和从试样反射的光束相遇后会发生干涉，产生明暗相间的干涉条纹，解决办法是正确地聚焦激光或者稍微调整聚焦点在悬臂上的位置。近年来，使用低相干的 SLD 光源替代传统光源或者在探针背面镀金、铝的涂层增强探针的反射信号以降低干涉效应。

（2）温度、湿度等因素的影响

如前所述，温度改变可能导致扫描仪出现漂移，导致伪迹的出现。而温度、湿度也会影响探针和样品间相互作用，尤其是在湿度较大地区对于一些易吸水样品，样品与探针间可能有一层水膜，进而影响 AFM 测试结果。在进行扫描速率较慢的 AFM 测试时，在开着空调的房间可能观察到与光学干涉条纹类似的横向条纹，这是由于空调工作或未工作时，室内温度、湿度改变而导致的结果。因此为了获得高质量 AFM 图像，应尽量保持室内温度和湿度的恒定。

（3）振动的影响

由于 AFM 的主要功能建立于对悬臂梁的微小偏移的高度敏感性上，任何影响悬臂的振动都可能在图像中产生伪迹。典型的振动伪迹是震荡样花样，声音和地面震动都能在 AFM 操作中表现出来并产生图像伪迹。建筑物的地面垂直震动常有几个微米的振幅，频率低于 5Hz，这种振动若未经过适当的隔离，就可能导致图像中的周期性结构花样。室内人们的大声讲话声，飞机飞越建筑物的声音甚至关闭门窗的声音都有可能在图像中出现伪迹。

11.5 扫描探针显微镜在现代材料研究中的应用

11.5.1 扫描探针显微镜在微纳技术和超精密加工中的应用

微纳技术和超精密加工是指亚微米级（尺寸误差为 $0.3 \sim 0.03 \mu m$，表面粗糙度 $R_a = 0.03 \sim 0.005 \mu m$）和纳米级（精度误差为 30nm，表面粗糙度 $R_a \leqslant 5nm$）精度的加工，实现这些加工所采用的工艺方法和技术措施称为超精密加工技术。对于超精密加工来说，利用扫描探针显微镜对加工过的工件表层进行微观机械特性、微观物理特性定性和定量的分析，从而有效指导加工方法的选择及工艺参数的优化，达到加工与检测融合的目标，是该领域一个很重要的课题。随着微电子技术的发展，SPM 检测设备及应用技术也必将提升到一个新的高度。

（1）用 STM 进行微细加工和单原子/分子操纵

1986 年 10 月 12 日，诺贝尔物理学奖授予了 Binnig 和 Rohrer。在 IBM 拉奇利康研究中心，记者问获奖者："您已经发明了这个神奇的能看到原子的机器，能告诉我接下来用它做什么吗？"Gerd Binnig 回答："我们将用原子踢足球！"他这么说是因为在测试中观察到探针能够将样品表面上的颗粒移动到基底上的其他位置。当然，从图像的真实度上考虑，测试中任何对样品表面形貌的改变都是不利的。但 Binnig 卓越的远见使得他能从这一不利因素中看到使用探针对样品进行原子级加工的可能性。

20 世纪 80 年代末，J. A. Dagata 等人首先发现了 Si 的场致氧化反应，并利用 STM 制作了一系列 SiO$_2$/Si 纳米结构，开创了用 STM 进行微细加工的先河。IBM 公司的 D. Eigler 研究组更是开创性地利用原子搬迁术将单个 Xe 原子在 Ni(110) 表面排出了仅 5nm 的字体，如图 11.16所示。这一系列工作使得 STM 和 AFM 逐步演化为一种崭新的微加工手段，而该课题也逐步成为前沿研究领域。

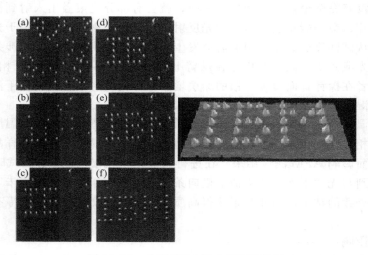

图 11.16　基于 STM 技术的原子操纵

用 SPM 针尖对样品表面单原子或者单分子进行可控操控一直是分子科学的研究重点，其中 SPM 针尖的控制是最重要的部分。用针尖可以在样品表面精确移动单原子或单分子，甚至可以构建特定的纳米结构或者满足特定的纳米功能。SPM 针尖的操纵方法分为机械操纵、电场操纵和隧穿电子操纵。

2007 年，德国柏林自由大学的 Grill 等人设计了简化的用于 STM 机械操纵的手推车分子，使用两个三蝶烯分子组装成最简单的分子车轮并进行了 STM 操控，如图 11.17 所示。其中轮子转轴部分是 C＝C—C＝C，为了能用 STM 驱动，研究者将单分子手推车放置于带有沟道的 Cu(110) 表面，手推车在基底上有各种取向，如图 11.17(b) 和（c）所示。第一性原理分子构型计算结果表明，分子的最优吸附构型为双三蝶烯分子车轮优先吸附在基底的台阶上，并且此时车轮最下方苯环已经和基底成键。对手推车分子车轮垂直方向进行如图 11.17(d) 所示水平操纵，会出现周期性信号和无规律信号。其中周期性信号反映的是双三蝶烯分子从一个吸附位跳到下个吸附位的运动；而无规律的信号则是由双三蝶烯分子的滚动形成的。

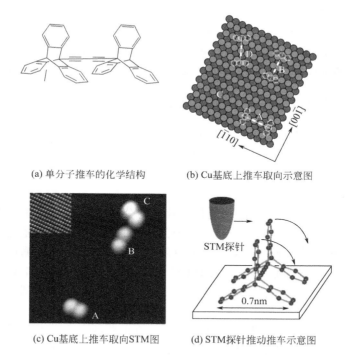

(a) 单分子推车的化学结构　　　　(b) Cu基底上推车取向示意图

(c) Cu基底上推车取向STM图　　　(d) STM探针推动推车示意图

图 11.17　用 STM 操纵双三蝶烯分子车轮

（2）SPM 在临界尺寸（critical dimension，CD）检测中的应用

SPM 已被应用于超光滑表面抛光新工艺的研究工作中。应用多种仪器的组合及检测机制的多功能化对同一工件进行全面的对比检测，无疑能使我们获得尽可能多的表层信息，这对于研究纳米级的加工机理是必不可少的。

如在光刻工艺中，对图形进行 CD 检测和控制是十分重要的，CD 决定着 MOS 管的栅长，而栅长是影响 MOS 管特性的重要参数，在高性能的微处理器和存储器中 CD 检测尤为重要。CD 变动要求在图形尺寸的 10％ 内，这就要求检测仪器的分辨率要高于 2nm，同时，由于线宽减小，对光刻胶图形的基底需要检测，以得到图形的三维分布。目前亚微米工艺上一般采用扫描电子显微镜（SEM）进行临界尺寸检测，随着线宽减小，SPM 法检测明显优于 SEM 法检测。

① SEM 的分辨率低于 SPM，SPM 的 x、y 轴分辨率约为 0.1nm，z 轴的约为 0.01nm，SPM 的高分辨率完全适合 CD 检测。

② SEM 需要真空环境，而 SPM 在真空及大气环境中都可使用，操作方便。

③ SEM 使用电子束扫描，一是在测量绝缘介质（如氧化膜和光刻胶）时会带来电荷积累问题；二是电子束扫描过程中会对样品有损伤。而 SPM 基本上是一种无损伤检测法。

④ 线宽的减小，光刻胶图形的高度比增大，用 SEM 很难检测到图形的基底，而 SPM 可以做到。SPM 可用于涂胶前硅片表面检测和光刻后图形检测，被认为将来会取代 SEM 用来 CD 检测。

（3）SPM 在表面粗糙度检测中的应用

材料的表面粗糙度对其性质如表面润湿性能、摩擦黏附性能、光电性能等有显著影响，而 SPM 是有效的表面粗糙度检测工具。一项新的技术如果只是停留于科技而不是运用于转化成现实的生产力，那这项技术也就不会有旺盛的生命力。SPM 在工业上也有广泛应用。例如硅晶圆在未上电路板之前，需要检查其是否平整；在制成电路板之后，还需要监控粗糙度数据以确保上板后的品质。目前常见 SPM 产品如布鲁克公司的 ICON 等仪器可以在不切割晶圆的前提下直接测试 12 寸晶圆的粗糙度，获得±10nm 以下的表面粗糙度数值。

11.5.2 扫描探针显微镜在高分子领域的应用

最近几年，AFM 实验方法和在高分子领域的应用得到了飞速发展，已由对聚合物表面几何形貌的三维观测发展到深入研究高分子的纳米级结构和表面性能等新领域，并由此导出了若干新概念和新方法。

（1）聚合物表面形貌研究

AFM 自问世以来，其最主要的功能是其独特的分辨率产生表面拓扑图，从而获得高分子表面结构形貌的精细信息，至今已经得到十分广泛的应用。聚合物通常属于电子束敏感物质，在高分辨电镜下容易受到电子束的轰击熔融甚至降解，而 AFM 测试可以在大气下以及溶液中进行，这使得在聚合物表面形貌的研究中，AFM 相比 SEM 和 TEM 有独特的优势。此外，AFM 还可以在液相环境中操作，更可用来观察材料表面在化学反应过程中的变化，以及生物活体的动态行为。

用 AFM 测量表面粗糙度对聚合物涂料的研究有重要的意义。尤其是对于几片薄而透明的涂料，用 AFM 定量测定其粗糙度有重要价值，因为这类试样难以用光学方法进行测量。如图 11.18 为苯乙烯-丙烯酸胶乳在空气中及放置于水、NaCl 溶液中后表面形貌的 AFM 图。从 AFM 图像中可以看到涂层中紧密排列的、尺寸约为 100nm 的均匀球形胶乳颗粒，白色箭头表示其中的空隙［如图 11.18(a) 所示］。放置于水溶液中后，颗粒仍保持其形状，涂层表面没有显示出明显的变化，在水中 3 天后仍能保持稳定［如图 11.18(b) 所示］。然而，当胶乳放置于 NaCl 溶液中一天后，其表面形貌即发生明显变化，纳米结构特征和球形颗粒在 AFM 图像中变得模糊［如图 11.18(c) 所示］，在 NaCl 溶液中长时间暴露后，胶乳层的 AFM 图像变得更加模糊，［如图 11.18(d) 所示］。这说明苯乙烯-丙烯酸胶乳化合物和 NaCl 溶液中的离子间有相互作用，导致纳米颗粒发生变形和溶解。这是由于苯乙烯-丙烯酸胶乳缺乏交联，导致涂层吸水程度的增加并因此带来离子的侵蚀。

（2）聚合物的结晶研究

AFM 的发明使得对高分子结晶过程的直接观测成为可能，除了其高分辨率的优点外，高性能快速扫描 AFM 可通过原位成相为整个动力学过程提供实时观测，极大地完善和发展了高分子结晶理论及晶体熔融动力学研究。借助于 AFM，我们可以观察高分子薄膜单个片晶以及它们的生长。

如图 11.19 所示为使用 AFM 观察到的一系列聚双酚 A 辛烷值醚 300nm 薄膜的结晶图。从图 11.19(a) 可以看出起初片晶 2 在片晶 1 后面，然而片晶 2 结晶更快。图 11.19(d)，片晶 1 延伸到相似位置，并且片晶 1 和 2 在图 11.19(a) 中领先其他未标记片晶，但在图 11.19(d)中，它们已经被其他片晶赶上。这说明片晶的生长速率并不如假设一样是相同的，他们在增长与静止之间交替。

（3）聚合物多相体系的研究

AFM 在用于研究聚合物多相体系的形貌研究时也有其优势。聚合物多相体系用 TEM 等观察时，往往由于衬度过低需要染色处理；而在 SEM 中需要进行刻蚀才能分辨两相。而

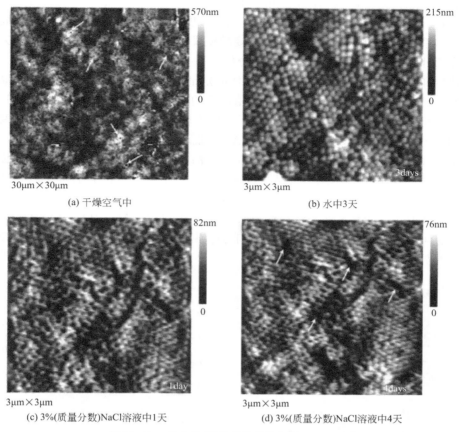

图 11.18　苯乙烯-丙烯酸胶乳涂层的 AFM 图像

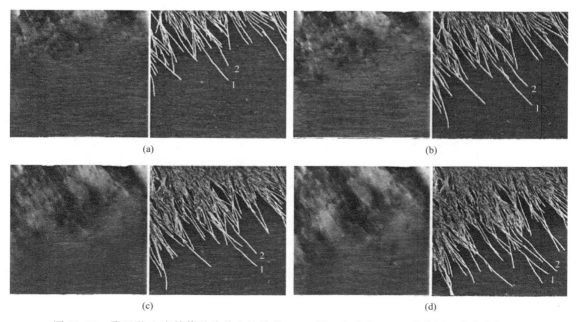

图 11.19　聚双酚 A 辛烷值醚球晶生长系列 AFM 图（左边为 AFM 形貌图，右边为相图）

　　由于聚合物中多相体系可以从 AFM 的相图中体现出来，AFM 是很好的用于研究聚合物多相体系的工具。尤其是 AFM 提供了研究材料纳米尺度的力学性能的潜力，可用于同时研究聚合物多相体系的形貌和微观力学性能。在接触模式 AFM 测量中，AFM 探针针尖压缩样品，样品在探针载荷下的弹性响应被收集和分析。

　　随着仪器和分析方法的后续发展，AFM 能够定量地在纳米尺度上检测聚合物局部表面形貌、弹性模量和黏合能，是研究聚合物多相体系的有力手段。Wang 等人使用基于 AFM 的力学性能分析研究了不相容 POE/PA6 体系和反应增容 POE-g-MA/PA6 体系。两体系的典型形貌图如图 11.20 所示，不相容 POE/PA6 共混体系表现为典型的海-岛结构，杨氏模量较高的 PA6 以球形均匀地分散在杨氏模量较低的 POE 相中。在反应增容 POE-g-MA/PA6 共混体系中，随 POE-g-MA 的引入，两相间相容性改善，PA6 被打碎更均匀地分散在 POE 连续相中。对两相相界面的 AFM 表征给出了更多有用的信息，如图 11.21 所示，不相容 POE/PA6 共混体系两相界面非常光滑；而反应增容 POE-g-MA/PA6 共混体系相界面变得粗糙，并且可以看出两相界面处有相比不相容体系更宽的杨氏模量过渡，说明了反应增容提高了两相在界面处的相互作用。

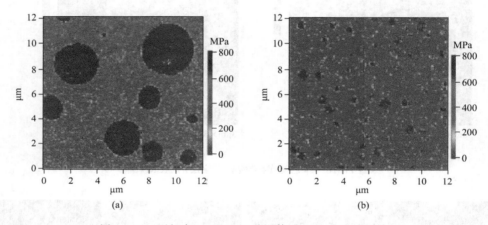

图 11.20　不相容 POE/PA6 共混体系（a）与反应增容
POE-g-MA/PA6 共混体系（b）的杨氏模量图

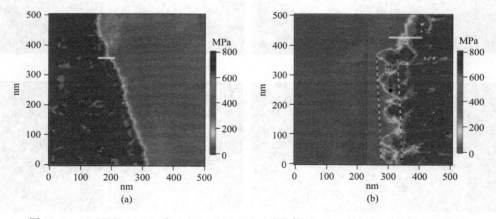

图 11.21　POE/PA6(a) 和 POE-g-MA/PA6 共混体系（b）的相界面的杨氏模量图

11.5.3 扫描探针显微镜在能源领域的应用

SPM 能通过其针尖原子与电极表面原子之间的相互作用，实时检测电极表面的微观形貌，在纳米尺度上提供电极表面的物理化学信息，为电极材料、电解液、电解质薄膜等的优化改性提供实验依据，其具体应用有：

（1）在锂离子电池研究中的应用

固体电解质界面（solid electrolyte interface，SEI）具有固体电解质的特征，其稳定性对锂离子电池的循环性和安全性均有重要影响。而 AFM 可用于观察 SEI 的形成、形变和破裂过程。Kumar 等人使用 AFM 监测了电极颗粒在循环过程中膨胀和收缩时 SEI 的变化。如图 11.22 所示为在第三次循环中，a-Si 电极的边缘和角落处裂纹的扩展。结果表明，不同区域 SEI 的变化情况有明显区别，剪力滞后区 SEI 上出现了大量裂纹，并且裂纹在脱锂后无法完全闭合。

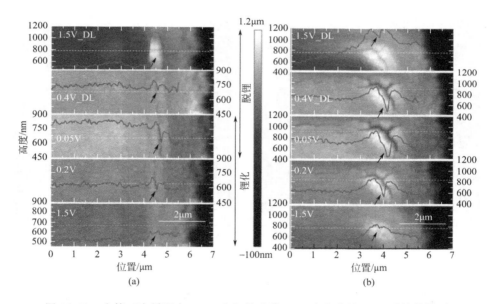

图 11.22 在第三次循环中，a-Si 电极的边缘（a）和角落处（b）裂纹的扩展

（2）在太阳能电池研究中的应用

在太阳能电池中，体异质结（bulk heterojunction，BHJ）活性层的形貌控制在电荷的产生、分离和运输中起着重要的作用并最终影响器件的效能，而 AFM 是很好的观察 BHJ 形貌的表征工具。Ma 等人在聚合物太阳能电池的研究中，使用 AFM 观察了不同有机薄膜的形貌，如图 11.23 所示。PDTNBT/PC_{71}BM 膜呈现清晰的相分离，表现为一定的团聚和高达 1.05nm 的粗糙度。基于 PDTNTDPP 和 PDTNTBT 的共混膜表面粗糙度则分别为 0.39nm 和 0.47nm。尽管具有光滑的表面形貌，基于 PDTNTDPP 的器件短路电流较低，这可能归因于其较低的迁移率。如图 11.23(b) 的左侧所示，基于 PDTNTBT 的共混薄膜是光滑而均匀的，这对于实现高性能器件是有好处的。在混合膜的相图中，可清楚地观察到约 15～20nm 的微小相分离区域，这是电荷有效分离和传输的重要先决条件。

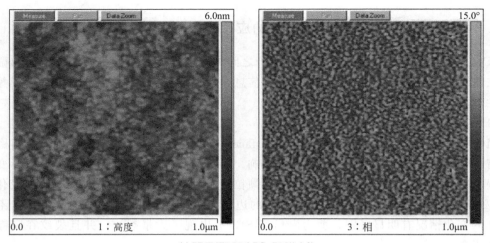

(a) PDTNTDPP：PC$_{71}$BM(1：3)

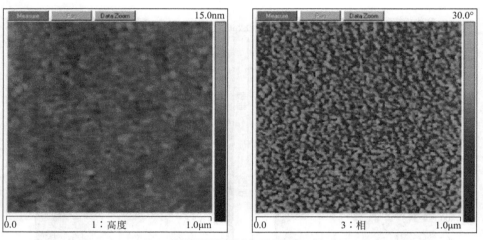

(b) PDTNTBT：PC$_{71}$BM(1：3)

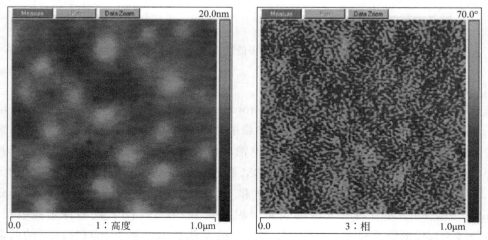

(c) PDTNBT：PC$_{71}$BM(1：3)

图 11.23　旋涂薄膜的轻敲模式形貌图（左）和相图（右）

（3）在材料微观尺度电学性能测定方面的应用

近年来随着表征理论和设备制造的进步，SPM 已经被开发了许多用于定量研究材料微观尺度电学性能和电化学性能的模式，如前面提到过的 TUNA、KPFM 等，这些技术也被广泛用于能源领域材料的研究中。Yao 等人使用 AFM 的 TUNA 模式研究了恒定电场下局部压力对层状 $LiCoO_2$ 锂离子分布的影响，如图 11.24 所示。结果表明，电极表面的应力会促进锂离子在 $LiCoO_2$ 层中的再分布。向 $LiCoO_2$ 表面局部施压能增强此区域的导电性使输出电流增大。停止施压则输出电流减小。

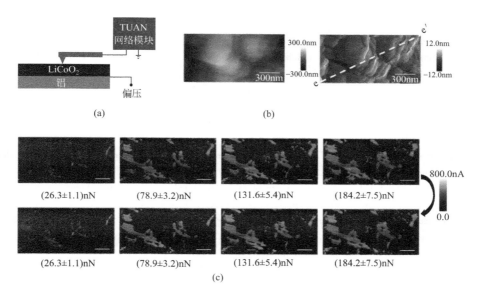

图 11.24　带有 TUNA 模块的 AFM 测试示意图（a）、$LiCoO_2$ 基底的高度图（左）和偏转图（右）（b）
以及在 2 V 偏置电压下应力加载（上排）和卸载（下排）过程中
相应区域的电流映射图（比例尺为 300nm）(c)

参 考 文 献

［1］ Binnig G，Rohrer H. Scanning tunneling microscope. Helv Phys Acta，1982，55：726-735.

［2］ Borg A，Hilmen A M，Bergene E. STM studies of clean，CO-and O_2-exposed Pt(100) -hex-$R_{0.7}°$. Sur Sci，1994，306：10-20.

［3］ Wang Y L，Gao H J，Guo H M，et al. Tip size effect on the appearance of a STM image for complex surface：Theory versus experiment for Si (111)-(7×7). Phys Rev B，2004，70：073312.

［4］ Reiss G，Vancea J，Wittmann H，et al. Scanning tunneling microscopy on rough surfaces：Tip-shape-limited resolution. J Appl Phys，1990，67 (3)：1156.

［5］ Westra K L，Thomson D J. Effect of tip shape on surface roughness measurements from atomic force microscopy images of thin films. J Vac Sci Technol B，1994，13 (2)：344.

［6］ Simmons J G. Generalized Formula for the Electric Tunnel Effect between Similar Electrodes Separated by a Thin Insulating Film. J Appl Phys，1963，34：1793-1803.

［7］ Binnig G，Quate C F，Gerber C. Atomic force microscope. Phys Rev Lett，1986，56，930-933.

［8］ Levine S M，Garofalini S H，Wyder P. Molecular dynamics simulation of atomic O on Pt (111). Surf Sci，1986，167 (1)，198-206.

［9］ Bert V，Martin K. Scanning tunneling microscopy tip shape imaging by "shadowing"：Monitoring of in situ tip preparation，J Vac Sci Technol B，1999，17（2），294-296.

［10］ Villarrubia J S. Scanned probe microscope tip characterization without calibrated tip characterizers. J Vac Sci Technol B，1996，14（2），1518-1521.

［11］ Maivald P，Butt H J，Gould S A C，et al. Using force modulation to image surface elasticities with the atomic force microscope. Nanotechnology，1991，2，103-106.

［12］ 白春礼，田芳. 扫描力显微镜. 现代科学仪器. 1998，1-2：79-83.

［13］ 白春礼，田芳，罗克. 扫描力显微术. 北京：科学出版社，2000.

［14］ Montelius L，Tegenfeldt J O. Direct observation of the tip shape in scanning probe microscope. Appl Phys Lett，1993，62（21），2628-2630.

［15］ 刘安伟，禹国强，杨勇，等. 扫描隧道显微镜图像重建的研究. 电子显微学报，1999，18（1）：115.

［16］ Eigler D M，Schweizer E K. Positioning single atoms with a scanning tunnelling microscope. Nature，1990，344（6266）：524-526.

［17］ Fan M H. Crtical dimension control optimization methodology on shallow trench isolation substrate for sub-0.25（technology gale patterning）. J Vac Sci Tech B. 2001，19（2）：456-460.

［18］ AMATO. Candid cameras for the nanoworld. Science，1997，276：1982-1986.

［19］ 屈小中，金羲高. 原子力显微镜在高分子领域的应用. 功能高分子学报，1999，12（2）：218-224.

［20］ Meyer E，Howald L，Overney R M，et al. Molecular-resolution images of Langmuir. Blodgett films using atomic force microscopy. Nature，1991，349：398-400.

［21］ Snétivy D，Vancso G J. Atomic force microscopy of polymer crystals：1. Chain fold domains in poly（ethylene oxide）lamellae. Polymer，1992，33（2）：432-433.

［22］ Kajiyama T，Ohki I，Takahara A. Surface morphology and frictional property of polyethylene single crystals studied by scanning force microscopy. Macromolecules，1995，28（13）：4768-4770.

［23］ Sutton S J，Izumi K，Miyaji H，et al. The lamellar thickness of melt crystallized isotactic polystyrene as determined by atomic force microscopy. Polymer，1996，37（24）：5529-5532.

［24］ Hellemans A. Catching speeding electrons in a circuit city. Science，1997，276：1987-1993.

［25］ Grill L，Rieder K H，Moresco F，et al. Rolling a single molecular wheel at the atomic scale. Nature Nanotechnology，2007，2（2）：95-98.

［26］ 万立骏. 电化学扫描隧道显微术及其应用. 北京：科学出版社，2005.

［27］ 朱杰，孙润广. 原子力显微镜的基本原理及其方法学研究. 生命科学仪器，2005，3（1）：22-26.

［28］ Johnson D，Hilal N. Characterisation and quantification of membrane surface properties using atomic force microscopy：A comprehensive review. Desalination，2015，356：149-164.

［29］ Li L，Chan C M，Yeung K L，et al. Direct observation of growth of lamellae and spherulites of a semicrystalline polymer by AFM. Macromolecules，2001，34：316-325.

［30］ Wang D，Fujinami S，Liu H，et al. Investigation of true surface morphology and nanomechanical properties of poly（styrene-b-ethylene-co-butylene-b-styrene）using nanomechanical mapping：Effects of composition. Macromolecules，2010，43（21）：9049-9055.

［31］ Kumar R，Tokranov A，Sheldon B W，et al. In situ and operando investigations of failure mechanisms of the solid electrolyte interphase on silicon electrodes. ACS Energy Letters，2016，1（4）：689-697.

［32］ Ma Y，Zheng Q，Yin Z，et al. Ladder-type dithienonaphthalene-based donor-acceptor copolymers for organic solar cells. Macromolecules，2013，46（12）：4813-4821.

［33］ Yao W，Long F，Shahbazian-Yassar R. Localized mechanical stress induced ionic redistribution in a layered $LiCoO_2$ cathode. ACS applied materials & interfaces，2016，8（43）：29391-29399.